高职高专"十二五"规划教材
★ 农林牧渔系列

作物生产技术

（南方本）

ZUOWU SHENGCHAN JISHU

吴琼峰　周晓舟　主编

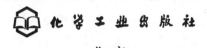

化学工业出版社

·北京·

内容提要

本教材重点讲述我国南方地区栽培的主要作物，在介绍作物生长发育与环境、作物产量与品质、作物栽培技术措施的基础上，对禾谷类作物、薯类作物、油料作物、豆类作物、糖料作物、麻类作物、烟草等作物的生产概况、生物学基础和栽培技术进行了系统地阐述，详细论述了作物生长发育规律与栽培技术措施之间的关系，作物产量、品质的形成与环境因素之间的关系。为了突出学生的实践能力培养，本书还设计了 39 个实验实训项目，各院校可根据实际情况选择开展。

本教材适合高职高专农学种植类各专业教学使用，也可作为农村培训用书。

图书在版编目（CIP）数据

作物生产技术（南方本）/吴琼峰，周晓舟主编．
北京：化学工业出版社，2011.9（2022.1 重印）
高职高专"十二五"规划教材★农林牧渔系列
ISBN 978-7-122-12123-3

Ⅰ．作… Ⅱ.①吴…②周… Ⅲ．作物-栽培技术-高等职业教育-教材 Ⅳ. S5

中国版本图书馆 CIP 数据核字（2011）第 169651 号

责任编辑：李植峰　梁静丽　　　　　文字编辑：汲永臻
责任校对：宋　夏　　　　　　　　　装帧设计：史利平

出版发行：化学工业出版社(北京市东城区青年湖南街 13 号　邮政编码 100011)
印　　装：北京虎彩文化传播有限公司
787mm×1092mm　1/16　印张 17½　字数 453 千字　　2022 年 1 月北京第 1 版第 7 次印刷

购书咨询：010-64518888　　　　　　　售后服务：010-64518899
网　　址：http://www.cip.com.cn
凡购买本书，如有缺损质量问题，本社销售中心负责调换。

定　　价：45.00 元

《作物生产技术》（南方本）编写人员

主　　编　吴琼峰　周晓舟

副 主 编　胡志彬　何荫飞

编写人员（按姓名汉语拼音排列）

何荫飞（广西农业职业技术学院）

胡志彬（宜宾职业技术学院）

普　匡（玉溪农业职业技术学院）

吴琼峰（福建农业职业技术学院）

张华锋（福建农业职业技术学院）

周晓舟（广西农业职业技术学院）

前言

本教材是根据教育部《关于加强高职高专教育人才培养工作的意见》和《关于全面提高高等职业教育教学质量的若干意见》（教高［2006］16 号）等文件精神，在化学工业出版社职业教育分社的组织下编写的，主要作为高职高专种植类专业学生的教材。本教材根据种植类专业人才培养目标，注重理论知识与实践操作有机融合，体现教、学、做一体化，突出科学性、实践性、时效性和针对性，力求体现适度够用、深浅适宜、重点突出、体例实用的特点，以尽可能满足为南方地区培养种植类专业人才的需要。

本教材选取南方主要农作物，概述其起源与分布、生长发育特点、产量和品质形成规律以及与光、温、水、气、土壤和矿质营养等环境因素的关系，详细介绍了禾谷类作物、薯类作物、油料作物、豆类作物、糖料作物、麻类作物、烟草等主要作物的生产概况、生物学基础和主要栽培技术。每一种作物均附有相应的实验实训项目。全书在组织结构和内容体系上突出作物生产的基础理论和关键技术，具有较强的知识性、先进性和实用性。

由于农业生产具有极强的区域性和季节性，各地的种植制度、品种、气候条件、栽培条件等差异很大，因此，各院校在使用本教材时，应根据当地实际情况，选择相关内容组织教学，并及时补充当地生产所需的新知识和新技术。

本教材由吴琼峰、周晓舟担任主编，胡志彬、何荫飞担任副主编。编写分工如下：第一章、第三章、第七章由吴琼峰编写；第二章、第四章、第六章由普匡编写；第五章、第九章由何荫飞编写；第八章由周晓舟编写；第十章由张华锋编写。

本教材编写工作得到了福建农业职业技术学院、广西农业职业技术学院、宜宾职业技术学院、玉溪农业职业技术学院的大力支持。在此一并表示感谢。

由于编者水平有限，加之编写时间仓促，不妥和疏漏之处在所难免，敬请同行专家和广大读者批评指正。

编者
2011 年 7 月

绪　　论

>>> **知识目标**

了解作物的概念、作物生产的意义及我国优势农产品区域布局。

能力目标

① 掌握我国作物种植区划知识，并了解栽培区的基本情况。

② 学会栽培作物分类的主要方法。

一、作物栽培的概念与特点

（一）作物的概念

作物是什么？从广义上讲，作物是指野生植物经过人类不断选择、驯化、利用和演变而来的，被人类栽培利用，具有经济价值的植物。地球上有记载的植物约 39 万种，被人类利用的约 2500 种；目前，世界栽培种植的植物约 1500 种。从狭义上讲，作物是指田间大面积栽培的农艺作物，即农业上所指的粮、棉、油、麻、烟、糖、茶、桑、蔬、果、药、花等作物。因其栽培面积大、地域广，又称为大田作物或农作物，俗称庄稼。全世界栽培的作物大约有 90 种，我国大约有 60 多种。

作物栽培技术是关于大田作物栽培或生产的技术，是关于作物生长发育、产量和品质形成规律及其与环境条件的关系，并在此基础上采取栽培技术措施以达到作物高产、稳产、优质、高效目的的一门应用技术。它是农业生产中最基本和最重要的组成部分，改进栽培措施对作物产量提高的贡献率达 60% 以上，为解决我国粮食安全问题做出了突出贡献。

作物栽培包括作物、环境和措施三个环节。决定作物产量和品质的，首先是品种，其次是栽培技术和措施。作物栽培技术的任务就是根据作物品种的要求，为其提供适宜的环境条件，采取与之相配套的栽培技术措施，使作物品种的基因型得以表达，使其遗传潜力得以充分发挥。即通过良种良法相配套，充分发挥作物品种的潜力，实现作物的高产、稳产、优质、高效。

（二）作物栽培的特点

1. 过程的实践性

作物栽培是一项实践性很强的技术，是使用优良的作物品种，利用土地、肥料、水利、农机具和其他生产资料，促进作物生长发育，将无机物和太阳能转化为有机物和化学能的生产实践过程。作物生产的理论和技术成果来源于科学实验和生产实践。因此，紧密结合生产是它的最重要的特点。

2. 分布的地域性

作物生产是在农田进行的，不同地区，由于纬度、地形、气候、土壤、水利等自然条件不同及社会经济条件和技术水平的差异，便产生了作物生产上的地域差异。不同的地区，不同的自然环境条件，栽培的作物种类和品种不同。而且，即使是同一品种，在不同地区栽培时，其熟制、轮作方式及栽培技术也有一定的差异。因此作物生产时，必须因地制宜，既要适应自然、利用自然，又要充分发挥人的主观能动作用。

3. 生长的季节性

不同作物种类及品种在各生育时期对光、热、水、气、肥等条件要求不同，作物生产的周期长短也不一，故作物生产不可避免地受到季节变化的强烈影响。因此，从事作物生产，必须掌握农时，因时制宜，使作物的高效生长期与最佳环境同步。一般遵循春播秋收的生产规律。

4. 生产的连续性

作物生产是连续的生产过程，一个生产周期与下一个生产周期之间，紧密相连，相互制约。作物在土地上连续种植，要求地力常新，故要合理地使用土地，用地养地相结合。此外，还要合理安排好茬口，考虑上季与下季，全年、今年与明年的关系，达到季季年年稳产、高产。

5. 系统的复杂性

作物生产是农作物、外界环境和人为措施综合作用的复杂系统，受多种因子的影响和制约。生产中，必须采取综合措施，有效地处理和协调各种因子的相互关系，以达到高产、稳产、优质、高效的作物生产目的。

（三）作物栽培的意义和作用

1. 作物栽培是农业生产的基础

农业是国民经济的基础，而作物生产又是农业生产的基础。作物生产越发展，土地利用率和劳动生产率越高，所提供的粮食和其他农副产品越多。国民经济的其他部门就越有雄厚的条件和较快的发展速度。如玉米不仅是优质的粮食作物，而且是优良的饲料及重要的工业原料；而高粱的发展，可带动酿酒和酒精工业的发展。因此，国民经济发展速度的快慢，在一定程度上受到作物生产发展的影响和制约。

2. 作物栽培是人类生活的物质基础

自有人类以来，生活资料的生产都是社会存在和发展的先决条件。首先，人类赖以生存的生活资料最重要的是食物。人类要生存，首先要解决吃、穿这两个基本问题，如何解决，必须靠农业生产。作物产品是人类吃、穿的主要来源。其次，畜牧产品也是人类生活中必不可少的，但畜牧产品的形成要依赖于农业生产。可见，供给人类生命活动的食物全部是直接或间接地来自于作物。

二、我国作物资源的分类

作物种类繁多，分类方法也很多，最常用的是按产品用途和植物学系统相结合的分类方法，其他还有按作物对温光条件的要求、对光周期的反应和对 CO_2 的同化途径等进行分类的方法。常用的分类有如下几种。

（一）按产品用途和植物学系统相结合的方法分类

1. 粮食作物

（1）谷类作物（或称禾谷类作物）　主要有：稻、小麦、大麦、燕麦、黑麦、玉米、谷子、高粱、黍、稷、薏苡、荞麦等。

（2）豆类作物（或称豆菽类作物）　主要有：大豆、蚕豆、豌豆、绿豆、饭豆、小豆、扁豆等。

（3）薯类作物　主要有：甘薯、马铃薯、木薯、山药（淮山）、芋、蕉藕等。

2. 经济作物

（1）纤维作物　其中有种子纤维，如棉花；韧皮纤维，如亚麻、大麻、洋麻、黄麻、红麻、苎麻等；叶纤维，如龙舌兰麻、蕉麻、菠萝麻等。

（2）油料作物　常见的有：花生、油菜、芝麻、向日葵、蓖麻等。大豆种子也是食用油的原料，故有时也归此类。

（3）糖料作物　南方有甘蔗，北方有甜菜，此外还有甜叶菊等。

（4）嗜好类作物　主要有：烟草、茶叶、咖啡、可可等。

（5）其他作物　主要有：桑、橡胶、香料作物（薄荷、香茅等）、编织原料作物（芦苇、席草）、调味佐料类作物（小茴香、大茴香）等。

3. 饲料和绿肥作物

豆科中常见的有苜蓿、苕子、紫云英、草木樨、田菁、柽麻、三叶草等；禾本科中常见的有苏丹草、黑麦草等；其他如红萍、水葫芦、水浮莲、水花生等也属此类。这类作物既可作饲料，又可作绿肥。

4. 药用植物

种类颇多，生产中常见的有：人参、枸杞、黄芪、连翘、大黄、田七、天麻、五味子、茯苓、灵芝、百合、红花、泽泻、甘草、半夏等。

上述分类是相对的，有些作物有几种用途，根据需要，既可划到这一类，也可划到另一类。如大豆，既可食用，又可榨油；亚麻既是纤维作物，种子又是油料；玉米既可食用，又可作饲料或青贮饲料；马铃薯既可作粮食，又可作蔬菜。

（二）按作物对温度条件的要求分类

1. 喜温作物

如水稻、棉花、玉米、烟草、花生等。其全生育期所需的日均温和总积温量较高，生长发育的最低温度约为 $10 \sim 12℃$，若温度低，生长发育就缓慢，甚至停止。

2. 耐寒作物

如小麦、大麦、黑麦、燕麦、豌豆、油菜等。这些作物全生育期要求的日均温和总积温量较低，生长发育的最低温度约为 $1 \sim 3℃$，温度过高，生长发育缓慢，甚至停止。

（三）按作物对光周期的反应分类

1. 长日照作物

如小麦、大麦、油菜、甜菜等，这类作物在白昼长、黑夜短的条件下开花。

2. 短日照作物

如水稻（中、晚稻）、玉米、棉花、大豆、烟草等。这类作物在白昼短、黑夜长的条件下开花。

3. 中性作物

如早稻、豌豆等。这类作物开花与日长无关系。

（四）按作物对二氧化碳的同化途径分类

1. C_4 作物

如玉米、甘蔗、高粱等。这类作物在光合作用过程中，吸收 CO_2 最先形成的中间产物是带 4 个碳原子的草酰乙酸等双羧酸。其光合作用的 CO_2 补偿点低，光呼吸消耗也低，光合作用能力强，在强光高温下光合能力比 C_3 作物高出一倍以上。

2. C_3 作物

如水稻、小麦、大麦、棉花、大豆等。这类作物在光合作用过程中，吸收 CO_2 最先形成的中间产物是带 3 个碳原子的磷酸甘油酸。其光合作用的 CO_2 补偿点高，光呼吸作用的消耗也高，光合能力弱。

除以上分类方法外，还有按作物播种期不同，分为春（夏）播作物和秋（冬）播作物；按成熟、收获期不同，分为夏熟作物和秋熟作物；按种植密度和田间管理不同分为密植作物和中耕作物等；按照对光照强度的要求，分为喜光作物和耐阴作物；按照作物对水分的要求分为喜水耐涝型作物、喜湿润型作物、中间水分型作物、耐旱怕涝型作物、耐旱耐涝型作物；按照作物需肥特性，分为喜氮作物、喜磷作物、喜钾作物等。

三、我国农业自然资源的特点及其评价

（一）我国农业自然资源的特点

农业自然资源是指与农业生产有关的生产资料的天然资源，如光、热、水、土、生物等。我国的农业自然资源具有如下特点。

第一，大部分地区属于中纬度地带，光、热条件较好。我国地处欧亚大陆东部，北起寒温带，南至赤道带，大部分地区位于北纬 20°～50°之间。各地全年太阳辐射总量大约为 355.88～1004.83kJ/cm²。一般西部多于东部，高原多于平原，西藏最高，达 669.89～1004.83kJ/cm²，西北地区和黄河流域为 502.42～669.89kJ/cm²。全年日平均气温稳定通过 10℃以上的积温，由北到南为 2000～9000℃。无霜期自 100d 直至全年无霜。就热量因素而言，我国各地都适于种植多种喜温作物，栽培制度从一年一熟至一年三熟均有，适于复种的地区比较大。

第二，东南部地区受季风影响强烈，西北部地区气候大陆性极强，年降水量差异很大。我国年降水量 400mm 的等值线大体上从大兴安岭起，经张家口、榆林、兰州至昌都呈一条从东北朝西南的斜线，斜线西北为西北部半干旱、干旱区，斜线东南为东南部半湿润、湿润区。西北部和东南部大约各占国土面积的一半，其中半干旱区占 19.2%，干旱区占 30.8%；半湿润区占 17.8%，湿润区占 32.2%。

我国东南部地区由于受夏季季风环流的影响，雨量充沛，随纬度的高低和离海洋的远近，年降水量约为 400～2400mm。干燥度（最大可能蒸发量与降水量的比值）一般低于 1.5。季风气候的突出优点是雨、热同期，全年降水量的 80% 左右集中在作物活跃生长的季节之内，对作物生长是有利的。我国 90% 以上的耕地分布在这一地区。然而，季风气候也有不利的一面，主要是它的不稳定性。一是降水的年内分配不均匀，年际变化也很大，年变率一般在 15%～25%。二是温度的年际变化很大。有的年份冬季风强大，全国大部分地区受其威胁。与世界其他同纬度地区相比，我国冬小麦、油菜等越冬作物和多年生喜温作物的北界偏南。由于受季风环流的影响，我国洪涝、干旱、低温、冻害、台风等农业灾害频率较高，对农业稳产有严重的影响。

西北部地区虽然具备较好的热量条件，但干旱限制着当地农业的发展。这一地区降水稀少，一般年降水量在 400mm 以下，有的地方仅数十毫米或几毫米，干燥度在 1.5 以上，高者在 20.0 以上。除局部地方有雨水、雪水或地下水被用于灌溉农田外，绝大多数地方没有灌溉便没有种植业。

第三，我国的山地显著多于平地，对土地利用和作物生产一般是弊多利少。全国山地占国土总面积的 66%，而平地则只占 34%。山地由于海拔高、温度低、无霜期短，加之坡度大、土层薄，多数不适宜种植大田作物。如果利用不当还容易引起水土流失，破坏生态平衡。当然，在特定条件下，如能合理利用，发展特产作物或进行多种经营，其潜力还是很大的。

（二）我国农业自然资源评价

1. 耕地资源

耕地资源是各种资源的载体。气候资源、水资源、土壤肥力资源等等无不表现在耕地之中，这些资源最终都在耕地上形成生产力。所以耕地的数量、质量、分布及其利用状况必然直接影响着农业自然资源的总体格局及其变化。

历史上我国人均耕地面积远远高于现在。历史资料表明，公元122年（东汉），我国人均耕地为6069.7m²；755年（唐代）为8404.2m²；1393年（明代）为8470.9m²；1685年（清代康熙年间）为3628.48m²；1753年（清代乾隆年间）为2427.88m²。到了1952年，我国人均耕地面积还有1880.94m²。后来随着人口规模迅猛增加，人均耕地面积逐年急速下降，1968年降至1293.98m²；1981年下降到987.16m²。据1993年统计，每个中国人所拥有的耕地只剩下800.7m²。需要指出的是，国际上普遍认为，当人均耕地在800.7m²时，即说明耕地的承载力已经处于临界状态。自1958年到1993年的36年间，我国每年平均净减少耕地约46.67万公顷，这个数字比海南省现有耕地面积的总和还多。自1980年至1993年的14年内，人年均耕地面积减少15.74m²。若按这样的速度削减下去，200年后，我国将无地可耕，形势十分严峻！

耕地数量减少已经令人担忧，耕地质量退化更是"雪上加霜"。水土流失、干旱缺水、盐渍化、沙化、污染等正在损害着现有的耕地。受这些障碍因素影响的耕地面积也在逐年扩大。据农业部土壤肥料总站全国第二次土壤普查的结果，在我国目前实有耕地面积中，中强度水土流失耕地占34.26%，干旱缺水耕地占32.01%，耕层浅薄耕地占19.64%，盐碱耕地占4.71%，沙化耕地占1.95%，渍涝耕地占5.14%。上述不良耕地面积合计（扣除重复计算部分）占耕地总面积的63.5%。此外，据不完全统计，全国城市和工业"三废"对农田的污染面积约达166.67万～200万公顷。

留住耕地就是留住农产品，损失耕地就是丧失农产品。那种指望通过不断提高单位面积产量来弥补耕地减少的想法，纯属一厢情愿，是不现实的！因为作物的单位面积产量不可能无限提高。对于耕地减少，人们应当增强忧患意识。

2. 各地区土、热、水条件的配合不够协调

我国许多地区土、热、水条件的配合是不够协调的。西北地区土地面积大，太阳辐射强，夏季气温高而冬季寒冷，降雨稀少，对作物生产十分不利。华北地区土地资源比较丰富，平原广阔，夏季温度较高，但冬季较冷，水源不足，降水偏少且变化率很大，加之盐碱地面积较大，这种土、热、水的不协调配合是作物生产不稳定的根源。东北地区平原面积大，虽然土壤自然肥力较高，雨、热同期，但是无霜期较短，对作物生产也有一定的限制。南方地区尽管热量丰富，水源充沛，可是降水变化率较大，作物生产易受台风和洪涝威胁。

对于发展作物生产，我国各地的土、热、水资源在配合上既有有利的一面，也有不利的一面。只要我们充分地利用有利的一面，发挥其优越性；克服不利因素或加以改造，趋利避害，各个地区的作物生产潜力还可以进一步挖掘。

3. 农业自然灾害较频繁

作物生产基本上是在自然条件下进行的，受自然条件的制约。即使是在科学技术比较发达的今天，我们仍然不能摆脱"靠天吃饭"的局面。如上所述，我国是一个季风气候显著的国家。季风使我国广大地区的水、热等条件在时空分布上既有周期性，又有不同周期的波动变化，经常出现旱、涝、风、冻、雹、热害及低温冷害等农业自然灾害。据有关部门估算，从1949年至1992年，我国每年平均受灾面积为3440万公顷，约占总耕地面积的1/3。全国粮食产量受各类自然灾害的影响，每年平均减产1×10^{10}kg左右，其中95%是洪涝和干旱

造成的；粮食产量的年际间变化也很大。

近些年来，随着农业综合开发和基本农田建设的加强，我国抗灾减灾的能力有显著提高，耕地的旱涝保收面积及其占耕地总面积的比重呈现出逐年增加的良好趋势。据我国水利部的统计资料，1980 年我国旱涝保收的耕地面积为 3098.6 万公顷，占总耕地面积 31.20%，至 1992 年增加到 3537.46 万公顷，占当年总耕地面积 37.07%。

耕地是土地的精华，是农业生产最基本的不可替代的生产资料。"国以民为本，民以食为天"，我们必须十分珍惜和合理利用每一寸土地，切实保护耕地。对于各地不协调的水热条件，我们则应当在保护生态环境的前提下，加以顺应、改造和利用。

四、我国作物的种植区划

农作物地理分布在很大程度上受气候条件影响与制约，热量条件决定着土地生产潜力，而其利用的可能性必须要有水分条件作保证。也就是说，地理分布、热量和水分条件是影响农牧业构成、作物种类和品种配置、熟制、分布等地域差异的主要因素。因此，对作物进行种植区划十分必要。

（一）中国作物种植区划

根据生态类型条件、社会经济条件、作物结构、种植制度、种植业发展方向等区内相似性原则，在保持一定行政区界完整的条件下，全国种植业区划委员会将我国种植业划分为 10 个一级区和 31 个二级区。现简要介绍如下。

1. 东北大豆春麦玉米甜菜区

本区土地资源较丰富，虽垦殖历史较短，但商品率和机械化水平较高，为我国春小麦、大豆和春玉米的重要产区。甜菜、亚麻等经济作物发展较快，潜力大。本区肩负着向国家大量提供商品粮、大豆等任务。今后，应坚持以提高单产为主，加速以农业机械化为中心环节的农业现代化建设，使本区成为全国稳产、高产的商品生产基地。

本区分 6 个二级区：大小兴安岭区，三江平原区，松嫩平原区，长白山区，辽宁平原丘陵区，黑吉西部区。

2. 北部高原小杂粮甜菜区

本区为我国旱地农业较为集中地区之一，以一年一熟旱杂粮为主，也是农牧交错、生产条件脆弱的地区，耕作粗放，集约化程度较差，产量低而不稳。本区应以发展抗旱保墒耕作栽培技术为中心，种养结合，在确保粮食自给的基础上，为养殖业的发展提供充足的饲草料，并大力发展小杂粮，建成全国杂粮杂豆、马铃薯、向日葵等生产基地。

本区分 3 个二级区：内蒙古北部区，长城沿线区，黄土高原区。

3. 黄淮海棉麦油烟果区

本区冬小麦、夏玉米、甘蔗、大豆生产在全国占有重要地位；是我国的主要棉区，其他经济作物发展潜力也很大；水浇地以一年二熟为主，旱地则以两年三熟为主；为我国温带果品生产的集中产区。旱、涝、碱、薄是本区发展种植业的主要障碍。应在保持粮食总产稳定增长的前提下，积极发展多种经营，逐步建设成为粮、棉、油、烟、麻、果、菜等综合发展的重要基地。

本区分 5 个二级区：燕山太行山麓平原区，冀鲁、豫低洼平原区，黄淮平原区，山东丘陵区，汾渭谷地豫西平原区。

4. 长江中下游稻棉油桑茶区

本区地少人多，劳力充裕，集约化水平高。平原地区洪、涝、渍害较严重，一些低洼稻田土壤次生潜育化加重。今后，继续发挥各种作物单产较高和商品率高的优势，稳定粮、棉、油菜面积，发展花生、芝麻，继续发挥作为全国商品粮、棉、麻等商品基地的作用。在巩固蚕桑、茶叶老产区的同时，在适宜区内发展新的蚕桑、茶叶产区。

本区分 3 个二级区：长江下游平原区，鄂豫皖丘陵山地区，长江中游平原区。

5. 南方丘陵双季稻茶柑橘区

本区粮食生产以双季稻为主，单产水平和商品率高，但粮食生产发展不平衡。各种大田经济作物的发展有广阔前景，但单产水平还不高，丘陵山地面积大，茶叶、油菜、柑橘等木本经济作物的活力也较大。今后，应抓紧粮食生产，充分发挥水稻增长潜力，在粮食自给有余的基础上积极发展多种经营，选建一批粮食作物和经济作物生产基地，加速粮、茶、橘、烟草、油菜、苎麻等名优产品的生产。

本区分两个二级区：江南丘陵区，南岭山地丘陵区。

6. 华南双季稻热带作物甘蔗区

本区自然条件优越，是我国双季稻的主产区和唯一的热带作物产地，也是甘蔗和亚热带水果主产区。农作物种类繁多，种植制度复杂多样，耕作技术和专业化水平高，但发展不平衡。应继续抓紧粮食生产；大力发展以橡胶为主的热带作物；调整甘蔗布局，使其产量有较大增加；积极发展热带、亚热带水果；巩固和发展花生、茶叶、桑蚕等名优土特产品生产；建设成为我国甘蔗、热带作物、亚热带水果生产基地。

本区分四个二级区：闽、粤、桂中南部区，云南南部区，海南岛、雷州半岛区，台湾区。

7. 川陕盆地稻玉米薯类柑橘桑区

本区水稻、旱粮并重，稻谷增产潜力较大，经济作物以油菜、柑橘、桑为主，是我国重要商品基地之一。作物种植制度复杂多样，以稻麦两熟和旱作三熟为主。常有春、伏旱和秋涝等自然灾害。应以提高单产为主，逐步提高复种指数，全面安排夏、秋收作物，着重发挥秋收作物的优势，稳定现有粮食面积，调整经济作物布局，建立油菜、柑橘、桑、茶和白肋烟商品基地，发展核桃、板栗等木本经济作物。

本区分两个二级区：秦岭大巴山区，四川盆地区。

8. 云贵高原稻玉米烟草区

本区山地面积大，地形错综复杂，立体农业明显，种植制度多样，气候差异悬殊，水稻、旱粮并重，烟、油菜、茶等经济作物在全国占有重要地位。岩溶面积大，生产水平不高。今后，高山区和半高山区以林为主；丘陵和河谷子坝区以发展种植业为主；逐步将陡坡耕地退耕还林，提高粮食单产，适当扩大油菜面积，提高烟叶质量，适当发展甘蔗生产，发展果树和经济林木。

本区分两个二级区：湘西、黔东区，黔西、云南中部区。

9. 西北绿洲麦棉甜菜葡萄区

本区地域辽阔，平原多，为分散的绿洲灌溉农业，棉花、甜菜、瓜果品质优异，为我国西部小麦主产区。单产水平不高，经济作物发展不快，应继续发展粮食作物和棉花、甜菜、葡萄、瓜果，建设成为我国长绒棉、葡萄、杏干、甜瓜、香梨的主要生产基地。

本区分两个二级区：蒙、甘、宁、青、北疆区，南疆区。

10. 青藏高原青稞小麦油菜区

本区为独特的高寒种植业，作物垂直分布明显，冬小麦发展迅速，且产量高。自然灾害频繁，技术水平低。应以发展青稞、小麦等粮食作物为主，适当发展油菜，稳步发展甜菜、果树，建立人工饲草、饲料基地。

本区分两个二级区：藏东南、川西区，藏北青南区。

（二）优势农产品区域布局

优化农业区域布局，是推进农业结构战略性调整的重要步骤。为加快我国农业区域布局调整，建设优势农产品产业带，推动农产品竞争力增强、农业增效和农民增收，农业部研究编制了《优势农产品区域布局规划》（以下简称《规划》）。《规划》的基本思路是，适应加入WTO的新形势，充分发挥农业比较优势，实施非均衡发展战略，做大做强一批优势产区，重点培育一批优势农产品，尽快提高市场竞争力，抵御进口农产品冲击，扩大农产品出口，增加主产区农民收入。

《规划》确定的优势农产品，是指资源和生产条件较好、商品量大、市场前景广阔、在国内外市场有竞争优势、能够抵御进口冲击的农产品，或在竞争中能够进一步扩大出口的农产品。《规划》确定的优势产区，主要是自然条件好、生产规模大、产业化基础强、区位优势明显的主产区。迅速做大做强这些优势农产品和优势产区，对带动我国农业整体素质提高、形成科学合理的农业生产力布局、推进农业现代化具有重大意义。

《规划》确定专用小麦、专用玉米、高油大豆、棉花、"双低"油菜、"双高"甘蔗、柑橘、苹果、牛奶、牛羊肉和水产品11种优势农产品，优先规划优势区域，重点予以扶持建设，尽快提高这些农产品的国际竞争力，实现抵御进口冲击、扩大出口的目标。下面主要介绍优势作物及其布局。

1. 专用小麦

我国小麦总量基本能够满足国内消费需求，但小麦品质结构不合理，中间类型偏多，适宜加工面包用的强筋小麦和加工饼干、糕点用的弱筋小麦品种较少，不能满足国内食品加工业的需求。随着我国城镇居民生活水平的提高，对优质加工专用小麦的需求将逐步增长；同时，东亚和东南亚地区是世界小麦主销区之一，每年都有大量专用小麦输入。因此，专用小麦的市场需求潜力很大。近年来我国专用小麦的品种开发和生产有了显著进步，有了一些与美国、加拿大小麦品质相当的品种，形成了一些产业化生产基地，有进一步加快发展的良好基础。

（1）主攻方向 按照"抓两头、带中间"的思路，重点发展优质强筋小麦和弱筋小麦，稳定发展中筋小麦，确保国内市场需求，积极争取出口。实行统一提供优质专用品种，推广保优节本标准化生产技术，加强产销衔接，改变混种、混收、混储状况，提高专用小麦质量的稳定性和一致性。

（2）优势区域 重点建设黄淮海、长江下游和大兴安岭沿麓3个专用小麦带。黄淮海优质强筋小麦带主要布局在河北、山东、河南、陕西、山西、江苏、安徽7个省的39个地市82个县市。长江下游优质弱筋小麦带主要布局在江苏、安徽、湖南、湖北4个省的10个地市20个县市。大兴安岭沿麓优质强筋小麦带主要布局在黑龙江、内蒙古2个省区的3个地市11个县旗（农场）及黑龙江垦区两个管理局。

2. 专用玉米

我国是世界玉米的产销大国，总产量仅次于美国。与其他玉米主产国相比，我国专用玉米品种少，专用性能不强，产品成本较高，玉米加工业滞后，生产与消费市场区域不平衡。随着畜牧业的发展和玉米精深加工新技术的开发应用，我国玉米的需求量将会大量增加。同时，东亚地区是世界玉米主销区，年消费量达3500万吨以上，占全球玉米贸易量的50%左右，目前这个市场主要被美国的转基因玉米占领。我国有临近国际主要玉米消费市场的区位优势和非转基因的品种优势，主产区是世界三大黄金玉米带之一，目前已经培育和引进、推广了一批专用品种，初步形成了专用玉米栽培技术体系，专用玉米发展有了良好的基础。

（1）主攻方向 以提高玉米的商品质量和专用性能为突破口，大力发展饲用玉米和加工专用玉米，优化玉米品种结构；实施订单生产，搞好产销衔接，降低生产成本；增强主产区玉米转化加工能力，延长产业链条，提高综合效益。

（2）优势区域　重点建设东北-内蒙古专用玉米优势区和黄淮海专用玉米优势区。东北-内蒙古专用玉米优势区主要布局在黑龙江、内蒙古、吉林、辽宁4个省区的26个地市102个县市（旗）；黄淮海专用玉米优势区主要布局在河北、山东、河南3个省的33个地市98个县市。

3. 高油大豆

我国是大豆的原产地，曾经是世界上最大的大豆生产国和出口国。近年来，我国大豆产品消费迅猛增长，但国产大豆生产停滞，近一半的国内市场被进口大豆占领，成为世界最大的大豆进口国。主要问题是国产高油大豆缺乏竞争力。突出表现在"两低一高"，即单产低和含油率低，生产成本高。含油率低于国外高油大豆2~3个百分点。随着人们生活水平的提高和养殖业的发展，我国高油大豆的需求呈上升起势，预计到2007年全国大豆消费量为3300万吨，其中高油大豆2500万吨，比2001年增加700万吨。我国大豆品种资源丰富，近几年培育了20多个含油率接近国外高油大豆的品种，加上东北地区生产条件优越，发展高油大豆的潜力很大。

（1）主攻方向　以提高高油大豆单产和含油率为重点，努力降低成本，提高生产能力和经济效益，增强市场竞争力，尽快抢占国内增量市场，替代部分进口。加快选育高油大豆优良品种，推进专用品种种植，实行高产模式栽培，推行深耕深松技术和玉米、大豆轮作制度，实行专收、专储，做好产销衔接。

（2）优势区域　重点建设东北高油大豆带，主要抓好松嫩平原、三江平原、吉林中部、辽河平原、内蒙古5个优势产区，把东北地区建设成为世界上最大的非转基因高油大豆生产区。主要布局在黑龙江、吉林、辽宁、内蒙古4个省区的30个地市（盟）127个县市（旗）。

4. 棉花

我国是世界上最大的棉花生产国和消费国，也是最大的纺织品和服装生产国和出口国。棉花总产量占世界棉花总产量的25%左右。与国外棉花生产相比，我国棉花品种结构不合理，缺乏适合纺高支纱和低支纱的原棉，品质一致性差，"三丝"（异性、异形、异色纤维）含量高；棉花生产、收购、加工、销售、使用等环节脱节，中间费用高。目前，我国棉花已经形成了良好的生产基础，棉花单产水平是世界平均单产水平的1.78倍，单位成本比较低。随着我国人口的不断增加和消费水平的不断提高，而且纺织品和服装出口形势看好，今后棉花需求将继续保持增长势头，为我国棉花生产提供了更大的发展空间。

（1）主攻方向　适应纺织工业多元化的需要，优化品种和品质结构，重点发展目前市场短缺的陆地长绒棉和中短绒棉生产，大幅度减少"三丝"含量，提高棉花质量，推进棉花标准化生产、产业化经营，提高棉花的生产效益。

（2）优势区域　在黄河流域棉区、长江流域棉区、西北内陆棉区重点建设120个棉花生产基地。其中，黄河流域棉区主要建设河北、山东、河南、江苏、安徽5个省的50个县，长江流域棉区主要建设江汉平原、洞庭湖、鄱阳湖、南襄盆地等地的40个县，西北内陆棉区主要建设新疆维吾尔族自治区、新疆生产建设兵团和甘肃河西走廊地区的30个县、团场。

5. "双低"油菜

我国是世界油菜籽生产大国，目前产量占世界总产量的1/3左右。但由于消费需求不断增长、国产菜籽内在品质较差等原因，每年还需进口一定数量的油菜籽。与进口油菜籽相比，我国油菜籽含油率低2~3个百分点，芥酸和硫甙含量偏高；油菜籽混种、混收、混加工的状况比较严重。随着我国人口不断增加、人民生活水平提高以及养殖业的迅速发展，国内植物油和饼粕的消费量将大幅度增加。我国长江流域是世界最大的冬油菜集中产区，具有良好的生产基础，与加拿大、澳大利亚以及欧洲等油菜主产国相比，我国油菜生产具有上市早的优势，目前已经培育出高含油率的"双低"油菜品种，进一步发展的潜力很大。

（1）主攻方向　以提高"双低"油菜的含油率和单产水平、降低芥酸和硫甙含量为重点，加快新品种选育和种子产业化发展，大力推进专用品种集中连片种植，搞好专收、专储、专加工，提高加工技术水平和产品档次。

（2）优势区域　重点建设长江上游区、中游区和下游区 3 个"双低"油菜优势区。长江上游优势区主要布局在四川、贵州、重庆、云南 4 个省（市）的 36 个县（市、区）。长江中游优势区主要布局也湖北、湖南、江西、安徽和河南 5 个省的 92 个县（市、区）。长江下游优势区主要布局在江苏、浙江两个省的 22 个县（市、区）。

6. "双高"甘蔗

我国是世界第三大糖料生产国。我国蔗糖产量占食糖总产量的 90%。与世界主要产糖强国相比，我国甘蔗单产低、含糖率低，加工业规模小、技术落后，加上国外实行高补贴政策，降低了我国食糖的国际竞争力。目前，我国食糖人均消费量仅 6.8kg，而世界平均水平为 21.66kg，随着人民生活水平不断提高和膳食结构的改善，国内食糖消费量有进一步增长的潜力。我国南方甘蔗已经形成了比较集中的优势产区，近年来引进、培育出一批高产高糖品种，涌现出了一批高产典型。随着国有糖厂经营机制的转变，企业竞争力逐步增强，产业化格局初步形成，具备了加快发展的条件。

（1）主攻方向　以引进、培育和推广高产、高糖甘蔗良种为重点，大力提高甘蔗单产和含糖量，因地制宜地推广甘蔗机械化播种、收割技术，加快国有糖厂技术改造步伐，降低生产成本；推广多种形式的产业化经营模式，提高产业的整体效益。

（2）优势区域　重点建设桂中南、滇西南、粤西 3 个"双高"甘蔗优势产区，主要布局在广西、云南、广东 3 个省区的 18 个地市 48 个县市。

五、南方地区作物生产的特点与潜力

（一）南方地区作物生产的特点

南方地区，包括全国农业综合区划中的长江中下游、华南与西南三个区域的绝大部分面积，涵盖湘、鄂、赣、苏、浙、皖、沪、闽、粤、桂、滇、黔、川、渝、琼，是我国农业生产的优势区域。

1. 人多地少，自然资源丰富，复种指数高

根据中国统计年鉴，2000 年南方地区耕地面积（5573.5 万公顷）约占全国总耕地面积的 42.9%，人口（73004 万人）占全国总人口的 57.5%，农林牧渔业劳动力（19467.2 万人）占全国农林牧渔业总劳动力的 60.3%，农林牧渔业总产值占全国农林牧渔业总产值的 57.1%。人均耕地面积 0.076hm^2，劳均耕地 0.286hm^2，分别为全国平均的 73.8% 和 71.0%。但南方地区自然资源优越，大部分区域处于亚热带湿润区，年降水量 800～2000mm，≥0℃积温 5500℃以上，无霜期 210d 以上，最冷月气温多数在 5℃以上，一年四季均可种植作物，因此复种指数较高。

2000 年，全区平均复种指数为 145.4%，较全国平均（120.2%）高 25 个百分点。其中以湖南（202.4%）、福建（194.7%）、江西（188.8%）最高，云南（90.1%）、贵州（95.8%）、海南（118.9%）较低。

2. 主要作物生产在全国举足轻重

以 2000 年为例，南方地区主要作物总产量占全国总产量的比重分别为：粮食 54.1%

（其中稻谷占 86.1%），油料 54.4%（其中油菜籽占 85.8%），棉花 27.4%，麻类 47.3%，糖料 80%（其中甘蔗占 99.5%），烟叶 70.8%，蚕茧 75.1%，茶叶 97.4%，水果 44.9%。此外，我国的热带作物和热带水果仅适宜于南方地区种植。与作物生产密切相关的肉类生产量，南方地区占全国的 56.8%，其中猪肉占全国的 64.2%。

3. 作物生产的集约化程度较高，区域之间不平衡

南方地区作物生产集约化程度高，主要表现在：一是土地利用率较高，普遍实行多熟种植，尤其长江中下游地区是全国复种指数最高的区域。二是农田投入水平高，如 2000 年，每公顷商品化肥用量平均为 392.1kg，较全国平均高 23%。三是耕作水平较高，在精耕细作传统经验的基础上，广泛采用先进技术，在作物品种搭配、耕作栽培管理等方面都有适合自身特点的成套技术。但区域之间发展很不平衡，其中长江中下游地区集约化程度最高，华南区次之；西南区除四川盆地以外，一般均较为粗放，集约化程度低于全国平均水平。

4. 作物类型、品种资源丰富，种植制度复杂多样

南方地区地貌类型和生态环境复杂多样，为各种动植物的生存和演化提供了有利条件，成为我国生物资源最丰富的区域。全国种植的主要作物在南方地区均有栽培，而且不少作物为南方地区所特有。一些种植历史悠久、面积大、分布广的作物，品种资源十分丰富，能适应多种多样的生态条件和生产需求。由不同作物和品种所构成的种植方式也复杂多样，为因地制宜、因时制宜夺取作物生产的高产、稳产、优质和高效创造了有利条件。尤其是西南山地，水热条件垂直差异显著，形成了层次分明、多种多样的立体农业景观。

（二）南方地区作物生产的潜力

1. 作物单产有潜力可挖

2000 年，南方地区各种主要作物按播种面积单产（kg/hm²）为：稻谷 6217.1、小麦 3171.6、玉米 4342.0、豆类 1587.7、薯类 3611.4、油菜籽 1572.4、棉花 974.9、烟叶 1779.7，而同期全国平均单产分别为 6271.5、3738.3、4953.0、1735.2、3497.1、1518.7、1093.0、1775.9。由此可以看出，南方地区只有薯类、油菜籽、烟叶的单产高于或接近于全国平均水平，余者均低于全国平均水平。与世界先进水平相比差距更大，如 2000 年，澳大利亚稻谷单产为 9655kg/hm²、荷兰小麦单产 8554kg/hm²、新西兰玉米单产 10115kg/hm²。南方地区作物单产，省区之间不平衡，除烟叶外，作物单产极差可达 2～3 倍，这说明提高单产的潜力是巨大的。

2. 复种指数可适度提高

多熟种植是我国的传统，也是南方地区作物生产的优势。但近年来，复种指数呈下降趋势，这对充分利用温光资源、缓和人地矛盾显然是不利的。南方地区温光资源充裕，劳力充沛，多熟增产的潜力最大，尤其是华南三熟区，约有 3/4 的冬闲田，通过扩种晚秋作物和冬种，以及在交通方便的地区建立"南种北运"的冬季鲜菜生产基地等，约可增加复种指数 50 个百分点。南岭以北、长江以南区域，尽管目前复种指数居全国之冠，但仍有 1/3～1/2 的冬闲田，除去冬季不宜利用的冷浸田、渍涝田外，约有 20%～30% 的面积可适当恢复和发展"双三制"和再生稻。

3. 土地用养结合亟待重视

20 世纪 80 年代以前，绿肥和有机肥是南方发展双季稻的主要肥源，特别是长江中下游地区，绿肥种植面积曾达双季稻田面积的 60%～80%。20 世纪 80 年代以后，随着化肥用量的增加，绿肥面积逐年下降，有机肥施用量也不断减少。长江中下游地区，化肥施用量已接近或超过发达国家水平。大量施用化肥在促进作物增产的同时，也带来了一系列的经济和生

态问题，如施肥的报酬递减、病虫危害加剧、土壤理化性状恶化、土壤肥力下降、水资源污染等。为确保作物生产的可持续发展，必须加强养地，尤其要重视生物养地，适当恢复绿肥种植面积，发挥种植制度复杂多样的优势，实行合理轮作，推广秸秆还田，优化施肥技术，提高施肥效果。

4. 作物抗灾生产技术亟待发展

南方地区热量和降雨量的年际变化较大，气候灾害频繁。常年受灾面积约占耕地面积的40%，其中以水灾和旱灾为主。南方地区常年水灾受灾面积约占全国水灾面积的60%，尤其是广东沿海、桂北、赣东北、湘西北、四川盆地西部等为全国多暴雨地区，最易发生雨涝。旱灾发生面积常年约占全国旱灾面积的30%。

除旱涝灾害外，寒露风、冰雹、台风对作物生产的危害也较大。因此，针对南方地区自然灾害的发生特点和规律，研究推广适用的抗灾、避灾栽培技术，对于促进作物高产、稳产具有重要意义，前景广阔。

六、作物生产与粮食安全

（一）我国作物生产概况

我国作物生产主要以粮食生产为主，1980年以前粮食作物占播种面积的80%以上。20世纪80年代后，随着产量水平的提高，人均粮食水平得到保障，经济作物的比重有所增加。现在，随着农村经济的发展和粮食产量出现暂时低水平供求平衡或局部地区供大于求，各地加大了种植结构调整力度，高经济价值作物的种植比例不断扩大（表0-1）。

表 0-1　我国作物播种面积及种植结构变化

年份/年	播种面积/万公顷	粮食/%	棉花/%	油料/%	糖料/%	蔬菜/%	其他/%
1955	15.108	85.9	3.8	4.5	0.2	1.7	3.8
1965	14.329	83.5	3.5	3.6	0.4	1.0	8.0
1984	14.422	78.3	3.6	8.2	1.1	1.2	7.7
1990	14.836	76.5	3.8	7.3	1.1	4.3	7.0
2000	15.630	69.3	2.6	9.8	1.0	11.0	6.2
2005	15.549	67.1	3.3	9.2	1.0	12.8	6.6

水稻、小麦、玉米是我国三大粮食作物，2005年占我国粮食总播种面积的74.8%及粮食总产的86.2%（表0-2），其中种植面积和总产稻谷均居第一，玉米均居第二，小麦均居第三。经济作物中（不包括蔬菜和水果），以棉花、油料作物为主，其次为糖料、烟叶、茶叶、麻类等作物。

表 0-2　我国主要农作物的播种面积和产量（2005 年）

作物种类	播种面积/万公顷	总产量/万吨	作物种类	播种面积/万公顷	总产量/万吨
粮食作物			经济作物		
1. 谷物	8187.4	42776.0	1. 油料	1431.8	3077.1
稻谷	2884.7	18058.8	2. 棉花	506.2	571.4
小麦	2279.3	9744.5	3. 麻类	33.5	110.5
玉米	2635.8	13936.5	4. 糖料	156.4	9451.9
2. 豆类	1290.1	2157.7	5. 烟叶	136.3	268.3
3. 薯类	950.3	3468.5	6. 蔬菜	1772.1	
			7. 茶叶	135.2	93.5
			8. 水果	1003.5	16120.1

注：资料来源：中国统计年鉴（2006 年）。

（二）我国的粮食安全建设

粮食安全始终是关系我国国民经济发展、社会稳定和国家自立的全局性重大战略问题。保障我国粮食安全，对实现全面建设小康社会的目标、构建社会主义和谐社会和推进社会主义新农村建设具有十分重要的意义。

1. 我国粮食安全取得的成就

新中国成立以来，党中央、国务院高度重视粮食安全问题，始终把农业放在发展国民经济的首位，千方百计促进粮食生产，较好地解决了人民吃饭问题，取得了举世公认的成就，为世界粮食安全做出了巨大贡献。主要体现在：①粮食综合生产能力保持基本稳定；②粮食流通体制改革取得重大突破；③粮食安全政策支持体系初步建立；④粮食宏观调控体系逐步完善。

2. 我国粮食安全面临的挑战

我国农业仍然是国民经济的薄弱环节，随着工业化和城镇化的推进，我国粮食安全面临的形势出现了一些新情况和新问题：粮食生产逐步恢复，但继续稳定增产的难度加大；粮食供求将长期处于紧平衡状态，农产品进出口贸易出现逆差，大豆和棉花进口量逐年扩大；主要农副产品价格大幅上涨，成为经济发展中的突出问题。从中长期发展趋势看，受人口、耕地、水资源、气候、能源、国际市场等因素变化影响，上述趋势难以逆转，我国粮食和食物安全将面临严峻挑战：①消费需求呈刚性增长；②耕地数量逐年减少；③水资源短缺矛盾凸现；④供需区域性矛盾突出；⑤品种结构性矛盾加剧；⑥种粮比较效益偏低；⑦全球粮食供求偏紧。

3. 保障粮食安全的指导思想和主要目标

（1）指导思想　以邓小平理论和"三个代表"重要思想为指导，全面落实科学发展观，按照全面建设小康社会、构建社会主义和谐社会和建设社会主义新农村的重大战略部署和总体要求，坚持立足于基本靠国内保障粮食供给，加大政策和投入支持力度，严格保护耕地，依靠科学技术进步，着力提高粮食综合生产能力，增加食物供给；完善粮食流通体系，加强粮食宏观调控，保持粮食供求总量基本平衡和主要品种结构平衡，构建适应社会主义市场经济发展要求和符合我国国情的粮食安全保障体系。

保障国家粮食安全，必须坚持以下原则：

① 强化生产能力建设。严格保护耕地特别是基本农田，加强农田基础设施建设，提高粮食生产科技创新能力，强化科技支撑，着力提高粮食单产水平，优化粮食品种结构。合理利用非耕地资源，增加食物供给来源。

② 完善粮食市场机制。加强粮食市场体系建设，促进粮食市场竞争，充分发挥市场在资源配置方面的基础性作用。

③ 加强粮食宏观调控。完善粮食补贴和价格支持政策，保护和调动地方政府重农抓粮积极性和农民种粮积极性。健全粮食储备制度，加强粮食进出口调剂，健全粮食宏观调控机制。

④ 落实粮食安全责任。坚持粮食省长负责制，增强销区保障粮食安全的责任。

⑤ 倡导科学节约用粮。改进粮食收获、储藏、运输、加工方式，降低粮食产后损耗，提高粮食综合利用效率。倡导科学饮食，减少粮食浪费。

（2）主要目标　为保证到 2020 年人均粮食消费量不低于 395kg，要努力实现以下目标。

专栏一：2020 年保障国家粮食安全主要指标

类别	指标	2007 年	2010 年	2020 年	属性
生产水平	耕地面积/亿亩	18.26	≥18.0	≥18.0	约束性
	其中:用于种粮的耕地面积	11.2	>11.0	>11.0	预期性
	粮食播种面积/亿亩	15.86	15.8	15.8	约束性
	其中:谷物	12.88	12.7	12.6	预期性
	粮食单产水平/(千克/亩)	316.2	325	350	预期性
	粮食综合生产能力/亿千克	5016	≥5000	>5400	约束性
	其中:谷物	4563	≥4500	>4750	约束性
	油料播种面积/亿亩	1.7	1.8	1.8	预期性
	牧草地保有量/亿亩	39.3	39.2	39.2	预期性
	肉类总产量/万吨	6800	7140	7800	预期性
	禽蛋产量/万吨	2526	2590	2800	预期性
	牛奶总产量/万吨	3509	4410	6700	预期性
供需水平	国内粮食生产与消费比例/%	98	≥95	≥95	预期性
	其中:谷物	100	100	100	预期性
物流水平	粮食物流"四散化"比重/%	20	30	55	预期性
	粮食流通环节损耗率/%	8	6	3	预期性

注：2007 年和 2010 年有关产量数据以统计局最终公布数据为准。

① 稳定粮食播种面积。到 2020 年，耕地保有量不低于 18 亿亩，基本农田数量不减少、质量有提高。全国谷物播种面积稳定在 12.6 亿亩以上，其中稻谷稳定在 4.5 亿亩左右。在保证粮食生产的基础上，力争油菜籽、花生等油料作物播种面积恢复到 1.8 亿亩左右。

② 一保障粮食等重要食物基本自给。粮食自给率稳定在 95% 以上，到 2020 年粮食综合生产能力达到 5400 亿千克以上。其中，稻谷、小麦保持自给，玉米保持基本自给。畜禽产品、水产品等重要品种基本自给。

③ 保持合理粮食储备水平。中央和地方粮食储备保持在合理规模水平。粮食库存品种结构趋向合理，小麦和稻谷比重不低于 70%。

④ 建立健全"四散化"粮食物流体系。加快发展以散装、散卸、散存和散运为特征的"四散化"粮食现代物流体系，降低流通成本，提高粮食流通效率。到 2020 年全国粮食物流"四散化"比例提高到 55%。

4. 保障粮食安全的主要任务

（1）提高粮食生产能力　加强耕地和水资源保护。采取最严格的耕地保护措施，确保全国耕地保有量不低于 18 亿亩，基本农田保有量不低于 15.6 亿亩，其中水田面积保持在 4.75 亿亩左右。严格控制非农建设占用耕地，加强对非建设性占用耕地的管理，切实遏制耕地过快减少的势头。不断优化耕地利用结构，合理调整土地利用布局，加大土地整理复垦，提高土地集约利用水平。继续实施沃土工程、测土配方施肥工程。改进耕作方式，发展保护性耕作。合理开发、高效利用、优化配置、全面节约、有效保护和科学管理水资源，加大水资源工程建设力度，提高农业供水保证率，严格控制地下水开采。加强水资源管理，加快灌区水管体制改革，对农业用水实行总量控制和定额管理，提高水资源利用效率和效益。严格控制面源污染，引导农户科学使用化肥、农药和农膜，大力推广使用有机肥料、生物肥料、生物农药、可降解农膜，减少对耕地和水资源的污染，切实扭转耕地质量和水环境恶化趋势，保护和改善粮食产地环境。

切实加强农业基础设施建设。下大力气加强农业基础设施特别是农田水利设施建设，稳步提高耕地基础地力和产出能力。加快实施全国灌区续建配套与节水改造及其末级渠系节水改造，完善灌排体系建设；适量开发建设后备灌区，扩大水源丰富和土地条件较好地区的灌溉面积；积极发展节水灌溉和旱作节水农业，农业灌溉用水有效利用系数由 2005 年的 0.45 提升到 2020 年的 0.55 以上。实施重点涝区治理，加快完成中部粮食主产区大型排涝泵站更新改造，提高粮食主产区排涝抗灾能力。狠抓小型农田水利建设，抓紧编制和完善县级农田水利建设规划，整体推进农田水利工程建设和管理。加强东北黑土区水土流失综合治理和水利设施建设，稳步提高东北地区水稻综合生产能力。强化耕地质量建设，稳步提高耕地基础地力和持续产出能力。大力推进农业综合开发和基本农田整治，加快改造中低产田，建设高产稳产、旱涝保收、节水高效的规范化农田。力争到 2020 年中低产田所占比重降到 50% 左右。

着力提高粮食单产水平。强化科技支撑，大力推进农业关键技术研究，力争粮食单产有大的突破，到 2020 年全国粮食单产水平提高到每亩 350kg 左右。大力促进科技创新，强化农业生物技术和信息技术的应用，加强科研攻关，实施新品种选育、粮食丰产等科技工程，启动转基因生物新品种培育重大专项，提高生物育种的研发能力和扩繁能力，力争在粮食高产优质品种选育、高效栽培模式、农业资源高效利用等方面取得新突破，加快培育形成一批具有自主知识产权的高产、优质、抗性强的粮油品种。实施农业科技入户工程，集成推广超级杂交稻等高产优质粮食新品种、高效栽培技术、栽培模式，提倡精耕细作。主要粮食作物良种普及率稳定在 95% 以上。科技对农业增长的贡献率年均提高 1 个百分点。

加强主产区粮食综合生产能力建设。按照资源禀赋、生产条件和增产潜力等因素，科学谋划粮食生产布局，明确分区功能和发展目标。集中力量建设一批基础条件好、生产水平高和粮食调出量大的核心产区；在保护生态前提下，着手开发一批有资源优势和增产潜力的后备产区。核心产区、后备产区等粮食增产潜力较大的地区要抓紧研究增加本地区粮食生产的规划和措施。加快推进优势粮食品种产业带建设，优先抓好小麦、稻谷等品种生产，在稳定南方地区稻谷生产的同时，促进东北地区发展粳稻生产。继续扩大优质稻谷、优质专用小麦、优质专用玉米、高油高蛋白大豆和优质薯类杂粮的种植面积。在粮食主产省和西部重要产粮区，继续实施优质粮食产业工程、大型商品粮生产基地项目和农业综合开发项目等。积极推行主要粮食作物全程机械化作业，促进粮食生产专业化和标准化发展。抓好非主产区重点产粮区综合生产能力建设，扩大西部退耕地区基本口粮田建设，稳定粮食自给水平。在稳定发展粮油生产的基础上，合理调整农用地结构和布局，促进农业产业结构和区域布局的优化。

专栏二：粮食生产能力建设重点工程

大型商品粮生产基地 在粮食主产省及非主产省的重要粮食产区，以地市为单位，集中连片建设高产稳产大型商品粮生产基地，重点加强小型农田水利、良种繁育等粮食生产基础设施建设，提高粮食综合生产能力。

优质粮食产业工程 在粮食主产县（场），建设标准粮田，提高粮食综合生产能力。

粮食丰产科技工程 在粮食主产区，建立核心试验区、示范区、辐射区；研制优化丰产技术新模式，力争在小麦、水稻、玉米三大粮食作物超高产优质品种筛选利用、粮食主产区大面积持续均衡增产、粮食无公害生产、粮食防灾减灾和产后减损等领域取得重大突破。

　　生物育种专项　围绕提高农产品品质、效益，促进农业产业结构调整，选育并大面积推广应用优质、高产、高效、多抗的农业新品种；培育若干具有核心竞争力的大型种业企业（集团），使我国动植物新品种的推广与应用取得重大突破，显著提高农产品产量和效益。

　　种子工程　加强农作物种质资源保存、品种改良、良种繁育及种子质量监测等基础设施建设，使良种覆盖率稳定在95%左右。

　　农业科技入户工程　以优势农产品和优势产区为重点，以推广主导品种、主推技术和实施主体培训为关键措施，实现培育100万个科技示范户，辐射带动2000万农户，发展1万个新型农业技术服务组织。

　　大型灌区续建配套和节水改造工程　开展灌区续建配套与节水工程，提高灌溉水利用效率和灌区生产能力，力争到2020年基本完成全国大型灌区续建配套与节水改造任务。

　　大型排涝泵站改造工程　实施中部粮食主产区大型排涝泵站更新改造，进一步增强排涝能力，促进农业综合生产能力的提高。

　　旱作农业示范　建设农田抗旱节水设施，推广旱作节水农业技术，提高降水利用率、土壤肥力和抗旱能力，提高旱区农业生产水平。

　　植保工程　加强农业有害生物预警与监控体系、优势农产品有害生物非疫区、技术支撑等建设，提高我国抵御农业有害生物灾害的能力。

　　健全农业服务体系。加强粮食等农作物种质资源保护、品种改良、良种繁育、质量检测等基础设施建设。推进农业技术推广体系改革和建设，整合资源，建立高效、务实、精干的基层涉农服务机构，强化农技推广服务功能。大力推进粮食产业化发展，提高粮食生产组织化程度。加强病虫害防治设施建设，建立健全重要粮食品种有害生物预警与监控体系，提高植物保护水平。健全农业气象灾害预警监测服务体系，提高农业气象灾害预测和监测水平。完善粮食质量安全标准，健全粮食质量安全体系。加强农村粮食产后服务，健全农业信息服务体系。

　　（2）利用非粮食物资源　大力发展节粮型畜牧业。调整种养结构，逐步扩大优质高效饲料作物种植，大力发展节粮型草食畜禽。加强北方天然草原保护和改良，充分利用农区坡地和零星草地，建设高产、稳产人工饲草地，提高草地产出能力。加快南方草地资源的开发，积极发展山地和丘陵多年生人工草地、一年生高产饲草，扩大南方养殖业的饲草来源。力争在2020年之前全国牧草地保有面积稳定在39.2亿亩以上。加快农区和半农区节粮型畜牧业发展，积极推行秸秆养畜。转变畜禽饲养方式，促进畜牧业规模化、集约化发展，提高饲料转化效率。

　　积极发展水产养殖业和远洋渔业。充分利用内陆淡水资源，积极推广生态、健康水产养殖。发展稻田和庭院水产养殖，合理开发低洼盐碱地水产养殖，扩大淡水养殖面积。合理利用海洋资源，加强近海渔业资源保护，扩大、提高远洋捕捞的规模和水平。加强水产资源和水域生态环境保护，促进水产养殖业可持续发展。

　　促进油料作物生产。在优先保证口粮作物生产的基础上，努力扩大大豆、油菜籽等主要油料作物生产，稳定食用植物油的自给率。继续建设东北地区高油大豆、长江流域"双低"（低芥酸、低硫苷）油菜生产基地。鼓励和引导南方地区利用冬闲田发展油菜生产。加强油料作物主产区农田水利基础设施建设，加快油料作物优良品种选育，大力推广高产高油新品种，着力提高大豆、油菜籽和花生等油料作物单产和品质。积极开发特种油料，大力发展芝麻、胡麻、油葵等作物生产，充分利用棉籽榨油。

　　大力发展木本粮油产业。合理利用山区资源，大力发展木本粮油产业，建设一批名、特、优、新木本粮油生产基地。积极培育和引进优良品种，加快提高油茶、油橄榄、核桃、板栗等木本粮油品种的品质和单产水平。积极引导和推进木本粮油产业化，促进木本粮油产品的精深加工，增加木本粮油供给。

专栏三：非粮食物发展重点工程

　　长江流域"双低"油菜生产基地　在长江流域油菜主产区以地市为单位，依托育种科研院所，集中连片建立"双低"油菜生产基地，改良品种，改善品质，提高产量。

　　糖料基地建设　重点支持广西、云南、广东、海南等甘蔗优势产区建设甘蔗生产基地，改善田间灌溉条件，加快甘蔗新品种繁育和推广。

　　生猪和奶牛标准化规模养殖小区（场）建设　改造生猪和奶牛规模养殖小区（场）粪污处理以及水、电、路、防疫等配套设施，提高生猪和奶牛标准化规模饲养水平。

　　畜禽水产良种工程　建设畜禽水产原、良种场，改善种质资源保护及品种性能测定设施，提高畜禽水产良种繁育水平。

　　（3）加强粮油国际合作　完善粮食进出口贸易体系。积极利用国际市场调节国内供需。在保障国内粮食基本自给的前提下，合理利用国际市场进行进出口调剂。继续发挥国有贸易企业在粮食进出口中的作用。加强政府间合作，与部分重要产粮国建立长期、稳定的农业（粮油）合作关系。实施农业"走出去"战略，鼓励国内企业"走出去"，建立稳定可靠的进口粮源保障体系，提高保障国内粮食安全的能力。

　　（4）完善粮食流通体系　继续深化粮食流通体制改革。积极推进现代粮食流通产业发展，努力提高粮食市场主体的竞争能力。继续深化国有粮食企业改革，推进国有粮食企业兼并重组，重点扶持一批国有粮食收购、仓储、加工骨干企业，提高市场营销能力，在粮食收购中继续发挥主渠道作用。鼓励和引导粮食购销、加工等龙头企业发展粮食订单生产，推进粮食产业化发展。发展农民专业合作组织和农村经纪人，为农民提供粮食产销服务。引导各类中介组织开展对农民的市场营销、信息服务和技术培训，增强农民的市场意识。充分发挥粮食协会等中介组织行业自律和维护市场秩序作用。

　　健全粮食市场体系。重点建设和发展大宗粮食品种的区域性、专业性批发市场和大中城市成品粮油批发市场。发展粮食统一配送和电子商务。积极发展城镇粮油供应网络和农村粮食集贸市场。稳步发展粮食期货交易，引导粮食企业和农民专业合作组织利用期货市场规避风险。建立全国粮食物流公共信息平台，促进粮食网上交易。

　　加强粮食物流体系建设。编制实施粮食现代物流发展规划，推进粮食物流"四散化"变革。加快改造跨地区粮食物流通道，重点改造和建设东北地区粮食流出、黄淮海地区小麦流出、长江中下游地区稻谷流出以及玉米流入、华东地区和华南沿海地区粮食流入、京津地区粮食流入等跨地区粮食物流通道。在交通枢纽和粮食主要集散地，建成一批全国性重要粮食物流节点和粮食物流基地。重点加强散粮运输中转、接收、发放设施及检验检测等相关配套设施的建设。积极培育大型跨区域粮食物流企业。大力发展铁海联运，完善粮食集疏运网络。提高粮食物流技术装备水平和信息化程度。

　　（5）完善粮食储备体系　完善粮食储备调控体系。进一步完善中央战略专项储备与调节周转储备相结合、中央储备与地方储备相结合、政府储备与企业商业最低库存相结合的粮油储备调控体系，增强国家宏观调控能力，保障国家粮食安全。①中央战略专项储备主要用于保证全国性的粮食明显供不应求、重大自然灾害和突发性事件的需要。②中央调节周转储备主要用于执行中央政府为保护农民利益而实行的保护性收购预案，调节年度间丰歉。③地方储备主要用于解决区域性供求失衡、突发性事件的需要及居民口粮应急需求。各省（区、市）储备数量按"产区保持3个月销量、销区保持6个月销量"的要求，由国家粮食行政主管部门核定，并做好与中央储备的衔接。④所有从事粮食收购、加工、销售的企业必须承担粮油最低库存义务，具体标准由省级人民政府制定。积极鼓励粮食购销企业面向农民和用粮企业开展代购、代销、代储业务，提倡农户科学储粮。

优化储备布局和品种结构。逐步调整优化中央储备粮油地区布局，重点向主销区、西部缺粮地区和贫困地区倾斜；充分利用重要物流节点、粮食集散地，增强对大中城市粮食供应的保障能力。按照"优先保证口粮安全，同时兼顾其他用粮"的原则，优化中央储备粮和地方储备粮品种结构，保证小麦和稻谷的库存比例不低于70%，适当提高稻谷和大豆库存比例；逐步充实中央和地方食用植物油储备；重点大中城市要适当增加成品粮油储备，做好粮油市场的应急供应保障。

健全储备粮管理机制。加强中央储备粮垂直管理体系建设。健全中央储备粮吞吐轮换机制。建立销区地方储备粮轮换与产区粮食收购紧密衔接的工作机制。完善储备粮监管制度，确保数量真实、质量良好和储存安全。加强储备粮仓储基础设施建设，改善储粮条件，提高粮食储藏技术应用水平，确保储粮安全。

（6）完善粮食加工体系　大力发展粮油食品加工业。引导粮油食品加工业向规模化和集约化方向发展。按照"安全、优质、营养、方便"的要求，推进传统主食食品工业化生产，提高优、新、特产品的比重。推进粮油食品加工副产品的综合利用，提高资源利用率和增值效益。强化粮油食品加工企业的质量意识和品牌建设，促进粮油食品加工业的健康、稳定发展。

积极发展饲料加工业。我国玉米生产首先是满足养殖业发展对饲料的需要。优化饲料产业结构，改进饲料配方技术，加快发展浓缩饲料、精料、补充料和预混合饲料，提高浓缩饲料和预混合饲料的比重，建立安全优质高效的饲料生产体系。大力开发和利用秸秆资源，缓解饲料对粮食需求的压力。积极开发新型饲料资源和饲料品种，充分利用西部资源优势，建立饲料饲草等原料生产基地。

专栏四：粮食流通、加工领域重点工程

粮食现代物流体系建设　建设和改造六大粮食跨地区物流通道，包括东北地区粮食流出、黄淮海地区小麦流出通道，长江中下游地区稻谷流出及玉米流入、华东沿海地区粮食流入、华南粮食流入、京津地区粮食流入通道等。重点加强上述六大通道上主要粮食物流节点的散粮中转库、接收发放设施及大型粮食批发市场散粮物流设施建设，完善散粮运输工具和粮食物流信息系统及检验检测设施等。

储备粮油仓储设施建设和改造　重点建设和改造部分储备油库（油罐）、重点大中城市成品粮油储备库，完善现有储备粮库仓储设施。

农户科学储粮示范推广　在主要粮食主产区和西部地区，扶持一批农户建设标准化小型粮仓或配置标准化储粮器具，改善农户粮食收获后的储藏和处理条件，推广科学储粮技术，降低粮食产后损耗率。

新型饲料开发利用　为保证国家食物安全，提升养殖业规模化、集约化水平、推动养殖业快速发展，重点发展新型饲料，推动青贮玉米、秸秆等开发利用，提高配合饲料和专用饲料比例。

食品装备自主化示范　从食品包装和机械行业实际出发，以市场需求为导向，重点选择国内食品加工和包装机械行业中具有一定基础、市场前景广阔、技术含量高、产业关联度强、能够填补国内空白的行业给予扶持，创建知名品牌，逐步扩大其国内外市场份额。

粮油加工技术改造和产业升级　鼓励现有粮食加工企业在生产能力、产品品种、资源利用及管理技术等方面进行整合，支持一批国内大中型粮油加工企业进行技术改造，推广和促进采用先进适用技术装备，实现粮油资源的合理利用，降低损耗，提高生产效益。

粮油市场调控预警信息服务系统　整合现有粮油市场信息资源，建立涵盖粮油生产、消费、加工、销售、进出口、库存、市场供求及价格的监测预警体系，及时掌握粮油供求形势、流通和市场动态，科学分析粮油供求形势和变化趋势，做好预调控和点调节，正确引导粮油市场预期。

适度发展粮食深加工业。在保障粮食安全的前提下，发展粮食深加工业。生物质燃料生产要坚持走非粮道路，把握"不与粮争地，不与人争粮"的基本原则，严格控制以粮食为原料的深加工业发展。制订和完善粮食加工行业发展指导意见，加强对粮食深加工业的宏观调控和科学规划，未经国务院投资主管部门核准一律不得新建和扩建玉米深加工项目。

5. 保障粮食安全的主要政策和措施

（1）强化粮食安全责任　保障粮食安全始终是治国安邦的头等大事。地方各级人民政府和各有关部门要统一思想，提高认识，高度重视粮食安全工作。要建立健全中央和地方粮食安全分级责任制，全面落实粮食省长负责制。省级人民政府全面负责本地区耕地和水资源保护、粮食生产、流通、储备及市场调控工作。主产区要进一步提高粮食生产能力，为全国提供主要商品粮源；主销区要稳定现有粮食自给率；产销平衡区要继续确保本地区粮食产需基本平衡，有条件的地方应逐步恢复和提高粮食生产能力。要将保护耕地和基本农田、稳定粮食播种面积、充实地方储备及落实粮食风险基金地方配套资金等任务落实到各省（区、市），并纳入省级人民政府绩效考核体系，建立有效的粮食安全监督检查和绩效考核机制。国务院有关部门负责全国耕地和水资源保护、粮食总量平衡，统一管理粮食进出口，支持主产区发展粮食生产，建立和完善中央粮食储备，调控全国粮食市场和价格。要不断完善政策，进一步调动各地区、各部门和广大农民发展粮食生产的积极性。

粮食经营者和用粮企业要按照法律、法规要求，严格落实粮食经营者保持必要库存的规定，履行向当地粮食行政管理部门报送粮食购销存等基本数据的义务。所有粮食经营者必须承担粮食应急任务，在发生紧急情况时服从国家统一安排和调度。

（2）严格保护生产资源　坚持家庭承包经营责任制长期稳定不变，加快农业经营体制机制创新。依法推进农村土地承包经营权流转，在有条件的地方培育发展多种形式适度规模经营的市场环境，促进土地规模化、集约化经营，提高土地产出效率。

落实省级人民政府耕地保护目标责任制度，严格执行耕地保护分解任务，把基本农田落实到地块和农户，确保基本农田面积不减少、用途不改变、质量有提高。加强土地利用总体规划、城市总体规划、村庄和集镇规划实施的管理。加强土地利用年度计划管理，严格控制非农建设用地规模，推进土地集约、节约利用。严格执行征地听证和公告制度，强化社会监督。严格执行耕地占补平衡制度，加强对补充耕地质量等级的评定和审核，禁止跨省区异地占补。完善征地补偿和安置制度，健全土地收益分配机制。研究建立耕地撂荒惩罚制度。健全国家土地督察制度，严格土地执法，坚决遏制土地违规违法行为。

加强草原等非耕地资源的保护与建设。建立基本草原保护制度，划定基本草原，任何单位和个人不得擅自征用、占用基本草原或改变其用途。建立划区轮牧、休牧和禁牧制度，逐步实现草畜平衡。加强对草原生态的保护与建设，加快实施天然草原退牧还草工程，防止草原退化和沙化。积极研究推进南方草地资源保护和开发利用。加强对水域、森林资源的保护。

（3）加强农业科技支撑　建立以政府为主导的多元化、多渠道农业科研投入体系，增加对农业（粮食）科研的投入。国家重大科技专项、科技支撑计划、863计划、973计划等要向农业领域倾斜。继续安排农业科技成果转化资金，加快农业技术成果的集成创新、中试熟化和推广普及。

建立健全农业科技创新体系，加快推进农业科技进步。加强国家农业科研基地、区域性科研中心的创新能力建设，推动现代农业产业技术体系建设，提升农业区域创新能力。逐步构建以国家农技推广机构为主体、科研单位和大专院校广泛参与的农业科技成果推广体系。深化农业科研院所改革，建立科技创新激励机制，鼓励农业科研单位、大专院校参与农业科技研发和推广，充分发挥其在农业科研和推广中的作用。

引导和鼓励涉农企业、农民专业合作经济组织开展农业技术创新和推广活动，积极为农民提供科技服务。深入实施科技入户工程，加大重大技术推广支持力度，继续探索农业科技成果进村入户的有效机制和办法。大力发展农村职业教育，完善农民科技培训体系，调动农民学科学、用科技的积极性，提高农民科学种粮技能。加强农业科技国际合作交流，增强自主创新能力。

（4）加大支持投入力度　增加粮食生产的投入。强化农业基础，推动国民收入分配和国家财政支出重点向"三农"倾斜，大幅度增加对农业和农村的投入，努力增加农民收入。各级人民政府要按照存量适度调整、增量重点倾斜的原则，不断加大财政支农力度。优化政府支农投资结构，重点向提高粮食综合生产能力倾斜，切实加大对农田水利等基础设施建设投入。增加国家对基本农田整理、土地复垦、农业气象灾害监测预警设施建设、农作物病虫害防治的投入。各类支持农业和粮油生产的投入，突出向粮食主产区、产粮大县、油料生产大县和基本农田保护重点地区倾斜。积极扶持种粮大户和专业户发展粮食生产。

加大金融对农村、农业的支持力度。逐步健全农村金融服务体系，完善农业政策性贷款制度，加大对粮油生产者和规模化养殖户的信贷支持力度，创新担保方式，扩大抵押品范围，保证农业再生产需要。

完善粮食补贴和奖励政策。完善粮食直补、农资综合直补、良种补贴和农机具购置补贴政策，今后随着经济发展，在现有基础上中央财政要逐年较大幅度增加对农民种粮的补贴规模。完善粮食最低收购价政策，逐步理顺粮食价格，使粮食价格保持在合理水平，使种粮农民能够获得较多收益。借鉴国际经验，探索研究目标价格补贴制度，建立符合市场化要求、适合中国国情的新型粮食价格支持体系，促进粮食生产长期稳定发展。继续实施中央对粮食（油料）主产县的奖励政策。加大对东北大豆、长江流域油菜籽和山区木本粮油生产的扶持力度。完善农业政策性保险政策，加快建立大宗粮食作物风险规避、损失补偿机制和灾后农田恢复能力建设的应急补助机制。

完善粮食风险基金政策。根据粮食产销格局变化，进一步完善粮食风险基金政策，加大对粮食主产区的扶持力度。

加强对粮食产销衔接的支持。建立健全粮食主销区对主产区利益补偿机制，支持主产区发展粮食生产。铁路和交通部门要加强对跨区域粮食运输的组织、指导和协调，优先安排履行产销合作协议的粮食运输。粮食主销区要支持销区的粮食企业到产区建立粮食生产基地，参与产区粮食生产、收购并定向运往销区。鼓励产区粮食企业到销区建立粮食销售网络，保证销区粮食供应。主产区粮食企业在销区建立物流配送中心和仓储设施的，主销区地方人民政府要给予必要支持。

加大对散粮物流设施建设的投入。引导多渠道社会资金建设散粮物流设施，积极推进粮食物流"四散化"变革。对服务于粮食宏观调控的重要物流通道和物流节点上的散装、散卸、散存、散运及信息检测等设施的建设，各级人民政府要予以支持。

（5）健全粮食宏观调控　健全粮食统计制度。完善粮食统计调查手段。加强对粮食生产、消费、进出口、市场、库存、质量等监测，加快建立粮食预警监测体系和市场信息会商机制。成立粮食市场调控部际协调小组，建立健全高效灵活的粮食调控机制。

健全和完善粮食应急体系。认真落实《国家粮食应急预案》的各项要求，形成布局合理、运转高效协调的粮食应急网络。增加投入，加强对全国大中城市及其他重点地区粮食加工、供应和储运等应急设施的建设和维护，确保应急工作需求。对列入应急网络的指定加工和销售企业，地方人民政府要给予必要的扶持，增强粮油应急保障能力。完善对特殊群体的粮食供应保障制度，保证贫困人口和低收入阶层等对粮食的基本需要。建立健全与物价变动相适应的城乡低保动态调整机制，确保城乡低收入群体生活水平不因物价上涨而降低。

完善粮食流通产业政策。进一步完善粮食市场准入制度，加快研究制定国内粮油收购、销售、储存、运输、加工等领域产业政策，完善管理办法。

加强粮食行政管理体系建设。落实和健全粮食行政执法、监督检查和统计调查职责，保障粮食宏观调控和行业管理需要。

（6）引导科学节约用粮　按照建设资源节约型社会的要求，加强宣传教育，提高全民粮食安全意识，形成全社会爱惜粮食、反对浪费的良好风尚。改进粮食收购、储运方式，加快推广农户科学储粮技术，减少粮食产后损耗。积极倡导科学用粮，控制粮油不合理的加工转化，提高粮食综合利用效率和饲料转化水平。引导科学饮食、健康消费，抑制粮油不合理消费，促进形成科学合理的膳食结构，提高居民生活和营养水平。建立食堂、饭店等餐饮场所"绿色餐饮、节约粮食"的文明规范，积极提倡分餐制。抓紧研究制定鼓励节约用粮、减少浪费的相关政策措施。

（7）推进粮食法制建设　认真贯彻执行《农业法》、《土地管理法》、《草原法》、《粮食流通管理条例》和《中央储备粮管理条例》等法律法规，加大执法力度。加强粮食市场监管，保证粮食质量和卫生安全，维护正常的粮食流通秩序。制定公布《粮食安全法》，制（修）订中央和地方储备粮管理、规范粮食经营和交易行为等方面的配套法规。

（8）制定落实专项规划　抓紧组织编制粮食生产、流通、储备、加工等方面的专项规划，形成各专项规划统一衔接的规划体系。各地区和各有关部门按照各专项规划的要求，抓好组织实施。

专栏五：拟编制的重点专项规划

一、全国新增 500 亿公斤粮食生产能力规划（2009—2020 年）　由发展改革委牵头会同农业部、水利部、交通运输部、环境保护部等部门组织编制。

二、耕地保护和土地整理复垦开发规划　由国土资源部牵头会同有关部门组织编制。

三、水资源保护和开发利用规划　由水利部牵头会同有关部门组织编制。

四、农业及粮食科技发展规划　由科技部牵头会同有关部门组织编制。

五、节粮型畜牧业发展规划　由农业部牵头会同有关部门组织编制。

六、油料及食用植物油发展规划　由发展改革委牵头会同农业部、粮食局、商务部、工业和信息化部、林业局等部门组织编制。

七、粮食现代物流发展规划　由发展改革委牵头会同粮食局等有关部门组织编制。

八、粮食储备体系建设规划　由发展改革委牵头会同粮食局、财政部、中储粮总公司等有关部门（单位）组织编制。

九、粮食加工业发展规划　由工业和信息化部牵头会同粮食局、农业部等有关部门组织编制。

十、促进居民科学健康消费粮油的政策措施　由粮食局牵头会同有关部门组织制定。

复习思考题

1. 作物栽培是一门什么样的课程？
2. 我国在作物起源中占有什么地位？
3. 记忆并默写 40 种以上的主要作物名称。
4. 我国古代作物栽培中哪些传统和经验值得我们继承？

5. "由谁养活中国"这一提问给予我们的启示是什么？

6. 你对"可持续农业"是怎样理解的？

7. 南方地区作物生产有什么特点？

8. 南方地区作物生产有什么潜力？

9. 我国粮食安全生产有什么新举措？

参 考 文 献

[1] 杨文钰，屠乃美. 作物栽培学各论（南方本）. 北京：中国农业出版社，2003.

[2] 杨守仁，郑丕尧. 作物栽培学概论. 北京：中国农业出版社，1989.

[3] 曹卫星. 作物学通论. 北京：高等教育出版社，2001.

第一章 作物生长发育与环境条件

第一节 作物的生长发育

一、作物生长发育的特性

（一）生长和发育

作物的一生中，有两种基本生命现象，即生长和发育。生长是指作物个体、器官、组织和细胞的数量、体积或干重的不可逆增加过程，是一个的量变过程，例如根、茎、叶、花、果实和种子的体积的扩大或干重增加。发育是指作物细胞、组织和器官的分化形成过程，也就是作物发生大小、形态、结构、功能上的质变过程，有时这种过程是可逆的。

生长是发育的基础，发育是进一步生长的保证，二者是交替推进的，必须协调发展。

（二）作物生长的一般过程

从作物个体生长来看，不论是整株重量的增加，还是茎的伸长，叶面积的扩大，果实、块根、块茎等体积增加，都不是无限的，都有一个生长的速度问题，表现出缓慢增长、快速增长、减速增长、缓慢下降的规律，呈"S"形变化。如玉米 0～18d 为缓慢增长期，18～45d 为快速增长期，45～55d 为减速增长期，55～90d 为缓慢下降期。

（三）生育期与生育时期

作物的生育期和生育时期是两个不同的概念，不可混淆。在作物栽培实践中，作物的生育期一般指从出苗到成熟所经历的总天数，用"日数"表示，即作物的一生，称为作物的全生育期。作物的整个生育期又可分为营养生长期和生殖生长期，如谷类作物在幼穗分化开始以前属营养生长期；幼穗分化开始到抽穗，属营养生长和生殖生长并进时期；抽穗后纯属生殖生长期。在上述两个生长期中，根据作物外部形态发生的变化，又可进一步划分为若干个生育时期。在作物的全生育期中根据其形态和生理上发生显著变化的特点，划分成几个阶段，称之为生育时期，由于作物种类的不同，划分的时期也各不相同。如谷类作物可明显分为出苗期、分蘗期、拔节期、孕穗期、抽穗期、开花期、成熟期；大豆可分为出苗期、分枝期、开花期、结荚期、鼓粒期、成熟期；油菜可分为出苗期、现蕾抽薹期、开花期、成熟期。

生产上，常把某作物在该地区的生育期长的品种称为晚熟品种，中等的称为中熟品种，生育期短的称为早熟品种。

二、作物的器官建成

（一）种子萌发

植物学上的种子是指由胚珠经受精后发育而成的有性繁殖器官。作物生产上的种子是泛指用于播种繁殖下一代的播种材料。它包括植物学上的三类器官：由胚珠发育而成的种子，如豆类、麻类、棉花、油菜等的种子；由整个子房发育而成的果实，如稻、麦、玉米、高粱、谷子的颖果；进行无性繁殖的根、茎、叶等，如甘薯的块根、马铃薯的块茎、甘蔗的茎节等。大多数作物是依靠种子（包括果实）进行繁殖的。

种子萌发的主要过程是胚恢复生长和形成一株独立生活的幼苗。所有有生命力的种子，当它已经完全后熟，脱离休眠状态之后，在适宜条件下，都能开始它的萌发过程，继之以营养生长。种子从吸胀开始的一系列有序的生理过程和形态发生过程，大致可分以下五个阶段。

1. 吸胀

为物理过程，种子浸于水中或落到潮湿的土壤中，其内的亲水性物质便吸引水分子，使种子体积迅速增大。吸胀开始时吸水较快，以后逐渐减慢。吸胀的结果使种皮变软或破裂，种皮对气体等的通透性增加，萌发开始。

2. 水合与酶的活化

这个阶段吸胀基本结束，种子细胞的细胞壁和原生质发生水合，原生质从凝胶状态转变为溶胶状态。各种酶开始活化，呼吸和代谢作用急剧增强。

3. 细胞分裂和增大

这时吸水量又迅速增加，胚开始生长，种子内贮存的营养物质开始大量消耗。

4. 胚突破种皮

胚生长后体积增大，突破种皮而外露。大多数种子先出胚根，接着长出胚芽。

5. 长成幼苗

以后长出根、茎、叶，形成幼苗。有的种子的下胚轴不伸长，子叶留在土中，只由上胚轴和胚芽长出土面生成幼苗，这类幼苗称为子叶留土幼苗，如豌豆、蚕豆等。有些植物如棉花、油菜、瓜类、菜豆等的种子萌发时下胚轴伸长，把子叶顶出土面，形成子叶出土幼苗。

种子的萌发，除了种子本身要具有健全的发芽力以及解除休眠期以外，也需要一定的环境条件，主要是充足的水分、适宜的温度和足够的氧气，要求水分、温度和空气三个因素的适度配合。

（二）根的生长

作物的根系有两种类型。一类是单子叶作物的根，属须根系。如禾谷类作物的须根系由初生根和次生根组成。种子萌发时，先生出1条主胚根，经过2~3d，陆续生出2~3对侧根，这些根统称初生根，一般有1~7条。次生根是禾谷类作物根系的主要构成部分，它们是从基部茎节上长出的不定根，数目不等。次生根出生的顺序是自芽鞘节开始渐次由下位节移向上位节。玉米、高粱、谷子近地面茎节上常发生一轮或数轮较粗的节根，也叫支持根。一类是双子叶作物的根，属直根系。如豆类、麻类、棉花、花生、油菜的根系由一条发达的主根和各级侧根构成，主根生长较快，下扎也较深。

作物根系有向水性，根系入土深浅与土壤水分有很大关系，如水田中水稻根系较浅，旱地作物根系较深，因此，为了使一些作物后期生长健壮，苗期要控制肥水供应，实行蹲苗，促使根系向纵深伸展。作物根系有趋肥性，在肥料集中的土层中，一般根系也比较密集，施磷肥有促进根系生长的作用。作物根系还有向氧性，因此土壤通气良好，是根系生长的必要条件。

（三）茎的生长

在单子叶作物中，禾谷类作物的茎多数为圆形，分为中空茎，如稻、麦等和实心茎，如玉米、高粱等。茎秆由许多节和节间组成，节的附近偏上部位有细胞分裂旺盛的居间分生组织。茎的高度和茎的节数因作物种类和品种而异，一般早熟品种矮，节数少，晚熟品种高，节数多。除地上可见的茎节外，禾谷类作物基部有节间极短的分蘖节，在适宜的条件下，分蘖节上着生的腋芽可长成分蘖。从主茎叶腋长出的分蘖称第一级分蘖，从第一级分蘖再长出的分蘖叫做第二级分蘖，以此类推。禾谷类作物地上部节间依靠居间分生组织的分裂和伸长，各节间的伸长是自下而上依次推进的。当植株基部伸长，节间的总长达到 $0.5\sim1.0cm$ 时，即可认为是开始拔节。

双子叶作物的顶芽和侧芽存在着一定生长相关性，当顶芽生长活跃时，侧芽生长受到抑制；而当顶芽因某种原因而停止生长时，侧芽则迅速生长。不同作物的生长特点形成了不同分枝方式，大田作物中茎的生长有两种方式，一种是单轴生长，主轴从下向上无限伸长，茎秆外形直立，主轴侧芽发展为侧枝，如向日葵、无限结荚习性的大豆、棉花的营养枝、麻等。另一种是合轴生长，主轴生长一段时间后停止生长，由靠近顶芽下方的一个侧芽代替顶芽形成一段主轴，以后新主轴顶芽又停止生长，再由下方侧芽产生新的一段主轴，茎秆的外形稍有弯曲，如棉花的果枝、油菜、花生等。

（四）叶的生长

作物的叶片是主要的光合作用器官。在单子叶作物中，禾谷类作物的叶一般由叶片、叶鞘组成，叶片呈条形或狭带形，叶鞘狭长而抱茎，具有保护、支持和输导作用，有些禾本科作物有叶舌、叶耳。双子叶作物的叶一般由叶片、叶柄和托叶组成，有完全叶和不完全叶之分，叶片的形状多样，叶片的大小决定于作物种类和品种，同时也受肥水、气温、光照等外界条件的影响。

作物叶的发育是从叶原基的出现开始的，需要经过顶端生长、边缘生长和居间生长三个阶段。首先进行的是顶端生长，叶原基顶端部分的细胞分裂，使叶原基伸长，变为锥形的叶轴，即未分化的叶柄和叶片，具有托叶的植物继续分化形成托叶。与此同时，在叶轴的两边各出现一行边缘分生组织，顶端生长停止后，边缘生长继续，形成扁平的叶片，边缘生长停止的部分形成叶柄。随后从叶尖开始向基性的居间生长，使叶不断长大直至成熟。

（五）花的发育

禾谷类作物的花序通称为穗。细分起来，小麦、大麦、黑麦为穗状花序，稻、高粱、糜子及玉米的雄花序为圆锥花序。禾谷类作物的穗分化开始于拔节前后，大致经过生长锥伸长、穗轴节片（麦类）或枝梗（黍类）分化、颖花分化、雌雄蕊分化、生殖细胞减数分裂及四分体形成、花粉粒充实完成几个阶段。双子叶作物中，棉花的花是单生的，豆类、花生、油菜属总状花序，烟草为圆锥或总状花序，甜菜为复总状花序。双子叶作物的花由花梗、花托、花萼、花冠、雄蕊和雌蕊组成，其分化发育大致分为以下几个阶段：花萼形成，花冠和雄蕊、雌蕊形成，花粉母细胞和胚囊母细胞形成，胚囊母细胞和花粉母细胞减数分裂形成四分体，胚囊和花粉粒成熟。

具有分枝（蘖）习性的作物，通常是主茎先开花，然后第一、第二分枝（蘖）渐次开花。同一花序上的花，有的下部花先开，然后向上，如棉花、油菜；有的中部花先开，然后向上向下，如小麦、玉米；有的上部花先开，然后向下，如水稻。

大田作物中是自花授粉的作物主要有水稻、小麦、大麦、大豆、豌豆、花生等；而玉米、白菜型油菜等为异花授粉作物；棉花、高粱、蚕豆、甘蓝型和芥菜型油菜等属常异花授粉作物。

（六）种子和果实发育

禾谷类作物1朵颖花只有1个胚珠，开花受精后子房与胚珠的发育同步进行，因此，果皮与种皮愈合而成颖果。双子叶作物1朵花有数个胚珠，开花受精后子房与胚珠的发育过程是相对独立的。一般子房首先开始迅速生长，形成铃或荚等果皮，胚珠发育成种子过程稍滞后，果实中种皮与果皮分离。

种子由胚珠发育而成，受精卵发育成胚，初生胚乳核发育成胚乳，珠被发育成种皮。豆类、油菜等胚乳会被发育中的胚所吸收，养分贮藏在子叶内，从而形成无胚乳种子。果实由子房发育而来，某些作物除了子房外，有些植物的花的其他部分甚至整个花序也参与果实的发育，从而形成假果，如油菜的角果由花柱、花柄、子房共同发育而成。

三、作物生长的相关性

（一）营养生长与生殖生长的关系

作物的一生基本可分为营养生长和生殖生长两个生育阶段。我们常把营养器官根、茎、叶的生长称为营养生长，一般在生育前期；把生殖器官花、果实、种子的生长称为生殖生长，主要在生育后期。二者通常以花芽分化（穗分化）为界限。当然，作物生长发育的两个阶段不是截然分开的，而是相互依赖，相互对立的，生殖生长需要以营养生长为基础，花芽必须在一定的营养生长的基础上才分化。生殖器官生长所需的养料，大部分是由营养器官供应的，营养器官生长不好，生殖器官自然也不会好。而且营养生长和生殖生长之间不协调，则造成对立，表现在：营养器官生长过旺，会影响到生殖器官形成和发育；生殖生长的进行会抑制营养生长。

因此，栽培上常常根据作物的特点采取相应的促控措施，协调营养生长与生殖生长的关系，来获得高产。

（二）地上部生长与地下部生长的关系

作物的地上部分（冠部）包括茎、叶、花、果实、种子，地下部分主要指根，也包括块茎、鳞茎等。地上部生长与地下部生长的关系是相互依赖、相互促进的。地上部分生长需要的水分和矿物质主要是由根系供给的，另外根系还能合成多种氨基酸、细胞分裂素、生物碱等供应地上部分，因此，根系发育得好，对地上部分生长也有利。叶片中制造的糖类、生长素、维生素等供应根以利根的生长，因此地上部分长得不好，根系也长不好。所谓的"根深叶茂"就是这个道理。但两者又是相互对立、相互制约的。例如过分旺盛的地上部分的生长会抑制地下部分的生长，只有两者比例比较适当，才可获得高产。在生产上，可用人工的方法加大或降低根冠比。一般说来，降低土壤含水量、增施磷钾肥、适当减少氮肥、中耕等，都有利于加大根冠比，反之则降低根冠比。

（三）作物器官的同伸关系

作物生长过程中各器官的发生、生长及某些特征的形成具有对应的同步关系，作物这种在同一时间内某些器官呈有规律同时生长或伸长，叫做作物器官的同伸关系，这些同时生长

（或伸长）的器官就是同伸器官。例如禾谷类作物主茎叶数比较稳定，植株叶片展开的全过程贯穿于根层、节间、叶片、叶鞘生长及雌雄穗分化过程的始终，且展开叶标志明显，易于观察。因此，可以用展开叶的叶序位做参照系，来判断其他器官的生长状况。如禾谷类作物水稻是主茎第 N 叶伸出的同时，第（$N-1$）叶鞘伸长，第（$N-2$）节间伸长（形成），第（$N-3$）分蘖伸出。

一般而言环境条件和栽培措施对同伸器官有同时促进或抑制的作用，因此，掌握这种关系可为作物器官的生长调控措施提供依据。

（四）个体与群体的关系

作物群体是指同一地块上的作物个体群。群体是与个体相对而言的，个体是群体的组成单位，群体是个体形成的整体。一个作物组成的个体群是单作群体，如清种；两种或两种以上作物组成的个体群是多种群体，如间作、混作。

作物生产是作物群体生产，我们所说的产量就是作物群体的产量，产量取决于每个个体的产量，但群体又不是个体的简单相加。个体的生长发育影响着群体内环境的改变，改变了的环境反过来又影响个体生长发育的反复过程称为反馈。群体的发展有自己的规律，主要是自动调节，但调节能力有限。栽培作物应该把群体和个体统一起来，既使个体充分发育，又使群体充分发展，达到高产的目的。

四、作物的温光反应特性

所谓作物品种的温光反应特性，是指作物必须经历一定的温度和光周期诱导后，才能从营养生长转为生殖生长，进行花芽分化或幼穗分化，进而才能开花结实。作物对温度和光周期诱导反应的特性，称为作物的温光反应特性。由于作物的感温和感光是在作物经过一定的营养生长后才有反应的，这一营养生长时期称为基本营养生长期，作物的这一特性也称为基本营养生长性。

（一）作物的感温性

一些二年生作物，如冬小麦、冬油菜等，在其营养生长期必须经过一段较低温度诱导，才能转为生殖生长，这段低温诱导也称为春化。不同作物和不同品种对低温的范围和时间要求不同，一般可将其分为冬性类型、半冬性类型和春性类型。

冬性类型：这类作物品种春化必须经历低温，春化时间较长。一般为晚熟品种、中晚熟品种。

半冬性类型：这类作物品种春化对低温的要求介于冬性类型和春性类型之间，春化时间相对较短。一般为中熟品种、中早熟品种。

春性类型：这类作物品种春化对低温的要求不严格，春化时间较短。一般为早熟品种、极早熟品种。

（二）作物的感光性

作物花器分化和形成，除温度的诱导外，还必须一定的光周期诱导。不同作物品种需要一定的光周期诱导的特性，称为感光性。分为三种类型：

短日照作物：日照长度短于一定的临界日长时，才能开花的作物。

长日照作物：日照长度长于一定的临界日长时，才能开花的作物。

日中性作物：开花之前并不需要一定的昼夜长短，只需达到一定的基本营养生长期。

（三）作物温光反应特性在生产上的应用

1. 引种上的应用

生产上在引用一个新品种的时候，由于在短日照作物生长季内，从南到北，温度由高到低，日照由短变长，所以南种北引会延迟成熟，要考虑能否安全齐穗问题；北种南引，将提早成熟，营养生长期缩短，要考虑能否高产问题；长日照作物则相反。基本营养生长性强的品种，适应性大，远距离引种较易成功。

2. 栽培上的应用

感温性强的早熟品种，迟播时温度高，生育期会大大缩短，营养生长量不足，容易出现早穗和小穗。为了夺取高产，应适时早播、早插、早施肥、早管理，促使早生快发，延长其营养生长期，增加穗粒数，从而提高产量。

3. 育种上的应用

由于不同品种各个生育时期要求的积温是相当稳定的，所以，在杂交制种中只要掌握了亲本的光温反应特性，熟悉了不育系和恢复系各个生育时期所需要的积温范围，根据当地长年的气温、日照变化情况，便可估计穗分化、出穗、开花等的日期，以便采取各个促控措施，使父母本的花期相遇。

第二节　影响作物生长发育的环境条件

作物的生长发育及产品器官的形成，取决于两方面，一是作物本身的遗传特性，一是外界环境条件。农业生产上就是通过调节作物生活环境，给作物生长发育提供适宜的条件，以达到高产优质的目的。影响作物生长的环境因素主要有下列几个。

气候因素：包括光照、温度、湿度、降水、蒸发量、空气和风等。

土壤因素：包括土壤质地、结构、土温、水分、养分、酸碱度。

地形因素：包括海拔高度、坡向、坡度等。

生物因素：通常分为植物源因子、动物源因子、微生物源因子等。如间套作搭配的作物、杂草、有益或有害昆虫、病菌、根际微生物等。

人为因素：主要指栽培措施，如直接作用于作物的整枝、打杈等；间接作用于作物的施肥、灌水、耕作等。

所有这些因素，都是相互联系的，对作物的生长发育，往往是综合因子作用，但其中有影响作物的主要因子，本节主要探讨光、温、水、肥、土壤与作物生长发育的关系。

一、作物与温度

作物的生长发育需要一定的热量，用温度表示。温度对作物的影响是多方面的，它不但关系到一个地方能种什么作物、在什么季节种植，还影响到其产量和质量。在作物一生中，温度还控制各发育期的早迟及全生育期的长短。我国南方和北方作物种类、品种和耕作制度的不同，主要就是温度的差别。

（一）作物生长发育的"三基点温度"

作物在生长发育过程中，对温度的要求有三基点：最低温度、最适温度和最高温度之分。在最适的温度范围内，作物的生命活动最强，生长发育速度最快。如果温度达到或超过了作物的最高或最低点的温度范围后，作物生长发育就会停止，甚至死亡。同一作物不同生育时期的三基点不同，开花期对温度最为敏感，不同作物间存在差异。表 1-1 列出了几种作物生长的三基点温度。

表 1-1　几种作物生长的三基点温度

作物名称	最低温度/℃	最适温度/℃	最高温度/℃
水稻	15	20～30	36～38
小麦	2～4	15～22	30～35
玉米	10～12	22～26	32～35
大豆	15	25～30	33
甘薯	15	25～30	35
花生	6～8	25～30	39～40
油菜	3～6	10～20	5

（二）温周期现象

在自然条件下气温是呈周期性变化的，作物适应温度的某种节律性变化，并通过遗传成为其生物学特性的现象称为温周期现象。分为两个方面：温度日周期和年周期。

日温周期现象主要表现为昼夜温差，在不超过作物所能忍受的最低、最高温度范围内，昼夜温差越大，越有利有机物的积累，作物产量就越高，品质越好。

年温周期现象，大多数的作物在温度开始升高时发芽、出苗、现蕾（幼穗分化），夏、秋两季高温下开花结实，形成了与温度变化节律相对应的物候节律。

（三）积温

目前，国内外通常以积温表示作物对热量条件的要求。作物需要一定的温度以上才能开始发育，也需要有一定的温度总量才能完成其生命周期。通常把作物整个生育期或某一发育阶段内高于一定温度的昼夜温度总和，称为某作物或作物某发育阶段的积温。积温可分为有效积温和活动积温。作物不同发育时期中有效生长的温度下限叫生物学最低温度，在某一发育时期中或全生育期中高于生物学最低温度的温度叫活动温度。活动温度与生物学最低温度之差叫有效温度。活动积温是作物某一发育时期中或全生育期中活动温度的总和。有效积温是作物某一发育时期中或全生育期中有效温度的总和。不同作物或品种要求有不同的积温总量，如，一般起源和栽培于高纬度、低温地区的作物需积温总量少；起源和栽培于低纬度、高温地区的作物需积温总量多；早熟品种需要活动积温较少，晚熟品种需要活动积温较多。

（四）极端温度对作物的危害

1. 低温对作物的危害

作物忍耐低温的能力，随作物种类和生长发育而异。如水稻、棉花、花生在 0.5～5℃ 温度中，34～36h 就会死亡，玉米、高粱在同样温度下受害较轻，大豆、黑麦等无害。冬小麦越冬期间 −20℃ 时不易受冻，但拔节期在 −2～−3℃ 的低温中便可冻死。

冻害：是指植物体冷却至冰点以下，引起作物组织结冰而造成伤害或死亡。

冷害：作物遇到零上低温，生命活动受到损伤或死亡的现象。

对于低温造成的灾害性天气，各种作物或不同品种的反应不同。通过作物的抗寒锻炼、采用保护地栽培措施、灌水防冻、防霜等措施，进行预防。

2. 高温对作物的危害

高温主要是破坏了作物的光合作用和呼吸作用的平衡，使呼吸超过光合；高温促进蒸腾，破坏水分平衡；影响开花受精，增加空秕率；高温促进衰老，造成高温逼熟。

二、作物与光照

（一）光照强度

光照强度直接影响作物的光合速率，当光照强度很小时，光合速率也很小，光合作用制造的有机物质仅够作物本身呼吸作用的消耗，没有干物质的积累，当叶片的光合速率与呼吸速率相等（净光合速率为零）时的光照强度，称为光补偿点。在一定范围内，光合速率随着光照强度的增加而呈直线增加，但超过一定光照强度后，光合速率增加转慢。在一定条件下，使光合速率达到最大时的光照强度，称为光饱和点。这种现象称为光饱和现象。

从作物对光照强度的反应不同划分，将作物分为喜光作物，如棉花、玉米、高粱、水稻等；耐阴作物，如人参等。大田作物基本是喜光的。

（二）日照长度

自然界中，作物的开花具有明显的季节性，即使是需春化的植物在完成低温诱导后，也是在适宜的季节才进行花芽分化和开花。季节的特征明显表现为温度的高低、日照的长短等，其中，日长的变化是季节变化最可靠的信号，北半球，纬度越高，夏季日照越长，冬季日照越短。不同作物的开花对日照长度有不同的反应，一天之中白天和黑夜的相对长度称为光周期，作物对白天和黑夜相对长度的反应，称为光周期现象。

根据作物开花对光周期的反应不同，一般将作物分为三种主要类型：短日作物、长日作物和日中性作物。

作物的光周期现象在栽培引种上具有重要意义。纬度相近的地方，由于日照条件基本相同，引种成功的可能性较大；短日作物南种北引，生育期延长，甚至不能正常开花结实，北种南引则相反；长日作物南种北引，生育期缩短，应选择迟熟品种，北种南引则应选择迟熟品种。

（三）光质

太阳辐射主要包括紫外线、可见光和红外线。不同光谱成分影响作物生长发育、产量和品质。

紫外线对作物的影响较大，其中波长较长部分可刺激作物生长，促进成熟，提高蛋白质、纤维素和糖分的含量；紫外线中波长较短部分抑制细胞的伸长。

可见光是作物制造有机营养的主要光源。作物吸收最多的是红光和蓝紫光，红光促进碳水化合物的合成，蓝紫光促进蛋白质和非碳水化合物的积累。

红外线是热射线，主要产生热效应，能促进种子萌发和细胞伸长。

（四）光能利用率及其提高途径

1. 光能利用率

通常把单位土地面积上作物光合作用积累的有机物所含的化学能占同一期间入射光能量的百分率称为光能利用率，作物贮存在碳水化合物中的光能只占全部日光辐射能的 5% 以下。

2. 作物光能利用率不高的主要原因

（1）漏光损失　漏光损失大于 50%，作物生长初期，植株小，叶面积系数小，日光大部分直射地面而损失掉，土地空闲。

（2）光饱和浪费　夏季太阳有效辐射可达 $1800 \sim 2000 \mu mol/(m^2 \cdot s)$，多数作物的光饱和点为 $540 \sim 900 \mu mol/(m^2 \cdot s)$，约有 50%～70% 的太阳辐射能被浪费掉。

（3）环境条件不适及栽培管理不当　如干旱、水涝、高温、低温、强光、盐渍、缺肥、病虫、草害等，这些都会导致作物光能利用率的下降。

3. 提高光能利用率的途径

光合性能决定作物光能利用率高低及能否获得高产。光合性能包括光合速率、光合面积、光合时间、光合产物的消耗和光合产物的分配利用。按照光合作用原理，要使作物高产，就应采取适当措施，最大限度地提高光合速率、适当增加光合面积、延长光合时间、提高经济系数，并减少干物质消耗。

三、作物与水分

水是作物的主要组成成分，是很多物质的溶剂，它能使植物保持固有的姿态，以利于各种代谢活动的进行，水是光合作用的原料，水是连接土壤-植物-大气系统的介质，通过吸收、输导和蒸腾把土壤、作物、大气联系在一起。对作物生产而言，水分的收支平衡是高产的前提条件。

（一）作物的需水规律

1. 不同作物对水分的需要量不同

不同作物对水分的需求有显著的差别，生育期长、叶面积大、根系发达的作物需要水多，反之则需要水少。

各种作物一生中都有一定的需水量，需水量一般用蒸腾系数来表示。蒸腾系数是指形成一份干物质，作物由于蒸腾失去的水的份数。作物的蒸腾系数常因栽培条件和产量水平的变化而变化。粟、黍、高粱的蒸腾系数为 200～400；玉米、棉花为 300～600；小麦、马铃薯、甜菜为 400～600；稻为 500～800；大豆为 600～900；油菜和亚麻为 800～900。

2. 同一作物不同生育期对水分的需求量不同

就一种作物全生育期来说，对水分的要求一般是少→多→少。也就是说从播种到生育盛期以前，主要是营养生长，需水约占生育期的 30%；生长盛期，营养生长与生殖生长并进，需水约占生育期的 50%～60%；开花以后，植株体积不再增大，需水较少，只占全生育期的 10%～20% 左右。

同一作物不同生育期对水分的需求量不同，例如小麦，以其对水分的需要来划分，整个生长发育阶段可分为 5 个时期：第一个时期是从种子萌发到分蘖前期。这个时期主要进行营养生长，特别是根系发育快，蒸腾面积小，植物耗水量少。第二个时期是从分蘖末期至抽穗期（包括返青、拔节、孕穗期）。这一时期小穗分化，茎、叶、穗开始迅速发育，叶面积快速增大，代谢亦较旺盛，消耗水量最多。如果缺水，小穗分化不良，茎生长受阻，矮小，产量低。此期是小麦第一个水分临界期，即花粉母细胞到花粉粒形成阶段。第三个时期是从抽穗到开始灌浆。这一时期叶面积扩大基本结束，主要进行受精、种子胚胎发育和生长。如果供水不足，上部叶因蒸腾强烈，开始从下部叶或花器官夺取水分，引起受精受阻，种胚发育不良，导致产量下降。第四个时期是从开始灌浆至乳熟末期。此时主要进行光合产物的运输与分配，若缺水，有机物运输受阻，造成灌浆困难，旗叶早衰，籽粒瘦小，产量低。所以此期是小麦的第二个水分临界期。第五个时期是从乳熟末期到完熟期。灌浆过程已结束，种子失去大部分水，逐渐风干，植物枯萎，已不需供水。表 1-2 列出了几种作物的需水临界期。

表 1-2　几种作物的需水临界期

作物名称	水分临界期	作物名称	水分临界期
水稻、小麦	孕穗—抽穗	甘薯	茎叶旺长—块根膨大
高粱	抽穗—灌浆期	花生	开花期
玉米	开花—乳熟	甜菜	抽薹—终花
大豆	开花期	马铃薯	开花—块茎形成期
麻类	茎秆迅速伸长期	油菜	现蕾抽薹期

（二）提高水分利用率的途径

合理利用水分，提高水分利用率是农业生产的重要任务，特别是对干旱、半干旱地区及季节性干旱地区，提高水分利用率更具有现实意义。提高水分利用率，其具体措施需要因时、因地和因作物而异。

1. 节水灌溉技术

我国农业用水，特别是灌溉用水的浪费现象十分严重，提高灌溉水利用率，是旱地农业水分调控技术的重要问题。据研究，目前我国的灌溉水的利用系数仅为 0.4 左右，而发达国家的灌溉水利用系数可达 0.8～0.9，故我国的农田灌溉节水潜力很大。采用先进的节水灌溉技术，可有效提高作物的水分利用率。常用的节水灌溉技术有地下灌溉、喷灌、微灌。

2. 种植方式

对于降水量偏少，且年内、年际间变化较大，雨水集中的 7、8、9 三个月的降水量占年降水量的 60%～70% 的地区，要根据当地的自然特点，合理进行作物品种搭配，调整播期，使生育期耗水与降水相偶合，提高作物对降水的有效利用，以充分发挥品种、气候和水资源的增产潜力，提高作物水分利用效率。充分利用生态学的时、空设计原理进行作物品种搭配，在空间上加厚作物地下、地上的利用层，做到高矮秆、深浅根作物间作；在时间设计上利用种群嵌合，种群密结等套种形式，提高农田水分利用率，增产增收。

3. 农田防护林

森林具有调节光、热、水、气状况的综合效应，在农区合理配置农田防护林网是调节农田水分状况，提高水分利用率的有效措施之一。

农田防护林能有效地削弱风速，改变风的性质；能减弱湍流交换强度，调节林带区的温度和湿度，从而减少土壤蒸发。农田防护林的营建，还能有效增加区域降水量，固沙抗蚀，减少水土流失，调节水分的可利用性。

4. 覆盖

覆盖是调节地表和植被温度、抑制水分蒸发的有效途径。覆盖材料可有多种多样，其中，秸秆覆盖和地膜覆盖是最常用的两种。

5. 化学调控节水技术

选用减少作物蒸腾、吸水保水、抑制蒸发的化学制剂，是改善和调控环境水分条件，提高水分利用率的又一有效途径。目前应用较多的化学制剂主要包括保水剂、蒸腾抑制剂和土壤结构改良剂，多属有机高分子物质。

此外，搞好农田基本建设、合理施肥等均可一定程度地提高作物的水分利用率。

四、作物与土壤

土壤是作物赖以立足和吸收养分和水分的场所。作物植根于土壤，从土壤中吸取生育所需要的养分和水分，作物还需要土壤提供氧气、热量及良好的机械支持。因此，作物生长好坏、产量高低，在很大程度上决定于土壤条件。作物对土壤的一般要求是：熟土层深厚，质地肥沃，透气性好，保水保肥能力强。

（一）土壤质地对作物的生长发育的影响

土壤质地直接影响着土壤保水、透水、保肥、供肥、通气、导热等特性，与耕作栽培关系密切。

按土壤质地分类，一般可把土壤分为 3 类 9 级；即砂土类（粗砂土、细砂土）、壤土类

（砂壤土、轻壤土、中壤土、重壤土）、黏土类（轻黏土、中黏土、重黏土）。

不同作物对土壤质地及肥力要求不同，如重黏土和黏土适合种水稻、小麦、油菜；多数作物，如玉米、高粱、大豆、棉花适于种在壤土地；轻壤或砂土地适于种甘薯、花生、谷子、芝麻等；粟、高粱、豆类、甘薯、芝麻、烟草等比较耐瘠薄，在薄地上仍可获得一定的收成，当然，要获得丰产，仍需要种在肥沃的土壤上。

（二）土壤酸碱度对作物的生长发育的影响

土壤酸碱度一方面影响作物在土壤上的生长发育，另一方面对肥料的有效性产生影响。因此，在施肥时，应根据土壤特点，适当调整施肥量，以获得最佳收益。

不同作物对土壤酸碱度反应不同，如粟、花生、芝麻、甘薯、油菜、烟草等作物耐酸性较强，是红壤荒地的先锋作物；中等耐酸的作物有小麦、大麦、马铃薯等；不耐酸的作物有甜菜等。作物中耐碱性强的作物是棉花、高粱、甘薯等；中等耐碱的作物有烟草、大豆、粟；最不耐碱的是玉米、马铃薯。

五、作物与空气

空气的成分中 N_2 约占 78%，O_2 约占 21%，Ar、He、H_2 等占 0.94%，CO_2 占 0.032%。这些成分中，作物与空气的关系，实际上主要是作物与 CO_2 的关系。CO_2 是光合作用的原料，空气中的 CO_2 浓度对作物光合作用有很大影响。空气中的 CO_2 浓度一般为 0.032%，但作物群体内部 CO_2 浓度差别很大，近地面层的 CO_2 浓度通常是比较高的。在一天之中，午夜和凌晨，越接近地表面，CO_2 浓度越高。白天，由于光合作用消耗，群体上部和中部的 CO_2 浓度较小，下部稍大一些。作物群体上层光照充足，但 CO_2 浓度相对较低，下层 CO_2 浓度较大，但光照又较弱，各自都成了增加光合的限制因子。这便是在作物生产中十分重视通风透光的原因所在。

大气环境对作物生产的影响主要表现在以下几方面。

1. 温室效应

主要是空气中 CO_2、甲烷、氧化氮等气体增加引起的。使气温升高、降水不正常、病虫害加重。

2. 有害气体

二氧化硫、氟化物、氮氧化物是大气污染的主要成分。二氧化硫和氟化物可引起叶片气孔阻力增大，钾离子外渗。

3. 臭氧

臭氧是 NO_2 在太阳光下分解产物与空气中分子态氧反应的产物。大气本身存在臭氧，低浓度对作物无害，但近几十年来高浓度的臭氧对作物有害。使作物某些酶钝化，改变代谢途径，刺激乙烯产生，提早衰老。

4. 酸雨

酸雨是指 pH 值小于 5.6 的大气酸性化学组分通过降水的气象过程进入到陆地、作物、人体的现象。它包括雨、雾、雪、尘等形式。

酸雨既影响作物，又影响土壤。

六、作物与营养

（一）不同作物对养分的需求

作物的营养物质主要是无机化合物，其中包括 C、H、O、N、P、K、S、Mg、Ca、

Fe、Zn、Mn、Cu、B、Cl、Mo 16 种重要元素，其中被称为肥料"三要素"的 N、P、K 需要量最多，称之为大量元素，其他需要量少的元素称之为微量元素。

作物实际吸收养分的数量与种类、目标产量、施肥量、施肥时期等条件有很大关系。因此，不同情况下对同一作物的测定数据往往有差异，甚至差异较大。

由于作物对吸收必需营养元素具有选择性，所以尽管施肥量以及作物产量不同，但对吸收各必需营养元素仍保持一定比例。

此外，各种作物除对氮、磷、钾三要素有共同要求之外，不同作物还有其需肥的个性，一些微量元素对某些作物的作用显著。如水稻需硅较多，有"硅酸盐植物"之称；水稻、玉米易缺锌，施锌肥，明显增产；油菜对硼敏感，缺硼生育受阻，出现花而不实现象；豆科、茄科作物需钙肥较多；豆类作物施硼、钼，效果良好。

（二）同一作物的不同品种对养分的要求

同一作物的不同品种，对养分的要求也有差异。如水稻矮秆籼稻品种对氮肥的耐肥能力强，粳稻次之，高秆籼稻最弱；油菜甘蓝型品种比白菜型品种对氮肥的耐性强；马铃薯早熟品种相对的多施氮肥，少施磷肥，能防止早衰而提高产量，晚熟品种则可适当施磷肥，少施氮肥，以控制营养生长过旺，促进块茎形成和膨大。

（三）同一作物不同生育时期对养分的需求

多数作物在不同的生育时期的需肥规律是：前期（苗期）植株生长量小，干物质积累少，需肥量少；中期（产品器官形成期）是植株产品器官旺盛生长时期，干物质积累较多，对养分的需要急剧增加；后期（产品器官成熟期）营养生长逐渐衰退，养分向产品器官中输送，需肥量又逐渐减少。因此在整个生育期作物对营养元素的需要表现出"少→多→少"的规律，呈一抛物线形状。

在作物的整个生育过程中，对养分的需要有两个重要的时期，一是作物营养的临界期；二是营养最高效率期。其一般在产品器官形成期，但也因作物不同而异。一般来说，作物的营养最高效率期和营养临界期不在同一时期。栽培上，既要注意营养最高效率期的肥料供应，也要注意营养临界期的肥料供应，同时还需兼顾整个过程的养分需求，才能真正满足作物对养分的要求。

（四）需肥规律指导施肥

作物要高产优质，必须施肥。施肥时应根据作物特点，根据苗情诊断结果，适期补追肥。谷类作物大部分养分是在拔节后吸收的，应注意后期追肥，同时要防贪青晚熟；棉花、豆类在开花后需肥量剧增，可在花期追肥或在蕾期追肥供花期用，但要防止徒长和花蕾脱落；薯类应在重施基肥的基础上早追肥，促进分枝和茎叶生长，促进后期块根、块茎发育。

另外，不同作物除具有作物需要氮磷钾等营养物质的共性外，还具有其特殊的需肥特性。如水稻增施硅肥具有良好的增产效果；油菜、棉花、甜菜增施硼肥，产量显著增加；块根、块茎类作物增施钾肥有利于营养器官肥大（忌氯，不能施用氯化钾）；豆科作物由于其根瘤菌具有固氮作用，对磷钾肥需求较其他作物多，可少施或不施氮肥，多施磷钾肥。

还有，在施肥时，应注意提高作物养分的利用效率，推广平衡施肥，合理分配基肥、追肥比例，酌情采用根外追肥；肥料品种向多元化、复合化和专用化方向发展；尽可能使有机肥、无机肥和生物肥料配合使用；尽量采用长效肥、叶面肥和固形肥等肥料新品种；采取合理的轮作方式，充分利用好肥料后效等。

复习思考题

1. 什么是作物的生长、发育，其特点是什么？
2. 何谓作物的生育期、生育时期？
3. 什么是作物的感温性和感光性？接受感温性和感光性的部位在什么地方？
4. 根据作物的感温性和感光性，把作物分为哪三类和四类，应如何理解它们？
5. 作物营养生长与生殖生长，地上部分与地下部分生长和作物各器官之间有哪些相关关系？
6. 什么是同名器官、同位器官、同伸关系、同伸器官；禾谷类作物营养器官之间的有什么同伸关系？
7. 什么是个体、群体、合理的群体结构，它们之间有哪些辩证关系？群体结构自动调节的特点有哪些？
8. 什么是温周期？喜温和耐寒作物生长的起点温度是多少；它们所要求的温度三基点有哪些不同？
9. 光谱成分对作物的作用是什么？
10. 什么是活动积温和有效积温，在作物生产上有何指导意义？
11. 作物缺氮磷钾和微量元素时在植株上有哪些特征和特性？

参 考 文 献

[1] 李振陆. 农作物生产技术. 北京：中国农业出版社，2001.
[2] 刘玉凤. 作物栽培. 北京：高等教育出版社，2005.
[3] 沈建忠，范超峰. 植物与植物生理. 北京：中国农业大学出版社，2009.
[4] 张新中. 植物生理学. 北京：化学工业出版社，2007.
[5] 林纬. 植物与植物生理. 北京：化学工业出版社，2009.
[6] 杨玉珍. 植物生理学. 北京：化学工业出版社，2010.

第二章 作物产量与品质

第一节 作物产量的形成

一、作物产量及其构成因素

（一）作物产量

作物产量可分为生物产量和经济产量两种。

1. 生物产量

生物产量是指作物在生产期间生产和积累有机物质的总量，即全株根、茎、叶、花和果实等干物质总重量，称作生物产量。计算生物产量时通常不包括根系（块根作物除外）。

2. 经济产量

经济产量（即一般所指的产量）：是指栽培目的所需要的主产品收获量。由于人们栽培目的所需要的主产品不同，它们被利用为产品的部分就不同。例如，禾谷类、豆类和油料作物的主产品是籽粒；薯类作物的主产品是块根或块茎；粮饲兼用作物和绿肥作物则为叶、茎、果、穗、籽实等全部有机物质。

3. 经济系数

一般情况下，作物的经济产量是生物产量的一部分（生物产量包括经济产量），生物产量是经济产量的基础（经济产量的形成是以生物产量为基础）。没有高的生物产量，也就不可能有高的经济产量，但是有了高的生物产量不等于有了高的经济产量。这就要看生物产量转化为经济产量的效率，这个转化效率称为经济系数或收获指数。

（1）经济系数 指作物生物产量转化为经济产量的效率（经济产量与生物产量的比率）。

$$经济系数（收获指数）＝经济产量/生物产量$$

收获指数是综合反映作物品种特性和栽培技术水平的一个通用指标，收获指数越高，说明植株对有机物的利用越经济，栽培技术措施应用得当，单位生物量的经济效益也就越高。

（2）影响经济系数的因素 对于同一作物，在正常生长情况下，其经济系数是相对稳定的。但对不同作物，其经济系数就不同。通常，薯类作物的经济系数为 0.7～0.85，水稻、小麦为 0.35～0.5，玉米 0.3～0.5，大豆 0.25～0.35，油菜为 0.29 左右。

为什么不同作物之间，其经济系数差异较大？这与作物的遗传特性，收获器官，化学成分以及栽培技术和环境对作物生长发育的影响等有关。利用产品器官不同，其经济系数不同：以营养器官为主产品的作物，形成主产品过程比较简单，经济系数就高，如薯类、甘蔗、蔬菜等。而以生殖器官为主产品的作物，形成主产品过程要经过生殖器官的分化、发育等复杂过程，因而经济系数较低，如禾谷类、豆类、油菜等；产品器官的化学成分不同，经济系数也不同；产品以含碳水化合物为主的（淀粉、纤维素），形成过程需要能量少，经济系数相对较高，如稻麦等。产品含蛋白质、脂肪高的，形成过程需能量高，因为碳水化合物进步转化才成为蛋白质、脂肪等，因而经济系数低，如大豆油菜等。

（3）生物产量、经济产量与经济系数的关系　经济系数的高低表明光合作用的有机物质转运到有主要经济价值的器官中去的能力，而不表明产量的高低。在正常情况下，经济产量的高低与生物产量的高低成正比。要提高经济产量，只有在提高生物产量的基础上，提高经济系数才能达到提高经济产量的目的。但是生物产量越高，不能说明经济产量越高，因为超过一定范围，随生物产量增高，经济系数会下降，经济产量反而下降。只有稳定较高的经济系数和生物产量才能获得较高的经济产量。

（二）作物产量构成因素

1. 作物产量构成

$$作物产量构成＝单位面积株数×单株产量$$
$$＝单位面积穗数×穗粒数×粒重$$
$$＝单位面积穗数×（单穗颖花数×结实率）×粒重$$

作物产量构成的各个因素具有自动调节和补偿作用，而自动调节和补偿作用的程度取决于作物的种类、环境和年份间的差异。

禾谷类作物的产量构成：穗数×单穗粒敷×粒重或穗数×单穗颖花数×结实率×粒重。

豆类作物产量：株数×单株有效分枝数×每分枝荚数×单荚实粒数×粒重。

薯类作物产量：株数×单株薯块数×单薯重。

油菜的产量：株数×每株有效分枝数×每分枝角果数×每果粒数×粒重。

2. 作物产量构成因素

作物产量指单位土地面积上作物群体的经济产品产量，即由个体产量或产品器官数量所构成。作物产量可以分解为以下几个构成因素：每穗（分枝）粒（果荚）数、每果粒数、粒重、株数、单株有效穗（分枝）。

3. 产量与构成因素及其相互关系

作物生产的对象是作物群体，在一定栽培条件下，产量诸构成因素存在着一定程度的矛盾。

以禾谷类作物为例：禾谷类作物产量＝每亩穗数×平均每穗实粒数×粒重。

从上述公式可以看出，产量随构成因素数值的增大而增加（各因数的数值越大，产量就越高）。但实际上，各产量构成因素很难同步增长，它们之间有一定的制约和补偿的关系。比如，当达到一定的密度时，增加穗数，穗粒数和粒重就会受到制约，表现出相应下降趋势；相反，当单位面积的穗数较少时，穗粒数和粒重就会做出补偿性反应，表现出相应增加的趋势，这是因为作物的群体由个体构成，当单位面积上植株密度增加时，各个体所占营养和空间面积就相应减少，个体的生物产量就有所削弱，故表现穗粒数减少、粒重减少。密度增加，个体发育变小是普遍现象，但个体变小，不等于最后产量就小。因为作物生产的最终目的是单位面积上的产量，即要求单位面积上的穗数、粒数、粒重三者的乘积达到最大值。当单位面积上的株数（穗数）的增加能弥补甚至超过穗粒数和粒重减少的损失，仍表现高产。只有当三因素中某一因素的增加不能弥补另外两个因子减少的损失时才表现减产。

4. 产量形成过程及影响条件

产量形成过程是指作物产量构成因素形成和物质积累过程，也就是作物各器官的形成过程及群体的物质生产和分配的过程。

（1）作物产量形成（以禾谷类为例）

① 单位面积的穗数由株数（基本苗）和每株成穗数两个因子所构成。因此穗数的形成从播种开始，分蘖期是决定阶段，拔节、孕穗期是巩固阶级。

② 每穗实粒数的多少取决于分化小花数、可孕小花数的受精率及结实率。每穗实粒数的形成始于分蘖期，决定于幼穗分化至抽穗期及扬花、受精结实过程。

③ 粒重取决于籽粒容积及充实度，主要决定时期是受精结实、果实发育成熟时期。

（2）影响产量形成的因素

① 内在因素：品种特性如产量性状、耐肥、抗逆性等生长发育特性及幼苗素质、受精结实率等均影响产量形成过程。

② 环境因素：土壤、温度、光线、肥料、水分、空气、病虫草害的影响较大。

③ 栽培措施：种植密度、群体结构、种植制度、田间管理措施，在某种程度上是取得群体高产优质的主要调控手段。

二、作物产量的潜力

作物单位面积产量究竟能达到多高水平，也就是作物的生产能力究竟有多大？这是人们特别是农业工作者十分关心的问题。在1991年召开的"作物产量的生理和决定"国际学术研讨会上，美国学者 G. Still 提出了作物产量的4个"A"即：A_1 为绝对产量（absolute yield），A_2 为可达到的产量（attainable yield），A_3 为合算产量（affordable yield），A_4 为实际产量（actual yield）。绝对产量是在充分理想条件下所能形成的产量，即作物产量的潜力得到充分发挥时所能达到的产量，称为潜在生产力或理论生产力，其决定于品种（基因型）的遗传潜力；可达到的产量是往往受环境条件的种种制约；合算的产量取决于栽培管理的经济条件和效益；而实际的产量是在具体的生产条件下所能形成的产量，它与前三种产量的差距往往是很大的。他提出运用科学技术应当缩小以上四者的差距，使实际产量逐渐与绝对产量接近。对于作物生产潜力的大小有多种估算方法，最常用的是根据对太阳辐射的光能利用率进行估算。

（一）光合生产潜力的估算

1. 第一种估算方法

太阳辐射能进入地球大气后，能量是相当大的，这些射到地面作物群体上的太阳能有三个去向，一是被反射掉一部分，二是漏射到地面被土壤吸收一部分，三是被作物群体利用的部分。在被作物吸收的这部分当中也并不能全部用于光合作用，能够用于光合作用的部分（光合有效辐射）约占总辐射的47%，其余的一半多转化成热而散失于空气中。还有光合有效辐射也不能全部转化到光合产物中，据测定，光合作用的最大转化效率为28%。

假设在最优条件下，按反射和漏射占15%，光合有效辐射占总辐射的47%，最大光合作用转化效率为28%，呼吸消耗占50%，非光合器官吸收10%，那么：

$$最大光能利用率 = (1-0.15) \times 0.47 \times 0.28 \times (1-0.5) \times (1-0.1) \approx 5\%$$

也就是说，太阳总辐射的最大利用率的理论值为5%左右。国内外不少学者也大致得出了 5％～6％的结论。目前我国见诸文字报道的粮食作物单产最高纪录有：湖南 1 亩水稻产 891kg；青海 3.9 亩小麦产 1013kg/亩；吉林 13.5 亩玉米产 1113kg/亩。这些创高产的纪录，其光能利用率比较高。目前我国农田的平均光能利用率仅为 0.32％～0.4％，全世界农田平均为 0.2％，地球上水陆植物平均仅有 0.1％，可见作物产量还有很大的潜力可挖。

2. 第二种估算方法

R. S. Loomis 等（1963 年）在探讨光合生产力上限时，假设了一种理想环境条件，即除了太阳辐射以外，所有其他生态因子均处于最适水平，作物达到完全覆盖，叶片光合作用的量子效率达最大值，这时作物产量的高低仅取决于太阳辐射。作物光合作用所利用的光合有效辐射（PAR）约占太阳总辐射的 44％。据 Moon 计算，大气质量为 2 时，光合有效辐射（400～700nm）区间的量子数在每焦耳总辐射中的估计值为 $2.064\mu E$（微爱因斯坦）。若太阳总辐射为 $2093.4J/(cm^2 \cdot d)$，群体反射为 5％～10％（平均为 8.33％），非光合色素吸收 10％，呼吸损失占 33％，量子转化率为还原 1 个 CO_2 分子需要 10 个光量子或每还原 $1\mu mol$ CO_2 需要 10 个 μE，那么，光合生产潜力（日生产率）的计算如下：

总辐射：$2093.4J/(cm^2 \cdot d)$

光合有效辐射（PAR）：$921.1J/(cm^2 \cdot d)$（占 44％）

总量子数：$4320\mu E/(cm^2 \cdot d)$（$2093.4J \times 2.064\mu E/J$）（400～700nm）

反射损失：$360\mu E/(cm^2 \cdot d)$（占 8.33％）

非光合色素吸收：$432\mu E/(cm^2 \cdot d)$（占 10％）

用于光合总量子数：$3528\mu E/(cm^2 \cdot d)$

生产的 CH_2O $353\mu mol/(cm^2 \cdot d)$（还原 1 个 CO_2 分子需要 10 个光量子或每还原 $1\mu mol$ CO_2 需要 10 个 μE）

呼吸损失 CH_2O：$116\mu mol/(cm^2 \cdot d)$（占 33％）

净生产 CH_2O：$237\mu mol/(cm^2 \cdot d) = 2.37mol/m^2 \cdot d$（注：$1\mu mol = 10^{-6} mol$）

净干物质生产：$71.1g/(m^2 \cdot d)$ $2.37mol/(m^2 \cdot d) \times 30g = 3.3964\mu g/J$（注：1mol CH_2O 为 30g）

根据上述推算，在太阳总辐射值为 $2093.4J/(cm^2 \cdot d)$ 的地区，其光合生产潜力为 $71.1g/(m^2 \cdot d)$。由此可以换算出每焦耳太阳辐射生产净干物质 $3.3964\mu g$，这是一个非常有用的数值，可用来估算不同辐射量下的光合生产潜力。如果净干物质占总干物质的 92％（无机成分占 8％），则作物生产潜力为 $77g/(m^2 \cdot d)$。光合作用最初产物是葡萄糖，1mol CH_2O 的产热量为 468.922kJ，按上述干物质产量：

光能利用率 $= (237\mu mol \times 10^{-6} \times 468.922 \times 10^3)/2093.4 = 5.3％$（占总辐射的比率）或 $5.3％/0.44 = 12％$（占光合有效辐射的比率）。

目前，实际生产中的光能利用率仅为 0.5％～1.5％，可实现的理想最高利用率为 3％～5％，每公顷产量可达到 15000～22500kg（汤佩松，1982 年）。

黄秉维（1985 年）在估算年光合生产潜力时，提出了估算系数 0.123，即由总辐射换算光合生产潜力的系数，其估算公式为：

$P_f = 0.123Q$ [Q 为每平方厘米年总辐射量，$cal/(cm^2 \cdot a)$，1cal = 4.1868J；P_f 为干物质产量，单位为斤/亩]（1 斤 = 500g）。或 $P_f = 220.3Q$ [Q 为每平方厘米年总辐射量，$kJ/(cm^2 \cdot a)$；P_f 为干物质产量，单位为 kg/hm^2]。

3. 太阳辐射资源

全年太阳辐射量的分布，因纬度、季节、太阳日照时数和地势的不同有很大差异。从全国来说，青藏高原最多，可达 $779kJ/(cm^2 \cdot a)$；四川盆地最少，为 335～449$kJ/(cm^2 \cdot a)$；

多数地区为 $586kJ/(cm^2 \cdot a)$。

全年太阳辐射量中只有在作物可生长季节内的才可以被作物利用。不同地区可利用的太阳辐射能不同。无霜期最短的地区（75～80d）只能利用当地全年太阳辐射量的 21%～22%；无霜期最长的地区（205d）可利用当地全年太阳辐射量的 56.4%。但由于每种作物在不同地区的生育期有限，而且受温度、降雨等因素的影响，所以各种作物只能利用其生育期间的那部分辐射资源。因此，在作物生产上，采用合理的种植制度和种植方式，改善栽培条件，就能较充分地利用当地的太阳辐射资源。

（二）温度资源和光温生产潜力

温度虽然不是作物生长发育的源，但是，作物的生理代谢、生化反应及生长发育均受温度所制约，特别是光合速率随温度变化而有很大不同。作物的每一生命活动过程都限制在一定的温度范围内，并有最低、最适、最高温度界限，在最适温度下，作物生长发育良好。但是，作物在系统发育过程中形成了适应不同地区温度等环境条件的生态型，因而能在较宽的温度范围内生长。通常，温带禾谷类作物在 3～5℃时萌动，10℃以上活跃生长；C_4 作物和 C_3 作物水稻开始生长的界限温度为 12～15℃，生长最适温度，前者为 25～35℃，后者为 20～25℃，C_4 作物在成熟阶段对早霜十分敏感。

孙惠南（1985 年）对光合生产潜力的温度订正时，采用了无霜期这一指标。无霜期的物理意义较明确，即温度降到 0℃ 时出现霜冻，作物在出现霜冻前已受冷害或冻害，最低温度高于 0℃，白天的温度可以达到作物活动温度，因此，无霜期是重要的农业气候指标，无霜期越长，对作物生长越有利。无霜期在年际间随气候变化而有所不同，实际应用时应遵照各地传统的安全期。

无霜期是个累积数字，即一年中从春天最后一次霜（终霜）至秋天第一次霜（初霜）的天数，便于计算。如果设某地无霜期为 n 天，以 $n/365$ 表示光合生产潜力的温度有效系数 T，该地作物的光温生产潜力 $P_T = P_f T$。在有霜冻的地区，T 值必然小于 1。（$1 \sim n/365$）为温度衰减系数，即无霜期以外的温度系数，在全年无霜的地区，T 值为 1，衰减系数为 0，表示温度对光合生产潜力不起限制作用。

中国是一个多霜的国家，大部分地区位于温带，有霜范围很广。一般年份，除海南岛、云南省和台湾省部分地区外，均有霜冻出现。据统计，东北地区无霜期在 150d 左右，黑龙江省的北部在 100d 左右，华北地区为 200d，长江流域 250d，华南地区 300d 以上，有的年份全年无霜。将各地区的温度有效系数乘上光合生产潜力，便得出各地区的光温生产潜力，而且经过温度有效系数订正后，所得的光温生产潜力普遍低于光合生产潜力，东北和青藏高原等气温较低的地区衰减较多，光温生产潜力的分布显示了明显的纬度地带性，与实际产量水平的差异有所缩小。但是，西部干旱、半干旱地区的光温生产力仍然比较高，与实际生产潜力尚有较大的脱节。

（三）水资源与光温水生产潜力

水是作物环境中最活跃的因素，也是作物生命活动的基础。水作为作物植株体内的主要成分，约占鲜重的 70%～90%，水又是光合作用的原料，还是物质运输、根系吸收矿物质以及所有生化过程的必要介质，因此水在作物产量形成中的作用是十分重要的。

孙惠南（1985 年）在对光温生产潜力进行水分有效系数（W）订正时，采用了降水与蒸发力的比值，蒸发力用彭曼法求得。水分有效系数 W 值<1。在降水大于蒸发力时，根据具体情况确定 W 值，主要依据径流产生的数量。如果降水与蒸发力差值小于当地径流深度，W 值取 1，表示降水可以满足蒸发蒸腾需要，而且不过湿，水分因素不限制光温生产潜力的发挥。当降水大于蒸发力与径流深度之和时，W 值应小于 1，表示过于湿润。将水分有效系

数乘以光温生产潜力，即可求得光温水生产潜力 $P_w = P_f TW$。由于太阳辐射、温度、水分均属气候因子，所以可以把光温水生产潜力称为气候-生物生产潜力。对比光温生产潜力，气候-生物生产潜力与实际生产力变化趋势更接近，而且呈现自南向北递减的规律及自东北向西南的等值线走向，反映了我国地带性因素和季风气候影响的自然特征。

通过上述光、温、水资源与作物生产潜力分析，可以得出如下结论：①我国广大地区光照条件较好，光合生产潜力高，作物产量水平较低的西部地区，光资源比东部好；②东部地区温度、水分条件与光照条件配合协调，生产潜力高；③限制光合生产潜力的主要因子，西部地区是水分不足，青藏高原和东北地区是低温；④气候-生物生产潜力与实际生产力变化趋势相一致，可作为确定产量目标的依据。

（四）作物的最高产量与环境条件

作物的最高产量是指栽培的品种从出苗到成熟的整个生产发育期间均能良好地适应环境，并且在水、肥和病虫均无影响的条件下所收获的产量。因此，作物最高产量主要取决于作物本身固有的性能及其适应环境的程度。这里所说的环境是指不同品种的生长达到最高产量而起不同作用的气候、土壤和水分等条件。

决定作物最高产量的气候因素有温度、太阳辐射、生长发育期的长短等。作物生长发育及其产量受作物生育期所吸收的光辐射影响最大，因此，要形成较高的产量，必须使作物群体最大限度地利用光和有效的辐射能量、空气中的 CO_2、土壤中的水分以及各种营养物质等外界环境因子；地上部分要形成相当多的绿色覆盖，群体最繁茂的时候，叶面积系数要达到 4～7；地下部分要形成相当庞大的根群，其吸收面积要超过地上器官表面积的 8 倍乃至十几倍。

（五）作物产量与作物光能利用率

作物单位面积的产量究竟能达到多高水平，人们对作物的理论产量最高限做过多种估计，比较普遍的方法是根据光能利用率进行估算。作物的光能利用率可以按下列公式计算：

光能利用率＝[单位面积土地上作物生物学产量所含的热量（J）/单位面积土地上所得到的太阳总辐射热量（J）]×100%

根据计算，在自然条件下，作物可能达到的太阳光能最高利用率的理论值为可见光的12%～20%。目前各地作物产量光能利用率还很低，一般只有 1%～2%。就是每公顷产量在 7500kg 以上的田块，光能利用率也只有 2% 左右，而在我国耕地全年平均光能利用率仅为 0.4%。就是那些产量创纪录的作物群体的光能利用率大约也只有 4%～5%。由此可见，在我国通过提高作物的光能利用率增加产量，是完全可能的。根据龙斯玉的理论估算，若在气温≥5℃的生育期内，全国光能利用率都达到 2% 时，全国平均每公顷产量将在 7500kg 以上，华中、华北、西北和柴达木盆地为 7500～8000kg，华南和藏南各地 8000～10500kg，东北、西南 6000～22500kg。若将≥5℃时期内的光能利用率提高到 5.1%，则全国粮食平均产量将达到 20000kg/hm² 以上。

由此可知，不论从全国各地获得的实际高产纪录看，还是从推算的理论产量看，均已证明，我国作物产量有着巨大的潜力。要大幅度提高作物单产，必须提高作物群体的光能利用率，还必须考虑农田的水肥供应率，即土地的生态容量，建立庞大的根系满足高产的需要。

（六）作物产量与群体结构

作物的产量是由群体数量和单株产量决定的，大田作物生产的基本形式是以作物群体为对象进行成片种植的，所以，群体的结构直接影响作物的光能利用率、单株产量及群体产量。在作物群体中，个体与群体之间、个体与个体之间都存在着密切的关系。群体的结构和特性是由个体的数目和生育状况决定的，而群体的生育状况又反过来影响个体。因为群体内部温度、光、CO_2、湿度、风速等环境因素，是随着个体数量的多少和个体生长量的变化而变化的，变化了的群体内部的环境因素又反过来影响个体的数量和生长发育。如棉花，随着单位面积密度的增加，田间小气候、土壤湿度等环境条件发生了相应的变化，通风透光条件变差、相对湿度增加，从而限制了个体的生长发育，使个体分支数目减少、叶面积变少、棉株下部叶片变黄甚至枯死等。作物群体或个体的变化最终都会影响到作物的产量和质量变化。作物的群体结构主要是指群体的组成、大小、分布、长相、动态变化以及整齐度，它既是作物群体的基本特性，又是影响个体生长发育的主要根源。

1. 群体组成

指构成群体的作物种类。在大田生产中，大多是由单一的作物种群构成的；在间作、套种、混种的田块，常常是两种作物以上的复合群体，如玉米和大豆间作。对有分蘖的作物群体还包括主茎与分蘖、主茎穗和分蘖穗的比例和分布情况。一般来讲，在间作、套种、混种等立体种植的情况下，群体的组成复杂，作物的产量较高。

2. 群体大小

衡量作物群体大小的指标主要是株数的多少、叶面积系数、根系生长情况等，对于分蘖作物还有基本苗、茎蘖穗的多少。

叶面积系数的大小直接影响作物群体的生物产量与经济产量，是作物群体结构发展好坏的重要指标。叶面积系数是指单位面积上作物的总绿色面积与土地面积的比值。即：

$$叶面积系数＝取样植株总面积/取样的土地面积$$

叶片是光合作用的主要器官，叶面积小时光合量较少，作物的产量较低，在一定的范围内作物的产量与叶面积系数呈相关，即叶面积系数较大，单位面积的产量较高，但叶面积系数过大时，通风透光条件较差，反而影响产量和质量。

群体的大小除了对光照强度有极大影响外，对群体内其他条件如CO_2浓度、空气湿度、土壤的水、肥及气也有不同程度的影响。

3. 群体分布

作物的群体分布是指组成群体的个体在群体中的垂直分布、水平分布和时间分布。垂直分布可分为光合层、支持层和吸收层三个层次，光合层包括所有的叶片、嫩茎等绿色部位，主要是吸收CO_2、进行光合作用、制造有机物质；支持层的主体是茎秆，是支持光合层，创造良好地通风透光条件，传递水分和养分的器官；地下部的吸收层，即根主要是吸收矿物质、营养元素、水分、固定根系。在作物生长发育过程中，运用栽培技术，调节和控制群体三个层次之间的发展关系，是丰产的基础。作物群体的水平分布包括个体分布的均匀度，株行距配置，间、套作的预留行宽度等。它影响田间的通风透光、群体的光能利用率及产量水平。群体的时间分布是指在不同时间内群体的发展状况，也就是群体的动态变化。群体的大小、分布、长相，都随着个体的生长发育不断变化，包括总茎数、叶面积系数、群体高度和整齐度等因素。在栽培过程中，也要不断根据群体的变化在不同的时期采取不同的管理措施。

第二节 作物产品品质

一、作物品质及其形成

（一）作物产品品质的重要性

作物产品是人类生活必不可少的物质，依其对人类的用途可划分为两大类，一类作为人类的食物，另一类是通过工业加工满足人类衣着、食用、药用等的需要。作为植物性食物的粮食，主要包括水稻、小麦、大麦、玉米、高粱及薯类等，是我国人民的主食。在我国人民的膳食中，由粮食提供 80％的热能和 60％的蛋白质，由粮食供给的 B 族维生素和无机物在膳食中也占有相当大的比例。所以粮食的品质与人类身体健康极为密切，也是人们极力改善粮食品质的根本原因所在，人类所需的食用植物油脂的 90％以上是由油菜、芝麻、大豆、花生及向日葵五大油料作物提供的。油脂是人体所需热能的主要来源，1g 脂肪氧化可释放出约 3.77kJ 的热量，是一种高热能的食品，因此，人们越来越注重食用油品质的改进。此外，人类衣着的原料（棉、麻）、糖料及嗜好原料（甘蔗、烟草、茶叶）等的产品品质也正在积极地改进。随着人民生活水品的提高和外向型农业的发展，对农产品的品质要求也越来越高，农产品的品质也受到了人们的极大关注。所以，生产安全、无污染、优质及有营养的农产品是社会发展和生产发展的趋势。

（二）农产品品质的意义

从狭义上讲，优质主要是指农产品自身及其延伸所表现出来的优良品质，包括营养品质、加工品质和商业品质。

营养品质指农产品所含的营养成分，如蛋白质、脂肪、淀粉以及各种维生素、矿质元素、微量元素。还包括人体必需的氨基酸、不饱和氨基酸、支链淀粉与直链淀粉以及其比例等。

加工品质主要指食用的好坏或适口性。加工品质不仅与农产品质量有关，而且与技工技术有关。稻米蒸煮后的食味、黏性、软硬、香气等差异，表现为不同的食用品质；面粉可以制成松软、多孔、易于消化的馒头和面包等，这些食品的质量与小麦所含的面筋高低以及一系列加工技术均有关系。

商业品质是指农产品的形态、色泽、整齐度、容量及装饰等，也包括是否有有害化学物质的污染。若农产品存在着整齐度差、纯度、净度不高以及装饰粗糙等问题，则在国际市场上的竞争力就会下降。农产品中的植酸、单宁、芥酸、硫代葡萄糖苷、棉酚及胰岛蛋白酶抑制素等，从营养学观点看是一类有害的化学成分，这些物质含量的多少会直接影响产品品质。如植酸的存在，影响人体对钙、磷的吸收；高粱中的单宁，不仅有涩味，还会降低蛋白质的利用率；油菜中的芥酸，在人体内消化吸收较慢，并可能带有毒性；硫代葡萄糖苷经芥子酶水解后可生成有毒的异硫氰酸盐；棉酚的存在影响棉花系列产品的综合利用；大豆中的胰蛋白酶抑制素，抑制蛋白质分解为可吸收的各种氨基酸，但加热煮熟后便可将其破坏，失去影响消化的作用。过量地使用农药、除草剂、植物生长调节剂，其残留物对人体有害，也会大大降低农产品品质。由此可见，农产品中有害化学成分的高低，直接影响着人类的健康，但通过选用无毒品种或采用一些物理、化学、生物方面的脱毒技术，确定适当的栽培技术，限制有害物质的残留等，即可提高其品质。

保证农产品的优质不完全依赖于农业自身，还依赖于科技进步和工业发展。优质农业要根据我国的国情，采取以下四个方面措施：第一是靠深加工提高农产品的品质；第二是重视名、优、特、稀品种资源的采集以及在特定地区的开发；第三是加强农业的产前、产中、产后的综合研究，把优质贯穿于每个环节；第四是重点加强高产优质品种的选育。

（三）品质的概念

1. 什么叫品质

作物产品的品质是指产品的质量，直接关系到产品的使用价值和经济价值。作物产品品质的评价标准，即所要求的品质内容因产品用途而异。作为食用的产品，其营养品质和食用品质更重要；作为衣着原料的产品，其纤维品质是人们所重视的。

2. 什么叫优质

从狭义上说，优质主要是指农产品自身及其延伸所表现出的优良品质，如食用农产品包括营养品质、食用品质、加工品质和商业品质四个方面。

（1）营养品质　指农产品所含的营养成分，如蛋白质、脂肪、淀粉以及各种维生素、矿物质元素、微量元素等，还包括人体必需的氨基酸、不饱和脂肪酸、支链淀粉与直链淀粉及其比例等。营养品质反映产品的营养价值。好的营养品质一方面要求富含营养成分，另一方面要求各种营养成分的比例合理。

（2）食用品质　主要指适口性即人食用时的感觉好坏，即通常说的好吃不好吃。如稻米蒸煮后的食味、黏性、软硬、香气等差异，表现为不同的食用品质。

（3）加工品质　一方面指农产品是否适合加工，另一方面指加工以后所表现出来品质。加工品质不仅与农产品质量有关，而且与加工技术有关。

（4）商业品质　是指农产品的外观和包装，如形态、色泽、整齐度、容重、装饰等，也包括是否有化学物质的污染。若农产品存在着整齐度差、纯度、净度不高以及装饰粗糙等问题，则在国际市场上的竞争力就会下降。

二、作物品质的改良

（一）选用优质品种

随着育种手段的不断改进，品质育种越来越受到重视，粮、棉、油等主要作物的优质品种，有很多得到了推广。如"四低一高"（低纤维、低芥酸、低硫代葡萄糖苷、低亚麻酸、高亚油酸）的油菜品种；高蛋白质、高脂肪的大豆品种；高赖氨酸的玉米品种；抗病虫的转基因棉花品种等，都对我国的高产优质农业起到了推动作用，以后在提高作物产品品质方面，仍将起着重要的作用。

（二）改进栽培技术

研究和实践表明，在作物生长发育过程中，采取各种栽培措施都可以影响产品的品质，所以，优良的栽培技术是提高产品品质的一条途径。

1. 合理轮作

合理轮作是通过改善土壤状况、提高土壤肥力而提高作物产量和品质的。如棉花和大豆轮作，可使棉花产量增加，成熟提早，纤维品质提高；马铃薯和玉米间作，可防止马铃薯病毒病，提高其品质等。

2. 合理密植

作物的群体过大，个体发育不良，可使作物的经济形状变劣，产品品质降低。如小麦群体过大，后期引起倒伏，籽粒空瘪，蛋白质和淀粉含量降低，产量和品质下降，但是纤维类作物，适当增加密度，能抑制分枝、分蘖的发生，使主茎伸长，对纤维品质的提高有促进作用。

3. 科学施肥

营养元素是作物品质提高不可缺少的因子之一，用科学的方法施肥，能增加产量，改善品质。如棉花，适当增施氮肥能增重棉铃、增长纤维；施磷肥可增加衣分和子指；施钾肥可提高纤维细度和强度；使用硼、钼、锰等微量元素能促进早熟，提高纤维品级等。对烟草而言，过多施用氮素，会造成贪青晚熟，难以烘烤，使品质下降。所以，要针对不同的作物，合理施用营养元素，提高其品质。

4. 适时灌溉与排水

水分的多少也会影响产品品质。水分过多，会影响根系的发育，尤其对薯类作物的品质极为不利，可使其食味差、不耐贮藏、肉色不佳，甚至会产生腐烂现象。但土壤水分过少，也会使薯皮粗糙，降低产量和品质；陆稻和水稻的水分条件不同，使陆稻的蛋白质比水稻高，但在食味方面，水稻往往比陆稻好。

5. 适时收获

小麦要求在蜡熟期收获，到了完熟期蛋白质和淀粉含量均有下降；水稻收获过早，糠层较厚；棉花收获过早或过晚都会降低棉纤维的品质。此外，作物农药的残留、杂草等都会影响产品品质。

（三）提高农产品的加工技术

农产品加工是改进和提高其品质的重要措施之一。农产品中的有害物质（单宁、芥酸、棉酚等）可以通过加工的方法降低或取剔。如菜籽油经过氧化处理后，将几种脂肪酸不同的油脂调配成"调和油"，极大地改善了菜籽油的品质；将稻谷加工成一种新型的超级精米，使 80％的胚芽保留下来，其品质较一般米优良。另外，在食品中添加人类必需的氨基酸、各种维生素、微量元素等营养成分，制成形、色、味俱佳的食品，大大提高了农产品的营养品质和食用品质。

第三节　绿色食品与有机食品

一、绿色食品与有机食品的概念

（一）绿色食品的概念

绿色食品是近几年在我国兴起的一种集农业、环保、卫生、食品于一体的新兴食品产业。绿色食品分为 A 级绿色食品和 AA 级绿色食品（等同有机食品）。A 级绿色食品指在生态环境质量符合规定标准的产地，生产过程中允许限量使用限定的化学合成物质，按特定的生产操作规程生产、加工，产品质量及包装经检测、检查符合特定标准；AA 级绿色食品系指在生态环境质量符合规定标准的产地，生产过程中不使用任何有害化学合成物质，按特定的生产操作规程生产、加工，产品质量及包装经检测、检查符合特定标准，并经专门机构认定，许可使用 AA 级绿色食品标志（图 2-1）的产品。

图 2-1　绿色食品标志

图 2-2　有机食品标志

（二）有机食品的概念

有机食品是根据有机农业和有机食品生产、加工标准或生产加工技术规范而生产、加工出来的经有机食品颁证组织颁发给证书（图 2-2）供人们食用的一切食品，它包括谷物、蔬菜、水果、饮料、奶类、禽畜产品、调料、油类、蜂蜜、水产品等。有机食品是一种真正无污染、纯天然、高品位、高质量的健康食品。

二、绿色食品与有机食品的特点

（一）绿色食品的特点

绿色食品的显著特点：一是安全、无污染；二是优质、有营养；三是其生产过程与生态环境保护紧密结合。发展高产、优质、高效率农业是当前我国农业的发展策略，保护环境又是我国的一项基本国策，而绿色食品生产就是以现代农业科技为先导，集农业生产、资源合理开发利用和生态环境保护于一体的农业生产模式。

AA 级绿色食品标志（图 2-1）字体为绿色，底色为白色；A 级绿色食品标志字体为白色，底色为绿色。绿色食品标志中的"绿色食品"、"Green Food"和标志图形及这三者相互组合的四种形式，注册在以食品为主的共九大类食品上，并扩展到肥料等与绿色食品相关的产品上，绿色食品标志作为一种产品质量证明商标，其商标专用权受《中华人民共和国商标法》保护。

（二）有机食品的特点

根据有机农业运动联合会的有关有机农业和食品生产的基本标准，有机食品通常需要符合以下三个条件：

① 有机食品的原料必须来自有机农业的产品（有机农产品）和野生没有污染的天然产品。

② 有机食品必须是按照有机农业生产和有机食品加工标准而生产加工出来的食品。

③ 加工出来的产品或食品必须是经过有机食品颁证组织进行质量检查、符合有机食品生产、加工标准、并颁给证书的食品。

从有机食品的条件可以看出，由有机农业提供的有机农产品是有机食品生产的一个关键环节。所谓有机农业是一种完全不用或基本不用人工合成的化肥、农药、生长调节剂和家畜饲料添加剂的生产体系。在这一体系中尽可能地依靠作物轮作、作物秸秆、家畜粪肥、豆类作物、绿肥、有机废弃物、机械耕作、含有矿物养分的岩石和生物防治病虫害的方法来保持土壤肥力和耕性，提供作物营养并防治病虫害和杂草。简单地说，我们可以把有机农业定义为"一种在生产过程中基本不使用人工合成的化肥、农药、生长调节剂和饲料添加剂的农业"。

三、绿色食品与有机食品的区别

绿色食品是我国农业部门推广的认证食品，分为 A 级和 AA 级两种。其中 A 级绿色食品生产中允许限量使用化学合成生产资料，AA 级绿色食品则较为严格地要求在生产过程中不使用化学合成的肥料、农药、兽药、饲料添加剂、食品添加剂和其他有害于环境和健康的物质。从本质上讲，绿色食品是从普通食品向有机食品发展的一种过渡性产品。

有机食品是指以有机方式生产加工的，符合有关标准并通过专门认证机构认证的农副产品及其加工品，包括粮食、蔬菜、奶制品、禽畜产品等。有机食品与其他食品的区别主要有三个方面：

第一，有机食品在生产加工过程中绝对禁止使用农药、化肥、激素等人工合成物质，并且不允许使用基因工程技术；其他食品则有限允许使用这些物质，并且不禁止使用基因工程技术。

第二，有机食品在土地生产转型方面有严格规定。考虑到某些物质在环境中会残留相当一段时间，土地从生产其他食品和无公害食品则没有转换期的要求。

第三，有机食品在数量上进行严格控制，要求定地块、定产量，生产其他食品没有如此严格的要求。

复习思考题

1. 生物产量、经济产量、经济系数之间有何关系？
2. 如何提高作物的产量潜力？
3. 提高作物品质的途径有哪些？
4. 写一篇文章，说明有机食品、绿色食品的销售状况及未来的发展前景。

参 考 文 献

[1] 董钻，沈秀英．作物栽培学总论．北京：中国农业出版社，2000．

[2] 杨守仁，郑丕尧．作物栽培学概论．北京：中国农业出版社，1989．

[3] 曹卫星．作物学通论．北京：高等教育出版社，2001．

[4] 翟虎渠．农业概论．北京：高等教育出版社，1999．

[5] 杨文钰．农学概论．北京：中国农业出版社，2002．

第三章　作物栽培技术措施

第一节　种植制度

作物种植制度是指一个地区或生产单位在一定时期内，适应当时当地自然条件和社会经济条件而形成的一整套种植方式。其内容包括作物布局、单作、间作、混作、套作、轮作、连作、复种等，即在时间和空间上安排搭配作物。其实质是栽培在一起的作物之间或前后茬作物之间的相互关系。整地、施肥、灌溉等各项措施都要围绕种植制度来进行，种植制度一变，各项措施也需随之改变。

一、作物布局

作物布局是指一个地区或生产单位种植作物的种类及其种植地点配置，也就是在一定的区域或农田上种什么作物和种在什么地方。多熟制地区也包括连接下季的熟制布局。

确定作物的合理布局的原则是：一要坚持以市场为导向，适应国内外贸易发展的需要；二是坚持发挥地区优势，因地制宜；三要坚持提高综合生产能力，保护生态环境，实行可持续发展。注意经济效益、社会效益和生态效益的统一。

在作物布局中，一个重点和难点内容是确定作物种类和同一作物不同品种之间的面积比例，这主要根据当地的自然资源条件、熟制和品种特性而进行。

二、轮作与连作

轮作是指在同一块田地上有顺序地在季节间和年度间轮换种植不同作物或复种组合的种植方式。

轮作是用地养地相结合的一种生物学措施，有利于均衡利用土壤养分和防治病、虫、草害；能有效地改善土壤的理化性状，调节土壤肥力。中国实行轮作历史悠久，常见的有禾谷类轮作、禾豆轮作、粮食和经济作物轮作、水旱轮作、草田轮作等。

连作是指在同一块地上连年种植同一种作物或采用同一复种组合的种植方式。小麦、玉米一般可连作 2～3 年，棉花、水稻、甘薯连作 4～5 年不至于减产，瓜类、豆类一般不耐连作。

连作会使土壤病原菌累积严重，病虫害发生频繁，逐渐加重，尤其是土壤病害不断发生；土壤变劣造成土壤微生物活性降低，养分分解作用下降；作物酶活性降低，细胞分裂减缓，膜结构遭破坏，从而影响矿物质元素的吸收运输；土壤含盐量及 pH 值失衡随栽培年限的延长而加重，并逐渐向表层聚集，造成表土层板结、理化性质恶化，pH 值增高，影响作物对养分的吸收。

三、间作、混作、套作与复种

(一) 复种

复种是指一年内在一块地上种植作物两次以上。一年内种收二、三次，称一年两熟或一年三熟，如麦-棉一年两熟，麦-稻-稻一年三熟，此外还有二年三熟、三年五熟等。除直播外，也可采用再生、移栽、套作等方式达到复种目的。

复种是集约栽培的重要方式之一，主要应用于生长季节较长，降水较多或灌溉条件较好的温暖带、亚热带或热带地区。可提高土地和光能的利用率，增加作物的单位面积年总产量；增加地面覆盖，减少土壤的水蚀和风蚀；充分利用人力和自然资源。实行复种的田地上，一年内不同生长季中，作物搭配种植的方式或类型称为复种方式。各地的复种方式因纬度、地区、海拔和生产条件而异。在作物能安全生育的季节种一熟有余而二熟不足的地区，多采用二茬套作方式。在冬凉少雨或有灌溉条件的华北地区，旱地多为小麦-玉米（或大豆）二熟，春玉米-小麦-粟二年三熟。在冬凉而夏季多雨的江淮地区，普遍采用麦-稻二熟，或麦、棉套作二熟。在温暖多雨，灌溉发达的长江以南各省，稻田除麦-稻二熟，油菜-稻二熟和早稻-晚稻二熟外，还有稻-稻-肥、稻-稻-麦、稻-稻-油菜等三熟制。

复种程度的高低用复种指数表示，它反映了一个地区自然资源及社会经济条件的状况。

$$复种指数＝(全年作物播种面积/耕地面积)×100\%$$

(二) 间作、混作、套作

1. 单作

即清种，指同一块地同一季节种同一种作物，是种植中最简单的一种种植方式，普遍采用，便于管理和机械化操作。是地广人多或机械化程度高的国家和地区种植农作物（如小麦、玉米、水稻、棉花等）大多采用的一种种植方式。

2. 间作

是在一个生长季内，在同一块地上，按一定行数比例间隔种植两种或两种以上生育期相近的作物。有高、矮秆作物间作和不同作物种类间作，如粮食作物与经济作物、绿肥作物、饲料作物的间作等多种类型，尤以玉米与豆类作物间作最为普遍，广泛分布于东北、华北、西北和西南各地。此外还有玉米与花生间作，小麦与蚕豆间作，甘蔗与花生、大豆间作等。林粮间作中以桑树、果树或泡桐等与一年生作物间作较多。间作可提高土地利用率，由间作形成的作物复合群体可增加对阳光的截取与吸收，减少光能的浪费。同时，两种作物间作还可产生互补作用，如宽窄行间作或带状间作中的高秆作物有一定的边行优势、豆科与禾本科间作有利于补充土壤氮元素的消耗等。但间作时不同作物之间也常存在着对阳光、水分、养分等的激烈竞争。因此对株型高矮不一、生育期长短稍有参差的作物进行合理搭配和在田间配置宽窄不等的种植行距，有助于提高间作效果。当前的趋势是旱地、低产地、用人畜力耕作的田地及豆科、禾本科作物应用间作较多。

3. 混作

是将两种或两种以上生育季节相近的作物按一定比例混合种在一块田地上的种植方式。多不分行或在同行内混播或在株间点播。通过不同作物的恰当组合，可提高光能和土地的利用率，还能减轻自然灾害和病虫害的危害。由于混作会造成作物间互相争夺光照和水、肥的矛盾，且田间管理不便，不适合于高产栽培要求，故中国的混作面积已逐渐减少，目前常见于绿肥和牧草的生产。

4. 套作（种）

一般是指前季作物生育后期，将后季作物播种或栽植在前季作物行间、株间。两种作物一先一后，交错种植在一块地上。常见的有甘薯套种大豆（花生）、甘蔗套种大豆等。套种能够充分利用有限的生长季节，充分利用光能、时间和空间，增加作物产量。

第二节　土　壤　耕　作

一、土壤耕作的概念及其在农业生产中的重要意义

土壤耕作就是根据作物对土壤的要求和土壤特性，应用机械的方法来改善土壤的耕层结构，调节土壤的理化和生物性状，以提高土壤肥力，消除杂草、病虫害和提高农作物产量等一系列的耕作措施。它主要包括耕地、耙地、中耕、培土、镇压等基本作业。

土壤是农业生产最基本的条件，是人类最主要的生产资料，而土壤耕作又是改良土壤，合理利用土壤资源，增加农作物产量的基本保证。因此，它在整个农业生产过程中占有极其重要的位置。

二、土壤耕作的任务

（一）高产田土壤的特征

高产田土壤的特征表现为：土层深厚、耕层肥沃、疏松绵软、上虚下实、地面平整；耕层中无石头，大土块及阻碍根系生长发育的有毒物质；没有有害作物的病虫害和杂草等。同时，还要求有足够数量的、能够经常不断地满足供应作物生长发育所需的水分、养分、空气、热量等。

（二）土壤耕作的具体任务

1. 调养地力

这是土壤耕种最重要、最基本的任务，通过机械作用，为农作物创造良好的耕层结构，使固相、液相和气相具有持久的良好比例关系，增强土壤保水保肥能力，改善土壤的通气状况，活跃土壤微生物和促进养分转化。同时，为农作物种子的发芽生长创造良好的土壤表面状况，也为根系充分生长发育创造深层的耕作层。

2. 翻转耕层

耕作土壤可分为耕作层、犁底层、心土层和底土层等层次，耕作层是在耕作措施以及植物根系作用下形成的，含有机质较多，微生物活动旺盛，土壤肥力较高。

耕作层的上下层之间，在性状上具有明显的差异。表层 0~3cm，受气候条件影响较大，其结构状况对水分的渗入、蒸发、水土流失、气体交换和出苗难易都有影响；根床层 3~10cm，是根系分布的主要部位，其土壤的性状和肥力因素状况，对作物生长影响较大。变

换上下层的位置，可以改善全耕作层的物理、化学和微生物状况，同时可以消灭杂草和掩埋肥料，翻转耕层晒垡熟化土壤和消除有毒物质。

3. 混拌土肥

使无机肥或有机肥均匀分布在耕作层中，做到层层有肥，土肥相融，减少挥发损失。

4. 平整土壤表层

把高低不平的土壤表层整平有利于均匀播种，便于灌溉排水，使作物生长整齐，并能防止水土冲刷，提高自然降水的有效度。

5. 开沟作畦

在田间开沟作畦，清沟培土，有利于排水通气，提高土温增加肥效，使作物根系发育良好，可防止禾谷类及高杆作物倒伏，尤其有利于根茎类作物地下部分膨大。

三、土壤耕作的措施

根据各项耕作措施对土壤影响的大小及其所消耗的动力的多少，可将土壤耕作措施区别为土壤的基本耕作和土壤的辅助耕作两大类。土壤的基本耕作是影响全耕作层的耕作措施，对土壤的各种性状起着很大的影响和作用。辅助耕作是在基本耕作的基础上进行，是土壤基本耕作的辅助性措施，因只影响土壤表层，又称表土耕作。

土壤的基本耕作与辅助耕作的区分只是在传统的耕作体系和一般情况下才有意义。随着土壤耕作技术的发展，耕作方法和措施都在变化和发展中。

（一）土壤的基本耕作

1. 土壤耕翻

这是应用最普遍的耕作措施，耕翻是指用有壁犁耕地，翻转土壤，同时使土块散碎。耕翻对土壤的影响最大，作用面最广，耗费动力也最多，它的作用不但影响当季作物，有时也涉及几季以至几年的作物生产。使用壁犁耕地时，对土壤有两个作用：一是上下土层的翻转，在土壤耕翻的同时，也起到翻埋有机肥料、绿肥和作物残茬的作用；二是在翻土时，由于犁壁的挤压作用，在适宜的土壤含水量下，使土块破碎。犁地以后，造成一个整齐疏松的土壤耕层，改变土壤的物理性状，为播种下茬作物打下基础。

土壤的耕翻深度是耕作质量的主要指标之一。在浅耕的基础上适当增加耕地深度，可以加厚耕作层，熟化生土。深耕后土壤容重减低，孔隙度增加，通透性改善，渗水、蓄水、保肥、供肥能力加强。此外，作物根系活动范围扩大，根量增加，因此，合理深耕能发挥土壤生产潜力，提高土壤肥力，是增产的有力措施。至于适宜的耕地深度，因土壤性质、作物种类和原耕作层的厚度而有所不同。根据深耕的增产效益、所费劳力和所消耗的油料来看，一般旱地最深以 27cm 左右为宜。水田的土质黏重，深耕效益小于旱地，耕层深度一般以不超过 17cm 为宜。

深耕时，如土层深厚，土质肥沃，上下层土质差异不大，可以一次深翻。但要掌握时期，抓紧早耕，使土垡有充分熟化时间，并结合施用有机质肥料以改善土壤的理化性状。如土层薄，底土肥力低的田地可以采取上翻下松，不打乱土层的方法。

深耕后效一般 2～4 年，因气候、土壤、作物种类而有不同。旱地深翻后效持续时间较长，水田因受灌溉影响，土壤沉实快，深耕后效较短。深耕应与轮作制、施肥制等密切结合，在土壤耕作中统一安排。

2. 深松耕法

就是用无壁犁进行不翻土地深松土层的耕作措施。它可以疏松耕层，破除犁底层，改善耕层结构与三相（固、液、气相），协调水、肥、气、热状况。深松耕只松不翻土，保持熟化土在上，生土在下。生土在它的原来位置熟化，不翻乱土层，对种子发芽无不良影响。因此，对当年作物生长有良好的效果。深松耕法在作业时间上比较灵活，不像耕翻必须在前作收获后，土壤含水量适宜时进行。深松耕作可在播种前或作物生长期中的中耕时间同时进行，时间选择余地大，方法多样，机动灵活易于安排。特别在多熟质地区，复种指数高，时间紧迫，如每季作物都进行耕翻往往不能保证质量，采用一季或定期深松耕代替耕翻就具有重大意义。

深松土耕作的缺点在于不能翻埋绿肥和有机肥。因此，应因地制宜与耕翻耕作结合进行，互相补充，交替使用。

（二）土壤的辅助耕作

1. 耙地

耕地以后地面起伏不平，所以上下松紧不一，坷垃之间互相架空，这种情况水分极易蒸发，也不适于播种，这时进行耙地是很有必要的。耕地是辅助耕作的主要措施，作用于3～5cm的土层深度。耕地主要是用钉齿耙或圆盘进行碎土、松土，破除结壳，平整地面，混拌土肥，覆盖种子，消灭杂草幼苗，并有适当压实土壤的作用。耕地一般要进行多次，先以破碎土垡为主，使垡片散开，一般要重耙，以后以平整为主，可以轻耙。在水田传统耕种中，耕翻后水耙是水稻移栽前必不可少的整地作业。其作用在于保水碎土，混合肥料，平整田地及防除杂草，使稻田充分平整适于移栽秧苗。

2. 中耕

中耕是作物生长期间，在作物行间进行的表土耕作措施，也称锄地。旱地中耕能使表土疏松，增强通气，透水能力，当土壤水分较少，表土板结时，中耕可切断毛细管，创造覆盖层，减少水分蒸发，起保墒作用。雨前中耕可多接纳雨水，多雨湿润地区较深中耕更有加强水分扩散，提高土温的作用，中耕的另一作用是防除杂草。

水稻田中耕，一般称为耘稻，其作用与旱地中耕相似。能把杂草幼苗埋在土中或浮在水面而枯死，这项工作要在大部分杂草刚出土处于苗期进行，效果更好，耘稻能松土通气提高土温，促进微生物活动，有利于土壤养分释放，加快土层水面与大气间的气体交换，提高土壤的氧化还原电位，并可排除土壤中的有害气体如二氧化碳、硫化氢等。耘稻能使肥料与土壤融合，防止脱氮；耘稻还能使水稻基部的土壤疏松，在深插时促进分蘖作用，对土质黏重、瘠薄的稻田，作用更大。

3. 镇压

镇压是利用重力作用于土壤表层的耕种措施。其作用：

（1）压实土壤　当耕层土壤过于疏松时，镇压可使耕层紧密一些，有利于毛管水上升。

（2）压碎土块，平整地面　如耕地质量差，大土块多，土面高低不平，播前镇压可消灭大土块，使土面平整，还可以防止播后土壤下陷，保证播种深度一致，出苗整齐。

（3）播后进行镇压　播种时如果干土层厚，水分不足，进行镇压能使下层水分上升到表层，使种子与土壤紧密接触，有利于种子吸收水分，促进发芽和扎根。

（4）用于冬种作物（如大小麦）的田管，防止徒长。

4. 旋耕

旋耕工具是旋耕机，旋耕机是近年来推行的一种整地机械，它的碎土和混土的能力强，并能粉碎根茬，使耕作层松碎平整。在撒施基肥的地上用旋耕机，可使土肥相融，均匀混合，提高肥沃度。旋耕机适用于水田或黏重土壤整地。如南方双季稻地区早稻收割后，晚稻插秧前旋耕，能形成松软的耕作层，并将稻茬打碎压入土中。其主要缺点在于耕层浅，对土壤结构有破坏作用。

5. 开沟与作畦起垄

这是排水防涝的重要措施，一般结合整地进行。雨水较多的地方，栽培旱作物均要开沟作畦，排水防涝。畦面高度与宽度因排水好坏和雨水多少而定。一般雨水多而排水不良的黏稠重土壤应高畦深沟。反之，采用宽畦浅沟。南方一些地方种植某些块根、块茎作物，多采用垄作，起垄后加大了辐射面，以提高土温和增厚耕作层，有利于根系扩展。

四、少耕法和免耕法

上述方法是传统的也是目前主要的土壤耕作。随着农业科学的发展和大量生产实践积累的经验，尤其对于节约人力、投资、能源、避免环境污染、减少水土流失等方面的关注，认为在采用新技术的情况下，有些传统的耕作措施并非必需，可代以其他简单的措施，有些耕作措施非但无益，甚至有害，因而创造了少耕法和免耕法。

（一）少耕法

少耕法是以尽可能少的耕作措施，创造适合于作物生长要求的土壤条件。少耕法的特点是减少耕作次数或不进行全面耕作。在土壤翻耕后立即播种，不进行表土平整或镇压等作业，减少机具通过田地的次数，避免压实土壤，破坏结构。土壤表面粗糙疏松，并有残茬覆盖，可以截留雨水，促进水分渗入土壤。由于整地和播种大多同时进行，因此对于土壤水分要求严格，土壤过湿不能保证整地、播种质量，太干种子出苗率低。

（二）免耕法

所谓免耕法，就是在前作收获后，不进行任何土壤耕作，后作物即播种在前作物的茬地上，用特制的免耕播种机一次完成播种在内的灭茬、施肥、播种、覆土、镇压等操作。是由少耕技术发展而来，不进行任何耕翻和耙地作业，以后用除草剂除草，不进行中耕。免耕法的主要优点在于耕层肥沃的土壤受到较好的保护（不搅动），减少破坏，作物残茬在地表形成一层厚的土壤覆盖层，从而减少土壤风蚀、水蚀，以保护更多的水分，土壤昼夜温差小。在土壤覆盖层结合施用除草剂，可更好地控制杂草，此外，不仅可以减少劳力、机具费用，降低成本，而且可以节省时间，有利于抢播。但目前免耕法大面积推广还有一些问题，如缺乏高效、广谱、长效的除草剂，以及防治地下害虫，培育适应免耕的作物新品种适宜农机具等问题，都需进一步的解决。

南方一些省份历来有"板田油菜"、"板田小麦"、"稻田套种紫云英"的习惯，做法虽不尽相同，但都属于少耕和免耕的范畴。

第三节　防除田间杂草

一、农业杂草的危害

农田杂草是指生长在田中适应农田生态条件的野生植物。它是影响作物产量的灾害之一，对作物的危害表现在下列几方面。

① 杂草具有强大的根系和顽强的生活力，能适应各种环境，很多杂草具有密集的枝叶，形成严密的覆盖面，和作物争光、争肥、争水、争空间，消耗土壤养分，降低土壤温度或稻田水温，直接影响作物的生长的产量。

② 杂草常是病虫的中间寄主和越冬场所，杂草丛生将增加病虫传播和严重程度，降低

作物产量和品质。

③ 作物收获时混入杂草种子，会降低种子净度。

④ 有的杂草种子对人畜有毒害，如毒麦混入麦粒中制成的面粉和麦。

⑤ 机械收获的作物，杂草多时还会造成机械堵塞，影响收获进度，增加收获损失。

二、杂草的农业防除

（一）土壤耕作

一方面通过耕翻土壤，掩埋杂草种子到土壤深层，抑制发芽生长；另一方面是经常进行中耕除草。中耕可以清除地面杂草，并把土层下部的杂草种子翻上土来。但一次中耕还不能完全清除，要经过二三次中耕后把地面杂草清除，并大量消耗土壤中的杂草种子的数量，降低其发生基数，才有利于消除杂草。

中耕对防除一年生、二年生杂草，在于减少杂草竞争能力和阻止其开花结籽。对多年生杂草，中耕是阻止其地上部分制造养分，并使其因萌发新芽而迅速耗尽贮存在地下器官的养分。据研究：植物顶端能分泌一种酶阻止侧芽生长，当顶芽在中耕时被切除后，会促进侧芽及地下器官上的隐芽萌发，在一批幼芽萌发生长新叶的两三周时间内，是植株消耗原有储存养分多，而补充少的时期，此时再次中耕，对消灭杂草的作用更大。

（二）合理轮作换茬或水旱轮作

利用杂草与一定作物伴生或寄生的特点，合理轮作换茬或水旱轮作，强烈地改变杂草适宜的生态条件，以抑制或消灭杂草，这也是一项经济而有效的措施。

（三）厩肥腐热

使用未经腐热的厩肥，往往带有许多杂草种子。如果厩肥加以堆放轮作，经过发热和分解，杂草种子经 3～4 个月的堆放后，将会丧失其生活能力。

（四）其他农业技术措施

如加强播种材料的检验和清选工作，尤其对进口种子实行杂草检疫制度，防止恶性杂草传入和侵入田间。此外，铲除田边、路旁、沟渠等处杂草也是重要措施。

三、化学除草剂的使用方法

（一）土壤处理

旱地在播种前，把除草剂在水中搅拌均匀，喷洒到土表。水田在插秧前，一般采用与土壤或肥料拌匀的办法，撒施在土壤上，使均匀分布于表层土壤中，当杂草种子萌发出苗时，吸收药剂进入体内，触杀根芽，导致死亡。

（二）叶面处理

在作物出土之后，选择无风晴天，把药剂直接喷洒在杂草叶面上，通过叶片吸收，起杀草作用。叶面处理一般要选用选择性较强的除草剂，并在杂草最敏感、作物抗性最强时喷施，同时要求雾点细而均匀。

此外，为了更好地发挥除草剂的防治效果，把除草剂混用或轮换，几种不同性能的除草剂混合使用，可以相互取长补短，扩大杀草范围，不仅省工，而且除草效率高。如把 2,4-D 等内吸型除草剂，与敌牌、除草醚等触杀型除草剂混合使用，可防除稻田多种杂草，提高防治效果。除草剂结合轮作制和土壤耕作制使用，其效果更好。

使用除草剂时，要处理好作物、杂草、除草剂和环境条件四者的关系。首先必须确定在什么作物田中使用除草剂，在田间主要有哪些杂草，再根据当时环境条件，选择对作物较安全而对主要杂草有强杀伤力的除草剂，同时确定最合适的使用时期，施用药量和使用方法。

第四节　播种与育苗移栽技术

一、播种技术

（一）种子准备

1. 种子清选

作为播种材料的种子，必须在纯度、净度和发芽率等方面符合种子的质量要求。一般种子纯度应在98％以上，净度不低于95％，发芽率不低于94％。因此，播种前要进行种子清选，清除空瘪粒、虫伤病粒、杂草种子及秸秆碎片等夹杂物，保证种子纯净、饱满、生命力强、发芽出苗一致。

常用的种子清选方法有以下几种。

（1）筛选　选用筛孔适当的清选器具，人工或机械过筛，清选分级，选出饱满、充实、健壮种子作播种材料。

（2）粒选　根据一定标准，用手工或机械逐粒精选具有该品种典型特征的饱满、整齐、完好的健壮种子，作为播种材料。

（3）风选　又称扬谷、簸谷、扬场。借自然风力或机械风力，吹去混于种子中的泥沙杂质、残屑、瘪粒、未熟或破碎籽粒，选留饱满洁净的种子。

（4）水选　用水将轻重不同的种子分离，充实饱满的种子下沉底部，轻粒则上浮液体表面。

2. 种子处理

为使种子播种后，发芽迅速整齐，出苗率高，苗全苗壮，在保证种子质量的基础上，需对种子进行处理。

（1）晒种　利用日光摊晒作物种子的措施，一般在作物收获后贮藏前或播前进行。播前晒种，可以促进种子后熟，降低含水量，提高种子内酶活性、透性和胚的活力，降低抑制发芽物质的浓度，利于发芽。

（2）种子消毒　种子消毒是预防和减轻作物病害的有效措施之一。因为不少作物病害主要是通过种子传播的，如小麦黑粉病、水稻恶苗病、棉花枯黄萎病、甘薯黑斑病等。目前常用的消毒方法有：药剂拌种、浸种、种子包衣等。

药剂拌种是将一定数量和一定规格的药剂与种子混合拌匀，使药剂均匀附在种子表面上的一种种子处理方法，如多菌灵、托布津拌种等。

浸种是用药剂的水溶液、清水、乳浊液或高分散度的悬浮液浸渍种子的方法。在一定温度下，经过一定时间后捞出晾干或再用清水淘洗晾干留作播种用。如温汤浸种、多菌灵浸种等。

种子包衣是用种子包衣机直接在种子外面裹上肥料、农药使之成为丸粒状，且具有较高硬度和外表光滑度、大小形状一致的包衣种子。

（3）催芽　是人为地创造种子萌发最适的水分、温度和氧气条件，使种子提早发芽，发芽整齐，从而提高成苗率的方法。催芽多在浸种的基础上进行，浸种时间因作物种类和季节而异，催芽温度以25～35℃为好。浸种催芽在水稻生产上应用广泛。其他作物在需要和可能的前提下，采用催芽播种，也能获得苗早、苗全、苗壮的效果。

（二）播种

1. 播种量

播种量是指单位面积内播下的种子量，常以 kg/hm² 为单位表示。播种量因作物品种或栽培环境不同而异。一般肥力高的田块、分蘖（或分枝）性强的品种，播种量宜少，反之，则可稍多。

理论播种量公式是：

$$播种量（kg/hm^2）= \frac{每公顷要求基本苗数 \times 千粒重（g）}{种子净度 \times 发芽率 \times 田间出苗率 \times 1000 \times 1000}$$

2. 播种期

播种期是指作物种子种植于田间或苗床的实际日期。作物适期播种，能充分利用当地温、光、水、肥等自然资源，保证作物整个生长季节均处于生长发育最适环境，有利于丰产、稳产，增进品质。特别是一年多熟地区，适时早播，可延长生育期，利于当季作物高产，也为后季作物适时播种创造有利条件，达到全年高产。

在温、光、水、肥等要素中，气温或土温是决定播种期的主要因素。通常以当地气温或土温，能满足作物萌发生长要求时定为最早播种期。如日平均气温稳定通过 12℃（籼稻）和 10℃（粳稻）的日期为水稻最早播种期；日平均土温稳定通过 12℃ 时为玉米播种始期。最迟播种期则以当地气温能满足作物安全开花或正常成熟要求为准。

3. 播种方式

播种方式是指作物种子在单位面积土地上的分布方式。除种植密度外，一般根据作物种类、生育特性、耕作制度、播种机具等因素确定。其原则是使作物在田间的分布合理，地力和光能的利用充分，又有较好的通风透光条件，以利于个体与群体的协调发展和便于栽培管理。播种方式一般分撒播、条播和点播等。

（1）条播　播种行成条带状的作物播种方式。手工条播，先按一定行距开挖播种行，均匀播下种子，并随即盖土，机械作业可用条播机。播种行距大小因不同作物、品种、栽培水平等而异，根据播种行上播幅宽窄不同，分窄幅和宽幅条播两类，还可根据条播行距大小细分为宽行、窄行和宽窄行条播等方式。条播是广泛采用的一种方式，植株分布均匀，覆土深度比较一致，出苗整齐，作物生长发育期间通风透光良好，便于栽培管理、机械化作业和间套种。

（2）撒播　将种子均匀地撒在畦面的播种方式，是一种古老而粗放的播种方式，大多用手工操作，一般先行整地、撒种，然后覆土。其优点是省工、省时，有利于抢季节。但种子分布不均匀，深浅不一致，出苗率低，幼苗生长不整齐，田间管理不便。因此要求精细整地，分厢定量播种，落籽均匀，深浅一致，出苗整齐。

（3）穴播，又称点播　是按一定的行株距开穴播种的一种播种方式，通常顺行开穴，主要用于高秆作物或需要较大营养面积的作物。种子播在穴内，可确保播种均匀，深浅一致，出苗整齐，同时节省种子，便于增加种植密度，集中用肥和田间管理，常用于土地不够平整地块的播种。

（4）精量播种　是在点播的基础上发展起来的一种经济用种的播种方式。通常采用机械播种，将单粒种子按一定的距离和深度，准确地播入土中，获得均匀一致的发芽条件，促进每粒种子发芽，达到齐苗、壮苗、全苗的目的。

二、育苗技术

种植作物分育苗移栽和直播栽培两种方式，水稻、甘蔗、烟草等农作物以育苗移栽为主，育苗移栽是实现作物合理布局，解决茬口矛盾，缩短作物共生期，提高复种指数的关键技术措施。它充分利用时间和空间，节约水源，节约种苗，为合理密植，实现增产增效打下坚实基础。

生产上农作物的育苗方式方法很多，根据育苗保温措施的不同，大致分为露地育苗、保温育苗和增温育苗。露地育苗是利用自然温度，根据种子特点和种子萌发需求，有营养钵育苗、方格育苗（营养土块育苗）、湿润育秧等；保温育苗是利用塑料薄膜保温，如各种农用薄膜育苗；增温育苗是利用各种能源增温，如生物能（酿热）温床、蒸汽温室育苗等。

精细管理苗床是培育壮苗的关键，而苗床管理的核心是调节好苗床的温湿度。一般薄膜育苗采用日揭夜盖的方法，使苗床温度控制在适宜的温度范围（20～25℃），从幼苗顶土开始到齐苗，要逐渐降低苗床温度，防止因温度过高造成灼伤或形成"高脚苗"。苗床的土壤含水量以 17％～20％为宜，移栽前一天，为了减少起苗或挖苗而造成的伤根，于苗床里喷水一次。齐苗后要及时除草，适时间苗，以保证出苗后不因过分密集、拥挤而造成徒长，形成"高脚苗"和弱苗。在施入足量的基肥后，一般苗床不再追肥，但可根据幼苗生长情况适当施用少量速效肥料。

三、移栽技术

移栽是作物生产中常见的栽培措施，移栽在壮苗的基础上，根据作物的种类、适宜的苗龄和茬口来确定移栽时期，适时的移栽可保证壮苗和减轻因移栽过早而导致的伤根多病。起苗操作要精细，尽量做到少伤根，多带护根泥土，使新生根系生长速度快，幼苗恢复生长时间短。移栽时要按规格，保证株、行距，深浅一致，最好大小苗分批起苗，分期移栽，对病虫苗、高脚苗、弱苗要及时淘汰。移栽后要及时浇施定根水，做到边移栽边浇施，以促进根、土、肥三者密接，及时供给养分，促进幼苗成活与生长。

第五节　作物田间管理

一、查苗与补苗

保证全苗是作物获得高产的一个重要环节。作物播种后，常因种子质量差、整地质量不好、播种后土壤水分不足或过多、播种过早、病虫为害，播种技术差或化肥农药施用不当等造成缺苗。故在作物出苗后，应及时查苗，如发现有漏播或缺苗现象，应立即用同品种种子进行补种或移苗补栽。

补种是在田间缺苗较多的情况下采用的补救措施。补种应及早进行，出苗后要追肥促发，以使补种苗尽量赶上早苗。

移苗补栽是在缺苗较少或发现缺苗较晚情况下的补救措施，一般结合间苗，就地带土移栽，也可以在播种的同时，在行间或田边播一些预备苗。为保证移栽成活率，谷类作物必须在三叶期前，双子叶作物在第一对真叶期前移栽。移栽补苗应选择阴天、傍晚或雨后进行，用小铲挖苗，带土移栽，栽后及时浇水。

二、间苗与定苗

为确保直播作物的密度，一般作物的播种量都要比最后要求的定苗密度大出几倍。因此，出苗后幼苗拥挤，造成苗与苗之间争光照、争水分、争养分，影响幼苗健壮生长，故必须及时做好间苗、定苗工作。

间苗又称疏苗。是指在作物苗期，分次间去弱苗、杂苗、病苗，保持一定株距和密度的作业。间苗要掌握去密留匀、去小留大、去病留健、去弱留壮、去杂留纯的原则，且不损伤邻株。每次间苗后，结合施肥灌水，促进根系生长。

定苗是直播作物在苗期进行的最后一次间苗。按预定的株行距和一定苗数的要求，留匀、留齐、留好壮苗。发现断垄缺株要及时移苗补栽。

三、中耕、除草、培土

中耕是指在作物生育期间，在株行间进行锄耘的作业。目的在于松土、除草或培土。

在土壤水分过多时，中耕可使土壤表层疏松，散发水分，改进通气状况，提高土温，促进根系生长，有利于作物根系的呼吸和吸收养分。在干旱地区或季节，中耕可切断表土毛细管，减少水分蒸发，减轻土壤干旱程度，同时可消灭杂草，防止水分和养分的消耗。中耕一般进行 2～3 次，深度以 6～8cm 为好。

培土也叫壅根，是结合中耕把土培加到作物根部四周的作业。目的是增加茎秆基部的支持力量，同时还具有促进根系发展，防止倒伏，便于排水，覆盖肥料等作用。越冬作物培土，有提高土壤温度和防止根系冻害的作用。

四、水分与养分调节

（一）施肥

施肥是供给作物营养、增加作物产量、改善产品品质、增强作物对不良环境的抵抗能力的一项重要的田间管理措施，同时还能改良土壤理化性状，逐步提高土壤肥力。

1. 施肥原则

即根据作物营养特性、土壤肥力特征、气候条件、肥料种类和肥料性质等来确定施肥的数量、时间、次数、方法和各种肥料的搭配。

具体应做到：以有机肥料为主，有机肥料与化肥相配合，氮、磷、钾三要素相配合，因地制宜补施微肥。

2. 施肥方法

作物施肥包括基肥、种肥和追肥三种方法。在作物总施肥量中，一般基肥应占到50%～80%，种肥占 5%～10%，追肥占 20%～50%。

（1）基肥又称底肥　作物播种或移栽前施用的肥料。以有机肥料和磷、钾肥为主，也可适当配合一部分氮肥。一般在播前耕地时施在土壤表面，再耕翻入土，既能供给作物整个生育期所需的养分，又有改良土壤的作用。

（2）种肥　是播种或定植时施于种子附近或与种子混合施入的肥料。施用种肥的目的是满足作物幼苗在营养临界期对养分的需求，或者为幼苗的健壮生长创造良好的环境条件。种肥一般以氮、磷肥为主，或者是腐熟的有机肥料。种肥浓度不能过高，故必须严格控制用量。一般氮肥中的硫酸铵适合作种肥，而浓度高的尿素原则上不能作种肥。

（3）追肥　是作物生长期间追施的肥料，是基肥的重要补充。通常以氮肥为主，也可追施磷肥、钾肥和微量元素肥料。追肥一般应在作物营养的临界期或营养最大效率期施用，以及时满足作物在需肥的关键时期对养分的需求。

根外追肥也称叶面施肥，是将水溶液肥料或生物活性物质的低浓度溶液喷洒在作物叶面上的一种施肥方法。目的在于及时补充作物生长后期所需的养分。生产上根外追肥还常和病虫害防治等结合进行。

（二）灌溉与排水

灌溉是向农田人工补水的一种技术措施，除满足作物需水要求外，还有调节土壤的温热状况、培肥地力、改善田间小气候、改善土壤理化性状等作用。一般灌溉可分为地面灌溉、地下灌溉、喷灌和微灌四类。根据作物种类、地形、土壤类型、水源状况和经济条件等，选择适宜的灌水方法，对提高灌水质量、满足作物用水要求等具有十分重要的意义。

农田排水的目的在于排除地面水、排除耕层土壤中多余的水和降低地下水位，保证作物健康地生长发育。排水方法有明沟排水和暗沟排水等。明沟排水即在田面上每隔一定距离开沟，以排除地面积水和耕层土壤中多余的水分。明沟排水系统一般由畦沟、腰沟与围沟三级组成。明沟排水的优点是排水快，缺点是影响土地利用率，增加管理难度等。暗沟排水是通过农田下层铺设的暗管或开挖的暗沟排水。其优点是排水效果好，节省耕地，方便机械化耕作，缺点是成本高，不易检修。

五、病虫害防治技术

农作物从种到收，常常由于病、虫的危害而遭受重大损失。即使已经收获的产品，在贮藏和运输期间，也会遭受病、虫危害。因此，做好病虫害防治工作，也是作物栽培的一个重要环节。病虫防治应贯彻预防为主，综合防治的方针，应用农业防治、生物防治、理化防治等方法，尽量把病虫害限制在不造成损失的最低限度。

六、收获技术

（一）收获时期的确定

根据不同的栽培目的，确定适宜的产品收获时期，对提高作物产量和品质都有良好的作用。过早收获，由于未达到成熟期，产量和品质都会降低；收获过迟，往往由于气候条件不适，如阴雨、干旱、低温等引起种子发芽、霉变、落粒或工艺品质降低等损失，同时还会影响后茬作物的适时播栽。因此，必须强调适期收获。

以收获种子或果实的作物，其收获适期一般为生理成熟期。禾谷类作物由于穗在植株上部，种子的成熟期基本一致，以在蜡熟末期到完熟初期收获为好；棉花因结铃部位不同，成熟不一致，以棉铃正常开裂吐絮采收为宜；油菜为无限花序，开花结角延续时间较长，且成熟后易裂角损失，以全田 70%～80% 的植株黄熟，角果呈黄绿色，分枝上部尚有部分角果呈绿色时为收获适期；豆类以茎秆变黄，植株下部叶片脱落，种子呈固有色泽时为收获适期；花生一般以大部分荚果已饱满，中下部叶片脱落，上部叶片转黄，茎秆变黄色时为收获适期。

甘薯等以收获地下块根、块茎营养器官的作物，由于它们没有明显的成熟期，地上部分茎叶也无明显的成熟标志，一般以地上部茎叶停止生长，叶片变黄，地下贮藏器官膨大基本停止，干物重达最大时为收获适期。同时还可根据气候条件、产品用途等适当提前或推迟。

烟草等收获营养器官的作物，一般应以工艺成熟期为收获适期，由于烟草叶片自下而上顺序成熟，凡叶片由深绿转为黄绿，叶变厚起黄斑，叶面茸毛脱落，有光泽，叶片与茎的夹角变大，叶尖下垂，主脉变乳白且发亮变脆时，即为收获适期。

（二）收获方法

作物收获方法因作物种类而异，常见的有以下几种。

1. 刈法

禾谷类作物和豆类作物多采用此法，一般以人工为主，用镰刀刈割后脱粒，机械化程度高的地区则用联合收割机进行。

2. 摘取法

棉花等作物多采用此法，即在正常裂铃吐絮后，用人工采摘。大型农场则多采用机械收花。

3. 挖取法

甘薯、马铃薯等块根、块茎作物多采用此法。一般先将作物地上部分用镰刀割去或直接拔除，然后用农具挖掘。也可直接采用挖掘机进行机械收获。

复习思考题

1. 掌握作物布局、复种、轮作、间作、套种等概念，了解其意义掌握其技术要点。
2. 了解常见的土壤耕作方法和作用。
3. 了解农田杂草防治方法。
4. 掌握作物的播种、育苗与移栽技术；掌握作物田间管理相关技术措施。
5. 什么叫"播种量"，如何确定播种量？
6. 育苗移栽有哪些意义？如何做好育苗移栽？
7. 作物施肥原则主要有哪些？
8. 作物杂草与病虫防治的主要原则有哪些？
9. 作物的一生在栽培上主要有哪些技术环节？

参 考 文 献

[1] 董钻，沈秀英主编. 作物栽培学总论. 北京：中国农业出版社，2000.
[2] 杨守仁，郑丕尧主编. 作物栽培学概论. 北京：中国农业出版社，1989.
[3] 李振陆. 农作物生产技术. 北京：中国农业出版社，2001.
[4] 刘玉凤. 作物栽培. 北京：高等教育出版社，2005.

第四章 禾谷类作物

>>> **知识目标**

① 了解禾谷类作物器官的形成、生长和发育规律；掌握禾谷类作物器官建成过程、生长发育规律与作物高产、稳产、优质、安全、生态的关系，在生产上采用的适宜栽培技术措施。

② 了解水稻高产、优质、高效栽培的主要途径和栽培稻的分类；掌握杂交稻高产栽培技术及抛秧栽培技术。

③ 了解玉米生产的意义和生产概况；掌握玉米生产的主要技术环节，并能根据所学知识分析和解决本地区玉米生产上存在的实际问题。

④ 了解小麦生长发育过程和阶段发育理论，掌握小麦高产栽培和稻茬麦免耕栽培技术。

能力目标

① 学会并掌握学生所在地区推广的育秧技术。

② 禾谷类作物主要生育时期的标准和观察记载方法。

③ 考查禾谷类作物秧苗素质的方法和禾谷类作物的移栽方法及关键技术。

④ 能根据田间长势、长相，有针对性地提出相应的田间管理措施。

⑤ 学会掌握禾谷类作物机播技术和播种质量检查方法。

⑥ 学会禾谷类作物基本苗和田间出苗率的调查方法。

⑦ 能根据禾谷类作物的产量结构情况，总结出禾谷类作物生产技术。

第一节 禾谷类作物的概述

禾谷类作物的根系是须根系，茎由节和节间组成，分基部密集不伸长节间和上部伸长节间，每一节一片叶，可生长腋芽成为分枝，称为分蘖。叶由叶片和叶鞘组成，叶鞘包裹茎秆，叶耳、叶舌和叶枕是不同品种的标志；花序有穗状、圆锥、肉穗等，通常称为穗，由小穗和小花组成，小花授粉后发育成籽粒，植物学上叫颖果，农业上叫种子，由胚、胚乳和皮部组成。种子分成麦类和粟类两部分。

世界粮食生产中，谷类占90%。谷类具高产、稳产、易消化的特点。

禾谷类作物的器官包括根、茎、叶、花、果实和种子，它们是在作物生长的不同时期逐步建成的。其果实和种子是作物生产的主要经济产品。禾谷类作物的不同器官在形成过程中有一定的相关性，掌握禾谷类作物器官建成过程及各器官形成过程的相关性，对于进一步研究作物生长发育规律，制订作物生产的各种栽培技术措施有着重要的意义。

一、禾谷类作物种子萌发与出苗

水稻、小麦、玉米、高粱等的籽粒，作为播种材料一般也叫做"种子"，实际上它们是由子房与胚珠发育而成的果实。禾谷类作物的器官都是由种子发育而来，种子的正常萌发出苗是禾谷类作物新个体生长发育的开始，因此了解种子的形态结构、萌发出苗过程及其必需的外界条件，对于指导禾谷类作物播种，获取全苗壮苗，奠定高产的基础是十分重要的。

（一）禾谷类作物种子的形态结构

禾谷类作物种子的大小、形状、颜色各不同。玉米的种子较大，水稻、小麦的种子次之。主要作物种子的千粒重见表 4-1。

表 4-1　主要禾谷类作物的千粒重　　　　　　　　　　　　　　　　　g

作物名称	千粒重	作物名称	千粒重
水稻	24～32	高粱	30 左右
玉米	200～350	燕麦	20～40
小麦	34～50	荞麦	15～38.8

注：摘自南京农学院和江苏农学院主编的《作物栽培学》（南方本）。

禾谷类作物种子千粒重虽然不同，但基本结构是一致的。都是由种皮、胚和胚乳三部分组成。禾谷类作物种子在植物学上称为颖果，因其种皮没有机械组织，在果实发育过程中果皮与剩余的种皮组织相愈合，包围在种子之外。作为播种材料的稻谷、大麦、有稃高粱、粟等在颖果外还被有外稃和内稃，食用时除去内外稃，称为糙米、麦米、小米等。

禾谷类作物的胚乳一般约占籽实重的 80％以上。胚乳的主要成分是淀粉和蛋白质，有角质胚乳和粉质胚乳之分。角质胚乳的组织致密而透明，蛋白质含量较高。粉质胚乳的组织较松，淀粉粒之间有空隙，呈白色而不透明，蛋白质含量较低。胚乳性质因品种而不同，也受气候和栽培条件的影响。禾谷类作物的胚乳通常包括糊粉层及淀粉组织，胚乳的最外层为糊粉层，近种皮外的细胞较小，其中除淀粉粒外，还含有蛋白质、脂肪、维生素 B 和酶类，对萌发过程中胚乳的消化起很大作用，靠近胚的一面，糊粉层较薄，仅 1～2 层细胞，水稻在糙米精白、小麦在加工成面粉时，糊粉层与种皮、果皮一起被剥除，称为糠或麸皮。淀粉组织在糊粉层的里面，是胚乳的主体部分，由充满淀粉粒的细胞构成。

禾谷类作物的胚一般由胚芽、胚轴、胚根及盾片四部分组成。胚芽包在胚芽鞘内，含有 2～3 个未发育的叶。这 2～3 个叶片包围着生长锥。胚根顶部有胚根鞘保护，除胚根外，在胚轴上还有根原基的分化，每个根原基端部都有根冠覆盖，种子萌发时胚根形成初生根，其余的根原基形成初生不定根，小麦通常是 5 条，水稻为 5 条。胚轴连接胚芽和胚根，其侧面与盾片相连接，盾片（子叶）多呈弯曲形，其突出的一面与胚乳相接，盾片近胚乳的一面为与胚乳垂直引长的筒状细胞，称为柱状上皮细胞，含有淀粉转化酶，能把贮藏于胚乳组织中的淀粉转化为可溶性糖，它还能吸收被分解的胚乳物质，运往胚的生长部分，故有吸收层之称。盾片伸展覆盖于胚芽鞘顶端的一个外生物叫腹鳞。在胚轴与盾片相对的一侧，有些禾谷类作物种子还着生有膜片状的突起物，称为外胚叶（外子叶），仅含有薄壁细胞，没有维管束系统。

（二）禾谷类作物种子的萌发与出苗

1. 种子的萌发

成熟健全的种子，在具备适宜的温度、足够的水分和充足氧气的条件下，即可萌发。禾谷类作物种子的萌发一般经历吸胀、萌动和发芽三个阶段。

（1）吸胀阶段　这是一个物理吸水过程。干燥的种皮及种胚所含的蛋白质、核酸以及细胞壁中的纤维素、半纤维素和果胶等亲水性胶体物质大量吸水，使处于凝胶状态的细胞原生质逐渐转变成溶胶状态，这时，整个种子体积膨胀。水分在软化种皮的同时，还从种皮上的一些缝隙如种孔、发芽孔、棉花的合点帽等处进入种胚，直到细胞内部水分达饱和状态时，种子才停止吸水。种子吸胀能力的强弱决定种子内的贮藏物质化学成分。

（2）萌动阶段　种子吸足水分后，胚乳或子叶中贮藏的淀粉、脂肪、蛋白质等物质发生水解作用，在具备适宜温度和足够氧气的条件下，经过各种酶的作用，转化为简单的可溶性物质，并释放出大量的能量，供胚细胞进行旺盛的新陈代谢。有的作物在此阶段外形上也有所表现，如水稻种子的胚吸水萌动后，挤破包着胚部的外稃基部，露出白色胚部，称为露白（破胸）。

（3）发芽阶段　胚的生长部分利用吸收的营养物质和能量加速合成结构物质，以促进细胞分裂和伸长，使胚根和胚轴开始伸长，胚芽分化出新的叶原基，这时呼吸强度达到高峰，需氧量也达最大。随着胚根的伸长，发芽孔被胀裂，当胚根伸出发芽孔，胚芽也突出种皮，并达到一定长度时，就称为发芽。不同的作物达到发芽的标准不同，如小麦、水稻的发芽标准则是胚根与种子等长，胚芽达种子长度的 1/2 时，才算发芽。

2. 出苗

种子发芽后，胚轴继续向上生长，把胚芽和子叶带到地表，达到一定标准时就称为出苗。不同的作物出苗标准不同，如小麦的出苗标准是胚芽鞘顶出土面后，第一真叶从胚芽鞘顶端裂孔处伸出，其长度达 2～3cm 时即达到出苗标准。

（三）禾谷类种子萌发与出苗的条件

农业生产上所使用的种子，必须是充分成熟并打破了休眠状态，健康并具有很强生活力的种子，只有这样的种子，播种后才有较强的发芽势和较高的发芽率。种子萌发出苗必须具备以下条件。

1. 水分

吸收适量的水分是种子萌发最基本的条件，一般干燥的种子含水量 9%～14%，细胞的原生质呈凝胶状态，生命活动处于相对静止状态。只有在种子吸入足够的水分后，各项代谢活动才逐渐增强。因为水使种皮膨胀软化，氧容易透过种皮，增加胚和胚乳的呼吸作用。水分还可使凝胶状态的原生质转变为溶胶状态，自由水增多，代谢加强，在一系列酶的作用下，使胚乳贮藏物质转化为可溶性物质并促进这些物质运送到正在生长的幼芽、幼根，供给呼吸或形成新细胞的结构有机物。

各种作物种子的吸水量不同，一般含淀粉较多的种子吸水量较少，含脂肪、蛋白质多的种子吸水量较大（表 4-2）。

表 4-2　主要禾谷类作物种子萌发时的吸水量（占种子风干重的百分比）

作物名称	吸水量/%	作物名称	吸水量/%
水稻	25～30	小麦	30 以上
玉米	48～50		

种子的吸水速度与温度有关：温度低，吸水慢；温度高，吸水快。例如：籼稻种子吸收占干重 25% 的水分，在 30℃ 时，只需 30h 左右，20℃ 时则要 60h 左右，15℃ 则需 75h 以上，所以早稻在早春时需浸种 2～3d 才能吸足水分，而晚稻在夏天只需浸种 1d 就够了。

种子吸水速度和品种也有关系。例如，籼稻谷壳薄，米质疏松，吸水较快；粳稻谷壳厚，米质紧密，吸水较慢。此外，干燥的种子吸水较快，潮湿的种子吸水较慢。

在生产实践中播种前必须使土壤具备足够含水量，多数禾谷类发芽最适宜的土壤含水量是最大持水量的 80% 左右。

另外，为加快种子的吸水速度，常采用播前晒种、浸种等技术措施。这些措施可使种子吸水充足均匀，发芽出苗快而整齐。

2. 温度

种子萌发出苗过程是在一系列酶作用下进行的生理生化变化过程，而酶的活化和形成受温度的影响很大。所以，种子要在一定温度下才能发芽出苗。在适宜的温度范围内，酶的活性高，种子萌发和出苗也快，所以种子萌发出苗的最适温度和相应的酶活动的最适温度相近。影响种子萌发的温度可分为最低温度、最适温度和最高温度。最低和最高温度是种子萌发的极限温度，低于最低温度种子不能萌发，温度过高，由于各种酶系受到不同程度的破坏，使分解过程与合成过程失去协调。同时，温度高呼吸作用过于旺盛，胚内代谢废物一时难以排出，使胚细胞受到毒害，致使种子萌发困难。种子萌发的最适温度是在短时间内使种子萌发达到最高百分率温度，但是在此温度条件下，由于呼吸作用消耗的有机物质较多，提供幼胚生长的物质较少，所以长出的幼苗并不一定健壮。因此，健壮种子萌发所需的温度应低于萌发的最适温度，这个温度称为协调最适温度。在生产上有时为了延长禾谷类的生育期和缓解前后茬口的矛盾，在确定作物播种期时不是依照种子萌发的最适温度，往往是根据当地历年日平均温度稳定通过某作物发芽出苗所需最低温度的日期来确定的。不同作物种子萌发对温度的要求范围各不相同（表 4-3）。

表 4-3　主要禾谷类种子萌发的温度范围

作物名称	最低温度/℃	最适温度/℃	最高温度/℃
小麦	3～5	15～31	30～43
大麦	3～5	19～27	30～40
水稻	10～12	30～37	40～42
玉米	8～10	32～35	40～44

注：此表根据南京农学院、江苏农学院主编《作物栽培学》（南方本）综合制成。

3. 氧气

种子萌发出苗除需要适宜的温度和足够的水分外，还必须有充足的氧气。

这是因为氧气是进行有氧呼吸的必要条件，如前所述，种子的萌发过程中，只有有氧呼吸旺盛，贮藏物质的转化才快，形成的中间产物和能量才多，新器官的生长也才快。如果缺氧，种子就被迫进行无氧呼吸，不仅贮藏物质转化缓慢，释放能量少，不易形成合成蛋白质的中间产物，而且还会因酒精积累过多而引起胚中毒。所以，氧气是种子萌发必不可少的条件。

二、禾谷类根系的建成

根是作物的地下器官，它的主要功能是固定植株，从土壤中吸收水分和矿物质营养，还具有贮藏营养物质和生物合成等作用。玉米、高粱等作物的支持根还具有支持植株的作用。作物生产的实践证明，要获得高产、稳产、优质，必须建立一个发达的根系。

（一）禾谷类的形态结构

作物种子萌发之后，由胚根原生分生组织发育而成的第一条根称为初生根。由于作物的种类不同，在初生根长出之后，根的生长状况和根系的形态也各不相同。禾谷类作物的初生根和由未伸长节上分生出的不定根一起形成须根系。

禾谷类作物的初生根伸出后不久，即从胚轴基部发生不定根。小麦第一对不定根是从盾片节即子叶节上发生的，随后从外胚叶节上和芽鞘节上相继长出成对的不定根。栽培学上把这些根统称为种子根。种子根的数目随种子大小而异。水稻谷粒萌发之后只有一条种子根，出苗之后从鞘叶节上发生几条不定根。最先从盾片的两侧产生两条新根，接着在胚芽鞘节上也产生两条新根，随后在种子根的同一方向出现一条新根。农业生产上把这几条根叫"鸡爪根"。

禾谷类作物的幼苗生长到一定时期，从茎基部和分蘖节上产生不定根，不定根的数目和伸出的迟早，随作物的种类和栽培条件而异。农业生产上习惯叫这种不定根为次生根，它和植物学上的次生根的概念有所不同。小麦次生根的数目在适宜的环境条件下有 30~70 条，营养生长期长的品种，在条件适宜时可达百条以上。水稻的次生根一般在 200 条左右，多的可达千条。

不定根的长度、粗度和分枝情况，因着生的节位及在节上发生的位置不同而不同。基部节上的根比较短小，越向上越粗大，而且分枝多；快要接近伸长节间的节上的根往往最长最粗，分枝根也最多；再向上又逐渐变得短小，但仍保持着分枝较多的特点。

（二）禾谷类根系的建成

作物根的完整的整体称作根系。作物的根系是在作物的个体发育过程中逐渐建成的。

禾谷类作物根系的建成过程与地上部营养器官的建成同步进行。在良好的土壤条件下，根系早期生长快于地上部分，种子萌发不久，根系逐渐扩展的范围就大大超过地上部分。如小麦的根，3 叶期可深达 60cm，最深可达 2m 以下土层。水稻整个根系的横向生长，到拔节期前可伸展到植株四周 20cm 左右的范围，拔节后继续向纵深发展，其深度可达 20cm 左右的耕层之下，最深的可达 50~60cm。玉米的须根，在土壤中的分布范围比稻麦都大得多。

禾谷类作物的次生根由于产生在茎基部的节上，每个节上的同位器官的发生，都有一定的相关性，因此，其根系的发生和建成，是遵循一定规律而进行的。例如水稻，当第 n 叶抽出时，$n-3$ 节上的根已长出；$n-2$ 节上的根原基正在发育；$n-1$ 节上的根原基刚刚分化。如当 7 叶抽出时，第 4 节的根带开始发根，第 5 节的根原基正在发育，第 6 节的根原基刚刚分化。水稻各节上产生的根数是随着节位的升高而不断增加的。如鞘叶节上只有 5 条根，而到第 11~12 节时不定根可以增加到 22~23 条，但最上位节的根数略有减少。根的粗细基本上也是随节位上升而逐渐增粗，但至最上位节，根径又略变细。

根系干重的变化随次生根数和根长的增加而增加。如小麦，其重量以越冬期增加较快，最快的时期，单株日增重达 23mg，越冬期间增加的根重占全期的 24%。越冬以前种子根重量的增加大于次生根，单株种子根日增重为 7.54mg，而次生根只有 5.98mg，此间种子根的重量占根系总重量的 60% 左右，而次生根的重量只占根系总重量的 40% 左右。到拔节期次生根的重量超过种子根，单株次生根日增重 7.29mg，而种子根增长量大大下降，平均日增重只有 1.68mg。因此，在小麦生育前期，不仅要重视次生根的生长，对初生根的生长也不容忽视。

三、禾谷类茎的生长

（一）禾谷类作物茎的形态与结构

禾谷类作物的茎通常叫做秆。茎秆由许多节和节间组成。每段茎的节间基部有细胞分裂旺盛的居间分生组织，此分生组织进行细胞分裂与增长，使茎秆不断长高。

禾谷类作物的节虽是复合节，但在正常情况下，地上部伸长的茎节是不发生分枝的。

禾谷类作物茎的节数不等，即使同一作物因品种而异也有较大差别。茎秆高度也各不相同，如稻、麦、粟、黍、稷等多在 1m 左右，而玉米、高粱、甘蔗等植株高大，多在 2m 左右，高者可达 3~4m。

禾谷类作物茎的解剖结构分三种组织系统，即表皮系统、基本系统和维管系统。茎的表皮系统在茎的最外围，由一层活的细胞所组成，有一定的分裂能力。表皮系统内是基本系统，维管束则贯穿于基本系统之中。在不同的禾谷类作物中，茎的结构差别主要表现在基本组织和维管束的数量和排列的不同，禾谷类作物茎内基本系统和维管束系统的排列可分为以下三种形式。

第一种，茎中空，茎腔很大，维管束成两圈，如小麦、大麦、黑麦、燕麦、水稻等。两圈维管束中，较小的一圈子靠近外围，较大的一圈深入茎内。

第二种，茎实心，无茎腔，有髓，其维管束分散在整个切面内，如玉米、高粱、甘蔗等作物。

第三种，中央有小髓腔，维管束既不像稻麦排列成圆圈，也不像玉米、甘蔗作散生排列，如薏苡等。这类作物茎的横切面，表皮下由 $1\sim2$ 层厚壁细胞构成的皮下层内有 2 层大而木质化的薄壁细胞，维管束排列约为 8 圈。

栽培条件对茎秆各个部位组织的数量和它们之间的相互关系有很大影响。在干旱条件下表皮细胞的细胞壁增厚，薄壁组织大为减少，绿色组织中的维管束数量和大小也都减少。在各个生育期，茎中内外轮维管束的数目，丰产田均比一般田多。

由于丰产田稻、麦秆粗、壁厚、机械组织厚，维管束数目多，基本薄壁组织也较多，因此，输导面积大，从而获得抗倒高产的优良性状。如果水肥过于充足或施用不当，种植密度又过大，往往茎秆变细，皮下机械组织内厚壁细胞数目减少，细胞壁变薄，后生木质部导管变形，维管束周围的纤维细胞变小，基本组织的细胞增大，则易造成茎倒伏，导致减产。

（二）禾谷类茎的生长

禾谷类作物在幼苗阶段，顶端生长非常缓慢，各节都密集于茎的基部。以后除顶端生长加快外，还进行居间生长。禾谷类作物的每个节间的基部都保持幼嫩的生长环，即居间分生组织。它们的细胞进行分裂、生长和分化，使每个节间伸长，这叫居间生长。当基部节间进行居间生长开始伸长时，农业上称为拔节。抽穗时，由于几个节间同时进行居间生长，所以，这一时期茎的伸长特别快。

禾谷类作物茎的增粗生长与双子叶作物不同，它的维管束属有限维管束，不具备束内形成层，不能进行次生生长，但是在禾谷类作物叶原基的下面有许多扁平细胞，它们有规则地排列为垂周行列，这就是禾谷类作物的初生增粗分生组织。例如玉米、甘蔗等作物，在茎尖正中的纵切面上都可以看到这种分生组织，它们进行平周分裂，产生新的薄壁细胞，增大茎尖直径。通过这些薄壁细胞的增大和分裂，伸长的节间可以进一步增粗。通常这种增粗是几个节间同时进行的。

茎增粗之后还有一个充实过程，如小麦的茎秆伸长停止之后还有一个多月的时间进行充实，茎秆干重不断增加，直到抽穗时，茎干重达到最大值，嗣后随着籽粒灌浆，茎内贮藏物质不断向籽粒运输，茎干重也随之逐渐下降。

（三）禾谷类作物茎的倒伏与徒长现象

茎的生长好坏直接影响作物的产量，栽培学上通常要求前、中期生长要搭好丰产架子，其主要含义就是要使茎秆生长健壮。茎秆生长是否健壮，受环境条件和栽培技术的影响很大。温度较低、土壤干旱、肥力不足等，都会导致茎秆生长缓慢或停止生长。温度适宜，墒情较好，肥力充足，则茎生长加快，这是获得壮秆的必要条件。高温足墒，肥力过高，特别是氮素多，磷、钾配合不当，当密度高群体过大时，往往茎秆生长过快，充实不足，机械组织不发达，则生长后期很容易造成倒伏。这种现象在禾谷类作物上表现尤为突出，如小麦在温度在达到 10℃ 以上时开始拔节，$12\sim16$℃ 的中等温度对形成矮、短、粗、壮的茎秆最有利，如果温度高于 20℃，肥水充足，氮肥过多，群体过大，田间郁闭，拔节生长期间就会使下部节间生长过快，组织娇嫩，造成倒伏。根据材料力学的原理，茎秆的抗弯曲力一般与茎秆的外径立方减内径立方的差呈正相关。由此可见，要增强茎秆的抗倒能力就必需增加茎壁厚度。农业上采用控水控肥、化学调控（如矮壮素、缩节胺等）都可以有效地控制徒长，防止倒伏。自然倒伏之后，不加人为或机械的折断，茎秆在一定时期内有一定的恢复能力。

（四）禾谷类的分蘖

1. 分蘖节

分蘖实际上就是稻麦等禾谷类作物的分枝。禾谷类作物地上伸长的茎节，不发生分枝，但其基部都有一个由不伸长的节间、节和腋芽密集的节群，栽培学上称之为分蘖节。分蘖就发生在分蘖节上。分蘖节内布满大量的维管束，联系着根、叶及腋芽，因此，分蘖节中心绝大部分是由输导组织构成，它是苗期整个植株的输导枢纽。

分蘖节是禾谷类作物个体发育的重要部分，它不仅在正常情况下能产生分蘖，而且当主茎受到伤害时，分蘖节上的腋芽可产生出大量的分蘖，以便补偿主茎的损失。分蘖节还可以贮藏大量的养分，如糖类等。就麦类作物来说，由于越冬前大量的糖分累积在分蘖节和叶鞘里，分蘖节含糖量相对稳定，细胞液浓度较大，因此能使幼苗抵抗和忍受较低的温度，保证安全越冬，保护好分蘖节是禾谷类作物栽培中必须注意的重要问题。

分蘖节上节的数目的多少与品种有关。以小麦为例，主茎地上部的节间数多数是4~5个（少数为6个），比较固定，而分蘖节上节的数目，品种之间就有很大差别。例如营养生长期长的冬性品种，主茎总叶片数和总节数多，其分蘖节上节的数目也较多。此外，播种期、播种深度、土壤状况以及某些栽培措施也会影响分蘖节的节数。由于作物的生物学特性所决定，分蘖的位置，总是保持在离地面较近的地方，以利于接受适当的温度，保证分蘖的发生。尽管小麦的播种深度不同，根茎总是将分蘖节尽量推举到离地面较近的地方。因此小麦播种时，要掌握适宜的深度，播种过深，由于根茎生长消耗了大量的养分，加之分蘖节离地表较深，故而形成弱苗，分蘖期推迟、分蘖减少；播种过浅，分蘖节裸露地面，冬季不能安全越冬。水稻插秧时也应保证适当的深度，以免分蘖节过深造成"坐苑"，不利于早发。

2. 分蘖发生的顺序

分蘖的顺序是由下而上逐个进行的。以小麦为例，其分蘖发生顺序从主茎上发生的分蘖叫一级分蘖，主茎以0表示，以Ⅰ、Ⅱ、Ⅲ……表示一级分蘖各蘖的蘖位。胚芽鞘节的腋芽也可以发育成一级分蘖，常用C表示。由一级分蘖长出的分蘖叫二级分蘖，以I_p、I_1、I_2……表示。从二级分蘖上长出的分蘖叫三级分蘖，以I_{1-p}、I_{1-1}、I_{1-2}……表示。每个分蘖的第一片叶是一个不完全叶，水稻叫先出叶，麦类叫分蘖鞘，以p表示。分蘖鞘也有腋芽，也可以形成分蘖，小麦的分蘖鞘总是生在母茎的一侧，分蘖的第一片叶恰与母茎的叶重叠产生。

3. 分蘖的发生规律

（1）叶蘖同伸规律　各级分蘖的出生与主茎叶片的出生具有一定的对应规律，这种关系是由叶原基和腋芽原基的分化过程所确定的。在小麦和小稻胚的纵切面中已可以看出3片营养叶和胚芽鞘腋芽原始体，并可以观察到第3片营养叶的原始体是与胚芽鞘腋芽原始体同时分化的。在小麦萌发后，叶原基的分化与腋芽原基的分化仍表现为$n-3$的关系，即n叶原基分化开始，其下面相距3片叶的腋芽原基同时分化。根据组织解剖观察，n叶的大维管束与$n-2$叶和$n-3$叶的分蘖直接相通，在养分供求关系上最为密切，因此，主茎叶片长出和蘖的出现也常遵循$n-3$的间隔规律而同伸。例如小麦当第3片真叶长出时，其胚芽鞘蘖C同时出现，当第4片真叶长出时，第1叶叶腋处长出分蘖Ⅰ，以此类推（表4-4）。胚芽鞘蘖有时休眠，在条件不适宜时难以出现。当主茎第6叶长出时，第3叶叶腋处的分蘖Ⅲ长出，此时分蘖 I 已具备了 3 片叶（主茎与分蘖的出叶速度基本相同），分蘖达到 3 片叶时开始从分蘖鞘处产生次一级分蘖，故主茎 6 叶期一级分蘖 III 和二级分蘖 I_p 同时出现。按照叶蘖这种同伸的规律，小麦苗期其理论分蘖数可以用经验公式：$X=(N-3)2/2$ 来推算。X 为理论分蘖数，N 为主茎叶龄，从表 4-4 中还可看出，主茎某一叶龄的理论分蘖数，恰是前 2 片叶龄理论分蘖数之和。

表 4-4　小麦主茎的叶位与各级各位分蘖出现的对应关系

主茎出现的叶位	主茎出现的叶片数	同伸的蘖节分蘖			同伸组蘖节分蘖数	单株总数（包括主茎）	在优良的栽培条件下同时出现的胚芽鞘节分蘖和它的分蘖	
		一级分蘖	二级分蘖	三级分蘖			胚芽鞘节分蘖	它的二级分蘖
1/0	1							
2/0	2							
3/0	3	C			0	1	C	
4/0	4	I			1	2		
5/0	5	II			1	3		
6/0	6	III	I_p		2	5		C_p
7/0	7	IV	II_p、I_1		3	8		C_1
8/0	8	V	III_p、I_2	I_{p-p}	5	13		C_2
9/0	9	VI	II_1	I_{p-1}	8	21		
			IV_p、I_3	I_{1-p}				
			II_2、III_1	I_{p-p}				

注：胚芽鞘节分蘖与主茎叶位的同伸关系很不稳定，上表根据大量实际观察资料归纳（引自山东农学院，1975 年）。

水稻分蘖出现与小麦大体相同。在插秧量大或插秧深的情况下，下部的腋芽难以发育成分蘖，多从主茎 5～6 节开始，腋芽才有可能发育成为分蘖。另外，水稻分蘖的先出叶虽也有腋芽，但一般呈休眠状态，只有在稻株特别健壮和养分十分充足时，才发育成分蘖。杂交稻由于播种密度小，在秧田达到 4 叶期也可发生分蘖。水稻、小麦等作物，虽然出叶与分蘖存在同伸关系，但在田间生产条件下，由于种种因素的干扰，许多分蘖不能及时出现，因此实际分蘖要比理论分蘖少得多。

分蘖长出后不久，在同一分蘖节上便可生出自己的不定根。分蘖消亡后，其不定根，仍然存活。

各类禾谷类作物的分蘖发生过程，都大体相同，玉米多数品种由于主茎生长优势强，所以很少发生分蘖，即使发生分蘖（除饲料栽培玉米外），因为经济意义不大，苗期中耕时便将其除去。

（2）分蘖的动态变化与成穗规律　分蘖自开始发生后，随着生育进展，有一个发生最快的时期，叫分蘖盛期。此后分蘖数量越来越多，到拔节期分蘖数量达到最高峰，叫分蘖高峰期。随后分蘖两极分化，即一部分大蘖生长水平接近主茎，可以抽穗、开花、结实，成为有效分蘖；而大多数的分蘖由于营养匮乏，与主茎的差距越来越大，直至逐渐消亡，成为无效分蘖。以小麦分蘖动态变化为例，4 叶期为分蘖开始期，全田有 50％的植株出现第一分蘖时为分蘖期，如果播种适时，越冬期可以达到分蘖盛期，入春返青后可逐渐达到分蘖高峰期，拔节期分蘖可开始两极分化。

水稻全田分蘖数（包括主茎在内）达到与最终成穗数相当的时期叫有效分蘖终止期。在此以前为有效分蘖期。一般双季早稻、晚稻田整个分蘖期约 20d 左右，而有效分蘖期只有 5～10d。有效分蘖终止期出现的迟早与品种熟期、促控技术以及拔节前后生态条件有关。本田营养生长期长的单季晚稻，其有效分蘖终止期往往比生长期短的早稻要长一些。同一品种，在同一生长季节栽培，早促早控的有效分蘖终止期，常比迟发迟控者提早。

分蘖是否有效，与分蘖的蘖位、分蘖出现的时间以及营养条件有关。低位蘖成为有效蘖的可能性大，而后生分蘖基本无效。据多地观察，小麦单株成穗 2 个时，多为 0 （即主茎）和 Ⅰ （第一叶位的一级蘖，后同）；单株成穗 3 个者，多为 0、Ⅰ、Ⅱ；单株成穗 4 个者，可能是 0、Ⅰ、Ⅱ、Ⅲ 或 0、Ⅰ、Ⅱ、I_p，而且后一种情况较前者多；单株成穗 5 个者，可能是 0、Ⅰ、Ⅱ、Ⅲ、I_p。

四、禾谷类作物叶的生长

禾谷类作物的叶担负着作物生活中最重要的生理功能——光合作用。叶的光合作用过程，包括 CO_2 扩散到叶绿体和叶绿体制造光合产物及其运转到叶外器官的过程，都与叶的形态结构及生长状况有着密切的关系。因此，了解叶的形态结构，掌握叶的生长规律，对提高光能利用率和产量有重要的意义。

（一）禾谷类作物叶的形态特征

禾谷类作物的叶为单叶。凡具有叶片和叶鞘两部分的称为完全叶；凡叶片退化而只具叶鞘的称为不完全叶，如水稻的鞘叶、分蘖上的第一叶（称分蘖鞘或先出叶）均为不完全叶。禾谷类作物叶的叶片呈条形或狭带形，纵列平行脉序，其形状变化不如双子叶作物那么复杂。叶鞘狭长而抱茎，具有保护、输导、贮藏和支持的作用。叶片和叶鞘连接处称为叶茎（水稻的叶茎称为叶环或叶枕）。甘蔗、玉米的叶颈较肥厚，称为肥厚带。其叶茎有弹性和伸延性，借以调节叶片的位置。在叶片和叶鞘交接处的腹面，有膜状突出物，称为叶舌，可防止雨水、昆虫和病菌孢子落入叶鞘内。在叶舌的两侧有一对从叶片基部边缘伸长出来的耳状突出物，称为叶耳，小麦的叶耳有毛，大麦的叶耳大无毛，稗草无叶舌叶耳，而水稻则有叶舌叶耳，据此，可对麦类幼苗及水稻和稗草的幼苗进行认识。

叶片的构造都分表皮、叶肉和叶脉三部分。表皮又有上表皮与下表皮之分，表皮上有气孔器，它是作物与外界进行气体交换和水分蒸腾的主要通道。玉米、甘蔗、高粱等 C_4 作物的维管束鞘仅由 1 层薄壁细胞所组成，内含大型叶绿体，并与含有叶绿体的叶肉细胞紧密毗连，组成了花环形结构，在进行光合作用时，其维管束鞘细胞，可将四碳化合物所释放的 CO_2 固定还原，以提高光合效能。小麦、大麦等 C_3 作物的维管束鞘则有 2 层，水稻的维管束鞘可因品种不同而为 1 层或 2 层。具有 2 层维管束鞘的，其内层是厚壁细胞，几乎不含叶绿体；外层是薄壁细胞，含少量叶绿体，无 C_4 作物的"花环"结构。这些差异是造成 C_4 作物和 C_3 作物光合速率不同的重要原因。

（二）禾谷类作物叶的寿命及功能分组

了解禾谷类叶的寿命及功能分组，是对作物进行苗情诊断和看苗管理的基础，作物科学工作者对各种禾谷类叶片的发生、形成作了细致的观察，为制订作物管理措施提供了相应的叶片长势、长相指标。

1. 叶的寿命

幼叶抽出后，一般经历伸展、功能和衰老三个时期。禾谷类作物一般将叶片从出现（肉眼可见呈针状，长约 1cm）到叶长宽不再增加所经历的日期，称为叶的伸展定型期。从定长（即叶片长度不再增加）至该叶片枯黄一半以上所经历的日期，称为叶的功能期。从叶片抽出至枯黄一半以上所经历的日期，则称为叶的生存期，即叶的寿命。

据测定，稻、麦等作物的叶片长度达定型长 1/2 前为养分输入器官，以后即开始输出有机物质，但大量输出养分则是在叶片定型后功能期。叶的生存期因作物种类、着生部位及环境条件而有较大变化。水稻叶的生存期基本上是由下而上逐渐延长，最先出现的 1～3 叶生存期只 10 多天，而顶叶可达 50～60d。小麦在冬前出现的叶片（无论主茎或分蘖出现的叶片），其生存期是随着叶位升高和气温降低而逐渐加长，短的只 10 多天，长的可达 140d 以上。

2. 主茎出叶数

主茎一生出叶数是比较稳定的品种特性。不同作物或同一作物不同熟期的品种在一定栽培条件下，主茎出叶数一般都相对比较固定（表 4-5）。因此，生产上常利用主茎叶龄作为生育进程和肥水管理的依据。同时也需指出，当栽培季节或播期改变时，主茎出叶数也会发生一定的变化。一般说来，在适宜栽培季节范围内，随播期提早，出叶数相应增加，随播期推迟则相应减少，其变化幅度一般不超过 2～3 片。

表 4-5　长江中下游地区主要作物主茎出叶数

作物种类	品种类型	主茎叶片数	作物种类	品种类型	主茎叶片数
水稻	常规早稻	10～13	小麦	早中熟(半冬性、春性)	10～12
	杂交早稻	13～15		迟熟(冬性)	13～14
	中稻	14～17	玉米	早熟	14～17
	一季晚稻	17～19		中熟	18～20
				迟熟	20 以上

（三）主茎叶片的功能分组

作物在不同生长阶段都可能有几个器官在同时生长，但生长的绝对量和相对量不同器官却有较大的差别。凡生长的绝对量和相对均较大的部分，称为"生长中心"。每个阶段的生长中心都有其相应叶位的叶片供应养料，这些为生长中心提供养料的叶片，称为"供长中心叶"或"生产中心"。

据研究，稻、麦等作物茎秆上的叶片，根据其形态特征、生理功能大体可分为三组。一组是茎基部的 5～6 叶，它们制造的光合产物除了自用外，主要供给幼苗、分蘖和根系的生长，对培育壮苗关系极大；二组是拔节前形成的 2～3 片，它们的光合产物除供给分蘖、根系生长之用外，还供给幼穗分化和茎基部 1～2 节间伸长充实之用，对巩固有效分蘖，形成壮秆大穗有极大的影响；三组是主茎上长出的最后 3～4 叶，它们的光合产物，在抽穗前主要用于中、上部节间伸长和幼穗继续发育，开花后则全部用于籽粒形成，对结实率和粒重有重要影响。

玉米主茎各叶位的功能分组基本上与水稻、小麦相似。据山东农业科学院用同位素测定，玉米基部 5～6 叶主要供给雌穗发育和子扩形成。许多研究表明，对玉米雌穗发育和灌浆结实影响最大的供长中心叶，是着生在果穗节位上的叶片，也叫穗位叶，及其上下相邻近的 6 片叶。

总而言之，作物不同生育阶段的生长中心及相应的生产中心均是循序转化的。生产上只有掌握生长中心和生产中心的转换规律及其相互关系，才可能对作物的生长发育进行合理调节，使之朝着有利于高产的方向发展。高产栽培中的一条重要的经验，就是使每个生育阶段的生长中心既有一定的生长强度，又要使之能及时地向下一生长中心顺利转移。能否达到这一要求，在很大程度上取决于生产中心叶的功能及其延续时间，只有生产中心功能强且适时适度时，才可能使生长中心发展良好，并顺利进行转换。

五、禾谷类作物的小穗及花

（一）禾谷类作物的小穗及花

禾谷类作物的花通常称颖花，每朵花由 2 枚浆片（鳞被）、3 枚或 6 枚雄蕊及 1 枚雌蕊所组成。在花的两侧有1枚外稃和1枚内稃。绝大多数的禾谷类作物都是两性花，某些禾谷类作物如玉米是单性花，它们都是雌雄同株异花。玉米雄花序着生在植株顶端（也叫天花），雌花序着生在植株中上部的叶腋处（也叫棒子、果穗等）。

（1）小穗　禾谷类作物的小穗由2个颖片和1至数朵小花所组成，着生在穗轴节上。一般一个穗轴节上着生1个小穗，但是有些作物如大麦，每个穗轴节上着生着3个小穗，每小穗的1朵花若全部结实时，麦穗呈6列（六棱大麦）。高粱、甘蔗、玉米每穗轴节上着生2个孪生小穗。不同作物每个小穗中的小花数亦不相同。每小穗中只分化1朵花的有大麦、黑麦；分化2朵花的有粟、高粱、甘蔗和玉米（雌、雄小穗）；分化3朵花的有水稻；分化3朵以上的有小麦。小穗中分化的小花常因退化或不孕而不能结实，如水稻有2朵小花退化，通常所称的颖花实为含有2朵不孕花的外稃和1朵结实花的小穗。在禾谷类作物中，除小麦、黑麦、燕麦、薏苡等每小穗可结实2粒或以上外，一般的只1朵花结实。

（2）颖　着生于小穗基部，2片，为变态叶，其形状因作物种类而异。水稻的颖片退化呈肉质状，黑麦的颖呈锥状，小麦的颖为卵形，甘蔗的颖达外稃的2/3以上。

（3）稃　着生于颖内，每朵小花由外稃、内稃2片包被，稃相当于双子叶作物的苞叶。稃的质地因作物而异。稻为硬纸质，甘蔗的外稃为透明膜质，玉米雄小花的内、外稃和雌小花的外稃也均为透明膜质。外稃的维管束（中脉）在有的禾谷类作物中常延伸成芒。大麦、黑麦、有的水稻品种和燕麦的外稃顶端略有齿或分裂为二裂，或延伸为二芒状。

（4）浆片　禾谷类作物的浆片也称为鳞片或鳞被，着生于外稃的内方，一般2个，形状微小，膜质透明，边缘常生有纤毛，是花被片的变态器官。在开化的时候，浆片吸水膨胀为球形，撑开内外稃帮助开花，使雄蕊和柱头露出稃外，适应于风力传粉。

（5）雄蕊　由纤细花丝及较大的花药组成。花药基部着生于花丝上，为二裂四室花药。雄蕊单生，每小花雄蕊3枚或6枚。小麦、大麦、黑麦、甘蔗、高粱和玉米的雄花等均为3枚雄蕊，而水稻为6枚雄蕊。开花时花丝增长很快，粗细极不相等。

（6）雌蕊　禾谷类作物的雌蕊由3心皮（其中有一心皮退化）组成。合生心皮的上部形成花柱和柱头，基部形成膨大的子房，雌蕊由子房、花柱和柱头三部分组成。子房外有子房壁，内有一子室，子室中生有1个胚珠。胚珠类型因作物而异，水稻为倒生胚珠，玉米为弯生胚珠。在开花结实过程中，子房壁与种皮愈合，与胚珠一起发育成为颖果。花柱支撑着柱头，花柱因作物不同而长短不一，水稻的花柱短，玉米的花柱（花丝）长。柱头是花柱上膨大的部分，表面常有乳头状突起，适于承受花粉，同时能分泌黏液，使花粉粒易于附着和萌发。禾谷类作物柱头多为二裂羽毛状。

（二）禾谷类的花芽分化

禾谷类作物花序的分化形成一般称为幼穗分化。水稻、小麦、大麦、燕麦、玉米、高粱、粟等禾谷类作物虽然穗部的形态不尽相同，有的是穗状花序，有的是圆锥花序，但穗的基本构造、小穗结构、花器官构造等类同。它们的幼穗分化一般都经历生长锥伸长、穗轴节片（穗状花序）或枝梗原基（圆锥花序）分化、小穗原基分化、小花原基分化和雌雄蕊分化等过程，并按此顺序逐一进行。由于各种作物幼穗分化过程中表现出不同的形态变化，往往叫法不一。同一作物，不同的研究单位在时期的划分上也有一些出入，但基本的内容却是一致的。现以水稻幼穗分化为例，将其幼穗分化形成过程为颖等划分的八个时期，分别是：第一期，第一苞分化期；第二期，第一次枝梗原基分化期；第三期，第二次枝梗原基及颖花原基分化期；第四期，雌雄蕊形成期；第五期，花粉母细胞形成期；第六期，花粉母细胞减数分裂期；第七期，花粉内容充实期；第八期，花粉完成期。

雌雄蕊原基形成后，即进入雌雄性细胞分化形成期，在禾谷类作物上又称为孕穗期。最后形成花粉粒和胚囊。此期对外界环境条件反映最为敏感，如环境因子剧烈变化，常引起雄性或雌性不育。

（三）开花和传粉

具有分枝（蘖）习性的作物，通常是主茎先开花，然后第一、第二分枝（蘖）渐次开花。处于同一花序的花、开放顺序各不相同：中部花先开，然后自上向下的有小麦、大麦、玉米等；上部花先开，然后向下，如稻、高粱（少数例外）。

按授粉方式分，稻、小麦、大麦是自花授粉作物；玉米为异花授粉作物；高粱异交率在5％以上，甚至高的达50％，属于常异花授粉作物。

六、禾谷类作物果实和种子的形成

禾谷类作物的生产在于获得大量有较高经济价值的产品器官。由于作物种类不同，其产品器官也不相同。禾谷类的主要产品器官是果实和种子。作物果实与种子的成熟是指作物的胚发育完善，果实和种子内营养物质的积累达到高峰。这种种子不仅有很高的发芽率，可以作繁殖用，而且也能使作物获得较高的产量和优良的品质。

禾谷类作物的籽粒是具有单粒种子的颖果，包括果皮、种皮、胚和胚乳等组成部分。农业生产上习惯把这种颖果叫做种子。关于种子的构造，第一节已有详述，这里着重叙述籽粒的形成和成熟过程。

（一）籽粒的形成和成熟

1. 籽粒的发育

禾谷类作物在开花受精后，其受精卵发育成胚，初生胚乳核发育成胚乳，珠被发育成种皮，以后与由子房壁发育而成的果皮相愈后，成为籽实皮。

（1）胚的发育　受精之后，受精卵（合子）经过短期休眠（水稻合子休眠期为4～6h，小麦为16～18h）即开始分裂。以水稻为例，受精后约2d时间，发育初期的胚细胞分裂旺盛，体积增大，为卵圆形。经历约3d的时间，由于胚的细胞分裂沿短轴比沿长轴进行得快，以致整个结构逐渐变成球形，这时胚已被胚乳细胞所包围。胚进一步分化时盾片完全形成，其他器官也分化，4d之后胚的发育速度加快，胚根原基和维管束明显可以看到，约经历7d的时间，幼小植株体的各器官分化已接近完成，在胚芽鞘内第1幼叶及第2幼叶可以辨别。胚根的根冠清晰可见，经历14d左右的时间，可以见到第3片幼叶原基，胚发育基本完成。小麦胚的发育约经历20d，玉米约经历40d。

（2）胚乳的发育　开花后胚乳组织的分化是先形成胚乳游离核。开花后2d，游离胚乳核增加很快，形成胚乳核层。开花后3d左右的时间可见到贴近胚囊处的胚乳细胞出现细胞壁，此后胚乳细胞壁从四周向中央推进，因此胚乳细胞的形成是向心的。水稻受精后4d，胚乳细胞充满胚囊，小麦6～7d后胚囊的大液泡几乎完全由向心发展的胚乳细胞所填满。

（3）籽实皮的发育　禾谷类作物的籽实皮包含着种皮和果皮。种皮由珠被发育而成，在早期种皮的结构很明显。含有液泡化的薄壁组织，当种子成熟时种皮的结构发生变化，其细胞壁的结构与细胞的内容物以及原先珠被的层次，都发生了变化，大部分被破坏，其剩余部分与由子房壁发育而成的果皮愈合成一体。栽培学上习惯称之为种皮。

2. 籽粒的形成与成熟

禾谷类作物籽粒在形成过程中，其形态、体积和重量等发生一系列的变化，由于作物和品种不同，籽粒形成所经历的时间及其变化各不相同。禾谷类作物籽粒的形成，一般可分为三个阶段。

（1）籽粒形成阶段　籽粒形成阶段实际上包含着胚和胚乳核的发育过程，栽培学上把受精后子房体积的膨大过程叫做籽粒形成阶段。禾谷类作物受精后子房的体积膨大很快，从外部形态上看，水稻受精后第二天子房就开始纵向伸长其后略斜向内颖的一侧迅速伸长并加宽。约经 $5\sim7d$ 其先端即达颖顶。此后长度的生长停止，宽度和厚度继续增大，$10\sim12d$ 左右达最大值。

小麦受精后 $3\sim4d$ 子房即开始膨大，在籽粒形成阶段，其籽粒的长宽厚分别达到籽粒最大值的 80%、70% 和 75% 左右，其总体积相当于成熟期的 60% 以上。然后体积和鲜重继续增加，直到籽粒形成。

这一阶段干物质积累较慢，运送到籽粒内的物质主要是形成籽粒的含氮物，淀粉贮藏量极少，只有在胚乳细胞核的地方有微小淀粉粒。因此，籽粒的千粒重日增长量很小，华中农业大学（1986—1988）对鄂麦 6 号小麦观察，这一阶段千粒重日增重只有 $0.3\sim0.9g$，到此期末千粒重仅占成熟期粒重的 $15\%\sim20\%$，含水量约占籽粒重的 70% 以上。另据报道，玉米的粒重，这一阶段日增重仅 1%，粒重仅占最大干重的 10%，籽粒内基本上是清乳状汁液，含水量占 $80\%\sim90\%$。

籽粒形成阶段是决定籽粒大小的主要时期。此期如果发育好，分化的胚乳细胞多，其容积也就大。籽粒形成阶段若发育不好，分化的胚乳细胞少，籽粒只能是一个小"库"，尽管以后有较多的贮藏物质，因库容所限，也只能是个小粒。因此，这一时间要创造良好的生态环境，保证有足够的肥水供应，防止病虫危害，综合运用各种农业措施，提高结实率，防止籽粒中途停止发育，并且尽可能地增大籽粒体积。

（2）**灌浆阶段**　籽粒形成以后，内部干物质积累速度加快，重量不断提高，这段时间称灌浆阶段。这一时期籽粒从外观和内容物上都有较大的变化。水稻的胚乳先是白色乳浆状，然后浓度逐渐增加，谷壳由青色变至发黄，米粒青色。小麦籽粒外部颜色由灰绿色进而变成黄绿色，表面逐渐呈现光泽，胚乳由清乳状变成炼乳状，再成面筋状。千粒重日增量一般在 $1\sim2g$，灌浆高峰期日增量可达 $3g$。此期籽粒所形成的干重占最后总干重的 $70\%\sim80\%$。生产上把这段时间叫乳熟期。当籽粒内干物质浓度增加，水分降低到 40% 左右，胚乳呈蜡状时叫蜡熟期。灌浆阶段是确定籽粒饱满度的重要时期，此期如遇不良环境条件和栽培不当，就会使籽粒得不到充实，饱满度差，而影响千粒重。

（3）**成熟阶段**　籽粒进入蜡熟期后，干物质积累趋于缓慢，直到停止积累，这一阶段叫成熟阶段。籽粒这一时期主要是脱水变硬，逐渐呈现出籽粒的固有色泽。如水稻到成熟期谷壳金黄，米粒呈透明硬实状。小麦此期所积累的干重，仅占种子总干重的 $5\%\sim10\%$，到蜡熟末期用刀可以很容易将籽粒切断，并能形成整齐的剖面，麦穗和上部叶片变黄。蜡熟末期是禾谷类作物的最适收获期，若不及时收获，等到茎秆枯黄，到完熟期收获，籽粒便容易脱落，穗部容易折断，往往造成很大的损失。

（二）籽粒发育的不均衡现象

禾谷类作物的同一穗上由于所处的位置不同，其发育具有很显著的不均衡性，由此形成了籽粒大小不一、饱满度不同、重量不等的现象。水稻着生在一次枝梗或顶端枝梗的颖花，由于分化、发育、开花都早，生长优势强，也叫强优势花。强势花灌浆时间早，速度快，能优先得到充实；而着生在二次枝梗或基部枝梗上的颖花以及着粒部位越高的颖花，则因发育迟，开花也迟，生长势弱，故其灌浆开始晚，速度缓慢。

小麦中部小穗的小花分化较早，因此中部小穗结实粒数较其他部位多，其营养物质向籽粒的运转一般也以中部小穗为最多，其次是上部小穗和下部小穗，所以粒重也以中部小穗的为大。

大麦和玉米籽粒的发育与小麦有近似之处，玉米果穗中下部的籽粒发育较早，粒重较高；而上部的发育较晚，粒重也低。其他圆锥花序的禾谷类作物的不同花位籽粒发育的情况大致与水稻类似。

（三）花而不实和空壳秕粒的现象

籽粒能否形成，主要取决于能否完成受精过程。如水稻的空壳现象就是因为受精不良，使子房体不能伸长膨大，而形成的不实粒。造成空壳的原因有两种：一是雌雄性器官发育不全，更为普遍的是花粉粒发育不正常，不能完成受精过程；二是颖花发育正常，在抽穗扬花时雌雄性器官不协调，或遭遇不良气候条件，而使开花受精过程受阻。空壳现象是影响产量的重要原因，因此，水稻丰产栽培，应尽可能将结实率提高到 80％以上。小麦每穗分化的小花数虽达百朵以上，除了一大部分在分化过程中退化外，也有一些是由于受精不良而未能发育成籽粒，有些小花在开花后因未完成受精过程，3d 左右子房即已干缩。小麦的结实率只占分化小花数的 20％～30％。造成花而不实和空壳的外部原因很多，主要是在孕穗末期及开花时受到不良气候的影响，包括温度过高或过低、干旱或阴雨、大风以及大雾等；栽培上主要原因是肥水管理不当，群体过大，播种不适时，生育期推迟，肥力不足，缺乏某些元素等。由于上述原因，致使作物发育过程中，生理方面异常，碳氮比失调等，影响花粉粒的发育与充实，或使受精过程受到阻碍而不能完成受精。有些颖花虽已完成受精过程，子房也已膨大，但由于胚乳中途停止发育而不能进一步灌浆充实，如水稻可形成半实粒或死米（即为秕粒）。小麦也常出现这种现象，在子房膨大后 5～6d，籽粒发育停止，发生干缩。形成秕粒的原因主要是由于颖花在穗上着生的位置不同，分化有早有迟，发育不一致。在穗部营养供应不足时，分化晚、发育慢、开花迟的颖花，授粉后籽粒生长势弱，由于营养供应不上或外界环境发生某种变化时失去抗逆能力而停止发育。

七、禾谷类各器官之间生长的相关性

作物体的各部分是一个不可分割的统一整体，任何一个器官的生长都必然要受到其他器官生理活动过程的影响。植物体各个器官之间相互制约和相互影响的现象称为器官生长的相关性。

器官之间生长的相关性比较复杂，可以表现为相互促进、相互抑制、相互补偿或同伸等多种形式。不少器官之间的生长相关性还存在着明显的数量关系。掌握各器官之间生长的相关性，对于采取正确的促控措施，调节生育进程，以及实行以叶龄为依据的模式化栽培都有着极为重要的意义。

（一）营养器官之间的生长相关性

1. 地下部和地上部的生长相关

"根深叶茂"这句话形象地反映了根和地上部生长之间相互依赖、相互促进的密切关系。根系的生长需要地上部提供光合产物、氧气和必要的维生素（如维生素 B_1）等；而地上部生长又需要根系供应水分、营养元素、多种氨基酸和细胞分裂素等。根和地上部的生长都需要碳素、氮素和其他营养元素，因此在某些条件下两者因相互竞争养分而产生抑制作用。植物根系和地上部生长之间相互促进和相互抑制的关系，常用冠根比或根冠比来加以衡量。

冠/根重量比，一般随作物生育推进而增大。例如水稻在通气良好的条件下，芽期冠/根比为 1 左右，分蘖期 2.3～2.5，幼穗分化后显著上升，至成熟期达 5～6。

环境条件对冠根比的影响也很大。由于根系和地上部的生长对环境条件的要求不同，反应也不一样，所以当环境条件变化时，冠根比随即发生改变。生产上利用这种特性，通过控制光照、水分、温度和矿质营养等条件，可以改变或调整作物的冠根比，使作物的器官建成朝着有利高产的方向发展。

在环境条件中，由于光照强度、氮肥、磷肥含量等因素与作物体内碳水化合物的合成与转移有密切关系，所以对冠根比的影响也最大。一般阳光充足时，叶片合成的碳水化合物多，能满足根系生长的需要，促进根系发育，从而降低冠根比；如果播种过密、株间透光不良，则叶片合成的碳水化合物减少，除供地上部消耗外，很少转移到根部，从而使根的生长受抑制，增大冠根比。当氮肥过多时，根部吸收的大量氮素进入地上部后，很快与光合产物合成蛋白质和叶绿素，用于枝叶的繁茂生长，而运往根部的碳水化合物减少，致使根系发育不良，冠根比上升。增施磷肥，能促进植株体内的碳水化合物向根部转移及根尖生长点细胞分裂活动，因而可降低冠根比。水稻移栽时常用磷肥作为秧根肥的道理就在这里。

当土壤水分缺乏时，根部吸收的水分不能完全满足地上部生长的需要，因此地上部的细胞伸长受到一定抑制而生长比较缓慢，然而此时土壤的通气性却有增加，对根系的呼吸和生长较为有利，所以湿润育秧、落干晒田等，都是利用减少土壤水分，增加通气，促进根系生长，降低冠根比而获得高产的有效措施。反之，在淹水条件下，根系的呼吸和生长受到抑制，冠根比就上升。

生产上除通过控制环境条件来调整冠根比外，采取深中耕的措施也可达到暂时抑下促上或控上促下的效果。深中耕虽然损伤了部分根系，但能抑制地上部繁茂生长，可为根系供应较多的糖分，加之中耕后土壤疏松透气，因而有利根系的发展，所以在群体偏大、长势偏旺的田块，采取深中耕是调节地上部与地下部生长的有效增产措施。

2. 主茎和分枝的生长相关

禾谷类作物的主茎和分枝之间也存在在密切的生长相关性。

当主茎顶芽生长活跃时，下面的腋芽往往休眠而不活动；如果顶芽被摘除或受损伤，腋芽就迅速萌动而形成分枝。这种顶芽对腋芽生长的抑制作用，通常称为顶端优势。

顶端优势的强弱，因作物种类不同而异。玉米的顶端优势较强，一般不分枝，而稻、麦在分蘖期的顶端优势较弱，在适宜条件下可进行多次分蘖。

3. 根、叶、蘖等器官的同伸关系

禾谷类作物特别是稻、麦等作物，在营养生长期，不同节位的根、茎、叶、蘖等器官常按一定的节位间隔同时发生，这种按一定间隔同时发生的现象称为同伸关系。现以稻、麦为例，将其根、茎、叶和蘖的同伸规律说明如下：

若以正在伸长的 n 叶为基准，与其同时伸长的器官有 $(n-1)$ 叶鞘，$(n-2)$～$(n-3)$ 节间和 $(n-3)$ 分蘖，这一相关生长的同伸关系可表示为：

n 叶伸长≈$(n-1)$ 叶鞘伸长≈$(n-2)$～$(n-3)$ 节间伸长≈$(n-3)$ 分蘖伸长

若以正在抽出的 n 叶为基准，与其同伸的器官可表示为：

n 叶抽出≈n 叶鞘伸长≈$(n-1)$～$(n-2)$ 节间伸长≈$(n-3)$ 分蘖抽出

≈n 节根原基分化≈$(n-1)$～$(n-2)$ 节根原基发育≈$(n-3)$ 节发根

≈$(n-4)$ 节根发生第一次枝根≈$(n-5)$ 节根发生第二次枝根

由上看出，稻、麦的叶与蘖和根之间的生长关系大体保持 3 个节位的间隔同时发生。为什么叶与根和蘖之间总是以 3 个节位间隔同时发生？这与它们的输导组织的连通情况有关。据对水稻解剖观察，n 叶的大维管束进入 $(n-1)$ 节时，通过节网维管束与 $(n-1)$ 分蘖的维管束紧密联络；在进入 $(n-2)$ 节时发生解体分枝，生成所谓"分散维管束"，其大部分与 $(n-2)$ 叶的大维管束联络。也就是说，n 叶与 $(n-1)$ 分蘖、$(n-2)$ 叶、$(n+2)$ 叶之间，即同侧相邻两叶之间以及叶与对侧下位一节的分蘖之间存在着维管束的直接连通，所以在养分供求上关系致密，形成了一个合理的统一体。当 n 叶展开进入功能旺盛期时，其制成的养料向上直接运往 $(n+2)$ 叶，向下则直接运往 $(n-1)$ 节的分蘖和根原基，故而使 $(n+2)$ 叶（心叶）和 $(n-1)$ 节的分蘖和根原基同时发生。

稻、麦的叶片、叶鞘和节间干重增长之间的关系，也存在与同伸现象相似的趋势，即：

n 叶干物质增长期 $\approx (n-1)$ 叶叶鞘干物质增长期 $\approx (n-2) \sim (n-3)$ 节间干物质增长期

同一节间单位的各器官伸长也有一定的关系。它们伸长的先后次序是由上而下连续地进行，也就是说，叶片首先伸长，当叶片伸长基本终止时叶鞘开始伸长，叶鞘伸长基本终止时节间开始伸长，节间伸长基本终止时下位根开始发生并出蘖。

4. 主茎各叶分化生长之间的关系

禾谷类的主茎各叶虽然由下而上按一定的间隔其依次出生，但相邻叶位之间在分化与生长速度上却存在一定的关系。

以水稻为例，如果心叶为 n 叶，则它与其内的各叶在分化生长上的关系大致是：

$$n \text{ 叶（心叶）抽出时} \approx n \text{ 叶叶鞘迅速伸长} \approx (n+1) \text{ 叶叶片迅速伸长}$$
$$\approx (n+2) \text{ 叶叶片开始伸长} \approx (n+3) \text{ 叶组织分化}$$
$$\approx (n+4) \text{ 叶形成叶原基突起}$$

处于不同发育阶段的各叶，对环境反应有明显不同。如在 n 叶伸出时追施氮肥，对 n 叶、$(n+1)$ 叶的叶长影响不大，对 $(n+2)$ 叶的叶长影响最大，对 $(n+3)$、$(n+4)$ 叶的影响渐减。如在 n 叶抽出时断水，对 n 叶的叶长已无影响，对 n 叶叶鞘及 $(n+1)$ 叶叶长影响最大，对以后各叶影响渐减。掌握上述规律，对促控技术的合理运用有重要指导意义。如欲促进或控制某一叶（n 叶）的长度，则需在其前面的 $(n-2)$ 叶或 $(n-3)$ 叶抽出时也即 n 叶还未进入最大生长之前采取措施，否则，就不能达到预期效果。

（二）营养器官和生殖器官之间的生长相关性

1. 营养器官生长和生殖器官生长之间的数量关系

（1）茎、蘖重与谷粒（或籽粒）重 稻、麦等作物单茎蘖的谷重（或粒重）明显依存于单茎蘖总干重，当单茎蘖干重超过了某生产谷粒（或籽粒）的临界重量之后，谷（粒）重随茎蘖重的增加而按比例的增加，两者间存在明显的线性关系。所以，在水稻高产栽培中，应力争早生分蘖，使蘖大而整齐，这样才有利于光合产物的经济利用。

（2）营养器官干重与成花数 营养器官干重与成花数的关系。据陈彩虹等（1987 年）研究，杂交中稻颖花分化期的茎蘖干重与颖花数有密切关系，随单株干重增加，单株总颖花数相应增加（表 4-6）。因此，在高产栽培中，通过适时播种、合理密植、运用肥水等措施，建成适度的营养体，是获得较多器官，增加库容的重要物质基础。

表 4-6　杂交中稻颖花分化期单株干重与成功颖花数的关系

处　理	汕优 73		汕优 6 号	
	单株干重/g	单株颖花数	单株干重/g	单株颖花数
施氮 14kg/亩	17.57	1118.5	16.09	1298.2
施氮 10.5kg/亩	14.24	1104.5	14.26	110.0
不施氮	9.42	830.7	8.74	896.9

（3）茎秆粗度与成花数 据林把翠（1974—1976）的研究表明，水稻一般茎秆愈粗，则其内部分化形成的维管束愈多，而维管束数又与穗轴上一次枝梗数有密切关系，特别是穗轴下倒数第 1 伸长节间维管束数与一次枝梗数基本相同。可见，水稻每穗颖花数与茎秆粗细及其内的维管束数是紧密相连的，大穗必须壮秆。

（4）叶片大小与穗粒数 据江苏农学院（1978 年）对宁单 2 号玉米品种的研究，穗位叶叶宽对果穗发育有明显影响，叶宽从 8cm 到 10cm 按间距 0.5cm 分级，其穗粒数则分别以 313.4 粒、357.1 粒、387.2 粒、407 粒、467 粒递增。穗位叶对穗行数的影响较小，因穗行数在小穗分化前已基本决定。穗位叶主要影响小穗分化数，这种影响一直延续到雌穗小穗分化终止期。如果在授粉前破坏了穗位叶，将减产 11％～13％。可见，促使穗位叶发育良好，并使之不受破坏，是保证玉米丰收的重要条件。

水稻、小麦的顶三叶生长与穗粒发育基本是同步的，因此顶三叶的大小和功能期对穗的大小、穗粒数的多少、结实率的高低和粒重都有明显的影响。浙江嘉兴地区农业科学研究所（1978 年）对两熟制早稻广陆矮 4 号的调查结果认为，无论第 10 叶、第 11 叶和剑叶的长、宽和面积，还是该三叶的总长、总宽和总面积，均与每穗总粒数呈显著或极显著正相关。由此说明，为了争取大穗，适当扩大顶三叶的长度和面积是很有必要的。

顶叶过长，易披叶，影响群体受光，不利增粒、增重。因此，高产栽培中应根据苗势，合理运用促控技术，塑造适宜的顶三叶长度，既要防止生长不足而减少粒数，又要防止顶三叶过长而影响群体受光条件。

2. 茎、叶生长与花芽分化的时间关系

（1）出叶与花芽分化进程的关系　在当前研究和诊断出叶与花芽分化进程的关系时，常采用出叶数、叶龄指数、叶龄余数和叶枕距（或叶耳距）等方法。

如前所述，禾谷类作物不同品种的主茎出叶数在正常栽培条件下是基本固定的，因而生产上可以直接利用主茎出叶数或展叶数来作为幼穗分化进程的诊断指标。

叶龄指数与穗分化过程所谓叶龄指数就是主茎已出叶龄占总叶数的百分率。如某一水稻品种已出叶龄为 7.1，总叶数是 10，则叶龄指数为 71。

水稻、小麦穗分化各时期所处叶龄指数见表 4-7。

表 4-7　水稻、小麦穗发育与叶龄指数的关系

水稻（松岛等，1956 年）		小麦（郑引 1 号，河南农学院，1977 年）	
穗分化时期	叶龄指数	穗分化时期	叶龄指数
第一苞分化期	78	伸长期	32.5
第一次枝梗原基分化期	81～83	单棱期	37.5
第二次枝梗及颖花原基分化期	85～88	二棱期	45.6
雌雄蕊分化期	90～92	护颖分化期	60.2
花粉母细胞形成期	95	小花分化期	70.8
花粉母细胞减数分裂期	97～99	雌雄蕊分化期	76.6
花粉内容物充实期	100	四分体期	95.6
花粉完成期	100	花粉粒形成期	100

不同品种由于主茎总叶数不同，因此由各个品种求出的同一穗分化期的叶龄指标可能与表 4-7 中所列指标略有变动。据松岛等（1956 年）研究，表 4-7 所列水稻穗分化各时期的叶龄指数，只适用于主茎总叶数为 15～17 叶的品种。当主茎总叶数超过 15～17 的范围时，就必须根据主茎总叶数的多少，对其叶龄指数加以矫正。矫正的方法是以总叶数 16 为标准，减去供试品种总叶数（A）之差的 1/10，乘以 100 减去该品种当时的叶龄指数（B），得出矫正值，再将矫正值加上该品种当时的叶龄指数（B），即为该品种矫正后的叶龄指数（C）。其计算式为：

$$C = B + (100 - B)\frac{16 - A}{10}$$

例如，一个主茎总叶数为 14 的品种，在 12.6 叶龄时，叶龄指数为 90，矫正后的叶龄指数为 92，相当于雌雄蕊形成期。

（2）节间伸长与穗分化进程的关系　水稻、小麦等禾谷类作物穗分化发育与节间伸长常保持一定的同伸关系，所以生产上根据节间伸长情况也可以对穗分化时期进行判断。江苏农学院作物栽培教研室曾对主茎具 11 叶、有 4 个伸长节间的早籼二九青，具 14 叶、有 5 个伸长节间的中籼南京 11 号，具 18 叶、有 6 个伸长节间的晚粳农垦 58 的拔节和穗分化的几个主要时期的关系进行研究，列于表 4-8。从表 4-8 可以看出，水稻不同品种类型，穗分化进程与拔节的关系不尽相同，即伸长节间较少的早稻品种穗分化开始时还未拔节，基部第 1 节间伸长快要定型时，穗分化已进入雌雄蕊形成中后期；伸长节间为 6 的晚粳品种，其穗分化开始时，基部第 1 伸长节间已伸长终止，基部第 2 节间开始伸长；而中稻品种一般穗分化开始时基本上与基部第 1 伸长节间的伸长同步，基部第 2 节开始伸长接近定长时，已进入雌雄蕊形成中后期。

表 4-8　不同水稻品种穗分化期与节间伸长的关系

穗分化期	节间伸长情况		
	二九青	南京 11 号	农垦 58
一次枝梗原基分化期	未伸长	基部第 1 节间开始伸长或稍前	基部第 2 节间开始伸长至伸长盛期
雌雄蕊形成中后期	基部第 1 节间伸长后期至基部第 2 节间开始伸长	基部第 2 节间接近定长至基部第 3 节间开始伸长	基部第 3 节间伸长前期
花粉母细胞减数分裂期	基部第 2 节间伸长盛期至第 3 节间开始伸长	基部第 3 节间伸长盛期至第 4 节间开始伸长	基部第 4 节间伸长盛期至 5 节间开始伸长

注：雌雄蕊形成中后期系指直接着生在一次枝梗上的颖花原基基本上都分化出现雌雄蕊原基时，即颖花原基数不再增加时。

郑引 1 号、扬麦 1 号等小麦品种，一般当基部第 1 节间伸长 3～4cm 时，为雌雄蕊分化期；当基部第 1 节、第 2 节间定长，基部第 3 节间伸长 10cm 以上时，即进入四分体期。

此外，在水稻、小麦上的一些研究还表明，从植株幼穗剥检后的外部形态特征也可以准确判断幼穗分化的时期，如水稻幼穗发育各时期的形态特征是：一期看不见，二期苞毛现，三期毛茸茸，四期粒粒现，五期颖壳分，六期谷半长，七期颖尖绿，八期穗将出。这种生殖器官之间生长发育的相关性有助于对稻、麦等穗分化的关键时期进行田间诊断和采取相应的措施。

八、作物产量及生产潜力

（一）作物产量

作物产量是指作物在单位土地面积上获得有经济价值的产品数量。它包括生物产量和经济产量两个概念。

1. 生物产量

即整个植株总干物质的收获量（除薯类作物外，一般不包括根系）。作物总干物质中，光合作用合成的有机物质占 90%～95%，由根系从土壤中吸收的矿物质占 5%～10%。可见，作物通过光合作用，制造和积累有机物质，是形成产量的最主要的物质基础。作物在合成与积累的过程中，又通过呼吸作用消耗部分有机物质，因而生物产量的构成关系，可用下式表示：

$$生物产量＝（光合面积×光合能力×光合时间）－光合产物消耗$$

2. 经济产量

即栽培目的所需要产品的数量。由于作物种类和栽培目的不同，而作物被利用为产品的部分也不同，禾谷类是利用的子实，甘蔗是利用的茎秆。由此可见，经济产量只是生物产量中有经济价值的部分数量，经济产量占生物产量的百分比，称为经济系数或称收获系数。它们三者的关系如下：

$$经济产量＝生物产量×经济系数$$

因此，经济系数越高，说明对有机物质的利用越经济。经过人类长期的选择和培育，作物的经济产量在生物产量中的比重，即经济系数已达到一定的水平，水稻、小麦为35%～50%，玉米为30%～40%。

由上可知，作物的生物产量、经济产量和经济系数，三者间的关系是十分密切的。在作物正常生长的情况下，各个作物的经济系数是相对稳定的，因而生物产量高，经济产量一般也较高，所以提高生物产量是获得高产的基础。

（二）作物产量的构成因素及其相互关系

作物单位面积产量（经济产量），是单株产量和单位面积上株数的乘积。

禾谷类作物单位面积产量，决定于单位面积上的穗数、平均每穗实数和平均粒重（常以千粒重表示）三个因素，其关系如下：

$$产量（kg/亩）＝\frac{每亩穗数×平均每穗实粒数×千粒重（g）}{1000×1000}$$

从上式可见，单位面积穗数愈多，平均每穗实粒数愈多，千粒重愈高，三者乘积就愈大，产量就愈高。在相同产量的情况下，不同品种或同一品种不同生产条件，三个产量因素结构可以不一样。有的是其中一个或两个因素好，也有三个因素同时得到发展的。如小麦高产田构成因素，在北方是以穗多为特点，而南方穗数比北方少，但每穗粒数较多。因此，在不同地区，不同栽培条件下，有各自不同的产量因素的最好组合。

作物栽培的对象是作物的群体。在一定的栽培条件下，构成产量各因素之间存在着一定程度的矛盾。禾谷类作物，在单位面积上穗数增至一定程度以后，每穗粒数就会减少，粒重也略下降。这是因为作物的群体是由个体组成的，当单位面积上密度增加后，个体所占的营养面积和空间相应减少，个体的生物产量就有所削弱，因而表现在每穗粒数等构成经济产量的一些器官也减少。密度增高，个体变小是普遍现象，但个体变小，不等于最后的产量就低，只要单位面积上的株数增加，能够弥补或超过每穗粒数减少的损失，也能表现增产。当三因素中某一因素增加不能弥补其他两个因素减少的损失时，就表现为减产。

（三）作物生产潜力及提高作物产量的途径

作物所积累的有机物质，是作物利用太阳光能，将吸收的二氧化碳和水通过光合作用合成的。通过各种措施和途径，最大限度地利用太阳光能，不断提高光合作用效率，以形成尽可能多的有机物质，是挖掘作物生产潜力的主要手段。

根据计算，在自然条件下，作物可能达到的太阳光能最高利用率的理论值为可见光的12%～20%。目前各地作物产量光能利用率还很低，一般只有1%～2%左右。就是每公顷产量在7500kg以上的田块，光能利用率也只有2%左右，而在我国耕地全年平均光能利用率仅为0.4%。就是那些产量创纪录的作物群体的光能利用率大约也只在4%～5%。由此可见，在我国通过提高作物的光能利用率增加产量，是完全可能的。

四川全年各月太阳光能辐射量的分布，除西昌以3～5月光合潜力较高，尤以4月最高外，其余地区以6、7、8月3个月光合潜力较高，最高月值为7月，这时期正是水稻、玉米、甘蔗等大春作物生长发育的主要时期。因此，要力争在这阳光最盛的几月内，使作物具备足够的光合器官，对提高产量是极为有利的。间、套复种，应力求这一时期具有较大的作物群体，扩大绿色面积，以充分利用自然资源，提高作物产量。提高作物产量的途径，具体可从以下几方面着手。

1. 培育高光效的禾谷类品种

如选育光合能力强，呼吸消耗低，茎叶不早衰，光合机能保持时间长，株型、叶型紧凑，利于密植，最大限度地利用光能的品种。

2. 合理利用茬口，充分利用生长季节

如采用间作、套作、育苗移栽等措施，提高复种指数。在温度许可范围内，使一年中尽可能有多的时间在耕地上都有作物生长，特别在阳光最强的时期，使单位面积上有较大的绿色面积，以提高作物群体的光能利用率。

3. 采用合理的栽培措施

如合理密植，正确运用肥、水，充分满足作物各生育阶段的要求，使适宜的叶面积维持较长的时间，促进光合产物的生产、积累和运转。

4. 提高光合效率

如补施 CO_2 肥料，人工补充光照，抑制光呼吸等。

第二节 水 稻

一、概述

（一）水稻在国民经济中的地位

我国水稻播种面积约占粮食作物总面积的 1/4，而产量接近全国粮食总产量的 1/2，在商品粮中占 1/2 以上。因此，水稻在我国粮食生产中占有举足轻重的地位。

稻米营养价值高，一般含碳水化合物 75%～79%，蛋白质 6.5%～9%，脂肪 0.2%～2%，粗纤维 0.2%～1%，水分 0.4%～1.5%。和其他粮食作物相比，其所含粗纤维较少，淀粉粒特小，粉质最细，蛋白质含量虽较低，但生物价（即吸收蛋白质构成人体蛋白质的数值）很高，可与大豆相比，并且其各种营养成分的可消化率和吸收率较高。因此，全国约有2/3 的人口，都以稻米作为主要粮食。

稻谷加工后的副产物用途很广。如米糠不仅是畜禽的精饲料，而且可以酿酒，提取糠油，提取医药用的健脑磷素、维生素等；稻草既是饲料，又是很好的硅酸肥和有机肥，还可以作造纸、搓绳和人造纤维等原料。

水稻是一种稳产、高产的作物，抗逆性强，适应性广，栽培范围遍及全国各地，在生长季节较长、灌溉较好的条件下，不论酸性红壤、盐碱土、重黏土、沼泽地以及其他作物不能完全适应生长的地方，一般均可栽培水稻。由于水稻的类型多、品种多，它不仅有适应南方或北方、地势高或地势低的类型，而且还有适应不同前作的耕作制度的类型，并且通过种植水稻还可改良土壤，促进农田基本建设。

因此，充分利用我国的有利条件，大力发展水稻生产，对增加粮食产量，促进我国国民经济的发展具有极其重要的意义。

（二）实现水稻高产、优质、高效、生态、安全栽培的途径

近年来水稻生产发展很快，但地区间却很不平衡。要实现水稻高产、优质、高效益栽培，应主要采取以下途径。

① 搞好农田基本建设，改造低产田，兴修水利，为水稻生产创造良好的土、肥、水条件。近年实践证明，运用工程措施是改造低产田、建设高产稳产稻田的重要方法，兴修水

利，扩大灌溉面积，是战胜干旱，夺取水稻丰收的保证。

② 因地制宜选用高产、优质水稻良种。在水稻生产上要坚持以杂交稻为龙头，主攻中稻，稳步扩大面积，猛攻单产，在热量资源丰富的稻作区，要积极发展再生稻。各地应因地制宜选用水稻良种，搞好品种布局，更替感病组合，为水稻生产取得高产、优质、高效益奠定基础。

③ 采取优化配套的栽培技术措施。优良的配套技术措施即是配套的"良法"，只有在良种的基础上配上良法，才能更好地发挥良种的增产增收效益。目前在水稻生产技术上，要坚持适期早播、保温育秧，示范推广旱育秧技术，继续推广宽窄行，抛秧栽培，配方施肥，综合防治病虫害。

在施肥上主要推广重底、早追、后补的施肥方法；对于黏性大的泥田、迟栽田，则推行底肥一道清；缺锌田则要求施用锌肥。管水上，采取浅水栽秧，寸水返青，薄水促蘖，晒田健苗，足水养胎，活水抽穗，干湿壮籽，断水黄熟的灌排技术。在生产中不断提高规范化栽培质量和管理水平。

④ 因地制宜发展稻田立体农业，建立良性循环的稻田循环农业系统。这样才能使稻田既保持粮食高产稳产，又能提高稻田经济效益，并能使稻田土壤不断培肥，这才是稻田农业发展的方向。

二、我国栽培稻的类型

栽培稻在不同地区的环境条件下，经过不断地适应和变异，具有适于不同纬度、海拔、季节及不同耕作制度的品种特性和生态类型。据不完全统计，我国栽培稻种的类型和品种有4万余个。丁颖等根据我国栽培稻的起源、演变及其与环境条件的关系，把我国栽培稻种系统地分为籼亚种和粳亚种，早、中季稻和晚稻群，水稻和陆稻型，黏稻和糯稻变种以及栽培品种五级。其系统关系如图 4-1 所示。

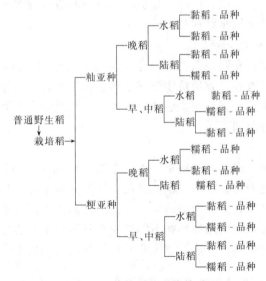

图 4-1 栽培稻的系统关系

（一）我国栽培稻类型

1. 籼稻和粳稻

籼稻和粳稻是受纬度高低和海拔高低的气候条件（主要是温度）所影响而分化形成的两个亚种。籼稻和粳稻的祖先都是普通野生稻，但两者的亲缘关系相距较远，籼粳杂交亲和力弱，杂交结实率低。籼稻的形态特征和生理特征与野生稻较为接近，如粒细长、稃毛短少、叶面粗糙，耐热耐湿耐强光，易脱粒、米质黏性弱，对日长反应敏感等，两者的地理分布也相同。因此，丁颖等认为籼稻是基本型，即最先由野生稻经人工驯化而演变成的栽培稻。粳稻是从籼稻植株中在不同的气候生态条件下（主要是气温），通过人工选育而成的变异型。

籼稻比较适于高温、强光和多湿的热带和亚热带地区，在我国主要分布于南方各省；粳稻较适于气候暖和的温带和热带高地，在我国主要分布于北方各省和南方海拔较高的地区。根据云南省农科院的研究，云南一般年平均气温 17℃ 以上地区为籼稻分布区，气温 16℃ 以下为粳稻分布区，中间则为籼粳稻混合区；从籼粳的垂直分布看，云南省海拔 1450m 以下分布籼稻，海拔 1800m 以上分布粳稻，1450～1800m 则为籼粳交错地带。

2. 晚稻和早、中稻

无论籼稻和粳稻都有早、中、晚稻之分。它们在植物形态和杂交亲和力上没有差别，其差异主要表现在对日照长短反应的特性不同。栽培稻和野生稻一样属短日照植物。晚稻对短日照反应很敏感，短日照可促进发育，在长日照下，就延迟发育甚至不能转入生殖生长。早、中稻对短日照钝感或无感，只要温度能满足生长发育的要求，并不需要特定的日长条件，而在任何季节都能进行幼穗分化和抽穗成熟。

3. 水稻和陆稻

不论籼稻或粳稻，不论早、中稻或晚稻，按照耐旱性和耐湿性的强弱，可区分为水稻和陆稻。水稻耐湿性强，适于水田生长；陆稻则耐旱性强，适应旱地栽培。

4. 黏稻和糯稻

在籼、粳稻，早、中、晚稻和水、陆稻中，根据米粒的淀粉性质，又可分为黏稻和糯稻。黏米含 70%～80% 的支链淀粉和 20%～30% 的直链淀粉，糯米则只含支链淀粉，不含或很少含直链淀粉。黏米因含一定数量的直链淀粉，煮出的饭干而胀性大，糯米不含或很少直链淀粉，饭湿并黏成团。对碘化钾液的反应，黏米淀粉吸碘性大于糯米淀粉吸碘性，黏米使溶液呈蓝紫色，糯米使溶液呈红褐色。

（二）栽培品种的分类与利用

栽培品种是在一定地区和栽培条件下，经长期人工培育和选择而形成的遗传特性稳定，在同一品种内的个体间具有较一致的植物学特征和经济形状，对当地的自然条件和耕作制度有较强适应能力的作物群体。据不完全统计，我国栽培稻现约有 4 万多个品种。从栽培品种演进和利用出发，品种分类如下。

1. 按熟期分类

一般分为早稻早、中、迟熟，中稻早、中、迟熟，晚稻早、中、迟熟品种共九个类型。熟期分类是因地因时相对而言。我国水稻品种按全国性熟期划分，是以各品种在南京的抽穗期为标准的。以地区性熟期划分，则按地区品种在当地的生育期长短而定。品种演进是从迟熟、中熟到早熟。不同熟期类型品种具有不同的生育日数、不同的生育型，并在不同的生态条件下生长。因此，必须按其特点进行搭配和采取相应的栽培技术措施。

2. 按穗粒形状分类

可分为大穗型和多穗型。大穗型秆粗叶大分蘖少，每株的穗数少而穗大粒多。多穗型秆细叶小而分蘖多，每株的穗数多而穗少粒小。栽培技术上，大穗型采取低群体，重视中期肥和后期养根保叶措施。多穗型品种注意适宜密植，中期调控氮素，后期防倒伏措施。

3. 按株型分类

按茎秆长度可分为高、中、矮品种。粳稻偏矮，籼稻偏高。籼稻现以短于 100cm 的为矮秆品种，高于 120cm 的为高秆品种，100～120cm 的为中秆品种。

4. 按杂交稻种和常规稻种分类

现在我国水稻生产是杂交稻与常规稻并存。当前杂交稻正进行两系配套制种的研究和应用，而常规育种在多穗的基础上进一步向大穗发展，以育成株型优越、多穗数与高穗重相结合的新的高产生态型。

5. 按高产种和优质种分类

我国人多地少，水稻生产把高产放在第一位，米质放在第二位，但随着人们生活水平的改善，扩大出口的需要，对优质稻米的要求不断提高。据统计，全国劣质米稻种的种植比重约占 1/3 以上，但产量较高。因此，目前应采取积极稳妥的办法以中代劣，以优代中的分步实施方针。第一步以现有中质良种代替低质种，第二步以优质高产新品种代替中质种。今后，育种目标要解决高产优质不能两全的矛盾。近年从各地筛选和推广的优质品种中，已有一些既高产又优质的品种。

三、水稻的生长发育

（一）水稻的生长发育过程

水稻从子房受精完毕以后，就是新的世代的开始，但在栽培上通常把种子萌发到新种子成熟，称为水稻的一生。水稻的一生可以分为两个彼此紧密联系而又性质互异的生长发育时期，即营养生长期和生殖生长期。一般以稻穗开始分化作为生殖生长期开始的标志（表 4-9）。

表 4-9　水稻的一生

幼苗期、秧田分蘖期	分　蘖　期			幼穗发育期			开花结实期		
秧田期	返青期	有效分蘖期	无效分蘖期	分化期	形成期	完成期	乳熟期	蜡熟期	完熟期
营养生长期				营养生长与生殖生长并进期			生殖生长期		
穗数决定阶段				穗数巩固阶段					
粒数奠定阶段				粒数决定阶段					
				粒重奠定阶段			粒重决定阶段		

（二）水稻的生育期

水稻从播种到成熟称全生育期，从移栽到成熟称本田或大田生育期。水稻在正常播种情况下，全生育期早稻在 130d 以内，中稻为 130～160d，晚稻在 160d 以上。在早、中、晚稻中由于各品种生育期长短有差异，它们之中，又都可分为早熟、中熟和迟熟品种。不同品种生育期长短，又随着地区和季节的不同而有变化。因此，早、中、晚稻中的早、中、迟熟品种和生育天数界限也不是十分严格的。

1. 水稻生育期的变化规律

水稻的生育期既具有相对的稳定性又具有可变性。所谓相对稳定性是指同一品种在一定地区、一定季节播种和正常栽培下，其成熟季节和全生育期的长短各年间变化不大。水稻品种生育期的这种相对稳定性是由于其在长期系统发育过程中形成的遗传特性。所以在生产实践中，可以根据品种生育期长短划分为早、中、迟熟的不同熟期的品种，以适应不同自然条件、耕作制度的需要。所谓可变性就是同一品种，其生育期随播种季节、栽培地区、栽培措施的改变而有明显的变化。其变化规律是：在一定地区、一定季节范围内，不论早、中、晚稻品种，一般播期愈早生育期愈长，播期推迟则生育期缩短；在海拔相近而纬度不同的条件下，同一品种的生育期随纬度的升高而延长，随纬度的降低而缩短；在纬度相同而海拔不同的地区，同一品种的生育期随海拔高度升高而延长，随海拔高度降低而变短。此外，生育期与育秧方式、秧苗老嫩、栽插密度、施肥水平和土壤性质等也有关。一般是秧龄愈长、插秧愈密，生育期愈短，反之则生育期延长；多施氮肥生育期延长，多施磷、钾肥生育期缩短；砂质土壤生育期缩短，黏质土壤及冷浸田、深脚田生育期延长。不过这些影响比之不同季节、纬度、海拔的变化为小。

2. 水稻生育期变化的原因

水稻生育期的变化，任何品种，都以营养生长期变化较大，而生殖生长期变化较小。不同地区或不同栽培季节，水稻品种生育期的长短，从出苗到抽穗的日数，基本上取决品种"三性"（即感光性、感温性和基本营养生长性）的综合作用。

水稻原产于短日、高温的热带和亚热带沼泽地区，在系统发育中形成了短日、高温的遗传性，不同的日长和温度对水稻的发育转变有显著的影响。通常是，短日使水稻生育期缩短，长日使生育期延长；在适宜生长的温度范围内，高温使生育期缩短，低温使生育期延长，这种因日长或温度不同而影响水稻发育转变的特性，分别称为感光性和感温性。水稻品种在短日、高温或长日、低温下，缩短或延长的日数多，表示感光性或感温性敏感；相反，缩短或延长的日数少，表示感光性和感温性不敏感。所以感光性和感温性是决定品种生育期长短的两个重要因素。通过对我国各地方品种测定结果：早稻一般感光性弱，中稻的感光性弱至中等，晚稻品种的感光性强；早、中、晚稻感温性趋势是晚稻最强，早稻次之，中稻又比早稻稍弱。

水稻的生殖生长是在营养生长的基础上进行的，其发育转变必须以一定的营养生长作为物质基础。因此，即使是稻株处于适于发育转变的短日、高温条件下，也要经历一段必不可少的最低限度的营养生长，才能完成发育转变过程，开始幼穗分化。水稻进入生殖生长之前的这一段不再受短日、高温影响而缩短的营养生长期，称之为基本营养生长期，或短日高温生育期。水稻品种不同，其基本营养生长期的长短亦异，这种基本营养生长期长短上的差异特性，称之为品种的基本营养性。至于营养生长期中受短日高温缩短的那部分生长期，则称之为可变营养生长期。全国光温生态协作组测定，水稻的品种在短日高温下最少的抽穗日数为 26～70d，中稻的基本营养生长期最长，早稻次之，晚稻最短。

综上所述，感光性、感温性和基本营养生长性，都是水稻的遗传特性，但不同品种这些特性各不相同。晚稻品种感光性强，基本营养生长性弱，感温性强。对短日条件要求严格，只能在短日条件下抽穗，生育期的长短主要受日照长短的支配。在满足短日条件下，晚稻品种对温度的高低十分敏感，在适宜水稻生长的温度范围内，高温会使其生育期大为缩短。因此，晚稻品种即使在春季播种，也要到秋季短日条件下才能抽穗，所以晚稻品种只能作单季晚稻或双季晚稻栽培，而绝不能作早季稻栽培。早稻品种感光性弱，基本营养生长性中等，感温性较强，决定生育期长短的主导因素是温度，只要温度满足要求，不论日照长短，都能抽穗。所以早稻品种既可以作早季稻栽培，也可以作晚季稻栽培。中稻品种基本营养生长性强，感光性弱至中等，感温性较弱，因此基本营养生长性是支配中稻品种生育期长短的主导因素。基本营养生长期长的品种，生育期比较稳定，其秧龄的伸缩性也较大，因此产量比较稳定。

3. 水稻生育期变化规律在生产上的应用

水稻品种生育期变化规律，在生产上有多方面应用。从引种来说，由于地区间温度和日照条件的变化，一般南种北引，生育期延长，甚至不能抽穗；北种南引，抽穗期提早，单株性状变劣。从高海拔引向低海拔，生育期变短；低海拔引向高海拔生育期变长。纬度和海拔相近的地区，温、光条件比较接近，相互引种比较容易成功。所以，我省从南方引种，以早熟品种比较适宜，从北方引种则以迟熟品种为好。

从栽培上说，它是确定茬口、播期和栽培技术措施的依据。早、中稻品种既可作早、中稻栽培，又可作晚稻栽培，而晚稻品种则只能作晚稻栽培，绝不能作早稻栽培。早稻品种因感温性较强，迟播时，在高温下生育期缩短，常因营养生长量不足，出穗早而穗小，因此必须尽可能适期早播，短秧龄，并要适当密植，在施肥管理措施上都要赶早。中稻品种基本营养生长性强，早播、迟播生育期变化较小，因此播期幅度大。晚稻品种感光性强，在热量得到满足、自然日照短到一定长度的情况下才能出穗，出穗期比较稳定，早播并不能早熟，反而使生育期延长，不利于合理利用光、温资源并会使需肥、需水、需工量显著增加；如过晚播种，抽穗期往往延迟在安全齐穗期之后而造成减产。晚稻品种由于生育期长，播种较窄，因此要适期早播，保证安全齐穗，注意培育多蘖壮秧，在施足底肥、施好分蘖肥后还要施用穗肥，防止后期脱肥而造成减产。

四、水稻高产栽培技术

（一）稻田的耕整与施肥

1. 水稻对土壤的要求

水稻对土壤的适应性比较广泛，但土壤肥力的高低与水稻产量的高低有着密切的关系。据研究，水稻根系主要分布在离土表 $0\sim10cm$ 的土层中（约占 80%），特别是 $0\sim5cm$ 的表土层最多，耕作层以下分布很少，$50cm$ 以下的不超过 $3\%\sim4\%$。因此，生产上精细整田，创造良好的土壤耕层构造，结合合理的灌溉，为根系生长创造良好的土壤条件是夺取水稻高产的基础。适于水稻生长的高产稻田的土壤条件是：①土壤整体构造良好；②土壤中养分含量充足而协调；③适当的保水保肥力；④土壤中有益微生物活动旺盛。

2. 稻田的耕整原则

稻田的整田任务是：第一，促进土壤熟化，改善土壤通透性，消除对作物有害的还原物质，使其充分氧化，变为有利于作物的养分；第二，创造松软的耕层结构，增强保肥蓄水能力，做到土肥泥活，无大的泥坨，便于栽秧操作，减少根系生长阻力；第三，保持田面平整，高低差不超过 $3cm$，能做到"有水棵棵到，排水时田中无积水"；第四，掩埋基肥，消灭田间杂草和病虫害，为根系和土壤微生物活动创造有利条件。

3. 底肥的施用

插秧前施用的肥料都称为底肥。施足底肥不仅可以源源不断地供应杂交水稻各生育时期尤其是在生育前期对养分的需要，而且可以改良土壤，提高土壤肥力，达到土壤愈种愈肥，产量愈种愈高的目的。

（1）杂交稻的需肥特点　据分析亩产 $500kg$ 稻谷，需要吸收氮素 $10kg$，磷素（P_2O_5）$4.5kg$，钾素（K_2O）$17.5kg$，三者的比例为 $2.2:1:3.9$。氮、磷的吸收量与常规稻大体相同，钾的吸收量比常规稻多 $4kg$ 左右。因此，种植杂交稻要注重增施钾肥。

杂交水稻的吸肥规律，据测定对氮、磷、钾三要素的吸收率分别为：播种至分蘖盛期 36.56%、18.11%、27.10%；分蘖盛期至孕穗初期 30.95%、43.21%、44.50%；孕穗初期至齐穗期 8.23%、10.0%、9.4%；齐穗后至成熟 24.62%、28.70%、19.20%。这表明杂交稻生育后期仍具有较强的生理机能，对维持功能叶的寿命，增强光合作用，促进光合产物运转，增加谷粒干物质积累，以及提高米粒品质均是极为有利的。

（2）杂交稻的需肥量　水稻所需要的营养元素除由施肥供给外，还可由土壤供给，而且施用肥料的养分也不是全为水稻利用吸收的，其利用率因肥料种类、气候条件、土壤保肥能力和栽培条件等不同而异。因此，决定施肥量时，应根据单产水平对养分的需要量、土壤养分的供应量、所施肥料的养分含量及其利用率等因素进行全面考虑。

根据各地经验，亩产 500kg 稻谷，油菜田、一般冬水田每亩施纯氮 6～8kg，麦茬田每亩施纯氮 8～10kg，并配合相应的磷、钾肥即可。每亩大约可施优质土杂肥 2000～3000kg，人畜粪尿 40～50 担或尿素 10～12.5kg，过磷酸钙 20～25kg，草木灰 50～100kg，这样即能满足杂交水稻对肥料的要求。

（3）底肥施用方法 底肥应以数量较多，肥效较长，有改良土壤作用的有机肥料为主，如绿肥、厩肥、堆肥、沤肥、泥肥等，应在翻耕前施下，耕入土层。为促进水稻早发，在最后一次耙田时，还要施用腐熟人粪尿、尿素（或硫酸铵）、过磷酸钙、草木灰等精肥铺面，做到"底面结合，迟速兼备"，使肥效稳长的粗肥源源释放养分，供应稻苗生长，不致中途脱肥；肥效快速的精肥在稻苗移栽后能立即吸到养分，促进返青，加快分蘖。

底肥应占总施肥量的 70% 左右，迟栽田可采取"底追一道清"的施肥方法。底肥的用量应根据土壤肥力、土壤种类、品种特性和施肥水平而有所不同。土壤肥力低，用量适当增加；土壤肥力高，用量适当减少。土壤深厚的黏性土，保肥力强，用量适当增加；土壤浅薄的砂性土，保肥力差，用量适当减少。品种生育期长，耐肥力强，用量适当增加；生育期短，耐肥力差，用量适当减少。施肥水平高，用量适当增加，反之适当减少。缺磷、缺锌的田块，还应在底肥中增施磷肥和锌肥，以防止因缺磷、缺锌而发生坐蔸。

（二）选用良种

良种具有丰产性好、抗逆性强、品质优良等特性。

现有杂交组合的表现大体可以分为三大类：一是株型好，产量潜力高，适应性广的组合；二是抗稻瘟病能力强，稳产性好，再生能力强的组合；三是穗大粒多，丰产性好熟期普遍偏迟的组合。当前生产上使用的优良杂交组合主要有冈优 6366、川江优 527、川香 858、宜香 4106、宜香 101、内香 8518、宜香 1979、G 优 802、冈优 825、蓉稻 415、D 优 202、D 优 158、宜香 527 等。各地在选择主推组合时，必须以当地的试验示范为依据，坚持以"杂交中熟组合为主，适当搭配早熟、晚熟种"的原则，因地制宜选用 1～2 个综合性状优于原有主推组合的品种，适当搭配 2～3 个产量高的品种。主推组合和搭配品种一经确定，要保持相对的稳定，切忌品种单一化和多、杂、乱。

（三）培育壮秧

1. 壮秧的标准

从我省各地培育的秧苗来看，概括说来，有叶龄为 4 叶以下的小苗秧，叶龄为 4～6 叶的中苗秧，叶龄为 7 叶以上的大苗秧等。各种秧苗壮秧标准虽各不相同，但秧苗壮与不壮，仍有如下一些共同衡量的标准：

（1）根旺而白 粗短白根多，栽后才能迅速返青生长。

（2）基部粗扁 基部粗扁的秧苗，叶鞘较厚，积累的养分多，栽后转运到根部，因而发根快，分蘖早，有利于形成大穗。

（3）苗健叶绿 苗叶不披垂，苗身硬朗有弹性，有较多的绿叶数。叶鞘内淀粉含量渐次增高；心叶以下第三叶，叶鞘内淀粉蓄积最多。所以，壮秧在移栽时，必须有一定的绿叶数，脚叶枯黄少。

（4）秧龄、叶龄适当 一般要求栽后至少长出 2～3 片新叶，才进入幼穗分化。因为这样才可为返青恢复生长和幼穗分化，创造必要的营养条件。

（5）均匀整齐 对均匀整齐的要求是："一板秧苗无高低，一把秧苗无粗细"。如果秧苗生长不匀，瘦小的落脚秧苗增多，这不仅在秧田里容易死苗，栽入本田后，仍然生长不匀，难以增产。

2. 培育壮秧的技术

(1) 播种前种子处理　播前进行种子处理，实质上就是为了增强种子的生活力和为种子萌发创造良好的外界环境条件。播前种子处理包括晒种、选种、消毒、浸种、催芽等环节。

① 晒种　一般晴暖天气晒两天左右即可，晒时要薄摊勤翻，晒匀、晒透，并防止破壳、断粒混杂。

② 选种　一般仅用清水选种，即把种子倒入清水中，稍加搅拌后，先将漂浮在水面的空壳、杂质除去，然后分离出半沉的半饱谷和下沉的饱满谷。将半饱谷和饱满谷分别浸种、催芽、播种。杂交稻种子中半饱谷同样具有杂交优势，应充分利用，不可丢弃，对半饱谷秧苗要早施断奶肥。

③ 消毒　消毒方法很多，下面介绍几种常用的消毒方法。

a. 石灰水浸种：即用1%的生石灰水澄清液浸种2天，注意石灰水面要高出谷种13~16cm，浸种期间不能搅动，保持水面的石灰膜不被破坏，同时要避免阳光直射。此法可耐治恶苗病、胡麻叶斑病、稻瘟病和白叶枯病等病菌。

b. 强氯精浸种：即先将谷种用清水预浸24h，然后将种子沥起来，用强氯精药液再浸。防治稻瘟病、恶苗病，药液浓度400~500倍，浸种12~16h；防治白叶枯病、细菌性条斑病，药液浓度300~400倍，浸种16~24h。

c. 稻瘟净浸种：即用50%的稻瘟净乳油0.1kg加水50kg，浸种24h，可杀死稻瘟病菌。

d. 三环唑浸种：用50g三环唑加水30~40kg，浸谷种15~20kg，浸种24h，以防治稻瘟病。

此外，消毒方法还有温汤浸种或富士1号、多菌灵等药剂处理种子。凡用药剂消毒的稻种，如果吸足了水分，都要用清水冲洗干净后再催芽，以免影响发芽。

④ 浸种　浸种的目的是使种子充分吸水，保证发芽迅速整齐。浸种时间长短因水温高低而不同。浸种用的水要清洁，并要每天换水。在室外浸种，容器应加盖，以防气温骤变和阳光直射，影响种子正常吸水和吸水不匀。吸足水分的播种，此时谷壳颜色变深，胚部膨大突出，折断米粒无响声并米心无白色。

⑤ 催芽　稻谷催芽就是根据种子发芽过程中对温度、水分和氧气的要求，利用人为措施，创造良好发芽条件，使发芽达到"快、齐、匀、壮"的目的。"快"指两天之内催好芽；"齐"就是发芽整齐，发芽率达90%以上；"匀"指芽长整齐一致；"壮"要求幼芽粗壮，根芽比适当（芽长半粒谷，根长一粒谷），新鲜、没怪味。催芽的方法很多，如保温盆催芽、箩筐催芽、青草催芽、拌桶催芽、地窖催芽、温室催芽等。这些催芽方法虽各有特色，但依据的原理却是相同的。各种方法在催芽技术上都应掌握"高温露白、适温催根、保温促芽、摊凉锻炼"的催芽原则。"高温露白"是指种谷开始催芽至破胸露白阶段，这期间呼吸作用弱，温度偏低是主要矛盾，可先将种谷在50~55℃的温水中预热5~10min，再起水沥干，上堆密封保温，保持谷堆温度35~38℃，一般15~18h即可露白。露白前不用多淋水，以防水分过多，湿度过大，种谷进行无氧呼吸，养分外溢，造成谷壳发涎（滑壳、现糖），影响露白。"适温催芽"是指种谷破胸后，呼吸作用大增，产生大量热量，使谷堆温度迅速上升，如超过40℃，就会出现烧种、烧芽现象。所以露白后要经常翻堆散热，并淋温水，保持谷堆温度25~35℃，促进齐根。"保温促芽"是指齐根后要控根促芽，使根齐芽壮。根据"干长根，湿长芽"的原理和"温度高露白快，水分足芽头齐"的经验，适当淋浇25℃左右的温水，保持谷堆湿润，促进幼芽生长，同时仍要注意翻堆散热保适温。"摊凉锻炼"是指芽长度达到预期要求，即催芽结束后，为增强芽谷播后对自然气温的适应性，播种前把芽

谷在室内摊薄炼芽 1 天左右。如遇低温寒潮不能播种时，可进一步将芽谷摊薄，结合洒水，防止芽、根失水干枯，待天气转好时，抓住冷尾暖头，抢晴播种。下面介绍当前生产上广泛采用的两种催芽方法。

a. 保温盆催芽：此法适于少量种子催芽。先在箩筐四周垫谷草 7～10cm，中间放面盆，盆内装 55℃的温水（略烫手），水距盆面 3cm，盆面放竹片或木条，上面铺谷草约 7cm 厚，以承放种子袋。同时，将浸泡好的谷种装入能透水的袋中，放入 50℃的温水中浸 3～5min，使种子预热，然后取出，到袋子不滴水时，放置箩内架上，加盖稻草约 26cm 厚，再用塑料薄膜覆盖保温，最后压上适当重物以增强保温效果。经过 12h 后，将盆中的水换成 55℃的热水继续催芽，每 6h 检查 1 次，箩内温度保持 35～38℃，不超过 40℃，注意松包、增湿，防止烧芽，大约经 24h 即可破胸。当种子破胸 80%，取出种子袋，放入 25～30℃的温水中浸种 5～10min，并将盆中水换成 45℃的温水继续催芽，再经 10～12h，就可达到催芽标准。芽催成后取出种子摊晾炼芽半天或 1 天，即可播种。

b. 箩筐催芽：先在箩筐底部和四周铺以胡豆青或青草或稻草（需用开水淋透杀灭稻草上的病菌），然后把浸足水的稻种用 50℃左右的温水淘洗，趁热放入箩筐内，盖上胡豆青或青草或稻草，并压紧保温。破胸前保持温度 35～38℃范围内，不超过 40℃，过低要用 40～50℃的温水将种子浇透、浇匀，促使升温。当箩筐中心部分的种子温度达 40℃时，要进行翻拌，把中心部分的种子翻到边上，边上的种子翻到中间，使破胸整齐。当种子破胸达 90% 以上时，要翻动种子降温，保持温度 25～30℃为宜，不超过 35℃，并淋透淋匀水分，然后覆盖催芽。当箩筐中间部分种子温度达 35℃时，要进行翻拌降温，使发芽健壮、整齐均匀。催芽中如谷壳变白干水，可边翻动边淋以温水，但用水不可过多，并注意水温要与种芽温度相近，不可用冷水淋热芽。当根芽催至预定长度后，在箩筐内先散热，然后取出摊晾炼芽 1 天左右播种。要严禁热芽下田，以免幼芽受到骤冷刺激而影响生长。

(2) 播种期、秧龄和播种量的确定原则

① 播种期。播种期通常应根据当地气候条件、品种特性和前后作物的关系来确定，从有利于出苗、分蘖、安全孕穗和安全齐穗出发，做到适时播种，具体应注意以下几点：第一，早播的界限期根据发芽出苗的最低温度来确定。杂交稻在自然条件下，当日平均气温稳定通过 13℃以上，再根据当年的气象预报，抓住冷尾暖头，抢晴播种。即播种后要有 3～5 个晴好天气，才有利于出苗和扎根，否则易造成烂秧、死苗。如用地膜保温育秧，盖膜后膜内气温应能稳定在 13℃以上作为早播的最低温度。第二，确定播种期还要考虑移栽期、孕穗期、齐穗期的气温。当日平均气温稳定达 15℃以上移栽，秧苗才能正常发根成活，移栽过早，易导致迟返青、死苗、僵苗；双季稻、早稻品种的孕穗期不能遭受 20℃以下的低温危害；迟播水稻和双季稻、再生稻一定要在安全抽穗期内抽穗（即一般以秋季日平均温度稳定通过 23℃的终日作为籼型杂交稻的安全抽穗期）。以此为依据，查对当地历年气象资料，确定该地安全孕穗期或安全齐穗期，再根据各品种从播种到孕穗或齐穗的生长天数，就可向前推算出该品种早播或迟播的界限期。第三，灾害性天气也是确定播种期必须考虑的因素，应掌握灾害发生规律，调整播期，避灾保收。如四川多数地方 7 月下旬至 8 月上旬常有高温伏旱，杂交中稻通过调节播种期于 3 月中旬前播种，7 月 20 日前齐穗，才能避灾保丰收。第四，播种期还要和耕作制度以及品种类型相适应。一年只种一季水稻的，播种期不受前作限制，只要日平均气温达到了要求便可播种。一年二熟或三熟地区，稻田前作的收获期限制着水稻的播种期。播种过早，秧龄过长，本田营养生长期短，常导致减产；过迟，生育期短，产量低，而且还会影响后季作物的栽培。品种类型不同，播种期也应有差异。总之，应注意播种期、移秧龄三对口，做到看品种确定适宜秧龄，看前作收获移栽期，看移栽期和秧

龄确定播种期。

②　秧龄。适宜的秧龄和杂交组合的特性、育秧期间气温高低、秧田播种和寄栽密度等都有关系。确定适宜秧龄的一般原则是：生育期短的品种因营养生长期的积温所需较少，易超龄早穗，秧龄宜短；而生育期长的品种的秧龄可较长。育秧期间温度高，生长较快，或播种密度大，群体与个体矛盾突出等，秧龄宜短；反之则可较长。因同一品种在正常栽培条件下的主茎总叶片数相对稳定，所以，可以根据品种的总叶数来确定秧龄的界限期。一般叶龄余数 3.5 左右时开始幼穗分化，而就高产栽培来说，秧苗移栽本田后要求至少长出 2 片以上新叶才开始幼穗分化，即移栽本田后还能长出 6 片以上的新叶，才能使植株有一定的营养生长量，生长健壮，为大穗多粒奠定物质基础。

培育小苗秧的秧龄，温室小苗约 7d，地膜小苗约 10～12d；培育中苗秧的秧龄以 30d 左右为宜，培育大苗秧的秧龄以 50～60d 为宜，超过 65d 的，则有随着秧龄的增长，而产量下降的趋势。

③　播种量。播种量的多少是培育壮秧的关键。确定秧田播种量要根据秧龄的长短、育秧期间的气温高低、组合特性以及对秧苗的分蘖的要求来决定。一般是秧龄长的播量少，秧龄短的播量多；育秧期间气温高的，秧苗生长快的播量少，反之则播量多；迟熟种播量少，早熟种播量多；要求带分蘖移栽的播量少，反之播量多。适宜播种量的标准，以掌握移栽前不出现秧苗群体因受光照不足的而影响个体生长为原则。根据各地育秧经验，杂交中稻每亩适宜播种量：小苗秧 150～200kg，中苗秧 50kg 左右，大苗秧 10～20kg 左右。

（3）选用秧田　除温室小苗直插和旱育秧外，各种育秧方法都需要有秧田。因此，选好、平好秧田是培育壮秧的重要环节，必须充分重视。

秧田宜选择排灌方便，向阳背风，土质松软，杂草少，无病源，土壤肥沃，离本田较近的田块。秧苗与本田面积的比例，因秧田播种量、寄栽密度、本田用秧量和成秧率不同而异，一般可按 1：6 的比例选好留足。

秧田做成湿润秧田。具体做法是：早春对秧田及时进行耕耙，掩埋杂草。播种（或寄栽）前半个月，在粗整的基础上，再进行翻耕，施以底肥，每亩可施腐熟人粪尿 1500～2000kg，过磷酸钙 20～25kg，缺锌田块每亩增施硫酸锌 1～1.5kg 作耙面肥。料施用数量，掌握气温低、田瘦时多施，气温高、田肥的少施，秧龄短的以速效肥为主，秧龄长的迟、速效肥搭配，务必使肥料施匀。施肥后，随即灌浅水，耙平田后，待水澄清后，排水晾底，再开沟作厢。一般按厢宽约 1.5m，沟宽约 20cm，深约 10cm，边沟宽 20～23cm，深 16cm 的要求，用锄或手把沟内的泥土挖出，均匀地放在厢面，整细、整平。晾晒厢面 1d，将露于厢面的谷桩、泥沱，用手压入泥中，同时理好厢边，抹平厢面，再灌水验平，要求达到 3 分水不现泥，然后排水晾晒到紧皮，使沟内有水，保持厢面湿润，准备播种（或寄栽）。对于常年发生青苔的秧田，每亩可用 0.5kg 硫酸铜混细土 30～40kg，在播种或寄栽前两天撒于厢面或兑水 100 倍喷厢面即可防治。

（4）几种主要育秧方式及其技术要求　水稻育秧的方法很多，根据秧田水分状况的不同，可分为水育秧、湿润育秧、旱育秧等；根据增温情况不同，可分为露地育秧、生物能育秧、温室育秧、薄膜保温育秧等；此外，根据秧苗寄栽与否，又可分为一段育秧和两段育秧两种。现将杂交稻当前采用几种育秧方法介绍于后。

①　地膜育秧。地膜具有良好的透光、保温增温和保湿性能，地膜覆盖育秧有利实现早播、早栽、早熟、高产，并有利于防止烂秧、节约用种和培育壮秧。地膜育秧既能培育小苗、中苗秧，也能培育多蘖壮秧。其具体方法如下。

第一，做好湿润秧田。厢宽按地膜宽度而定，一般膜宽 2m，做成厢宽 1.3～1.5m，沟宽 30～35cm，沟深 13～17cm。育小苗秧，秧田一般不施底肥，育中苗秧或多蘖壮秧，每亩。可施人畜粪尿 1500～2000kg，尿素 7.5kg，磷肥 15～25kg 作底肥。

第二，播种和搭架盖膜。用催好芽的稻种播种。播种时，要先用厢沟内的稀和绒泥糊厢面 0.5cm 厚，随即荡平播种。播种要做到分田定种，分厢定量，保证播种均匀。播后用踏谷板把谷种压入泥内，并用筛过的肥泥土、堆肥粉或干牛粪粉均匀覆盖一薄层。然后在秧厢上按 50～60cm 间隔插竹片拱架，拱架顶点距厢面 20cm 左右，拱架间用长竹片连接，以增强拱架的稳定性。盖膜要做到膜伸展，边入泥，密封好。

第三，秧田管理。从播种到一叶一心期，要求薄膜严密封闭，保持厢沟有水，厢面湿润，创造高温高湿的环境，促进迅速扎根立苗。膜内适宜温度为 30～35℃，如超过 35℃ 则两端暂时揭膜通风降温，以免高温烧芽，当温度下降到 30℃ 时，再密封保温。秧苗长到一叶全展，膜内温度以控制在 25～30℃ 为宜，高于 35℃ 秧苗易于徒长、瘦弱，低于 13℃ 秧苗生长受到抑制。一叶一心时，可每亩用清粪水 500kg 加尿素 1～2kg 追施断奶肥，以促秧苗健壮生长。

育小苗秧的，当秧苗长到一叶一心后，应开始通风炼苗，防止高温徒长，使秧苗经受锻炼，逐渐适应外界环境。通风炼苗一般在上午 8 时到下午 4 时进行，采取由小到大，先揭两头，再揭四周，最后全揭避免一开始就全揭开和在晴天中午高温时骤然揭膜。揭膜前应先灌上厢面，以免秧苗因环境改变太急，水分失去平衡或温差太大而不应招致死苗。如遇低温阴雨天气，膜内秧苗发生霉菌，可用 1000 倍瘟净或 0.06％ 的高锰酸钾溶液喷雾防治。在秧苗达到 15 叶，日平均度稳定在 13℃ 以上时，抢晴好天气起苗带土寄栽或直插大田，最迟超过 2 叶栽完。

育中苗秧或大苗秧的，炼苗和撤膜的时间，可比小苗秧适当推迟，苗长到二叶一心后，当日平均气温稳定在 15℃ 以上，日最低气温在 0℃ 以上，便可把地膜完全撤去，撤膜时必须灌水上厢面，淹着秧脚，便稳温护苗，防止生理失水，卷叶死苗。秧苗三叶以后浅水勤灌，持薄水层，既有利于秧苗吸水、吸肥，促进分蘖的发生，也不会因断水造成秧根深扎，不好拔秧，或因灌水过深而降低土温，影响通气，不利壮秧的形成。遇寒潮侵袭，则需灌水护苗防寒，灌水深度不淹心叶为度，寒潮过后，排水不能过急，应缓慢排至浅水，以增秧苗的适应能力。冬水田作秧田的秧苗 3～4 叶期可进行间隙灌溉，使水、气、肥协调，促进分蘖早生快发。随着秧苗长高，水层可逐加深到 3cm 左右，移栽前灌深水，以便拔秧，减少植伤。在追肥上，早追壮苗肥，可在撤膜后的第二天，每亩施尿素 3kg 或清粪水 1000kg。苗秧在栽前 5～6d，再施尿素 4～5kg 作送嫁肥，以促新根发生，栽易于返青成活。大苗秧在见蘖后要及时追施促蘖肥，每亩施尿素 3kg，随后每隔 5～6d，再每亩施尿素 4～5kg，以争取早生快发低位分，6 叶以后要控制氮肥的施用，主要利用秧田底肥和前期追肥的余效使秧苗稳健生长。秧田期要注意病虫害，主要有蓟马、螟虫和叶稻的防治。中苗秧长到 5 叶左右，苗高 10～15cm，日平均温度达 15℃ 上时，即可移栽。大苗秧以叶龄 7～9 叶，单株带蘖 3～5 个时，移栽为宜。

② 两段育秧。用两段育秧技术培育杂交水稻多蘖壮秧，是迟栽杂交中稻田实现稳产高产的关键技术措施之一。两段育秧即第一段育成 1.5～1.8 叶小苗（通过温室育秧或地膜育秧方法育成），第二段将小苗秧假植于湿润秧田，在湿润秧田中培育成多蘖壮秧再移栽到大田。现将育小苗秧后到育成多蘖壮秧的技术要点简述如下。

第一，备好寄栽秧田。寄栽采用湿润秧田，要求在寄栽前 3～5d 做好，整理备用。

第二，划格寄栽。寄栽前，根据计划秧龄的长短，用划格器在厢面上划格。一般 45d 秧龄的可采用 5cm×5cm，55d 左右秧龄的可采用 6cm×6cm，60d 左右秧龄的可采用 7cm×

7cm 的规格。每窝栽小苗秧 1～2 株，栽时要求厢面保持湿润，厢沟中半沟水，浅植，以根粘泥，泥盖谷为度，并要求栽正、栽稳，以利扎根代活。

第三，喷多效唑。小苗寄栽后的第二天，用 $300×10^{-6}$ 多效唑喷施秧苗，每亩用药液 100kg，均匀喷施秧苗和厢面，不能重喷和漏喷，有明显的"控高促蘖"作用。如果在喷多效唑后 3 小时内下了雨，则应在雨后排干田水补喷 1 次。喷药后的第二天再灌浅水。

第四，水肥管理。小苗寄栽后，不要立即灌水，待厢面泥浆收汗后，才缓慢灌水上厢，保持浅水以利扎根，遇大晴或寒潮，采用深水护苗。秧苗三叶以后水的管理与地膜育大苗秧相同。

追肥掌握以畜粪为主，配施适量化肥，少吃多餐，前轻后重的原则。栽后第二天结合扶苗、补苗，每亩用 100kg 细干粪混合陈草木灰撒施厢面作压根肥，秧苗扎根后，施第一次追肥，每亩用腐熟清淡粪水 1000～1500kg（或原粪 250kg 兑水）加尿素 1.5～2kg 泼施。二叶一心时，施第二次追肥，每亩用原粪 500kg，加尿素 2.5～4kg，兑水 1500～2000kg 泼施。三叶一心期，施第三次追肥，每亩用原粪 750kg，加尿素 4～5kg，兑水 1500～2000kg 泼施，以促早发分蘖。进入大苗后的追肥以及秧苗期病虫害的防治与地膜育大苗秧相同。

③ 旱育秧。水稻旱育秧是指在肥沃、疏松、深厚的旱地秧床上，不采取水层灌溉，以少量的水方法，培育出健的秧苗，称之为水稻旱育秧。实践证明，旱育秧技术具有早发、高产、节水、高效的效果，近年发展很快，在水稻增产中发挥了重大作用。据调查，每亩旱育秧比水育秧一般节水 100～150m³；可做到冬水田早栽，小春田适时栽、等雨迟栽，特别是稀播长龄大苗秧，秧龄长达七八十天，亩产仍能达到 400kg 以上。旱育秧根系活力强，苗体矮健、耐寒、耐旱，有利早播、早分蘖、早成熟，对再生稻、双季稻区早栽避伏旱，山区避过扬花低温冷害都有明显的作用。推广水稻旱育秧技术，是水稻生产必须坚持的技术路线。水稻旱育秧的技术要点如下。

第一，旱育小、中、大苗、长龄秧及适应范围。根据种植制度的需求及近年来部分地区缺水育秧的实际，在推广旱育秧过程中必须实行"四秧配套"，即：

旱育小苗秧，叶龄 3.5 叶，秧龄期 30d 左右。此适用于冬闲田、绿肥田、半旱式栽培田块。

旱育中苗秧，叶龄 4～6 叶，秧龄期 40d 左右。此适用于蓄水冬闲田、早熟油菜田。

旱育大苗秧，叶龄 6～7.5 叶，秧龄期 50d 左右。此适用于麦（油）稻两熟的两季田。

长龄大苗秧，叶龄 8 叶以上，秧龄期 60d 以上。此适用于等水迟栽田块。迟栽临界期为叶龄 13 叶，秧龄一般不超过 90d。

第二，种子准备。旱育小、中、大苗选用适合当地生态条件的高产品种，旱育长龄大苗应选用中迟熟高产杂交组合作种。用水稻旱育秧种衣剂拌种，1kg 种子用种衣剂 40mL 拌种后晾干再浸种催芽，催芽切忌过长，以破胸露白为度。播种用的种子，播前的晒种、选种、消毒、浸种、催芽等方法与前述种子处理相同。

第三，苗床准备。应选择地势平坦、背风向阳、土质肥沃、疏松透气、管理方便、灌排水条件好的旱地，最好是常年蔬菜地。苗床用地最好相对固定，有利于改良土壤和培育肥力。按培育长龄、大、中、小苗秧每亩秧本田比例 1∶7、1∶10、1∶20 和 1∶40 安排秧田面积。

床址选定后，要求在上年秋季每亩按 3.3cm 左右长的碎稻草等作物秸秆 2000kg、猪粪水 1000～1500kg、磷肥 100kg 比例施入苗床土，然后种植蔬菜。或用上述用量混合沤制成腐熟堆肥，于当年春季播种前 10 天按每平方米 5～10kg 施入，通过多次翻耕使肥土充分混匀于 10～15cm 床土内。蔬菜必须在播种育秧前一个月收获完毕，以免影响苗床精整和调整酸度。

旱育秧苗床的土壤，要求 pH 值 4.5～5.0 为好。土壤 pH 值在 6 以下，可不进行调酸。苗床 pH 值在 6.0～6.5 时，每平方米苗床施过磷酸钙 200g 调酸。苗床 pH 值在 6.5～7.0 时，每平方米施 50g 硫黄粉调酸。苗床 pH 值在 7～8 时，每平方米施 100g 硫黄粉调酸。用过磷酸钙调酸于播种前 10d 进行；用硫黄粉调酸在播种前 25～30d 进行。若苗床土干燥，应适当浇水。无论用哪种方法调酸，都应充分混匀，混入深度以 10～15cm 为宜。硫黄粉施入后，床土应保持湿润，以促进硫黄细菌活动，较快地将硫黄转化为硫酸，发挥调酸作用。

苗床平整与施底肥应在播种前 10d 左右选晴天进行。按 1.8m 开厢，厢面 1.2～1.3m，厢高 5～10cm，厢长不超过 15m。同时，把走道中的床土取出过筛，集中堆放，留作盖种用。床土应施用酸性肥料，切忌加入碳铵、草木灰等碱性肥料。每平方米施入尿素 40～60g，过磷酸钙 100～200g，硫酸钾或氯化钾 30～40g，分别均匀撒在床土表面，来回翻挖 3 次，将肥料均匀混入 10～13cm 深的土层内。为防治地下害虫，每平方米施入"呋喃丹" 2～4g，最后精细平整，做到厢平土碎。

苗床底水要浇透浇足。一般在播前一天浇透苗床，经充分渗透后，播前再浇 1 次，使苗床出现两次饱和状态，从而充分满足发芽所需水分，避免出现"干芽"现象。播前每平方米用 2.5g "敌克松"粉剂兑水 2.5kg 喷施床面，进行土壤消毒。浇水和消毒后，如床面不平可用木板包上塑料薄膜轻轻压平，保证床面平整。

第四，播期、播量和播种。旱育秧与水育秧一样，播期愈早，移栽叶龄愈小，增产潜力愈大，但也不能过早播种，在当地气温稳定在 10℃ 以上才能播种。在有前作的田块上早播不能早插，过早播种易形成老秧而减产。播种量的大小与育成秧苗的叶龄关系密切，一般按每亩苗床干谷计算，小苗秧 40kg，中苗秧 20kg，大苗秧 10kg，长龄秧 7kg。

要提倡抢晴播种，最好安排在晴天上午进行。先将催芽稻种分厢定量，分二三次均匀撒播在床面上，然后用包上薄膜的木板轻轻镇压，使种子三面入土，再撒盖一层 0.5cm 左右的过筛床土切实盖匀盖严，以不见种子为度。凡育大苗、长龄苗的苗床必须用"旱秧净"化学除草，每亩的净苗床用 10mL 药液兑水 5kg，于盖种后覆膜前喷施，可保证苗床 35 天不长杂草。

播种工作结束，立即用竹片搭拱架，按 50cm 间隔插 1 根，中央拱高 40～45cm，拱架脚与苗床边相距 10cm。盖上农膜，四周用泥土压严保温。应于播前 2～3d 和播种后，投入毒饵于苗床四周灭鼠。

第五，苗床管理。播种至出苗重点是保温保湿，一般不揭膜，但膜内温度不得超过 35℃，超过时应立即通气降温，如床土干燥应补水。

一叶期要控温降湿，只要外界气温不低于 12℃ 均应打开薄膜两头降温。若床土失水发白，可适量喷水。

二叶期要通风炼苗，控水防病。晴天要打开膜的两头或一侧降温，下午 3～4 点钟再盖膜。秧苗长到 1.5 叶时，每平方米苗床用 2.5g "敌克松"兑成 1000 倍液喷施，防止立枯、青枯病害的发生。如秧龄超过 65d 的旱育苗床，应于 1.5～2 叶时每平方米苗床用 15% 的"多效唑"粉剂 0.2g 兑水 100g 喷施秧苗，以控制株高和促进分蘖的生长。

三叶期要施肥促蘖，炼苗控高。膜内温度应控制在 20℃ 左右。秧苗长到 3 叶时，每平方米用尿素 15～20g，氯化钾 10g，兑水 3kg 喷施或泼施，施肥后必须用清水洗苗，防止肥料灼伤秧苗。若当时气温偏低，只用清粪水促苗。在 1.5～2.5 叶期间，苗床应保持干燥，即使床土有龟裂现象，只要叶片不卷筒，就不必浇水。

秧苗在三叶期后，除雨天外，应注意通风炼苗，逐步实行日揭夜盖，晴天将膜全揭开，晚上盖顶部，留四周通气，并防夜雨淋，雨天也要揭开膜的四周，以适应外界环境，增强抗逆能力。要防止全盖膜后温湿度升高而造成秧苗徒长，如遇寒潮也要盖膜护苗。为防止秧苗淋雨，不论移栽几叶的秧苗，移栽前棚架和农膜都不宜拆除。三叶后每隔1片叶应适量追施一次肥水，平时只要叶不卷筒，土不现白均不浇水。此外，要加强病虫害的防治和杂草的防除工作。

3. 烂秧的原因和防止

烂秧是烂种、烂芽和死苗的总称。烂秧不仅浪费谷种，而且贻误农时，影响栽秧质量，甚至给生产造成严重损失。因此，防止烂秧是水稻生产上的重要问题。

（1）烂秧的原因

① 烂种　烂种是盲谷播种后，不发芽就腐烂。烂种主要是由于种子成熟不良或在收获、贮藏、种子处理、浸种催芽过程中，措施失宜，使种谷的发芽力和发芽势降低，乃至丧失而造成。

② 烂芽　烂芽是芽谷播种后，未扎根转青就死亡。烂芽主要是由于播后深水淹灌，低温缺氧，芽鞘徒长，根不入泥，根浮芽倒；秧板过滥，踏谷过重，芽谷陷入泥中；秧板过硬，不易扎根；有毒物质毒害芽谷，种根发黑，幼芽枯黄等。上述原因如在低温条件下，易使种芽生活力降低，引起土壤和种谷的病害侵害，而造成烂芽。

③ 死苗　一种为黄枯死苗，为慢性生理病害，常成片发生。秧苗在低温下缓慢受害后，从叶尖到叶基，从老叶到嫩叶，逐渐变黄褐色枯死，由于秧苗基部常为病菌寄生而腐烂，叶根容易脱离，常在二叶期发生。另一种为青枯死苗，为急性生理病害，常成簇发生。秧苗受低温影响，晴后温度剧变，未及时灌水，造成秧苗生理失水而死亡，先从最易失水的心叶部分萎卷，然后叶色呈暗绿色整株枯死，常在三叶期发生。

（2）烂秧的防止途径　根据烂秧的原因，为了培育壮秧、防止烂秧，概括说来，必须抓好以下几个技术环节。

第一，要搞好播前种子处理，正确运用浸种催芽技术是防止烂种烂芽的重要措施。不能用不透水、气的塑料袋装谷种催芽，否则易造成高温烧芽或低温高湿，谷种发涎腐烂。增温破胸后期要勤检查，否则易造成温度过高而烧芽。

第二，要选好秧田，做好湿润秧田。秧田应选背风向阳的有利地势，以提高寒潮期间的水温泥温，增强对病原菌感染的抵抗力。秧田不施未腐熟的有机肥，做到肥足草净、沟深厢平，以利排灌，发挥以水调温、以水调气的作用，促进根系正常生长。

第三，要正确掌握播种期。根据天气预报，结合老农经验，抓住"冷尾暖头"抢晴播种。

第四，要搞好秧田水、肥、膜的管理和防治病虫害。防治烂秧必须切实抓好育秧过程中的每个技术环节，消除上述造成烂秧的技术原因，才能收到良好效果。据研究，培育绝对超重期（单苗干重超过米粒干重的时期）接近甚至早于断奶期的良好秧苗，因其体内贮藏的糖分充足，抗性增强。此外，使用杀菌剂可作为抑制和消灭病菌、防止烂秧的辅助措施，凡是能杀死或抑制腐霉的杀菌剂均可防止死苗。如开始发生烂芽时，可用敌克松（1∶500）与硫酸铜（1∶1000）混合液，以粗雾点喷于厢面（厢面必须落干，才能吸入药液，否则无效），每亩喷150kg，效果较好。用敌克松500倍液，一叶一心和二叶一心各泼浇1次，不但能有效地预防死苗，而且能及时制止死苗的扩展，使已经烂根的秧苗重新生根，恢复生长。

（四）群体结构与移栽

1. 高产水稻的合理动态群体结构

水稻的产量是由每亩穗数、每穗实粒数和粒重三个因素构成的。丰产栽培适宜穗数因品种、肥力、地区、季节不同而异，从全国来看亩产 500kg 以上的田块的有效穗数变幅较大，大致在 15～45 万。在当前水平下，无论常规或杂交水稻，其成穗率最高可达 80% 以上，但大多数在 70% 左右，因而有效穗和最高茎蘖数的比例大体保持在 1∶1.5 左右较为妥当。当然，随着栽培技术的改进和成穗率的进一步提高，最高茎蘖数还可相应减少。

水稻绿叶面积的大小，对光能利用、干物质生产与积累，以及最后产量的形成关系极大。因此，合理的叶面积指数动态结构是检验合理群体动态结构的重要指标。水稻群体最大叶面积指数的适宜值，依不同品种类型、不同年份、不同地区而异，故在生产中要根据具体条件进行调节。据近年研究表明，亩产 500kg 左右的群体叶面积指数的动态大体如下：分蘖期为 2.5～3.5；幼穗分化-分蘖前为 4～6；孕穗-抽穗达最大，约 6～7；抽穗后缓慢下降，稳定在 4～5；最后逐渐减退。

2. 密植的方式和幅度

目前，杂交中稻栽插的密度范围为：中、小苗秧，一般要求每亩栽 $1.5 \times 10^4 \sim 2 \times 10^4$ 窝，每窝栽 2 苗，每亩基本苗 $3 \times 10^4 \sim 4 \times 10^4$，宽行条栽的规格，行距 27～33cm，窝距 10～17cm；宽窄行规格，宽行 33～40cm，窄行 17～27cm，窝距 10～17cm。栽多蘖壮秧，一般要求每亩栽 $1.5 \times 10^4 \sim 2 \times 10^4$ 窝，每窝栽 6～8 苗（包括带 3 片叶以上的大分蘖），冬水田、两季田基本苗每亩 $10 \times 10^4 \sim 12 \times 10^4$；迟栽出基本苗每亩 15×10^4 左右。宽行条栽规格，行距 20～30cm，窝距 12～17cm。以上规格在应用时，要根据杂交组合特性、秧龄大小、土壤肥力等因素而灵活掌握。

3. 适时早栽

适时早栽可充分利用生长季节，延长本田营养生长期，促进早生早发、早熟高产，为后季高产创造有利条件。一般以日平均气温稳定通过 15℃ 以上时作为早栽适期。深脚、冷浸、烂泥田，由于泥温较低，适时早栽的时间应相应推迟。

根据气候特点，杂交中稻栽插期间，温度影响不大，主要是根据前作收获期来决定。为了充分利用春季气温回升早的有利条件，避开伏旱高温和螟虫的威胁，早春作物应采用早熟、高产品种，争取在 4 月下旬至 5 月上、中旬收割，移栽水稻。因前作收获迟，雨量条件差，不可能在这时栽插，必须培育多蘖壮秧，抢在 5 月底以前栽完。至于小苗直插，可于 3 月底至 4 月上、中旬移栽。杂交中稻中、小苗秧栽秧期间，常有寒潮袭击，在寒潮降温期间切忌逗寒潮栽秧，否则会造成死苗。

4. 保证栽秧质量

栽秧必须保证质量，否则影响返青和秧苗正常生长。保证质量，首先要拔好秧。拔秧要少株、靠泥拔、轻拔、不伤秧苗，并随时把弱苗、病苗、杂草等剔除。拔后理齐根部，大苗秧还要在秧田洗净秧根泥土，然后捆扎牢固。

栽秧时要求做到浅、直、匀，不栽超龄秧，不栽隔夜秧。浅栽的程度，小苗直插以谷粒入泥为度，中苗秧要求栽秧深度为 2～3cm，多蘖壮秧根据叶龄大小，栽匀的内容包括行窝距匀，每窝苗数匀和深浅要栽匀，这样整齐一致，株株秧苗健壮生长，保证成穗。同时为保证栽秧质量还须注意不栽勾头秧、不栽五爪秧、不栽脚迹秧，实行浅水栽秧，牵绳定距，保证窝行距整齐，密度均匀一致。

（五）田间管理

水稻田间管理，可按生育阶段划分为返青分蘖期、拔节长穗期和抽穗结实期三个管理时期。不同时期有不同的生育特点，田间管理的任务，就是要根据不同时期的不同特点，采取相应的促控措施，使苗、株、穗、粒四者得到充分而又协调的发展，达到穗多、穗大、粒饱的目的，夺得丰产丰收。

1. 返青分蘖期的田间管理

（1）生育特点　返青分蘖期是指移栽到幼穗分化以前的时期。此期以营养器官的生长为中心，是决定穗数的关键时期，同时也是为大穗多穗和最后丰产奠定基础的时期。栽培上应运用合理的技术措施缩短返青期，促进分蘖早发发足争多穗、控制无效分蘖，培育壮蘖、大穗。

（2）返青分蘖期的田间管理措施

① 科学管水　要求做到"浅水栽秧，寸水返青，薄水分蘖，适时晒田"。

栽秧时，以 3cm 以下的浅水为宜，才能做到浅栽，以减少浮秧，保证栽秧质量。

栽秧后到返青期间，田间应保持 3.3cm 左右水层，大苗秧保持 5cm 左右水层护苗，这样才有利秧苗返青。对于气温降低或气温特高的情况下，则应灌 5cm 以上的深水，以便保温和防止高温灼伤叶片而死亡，小苗秧移栽苗龄小，移栽稳根后田中有"花花水"即可，以后随苗龄增长逐渐增加灌水量。

有效分蘖期应保持浅水勤灌。一般保持 3cm 以下为宜，这样既能供水、调肥，又能通气、保温、保湿，有利于根和低位分蘖的发生。如果灌以 6cm 以上的深水或干旱缺水，都不利于分蘖的顺利进行。

水稻进入分蘖末期或全田茎蘖总数接近达到预定要求时，有条件的地方即可开始排水晒田。晒田的作用一是改变土壤的理化性质，更新土壤环境。晒田后土壤的氧化还原电位升高，还原性物质被氧化而减少，有机质的分解加速。同时耕层土壤内的有效氮、磷含量暂时下降，复水后其含量又会迅速增加。这种先抑后促的作用对于控制群体过分发展，促使生长中心从蘖向穗的顺利转移，对培育大穗都是十分有利的。二是调整植株长相，促进了根系发育。晒田对地上部营养器官生长表现抑制，叶色变淡，水稻株型变挺直，一部分无效分蘖死亡，改善了田间通透条件，叶和节间变短，秆壁变厚，增强植株抗倒抗病力。晒田的程度应达到"田中不陷脚，四周麻丝裂；黄根深扎下，新根多露白；叶片挺直立，褪淡转黄色；茎秆有弹性，停止发分蘖"。晒田的时间 1 周左右，到拔节时基本结束。当然晒田的早迟和程度，要根据苗情、田情而定。凡分蘖早、叶色浓、长势旺、泥脚深、田冷浸、底肥足的，应早晒，重晒，且晒的时间可稍长；反之，则宜迟晒、轻晒，晒的时间要短。对长势弱，或田瘦的，则晾一晾就行。

② 早施分蘖肥　从移栽至幼穗开始分化以前的追肥，都称为分蘖肥。早施分蘖肥是促进早发多发低位分蘖的重要措施。分蘖肥以速效氮肥为主，一般中苗秧在栽后 5～7d 和 15d 左右各施 1 次，每次每亩施尿素 4～5kg；大苗秧栽后 5～7d 每亩施尿素 5kg 左右；小苗秧稳根后，每亩用清粪水 500kg 加尿素 1～2kg 泼苗，始蘖后每亩施尿素 4kg，隔 5～7d 后再每亩施尿素 5kg。分蘖肥应注意抢晴施，浅水施，边施边薅，薅肥入泥，以便提高肥效，减少流失。

③ 及时薅秧　薅秧可以疏松泥土，提高土温，松土通气，加速肥料分解，从而促进新根大量发生，吸肥能力提高，分蘖增加。还可消灭杂草，排除土壤中有害物质和防止脱氮作用。

一般在返青后结合追肥进行第一次，隔 5～7d 进行第二次，最后一次在拔节前进行，幼穗分化开始不能再行下田薅秧，以防止伤根、叶，妨碍幼穗发育，增加空秕粒。薅秧时要求捏碎硬块，摸匀肥堆，除去杂草，薅平田面，补好缺氮扶正秧苗，窝窝薅到，达到"草薅死、泥薅活、田薅平"的要求。草害严重的田，应积极推广使用相应的除草剂，进行化学除草。

④ 及时防治病虫害　杂交稻返青分蘖期常有蓟马、螟虫、稻苞虫、叶稻瘟病、白叶枯

病和纹枯病等病虫危害，各地应根据植保部门提供的测报资料，注意观察，用药剂及时扑灭，防止蔓延。

⑤ 防止秧苗坐蔸　水稻秧苗坐蔸又称发僵，是指秧苗发根受阻，出叶、分蘖迟缓，生长停滞，稻株簇立，叶色暗绿或布满红褐色斑点等现象。杂交稻（包括其他水稻）坐蔸原因复杂，类型很多。根据坐蔸原因不同，大致分为冷害、缺素、中毒、泡土、病虫害等类型，以及三种以上原因结合造成的"并发症"。防治坐蔸，应针对原因，对症下药，才能收到良好效果。

冷害型：由于天冷（栽秧后长期低温阴雨）、土冷（冷浸、深脚、烂泥田及阴山、夹沟田）、水冷（灌溉水冷或田中有冷浸水），秧苗栽后生长迟缓，黄褐根多，新根细而少，叶尖有褐色针头状斑点或干枯，严重时出现"节节白"或"节节黄"现象。防治措施：a. 培育壮秧以增强抗寒能力；b. 适时栽秧以避开冷害；c. 深、冷、烂田推广半旱式栽培及实行浅水灌溉、排水晒田以提高土温；d. 开沟引开冷浸水；e. 必须引冷水灌溉的田，实行迂回灌溉或先在囤水田中"预热"再灌溉。

缺磷型：常见于各类有效磷含量低的酸性田。低温和冷浸田影响根系活力，有毒物质对根系的毒害，也能导致缺磷坐蔸，秧苗表现生长缓慢，迟发，呈"一柱香"型，新叶暗绿色，老叶灰紫色，叶片直立，根系细弱。防治措施：a. 增施磷肥以治本；b. 实行半旱式栽培，排除冷害、中毒障碍，改善根系生长环境，提高根系活力。

缺锌型：产生缺锌坐蔸的情况很复杂，但大体上可以从以下两个方面进行识别和判断，第一是缺锌坐蔸的时间突出表现在分蘖期，因为分蘖期是水稻一生中对锌最敏感的生育时期之一；第二是秧苗从老叶开始，由下而上在叶片中段出现褐色锈斑（农民称为"麻叶子"），同时可见心叶退淡发白，手摘叶片易脆断。缺锌坐蔸常见于紫色大土泥田、大肥田，常年施碳铵、尿素的田块，当年施用过石灰的田块。防治措施：a. 常年缺锌坐蔸田，应在秧田和本田底肥中增施锌肥 $1.5\sim2kg$，可防止当年发生缺锌坐蔸；b. 在秧田中用 0.2% 锌肥（硫酸锌）溶液喷苗 2 次，每次用兑好的锌肥溶液 $50\sim75kg$，两次间隔 $7\sim10d$；c. 栽洗秧的秧苗，拔秧后用 0.3% 硫酸锌溶液浸秧根 $5\sim10min$；d. 发现已有缺锌坐蔸表现的田块，立即撒施锌肥 $1.5kg$（拌细土或沙施用），施后随即薅秧，或者在叶面喷施 0.2% 硫酸锌溶液 $50\sim75kg$/亩（2 次，同前）。

缺钾型：缺钾坐蔸常发生于排水不良、地下水位高、土壤糊烂、通气性差、还原性强的稻田和施氮过多引起氮钾比例失调的稻田。缺钾坐蔸的秧苗生长停滞，分蘖少，叶片上也会从叶尖向基部逐渐产生褐色斑点或条纹，严重时茎鞘上也会发生赤褐色条斑，剖视茎基与节间变黑发臭，新叶出叶慢，暗绿无光泽，根系生长严重受阻，新根少而短，老根细弱，呈黄褐色或暗赤褐色，后多变黑发臭，甚至腐烂，病株很容易拔起。防治措施：a. 通过工程措施改良发病田块；b. 实行半旱式栽培以改善土壤透气性；c. 增施钾肥，协调氮钾比例；d. 合理排灌，适时适度晒田，改善土壤通气性。

中毒型：是指由于稻田中还原性有毒物质如亚铁、硫化氢、有机酸等引起的坐蔸。中毒坐蔸的秧苗，栽后久不返青，根深褐色，参有黑根和畸形根，白根少细，老叶尖端枯黄，稻株簇立不发蔸。中毒坐蔸常见于大肥田、栽秧前施用未腐熟有机肥过多的田，以及长期淹水，土壤通气性极差的田。防治措施：a. 半旱式栽培，改善土壤通气性；b. 适时适量施用有机肥，绿肥田应早翻耕，待腐熟后再栽秧；c. 施用石灰中和毒质；d. 已发现有中毒坐蔸表现的田应采取综合措施，如先进行深水薅秧，以排出土中毒质，再以流水洗毒、排毒，经适当排水晒田，使土壤透气、增温，再补追磷钾肥以提高发根力和抗逆性，中毒坐蔸症状减缓后再补施速效氮肥促苗快发。

泡土型：常见于长期淹水，耕层糊烂，泥脚很深的烂泥、深脚、冷浸田，以及犁耙过烂的旱地新开田。由于耕层糊烂，秧苗栽后随浮泥下陷，深的可达 10cm 以上，地下节伸长，根位上移，造成栽秧后返青慢，迟发。防治措施：a. 深、冷、烂田实行半旱式栽培以解决耕层糊烂问题；b. 通过工程措施改造深、冷、烂田，排除"水害"；c. 浮泥田待浮泥沉实后再栽秧；d. 栽多蘖壮秧，减缓秧苗栽后下陷。

2. 拔节长穗期的田间管理

（1）生育特点　从幼穗开始分化，到抽穗前，为拔节长穗期。此期一方面以茎秆伸长为中心，完成最后几片叶和根系等营养器官的生长，另一方面进行以幼穗分化为中心的生殖生长。此时既是保蘖、增穗的重要时期，又是增花增粒、保花增粒的关键时期，也是为灌浆结实奠定基础的时期。由于各器官生长加剧，在短短一月内植株干物质的积累占一生干物质积累的 50% 左右。因此，这段时期是水稻需水、需肥较多的时期，也是对外界环境条件敏感的时期。高产栽培在这时期的目标是要在保蘖增穗的基础上，促进壮秆、大穗，防止徒长和倒伏。

（2）拔节长穗期的田间管理

① 巧施穗肥　从幼穗开始分化到抽穗以前的追肥，都称穗肥。穗肥施用时间不同，其作用有所不同。在穗开始分化时施用穗肥，可使每穗分化枝梗数和颖花数增多，具有促花增粒的作用，故叫促花肥；在开始孕穗时施用穗肥，可以减少退化颖花数，具有保花增粒的作用，故叫保花肥。

巧施穗肥就是要根据苗情、土壤、气候等情况来确定施肥时间、种类的数量。凡是前期追肥适当，群体苗数适宜，个体长势平稳的，只宜施用保花肥，可于开始孕穗时，每亩施尿素 3kg 左右；凡是前期追肥不足，群体苗数偏少，个体长势偏差的，可促保均施，可于晒田复水后每亩施尿素 3kg 左右，减数分裂期前后每亩施尿素 2kg 左右；凡是前期施肥较多，群体苗数偏多，个体长势偏旺的，则可不施穗肥。

② 合理灌水　拔节长穗期以采取浅水勤灌，保证"养胎水"的灌溉方法为宜，即在前期晒田后复水，每次灌水 3cm 左右，待其自然落干后再灌。在减数分裂期保持 5cm 左右深的水层，农民称之为"养胎水"，此时绝不能干旱缺水，以防止颖花退化，保证粒数。

③ 防治病虫　我国部分省份杂交中稻在拔节长穗期，有螟虫、稻瘟病、纹病、白叶枯病等多种病虫危害。因此应根据测报及早防治。

3. 抽穗结实期的管理

（1）生育特点　水稻从开始抽穗到成熟收割为抽穗结实期，杂交中稻一般需要 35d 左右的时间。

抽穗结实期营养生长已基本停止，生殖生长已处于主导地位，故此期又称为生殖生长期，是以碳素代谢为主的阶段。这一时期根系吸收的水分、养分，光合产物，以及茎秆、叶鞘内贮藏的养分，均向籽粒运输，供灌浆结实。植株早衰或贪青都会影响这一过程的进行，造成空秕粒增加和粒重下降。因此，这一时期是决定实粒数和粒重的关键时期，田间管理的主攻目标是：养根、保叶、增粒、增重。

（2）抽穗结实期的田间管理

① 合理用水　做到"足水抽穗，湿润灌浆，干湿壮籽，适时断水"。在抽穗开花期，田间应保持 3～4cm 水层，防止高温干旱对抽穗开花的不利影响。灌浆期间，一次灌浅水 2～3cm，2～3d 自然落干，湿润 1～2d，再灌新水，这样干湿交替的灌水，达到既保证灌浆所需的水分，又能改善土壤通气状况，达到增气保根、以根养叶、以叶壮籽的目的。杂交稻具有穗大粒多、灌浆期长和"两段灌浆"的特性，要切忌后期断水过早，影响穗的下部正常灌

浆结实，造成对产量和米质的不利影响。一般掌握在收割前5～7d断水为宜。

② 补施粒肥　抽穗稍前和以后的追肥，叫粒肥或壮籽肥、壮尾肥。对前期施肥不足，表现脱肥发黄的田，一般每亩用尿素1kg，稀释100倍，于午后闭花时或扬花后进行喷施，对延长叶片寿命，防止根系早衰，以及提高籽粒蛋白质含量都有重要意义。对有贪青徒长田，每亩用过磷酸钙1%～2%的溶液或0.3%～0.5%的磷酸二氢钾溶液作根外追肥，可促进养分运转，提早成熟，增加粒重。

③ 防治病虫　抽穗以后还要注意纹枯病、稻瘟病、稻纵卷叶螟黏虫等病虫害的防治。

④ 适时收获　适时收获才能实现高产、优质、高效的栽培目标。收获过早，部分谷粒尚未充实，既影响产量，碾米时碎米多，品质和出米率都会明显下降；收获过迟，又易脱粒而造成损失。一般在90%的谷粒变黄，穗枝梗已变黄时，即为收获适期。

五、水稻大、中、小苗抛秧栽培技术

水稻抛秧技术是采用塑料秧盘营养土育秧，利用秧苗带土重力，通过抛甩使秧苗根部向下自由落入田间定植。该项技术具有省工、省力、省秧田、省费用、产量高、效益显著和操作简便等优点。研究和示范表明：抛秧可省秧母田50%～80%，省工20%以上，增产3%～10%。

（一）抛秧水稻的生育特点

抛秧水稻抛栽大田的秧苗群体具有三个显著的特点：一是秧苗带土，秧根入土浅，因此秧苗早生快发，分蘖多。由于分蘖多，绿叶数也多，群体叶面积大；分蘖多，发根茎节数增多，根量多，根系发达；分蘖多又早发，低位分蘖比重大，全田成穗数多，产量较高。二是秧苗在田间无行株距规格，呈"满天星"式的分布，因秧苗在田间分布均匀度差，通风透光条件不一致，所以匀密补稀工作必不可少。三是抛后秧苗姿态不一，有直立、倾斜或平躺。立苗时间有先后，据调查，抛后当天40%左右的苗株直立，3d内约2/3的秧苗竖直，7d内全部秧苗竖直，这对全田秧苗的生长基本上没什么影响，秧苗在立苗返青过程中，苗数会有所减少，基本苗降低，但因群体自动调节作用，最终有效穗数仍然较多。

抛栽秧田返青早、分蘖发生早、数量多、根系发达，叶面积大，所以抛栽稻在早发的基础上，必须及时早控，防止无效分蘖滋生，群体光照条件恶化。同时也要注意看苗补施保蘖肥。抛栽稻根系发达，吸收水、肥能力强，从而促进了地上部分叶片生长旺盛，叶片寿命比较长。由于抛栽稻根系分布较浅，在生育中、后期在土壤软烂状态下，相对容易发生根倒伏，若合理管水，加强根系活力，始终保持土壤沉实、硬板，则可大大提高抗根倒的能力。

（二）大、中、小苗抛秧水稻的栽培技术

1. 育秧技术

（1）育秧准备工作　主要是做好以下五方面的准备工作。

第一，选田。水秧苗床，若采用湿润育秧，则选择排灌和水源方便的秧母田。旱秧苗床，若采用旱地育秧，则选择地势平坦高朗、背风向阳、水源方便、肥沃疏松、有机质丰富的菜地作秧母地最佳。按大苗30m²/亩、中苗20m²/亩、小苗15m²/亩，备足苗床地。

第二，备盘。冬水田每亩本田准备60cm×33cm，561孔规格的育秧盘40个；小春田每亩宜选规格为450孔的育秧盘50～60个；若大苗则选用200孔的育秧盘100～120个。

第三，配制营养土。一般要求每亩本田备制营养土80～100kg。播前1个月以上取肥沃菜园土，粉碎、整细、过筛，然后根据需要称足营养土，并按每100kg土壤加复合肥1.5～2.0kg或者加腐熟优质农家粪3～5kg（干重），过磷酸钙1.0～1.5kg和适量的硫黄粉（用

量以能调酸至 5.0～6.0 为宜），与细土充分拌匀，然后用 15～20g 敌克松兑适量清水浇混肥后的细土消毒，再次拌匀，选择适当的地方堆好，并浇足水分，盖好薄膜、封严，进行沤制以备播种时取用。

第四，秧床准备。播前 3～5d，根据本田大小和所抛苗龄，按秧本比：大苗 1∶20、中苗 1∶30、小苗 1∶（40～60）整治秧床。床宽应考虑薄膜宽度，以竖放 2 个或横放 4 个秧盘为宜，床长视秧盘多少而定。水秧床要求施底肥（碳铵 30～35kg/亩，过磷酸钙 35～40kg/亩，农家粪 750kg/亩）、翻耕、耙平、开好厢沟、围沟，排去厢面渍水，抹平厢面，稍晾紧皮后，再摆盘。旱秧床按厢面每平方米施尿素 40g，过磷酸钙 100～150g，氯化钾 40g，施后连续翻几次，将肥料同 10cm 深的床土层混匀，精细整平厢面，然后灌水，边灌边拌，起浆后抹平，摆盘。

第五，种子准备。抛秧宜选用反馈调节能力强的大穗型或重穗型品种。每亩本田准备杂交稻谷种 1.25～1.5kg，常规优质稻谷种 2.5～3kg，并做好晒种、选种、消毒、浸种、催芽（粉嘴谷）等种子处理工作。

（2）播种 播种期与地膜育秧相同。播种方法有如下三种。

第一，人工撒播。先将秧盘依次摆在整好的秧床上，秧盘种子孔向上并用力压入厢面土壤内充分嵌合，使其紧贴秧床避免悬空。将不超过 1/3 的营养土装入孔穴，用手均匀地撒播种子，做到每孔 1～2 粒，随后薄盖一层营养土，去掉盘内多余的营养土，以免串根，然后用手摇喷雾器将弯管喷头向上喷洒，使之轻轻落下，浇透水（下同）。

第二，种土混播。先摆盘，装 1/4 的营养土，再将种子与剩下的 2/3 营养土直接拌和均匀，然后装盘，以保证每孔 2～3 粒，随后浇足水。

第三，播种器播种。先在秧盘内装 2/3 的营养土，抽拉播种器上层活动板，使播种器上、下层孔穴错开，堵死孔眼，放入种子，抖动摆播器，待每孔均有 1～2 粒谷种后，刮去多余的种子，将播种器底板孔对准秧盘孔穴，抽动上层使种子落入秧盘孔穴内，然后把秧盘运到苗床，摆盘后再覆土，浇足水。

播种工作结束后，随即搭拱、盖膜，并在秧床四周投放鼠药防止鼠害和雀害。

（3）秧苗管理 与其他育秧方法的秧田管理相同。

2. 抛秧技术

抛秧的秧苗以小苗抛栽效果最佳，产量最高。水秧苗一般不抛中苗和大苗；旱秧苗根据茬口情况抛栽中苗和大苗。生产上以抛小苗不抛中苗和抛中苗不抛大苗为原则。

（1）本田整地及底肥要求 抛秧时要求水深 2～3cm，田块平整细碎，每块田要求高低差不超过 3～4cm，寸水不露泥，表层有泥浆。冬水田可在上午整田，下午抛栽。两季田平整后即可抛栽。

抛栽底肥用量占总用肥量的比例为：抛小苗、中苗 60％，抛大苗 70％。一般每亩施碳铵 25～30kg，过磷酸钙 30～35kg，氯化钾 5～10kg，优质农家粪 750～1000kg。做到氮、磷、钾配合施用。

（2）抛秧 抛秧时调查秧盘成秧率，并结合抛栽本田面积、抛栽密度，定盘抛秧，确保基本苗：小苗 4 万～5 万株/亩，中苗 6 万～8 万株/亩，大苗 8 万～12 万株/亩。抛秧方式可采用人工手抛，即站在田四周将秧苗从秧盘上拔出向空中抛去，使其自由落入秧田，田小可在田埂上抛，田大可将田按 3～5m 分厢，沿厢沟向两侧抛。也可采用机抛，即用抛秧机或者摆秧机抛秧和摆秧。实行分量抛秧，第一次抛量为 70％，由远至近，抛高 2～3m 即可；第二次抛量 20％，力求抛匀；第三次抛量 10％，对田边四周补齐补抛均匀。抛完秧苗后，全田查看，对不均匀的地方，须匀密补稀，防止成堆成团。

3. 抛秧后的大田管理

（1）管水　抛秧后 2～3d，保持湿润，以利扎根立苗，如遇大晴天可灌浅水，保苗早立，抛秧后遇大雨，要及时将水排出，防止积水漂苗。秧苗基本立苗完毕，此时应每亩用 10% "农得时" 粉剂 20g，待秧田灌深水后，拌细土撒入秧田，进行化学除草稗。分蘖期间歇灌溉，通气促根促蘖，防止淹深水。够苗前 3～5d 即刻晒田，控制无效分蘖，提高上秆率。孕穗期至抽穗扬花期要求确保浅水层，防止过早断水。黄熟即刻排水，以利收割。

（2）施肥　抛秧的需肥总量和施肥方法与手插秧基本相同，但抛秧具有分蘖多，根系发达和中后期转色快等特点，在施足底肥、早施分蘖肥的基础上，应强调巧施穗肥，增施磷、钾肥，防止倒伏。

其他管理措施与一般大田生产相同。

第三节　小　麦

一、概述

（一）小麦生产的重要意义

小麦属于禾谷类小麦属、一年生或越年生草本植物。小麦是我国重要的粮食作物，其播种面积和总产量仅次于水稻而居第二位，也是重要的商品粮食。

小麦的营养价值很高，籽粒中蛋白质含量一般为 11%～14%，高的可达 17%～18%，碳水化合物 60%～80，脂肪 1.5%～2%，矿物质 1.5%～2.0%，还含有纤维素、酶等。小麦蛋白质含量高于其他谷类作物，其籽粒中所含蛋白质和淀粉的比例为 1：7，容易消化吸收，是深受广大人民喜爱的作物。此外，小麦还可以作酿造、酒精、维生素等工业原料，副产品麦麸是优良的精饲料，麦秆可作褥草，又是编织、造纸的好原料。

小麦适应性很强，能在多种土壤上种植。在我国北自黑龙江省漠河，南自海南省，西起新疆库尔干塔吉克，东抵湿润的沿海各地都种有小麦。小麦栽培比较省工，也便于机械化耕作，在复种轮作中，小麦既能与多种夏季作物轮作，又可利用冬季低温季节与其他小春作物间作，也是许多作物良好的前作。因此，积极发展小麦生产，对进行合理的间套轮作，实行一年两熟或多熟，改革耕作制度，提高复种指数，充分利用当地的光、热、水、土地等自然资源，提高粮食总产量，改善人民生活等都具有重要意义。

（二）小麦生育上的特点

（1）小麦分蘖期短，分蘖数少。小麦分蘖期仅 30 多天，一个主茎苗仅有 2～3 个分蘖。较为优越的是幼穗分化期长（100d 左右），能分化较多的小穗小花，而且抽穗早，灌浆期也长（50d 左右），灌浆较平衡，有利于形成较高的千粒重。每亩穗数少（南方一般为 25 万～30 万穗/亩，北方麦区可达到 60 万～70 万穗/亩），但穗子大（单穗重 1.5～2g），粒数多（每穗 35～50 粒），千粒重高（千粒重 45g 左右）。

（2）复种指数高（200%～300%），多数地方能达到一年两熟或一年三熟。其中：稻茬麦占 50%（1400 多万亩），旱地麦占 50%（1400 多万亩）。

（3）由于冬季温暖，春季湿度大，病虫发生较重，这是从事小麦栽培应重视的问题。

二、小麦的阶段发育

小麦自播种至成熟，除了经历根据植株外部形态划分的可以识别的各个生育时期之外，同时必须按顺序经历几个内在性质上不同的质变阶段，完成了这些质变阶段的发育，小麦才能顺利地进行生殖器官的分化发育，抽穗结实。小麦阶段发育是质变阶段发育的总称，现在已经研究得比较清楚的是两个质变阶段的发育，即春化阶段和光照阶段的发育。

（一）春化阶段

萌动的小麦种子或者幼苗在一定的低温条件下产生质变的发育阶段叫春化阶段，是小麦发育的第一阶段。质变部位在萌动种子胚芽的生长点上或幼苗茎的生长点上。

小麦进行春化阶段的发育需要综合的外界条件，包括适宜的水分、温度、营养、空气等条件，其中温度是主导因素，根据我国小麦品种完成春化阶段的发育所要求低温的程度和时间长短的不同，可将其分为三种类型。

1. 要求严格类型

这类品种一般在0～5℃的条件下经过35～50d的时间，顺利完成春化阶段的发育，极少数品种需要50d以上的时间。它们对低温的要求十分严格，如得不到满足就不能抽穗或延迟抽穗。河北、山东、山西等省的冬小麦品种多数属于此类。

2. 要求较严格类型

这类品种一般在0～8℃的温度下经过15～35d，可以顺利完成春化阶段的发育。它们对低温的要求较严格，如不满足其要求，表现为抽穗不整齐，延迟抽穗或不能抽穗。如四川生产上使用的绵阳25、绵阳26、蓉麦1号等品种属于这一类品种。

3. 要求不严格类型

秋、冬播地区的品种在0～12℃、春播地区的品种在5～20℃的条件下，均经过5～15℃天，可以顺利地通过春化阶段。该类品种通过春化阶段对低温要求不严格，温度适应范围较宽。四川生产上使用的绝大多数品种属春性品种，如川麦28、川麦29、绵阳23号等。

（二）光照阶段

小麦通过春化阶段之后，需要在特定光照条件下发育才能产生质变，这一发育阶段称光照阶段。光照阶段仍以穗部质变为标志，一般认为当雌雄蕊原基出现时，本阶段发育已经结束，自二棱期至雌雄蕊出现是对光照反应敏感的时期。

光照阶段除对光照条件有特殊要求外，温度对其发育亦有重要影响，以20℃左右最为合适，低于10℃则趋缓慢。另外光质及营养条件亦有影响，磷肥充足，红光对光照阶段发育有促进作用；氮肥和蓝紫光则有延缓作用。根据小麦品种对每日光照长短的反应，可将我国的小麦品种分为如下三类。

1. 反应敏感型

该类品种在每日12h以上的光照条件下才能进入并通过本阶段的发育，需经历30～40d。一般冬性品种和高纬度地区的小麦品种属于此类。

2. 反应中等型

在每日8h的光照条件下不能通过，但在12h的光照条件下可以通过其发育，光照阶段的发育历时大于24d，一般半冬性品种和江淮地区的一部分小麦品种属于此类。

3. 反应迟钝型

在每日8h或12h的光照条件下，均能通过光照阶段的发育，阶段发育需时大于16d。我国低纬度地区的春性小麦品种基本属于此类。

（三）温光综合效应

在田间条件下，小麦同时接受温度和光照的影响，据研究，小麦对温光综合反应特性如下。

1. 温光互补

在一定情况下，低温和短日的诱导效应可以互相补充，高温和长日的诱导效应也可以互相补充。未进行春化处理的种子直接播入田间，其生育早期接受低温、短日的影响，如当地低温条件在春化温度高限以上，就可视为低温条件不具备，这时短日效应就可补充低温效应。同样，在需要高温或长日促进的时期，当一种因子不具备，另一种因子又不至于引起相反的作用时，也可发生互补作用。

2. 温光拮抗

我国低纬度低海拔地区，冬季日照较短，其温度比高纬度高海拔地区为高。短日促进春化，较高温度的作用是抑制或延缓，于是产生拮抗作用，使春化阶段生育天数相对增多；我国高纬度高海拔地区，当小麦处于需要高温和长日促进的生育阶段时，日照长度一般能满足要求，但气温较低纬度低海拔为低，这样也会产生温光拮抗作用，延缓生育进程，增多生育天数。

（四）小麦阶段发育理论在生产上的应用

1. 引种

北方冬性品种南引，由于温度高，日照变短，春化、光照阶段发育迟缓，甚至不能通过春化阶段（无低温条件），或光照不足，会造成延迟或不能抽穗现象；南方春性品种北引，因温度低光照变长，常表现早熟或抗寒性弱而遭受冻害。一般纬度相同或大致相近的地区引种较易成功，但需注意海拔高度等自然条件的影响。

2. 合理选用与搭配品种

冬季温度较低的地区，宜选用半冬性品种；冬季温度较高的地区，宜选用春性品种；早茬地因能早播，可选用半冬性品种，在晚茬地上，宜选用春性品种。

3. 确定播种量

春性品种由于春化阶段时间短，分蘖力弱，分蘖数少，应适当增加播种量；半冬性品种由于春化阶段的时间长，分蘖力较强，分蘖数较多，应适当减少播种量。

4. 肥水管理

茎生长锥伸长为春化阶段结束，光照阶段开始。光照阶段结束于雌雄蕊原基形成期。凡是影响光照阶段发育的条件，也影响幼穗分化发育过程。加强肥水管理，供给适当的氮素营养，保证充足的土壤水分，可以延缓光照阶段的发育过程，以延长幼穗分化小穗、小花原基的时间，以达到穗大粒多的目的。

三、小麦栽培技术

（一）整地

1. 高产小麦对土壤条件的要求

小麦适应性强，各种土壤均可种植。要获得小麦高产，则必须具备良好的土壤条件。高产小麦要求的土壤是：耕层深厚，旱地耕深 20~23cm，水田 16~20cm；土壤养分丰富，有机质含量沙性土壤不低于 1.2%，黏性土在 2.5%以上，全氮含量大于 0.1%，土壤酸碱度（pH 值）6.8~7.0；质地适中，结构良好，保水力强，透气性好；土地平整，能灌能排；灌水均匀，排水干净。

2. 麦田整地

麦田整地的基本要求是：深耕细整，土碎地平，水分适度。

（1）稻茬麦田整地　稻茬麦田，稻田土壤一般土层深厚，肥力较高，但由于长期淹水，土壤板结，尤其是各种泥田，质地黏重，宜耕期很短，严重影响着整地播种质量，所以，稻田整地的关键是排水。

对于"中稻-小麦"的稻麦两熟田，应争取在收前 10d 左右排水，收后在土壤水分适宜时，及时翻耕炕田，耕后随即开出水沟，土表现白后进行粗耙碎土。小麦播前再浅犁细耙开厢播种。

对"早稻-晚稻-小麦"和"小麦-玉米-晚稻"的三熟田，由于晚稻收获迟，季节紧，无时间炕土，土壤湿，在秋雨多的地区，土壤处于渍水状态，因此应在晚稻散籽后就及时开沟排水。晚稻收后及时翻耕，采取薄片晒垡，力争多炕几天，然后碎土整平，开厢播种。

(2) 旱地麦田整地 旱地麦田主要分布在丘陵坡台地上，多数土壤瘠薄，肥力较低，保水保肥能力差。因此，应逐渐加深耕作层，注意保蓄水分，要结合增施有机肥而不断改善土壤的生产性能。

对于前作为早玉米、芝麻、高粱等的早茬地，有充足的时间整地。且前作收后气温也高，可浅耕灭茬，然后翻耕炕土，在土垡发白时，及时耙细整平，以备播种。

对于甘薯、棉花和其他晚秋作物的晚茬地，收播时间紧迫，与小麦播种季节矛盾大，常造成小麦迟播减产。这类土可采取边收获前作物，边翻耕边施肥，边耙地、边播种，尽量争取小麦能适时早播。

丘陵高台位聚土免耕栽培的可沿坡面等高线横向开厢，厢宽 2m，其中 1m 作垄，1m 作沟。在拟作垄的 1m 的土壤上均匀撒施有机肥（每亩施 1000～1500kg），深耕混匀。再将拟作垄沟的 1m 宽内的大部分表土聚于垄面，精细整实，形成约 30cm 的弧形垄，垄沟内培肥改土，然后将小麦种于垄面，玉米种于垄沟。为了加快垄沟土壤培肥，秋冬季应种植绿肥。

(二) 施肥

1. 小麦的需肥特性

小麦不同生育期，对三要素的需要是不同的（表 4-10）。由于各地气候条件、品种特性不同，小麦各生育阶段的长短不同，各阶段吸收三要素的数量在地区与品种间均有差异，但总的规律是一致的。为了充分发挥肥料的作用，必须考虑到小麦对营养物质最需要的时期及时施肥。从表 4-10 可以看出，小麦对氮的吸收有两个高峰：一是在出苗到拔节阶段，吸收的氮占总量的 40％左右；另一是在拔节至孕穗阶段，吸收的氮量占总量的 30％～40％。在开花后仍有少量吸收。对磷钾的吸收在分蘖期吸收量约占总量的 30％，到拔节后吸收率急剧增长。钾的吸收以拔节到孕穗开花为最多，占总吸收量的 60％左右，到开花时对钾的吸收已达到最大量。磷的吸收以孕穗到成熟期吸收最多，约占总吸收量的 40％。因此，小麦苗期应有适量氮素营养和一定量的磷钾营养供应，以促进分蘖、根系生长。拔节到开花期是吸收氮磷钾最多的时期，必须保证供应，以巩固分蘖成穗。抽穗扬花后应保证良好的氮磷营养，以延长叶片功能期，促进灌浆，增加粒重。

表 4-10 每亩产 500kg 小麦各生育期吸收氮、磷、钾数量

生育	氮		磷酸		氧化钾	
时间	占总量/％	累积吸收/％	占总量/％	累积吸收/％	占总量/％	累积吸收/％
出苗至分蘖	8.5		3.33		3.26	
分蘖至拔节	38.84	46.89	26.29	29.62	30.24	33.5
拔节至孕穗	37.33	84.22	29.60	59.22	26.22	59.72
孕穗至成熟	15.78	100.00	40.78	100.00	40.28	100.00

2. 小麦施肥量与科学施肥

在一般栽培条件下，每生产 100kg 麦粒需从土壤中吸收氮（N）3kg，磷（P_2O_5）1～

1.5kg，钾（K$_2$O）3～4kg。随着产量水平提高，施肥量随之增加。因此，高产栽培必须合理用氮，配方施肥，才能提高氮肥经济效益。小麦吸收的养分，除施肥外，有相当一部分是土壤供给的，而且肥料施入土壤后，并非全都能被小麦吸收利用，其中一部分被土壤固定，一部分被淋溶或挥发。

小麦按产量施肥只是说明产量与需肥量的关系，而要达到经济合理施肥，还要考虑品种、气候、施肥技术等因素。目前，小麦生产在每亩施猪粪 1000～1500kg，堆厩 250kg 或再加油枯 25kg 的基础上，增施尿素 17～28kg（平均纯氮 10～12kg），磷肥 25～50kg，钾肥 7～8kg。在冲积土上可使每亩产量达到 350～400kg。丘陵区一、二台土中等肥力地上可获得 250～350kg 产量。若肥料用量过多，则反而容易引起倒伏。

对于施肥比例和时期，据四川省农科院作物所试验研究表明：高肥力土壤以底追一道清产量最高；中、低肥力土壤可采取分次施用，底肥占 60%～70%，其余 30%～40% 的肥料应在 3 叶期或拔节时全部施下，这样才能保证小麦分蘖早生快发，以提高分蘖成穗率而提高产量。

3. 基肥和种肥的施用技术

根据各地的经验，堆厩肥、饼肥、磷、钾肥等应全部作基肥施用；腐熟人畜粪尿和速效性化学氮肥也应有相当数量作基肥施用。播种时，用堆厩肥、饼肥和磷、钾肥充分混合均匀后作种肥，化学氮肥溶解在清粪水里集中施于播种沟或窝内，不仅施用方便，而且又能集中用肥，达到经济用肥的显著效果。

在基肥施用中，还应适当搭配微量元素肥料和磁化肥。石灰性土壤易缺钼，红黄壤钼的有效性低，要注意施用钼肥。生产上使用的钼肥有钼酸铵和钼渣。施用方法：钼渣作种肥每亩用 50g，与少量堆肥拌匀后施用。钼酸铵或钼酸拌种，每 1kg 麦种用 2～6g，先用少量热水溶解，再用清水稀释至 0.05% 的浓度与麦种拌匀，晾干后播种。据研究，施用磁化肥可增产小麦 10%～20%。该肥料主要适合于红、黄壤地区。施用方法：每亩用 30kg 磁化肥加入 50kg 草木灰、3000kg 优质堆肥拌匀后作种肥施用。

（三）灌溉和排水

1. 小麦的需水特性

小麦一生中的总耗水量为每亩 250～400m^3，相当于降雨量 400～600mm。其中叶面蒸腾量占总耗水量的 60%～70%，株间蒸发量占总耗水量的 30%～40%。各生育时期要求0～20cm 土层的含水量是：播种至出苗宜保持田间最大持水量（下同）的 60%～70%；出苗至拔节为 60%～80%；拔节至抽穗为 80%；抽穗至成熟为 70%～75%。小麦拔节至成熟，其生育日数约占全生育期的 1/3，但耗水量却要占全生育期耗水量的 70%，所以，这一阶段是耗水最多的时期。

2. 小麦排湿

小麦湿害是由于三水（地面水、潜层水、地下水）综合影响的结果，麦田排水不良，地下水位高。毛管饱和水上升浸及根系密集层，使小麦根系长期处于缺水环境，根系活力衰退，影响麦株正常吸收水分和养分，严重时土壤中产生大量还原性物质，毒害根系造成烂根死苗。

小麦湿害在各个阶段都有发生。消除小麦湿害，四川成功的经验是：采用深沟高厢搞好麦田一套沟。在水稻收前提早理沟，收后整地做厢时，要开好"四沟"，即深挖主沟，开好厢沟，理通背沟，疏通边沟，达到明水自排、暗水自降、潜层水滤得干、旁渗水切得断、雨停田干的目的。要求厢宽 3m 左右，主沟深 40～50cm，背沟深 40cm 左右，边沟深 33cm 左右，厢沟深 26cm 左右。排水较好的田块，开沟深度可稍浅。要做到沟沟相通，上下田块沟对沟。

3. 抗旱

在小麦各生育阶段，任何时期干旱都会影响小麦产量。大量试验证明：小麦孕穗期忍受和抵抗干旱的能力最低，对产量影响最大，常把孕穗期称为小麦需水的临界期；开花至灌浆期，植株蒸腾作用强烈，耗水量大，有第二个临界期之称。土壤干旱后，及时浇水灌溉，能使已经萎蔫的叶恢复原状，所以合理灌溉对小麦高产栽培具有重要意义。

冬春少雨的地方，对小麦生长和产量影响很大。所以，对小麦进行适时灌溉，对小麦出苗、分蘖、拔节、抽穗、灌浆等不同时期的生理生态需水都有积极作用。主要措施：早耕蓄水、种子处理（干旱地区用矮壮素处理种子，可使分蘖节下移，根系发达）、适时早播、人工灌水等。

（四）选用良种

1. 选用良种的原则

我国地域辽阔，各地自然条件、生产条件各异，因此，选用良种必须因地制宜，合理使用。其一般原则如下。

（1）考虑当地耕作制度　早茬麦，应选用耐寒性强可适当早播、不易早穗的半冬性中熟中高产品种；晚茬麦，由于季节紧，应选用适于迟播而早熟的春性高产、矮秆品种。

（2）考虑自然灾害特点　在冬季气温较低，冬春少雨，小麦生长后期，病虫、涝渍、旱风灾害严重的地区，应选早熟、耐湿耐干、抗锈病的品种；在冬季气温较高，春后多雨，小麦生长后期病虫、渍害严重的地区，应选早熟、耐湿性强、耐赤霉病、耐迟播的品种。丘陵坡台地土、肥、水条件差，宜选耐旱、耐瘠品种。高寒山区所选品种的耐寒性要强。

（3）考虑生产、生态条件　日照少，湿度大的地区，群体不宜过大，穗数宜少。宜选用分蘖较少、叶片较窄、穗子大而穗数偏少的穗重型品种；丘陵地区土壤瘠薄受冬干春旱影响大，应选耐瘠抗旱、分蘖力较强，叶片较窄，穗子小而穗数较多的穗数型品种；平原肥水条件好，生产水平高的地区，则应选用耐肥抗倒、生产潜力大的高产品种。

2. 良种类型

小麦良种，根据其穗部结构和产量构成的关系，常把它分成3种类型，即：穗重型（单穗重1.6g以上，千粒重42～50g，每穗结实40～50粒，经济系数0.45以上，每亩产450kg以上。如绵阳28等）、穗数型（单穗重1.2g以下，千粒重较低，为35～38g，每穗结实40粒左右，经济系数0.4～0.45，每亩产400kg左右。如川育8号等）、中间型（穗部性状及产量介于穗重型和穗数型之间。如川麦28等）。

3. 品种搭配

搭配品种是相对于当家品种而言的，当家品种是指在本地区占主导地位，但适应某些特殊条件（晚茬、间作套种、某些病区等）的品种。在一个地区，往往因地势、土质、地力、灌溉条件等不同而要求种植不同的品种。具有不同优点的品种合理搭配，有主有次，各得其所，各展其才，才可充分发挥良种的增产稳产作用，促进小麦的全面均衡增产。

有些优良新品种在刚推广时，由于种子量少，农民认识不足，只能先作搭配品种，随着大面积试种和农民的逐渐认识，可能很快就上升为当家品种。

在确定品种搭配规划时，应着重考虑以下几点：①根据本地自然灾害和病虫特点，选用抵抗不同自然灾害和病虫害的品种进行搭配，这样可以减轻某种灾害突然发生造成的损失，有利于小麦稳产高产；②根据本地的不同地势、肥力水平、栽培条件、播期早晚搭配品种，以便更好地发挥土地和品种的增产潜力；③选用不同熟期的品种进行搭配，可以更好地调节和利用农时、劳力和农机具。在复种指数高的地区合理搭配晚熟小麦品种，有利于全年夺高产。

（五）合理密植

1. 合理密植的依据

小麦生产是通过光合作用将日光能转变成有机物质的过程。田间种植密度影响小麦的光合面积。光合面积主要指叶面积，其大小一般用叶面积系数表示。小麦各生育阶段适宜叶面积系数为：越冬始期 0.6～1.0，起身拔节期 2.5～3.5，挑旗期 5.5～6.0，灌浆期 4.0 左右。密度过低、生长不良时，小麦各生育期叶面积系数低于适宜值，浪费光能，形成的光合产物减少；相反密度过高、叶面积系数过大时，虽群体截获光能增多，但呼吸作用消耗光合产物也增加，中、后期株间通风透光不良，功能叶片死亡提早，光合寿命缩短，合成有机物质减少。

单位面积上的穗数是由主茎穗和分蘖穗两部分组成。据研究，高产小麦的苗穗结构有三种情况。

① 土壤供肥力强，施肥充足，品种分蘖力强，分蘖成穗高，一般采用小播量，并适当早播，每亩基本苗 10 万～12 万，每亩成穗 23 万～27 万，其中分蘖穗占 1/2，即走分蘖成穗的路子。每亩产达到 450kg 以上。

② 土壤肥力中上水平，施肥水平中等，品种分蘖力和成穗率较低，可采取中播量，并能适时播种，每亩 15 万～16 万基本苗，每亩成穗 22 万，分蘖穗占 1/3，即走主茎穗与分蘖穗并重的路子。每亩产可达到 400～450kg。

③ 对于肥力水平较差，靠施肥供应养分的丘陵区的坡台地和迟播麦，应采取大播量，每亩基本苗 20 万～25 万，每亩成穗 27 万～30 万，依靠主茎成穗为主。每亩产可达到 250～300kg。

对于不同产量水平如何安排恰当的基本苗，以及主茎穗与分蘖穗的比重，四川省农科院作物所经过 5 年的研究表明：每亩产 350kg 左右，每亩基本苗以 15 万～18 万为宜；每亩产 400kg 左右，每亩基本苗以 15 万左右为宜；每亩产 400～500kg；每亩基本苗以 12 万左右为宜。实际应用时再根据具体情况调高调低。随着产量增加，主茎穗比重应逐渐减小，分蘖穗比重增大，每亩产 450kg 以上，主茎穗与分蘖穗比重应接近 1：1。

2. 播种量及播种方式

（1）播种量的计算　基本苗数确定之后，根据每亩种子粒数、发芽率、常年田间出苗率等计算播种量。

$$播种量（kg/亩）=\frac{计划基本苗数（株/亩）}{每千克种子粒数×种子净度×发芽率×田间出苗率}$$

（2）播种方式　同一种密度，可以采用不同的种植方式，一般分为条播、撒播和点播。三种方式对小麦群体和个体的影响存在差异。条播，一般行距 20cm，有利于实行机械化栽培，复土均匀，出苗整齐，便于田间管理，小麦中、后期通风透光良好；撒播，简单易行，有利于抢季节，但种子复土深浅不一，降低出苗率，不便于田间管理，小麦后期通风透光不良；点播，便于集中施肥，但一穴种子数多，个体发育不平衡，播种费工，只有零星种植。

① 推广小窝密植技术　小窝密植是指小麦采用小窝播种，使小麦在单位面积上有较多窝数（每亩 2.5 万～3 万窝），每窝株数较少（5～7 苗），能做到苗匀、苗全、苗壮，合理密植，提高产量的一项栽培技术。小窝密植技术是小麦规范化栽培的最佳的播种方式，现在生产上广泛采用。

② 小窝密植的增产原因　a. 小窝密植播种规格化，有利于苗齐、苗壮，促进分蘖早生

快发；b. 能达到"全田密，株间疏"，"大分散，小集中"，有利于田间通风透光；c. 可在田湿土黏的情况下操作，既能保证适期播种，又能保证密植规格；d. 小窝密植用肥集中，肥效提高，能保证苗期养分供应。

③ 基本特点　增窝、增苗、增穗，缩减窝行距。技术核心是强调小、密、浅、少。具体操作规格是行窝距 20cm×10cm，每窝用种 6～8 粒，每亩不少于 2.5 万～3 万窝。

④ 小窝密植的播种方式　a. 撬窝点播（包括翻耕撬窝点播和免耕撬窝点播），适宜于丘、坝区土壤黏重的泥田泥土；b. 条沟点播，适合于沙质壤土，用特制工具开沟，再从小沟中按一定窝距播种；c. 人力机播，即用人力拉开沟器开沟，在沟中按规格定距定量播种；d. 三叶锄窝播，即按一定标准制成的三叶锄挖窝点播，一锄 3 窝排成一字形，窝距相等，行距人为掌握；e. 带状种植。多年实践表明："双二五"、"三五二五"、"三二五" 3 种行比安排"麦-玉-薯"较好。小麦要强调增窝、增苗、增穗，基本苗、有效穗不少于 15 万，冬季空行应种植蔬菜、绿肥、蚕豆青。

以上 5 种方式必须共同做到：工具必须改革，符合技术标准要求；用种量、行距必须人为严格掌握。

⑤ 推广小窝密植应注意的问题　在推广小窝密植时做到化除、免耕、翻耕、机播、施肥、农田基本建设等关键技术配套。a. 在山丘区，要根据坡、台、坝不同的地势，高、中、低三大产量差距，具体划分为泥田、泥地、沙田、沙土、下湿低产田，对不同类型麦地，采用不同播种方式；b. 对已实现高产的坝丘区，要把好"严"字关，技术精益求精，力求高产再高产；c. 对丘陵区两季稻茬下湿麦田，迟播薯茬麦，必须强调规范化的免耕（免耕应在播前 5～7 天进行化学除草）或翻耕；d. 对沙性土，应推广机播技术；e. 对旱地带状小麦，要彻底纠正"行大窝稀苗不足"的现状。

（六）播种

1. 播种前种子精选与处理

（1）种子精选　晒种：小麦种子经过晒种，能改善种皮通透性，播种后吸水膨胀快，酶的活性增强，有利于种子发芽出苗。一般是在播种前 1 周左右将麦种摊晒 2～3d。精选种子：实践证明，在相同栽培条件下，大粒种子比未经精选的混合种子增产 10% 左右。方法是：首先进行风选和筛选，然后用泥水和盐水选种，盐水选种可用碳酸铵溶液，浓度为 1.1～1.2°Bé（即 17% 的浓度）或用鸡蛋测，鸡蛋能露出水面 5 分硬币大小即可；泥水选种用 40kg 黄泥加入 100kg 水，充分让泥溶于水。选种液准备好后，把待选的麦种放入水中，搅拌均匀后，把浮于水面的杂质及秕粒、小粒种子清除，随即将麦种捞出，并用清水冲洗干净，晾干即可播种。

（2）种子处理　迟播麦用浓度为 40mg/kg 的萘乙酸液浸种 6h，晾干后播种，可提早出苗，提高出苗率；用 50% 矮壮素 250g，加水 5kg，喷拌麦种 50kg，能防止旺长。此外，应积极推广种子包衣技术（使用方法见包衣剂的"使用说明"），以促进小麦发育，减少病害危害，提高小麦产量。

2. 适期播种

适期播种是达到全苗、壮苗、夺取高产的一个重要环节。因为适期播种不仅可以充分利用秋末冬初气温高于 12℃ 的生长季节，使麦苗在低温到来前能生长 2～3 个健壮分蘖和 3～4 条发育良好的次生根，而且可以避免减轻霜冻、病害和干旱等自然灾害。若过早播种，由于苗期温度高，茎叶生长繁茂，易引起早期徒长。

确定小麦适宜播种期的主要依据是温度条件。多年的生产实践表明，适宜播种期的日平均温度为：冬性品种 16～18℃；半冬性品种 14～16℃；春性品种 12～14℃。所以，在同一地区，在使用不同类型品种时，应先播冬性、半冬性品种，后播春性品种。还要根据地势、肥水条件，先播山地，后播躯地；先播阴山，后播阳山；先播瘦地，后播肥地。四川小麦一般在10月下旬至11月上旬播种。

3. 提高播种质量

① 掌握适宜的开窝（沟）深度，一般以3～4cm为宜，田湿偏浅，干旱稍深，但切忌过深，过深会造成地中茎过长，分蘖瘦弱，影响分蘖和次生根生长。

② 根据每亩基本苗和窝数、用种量，确定每窝播种粒数，做到均匀一致。

③ 抓住土壤干湿适宜时开窝开沟，随开随播。

④ 种肥是化肥的应兑入粪水中施，不要干施，以免产生肥害。

⑤ 盖种深度不超过2cm，以能盖住种子、不露籽为宜，以使分蘖节能处于适宜位置，保证分蘖正常发育生长。

四、小麦的田间管理

（一）出苗分蘖阶段的生育特点和田间管理

1. 生育特点

出苗分蘖阶段，自播种出苗丼始，到拔节为止。冬小麦经历100多天，北方长于南方。其生育特点是：生根、出叶、长分蘖，分化幼穗，幼穗体积很小，以营养器官的生长为主。春性小麦品种于4叶期进入幼穗伸长期，半冬性品种于5叶期、冬性品种于7、8叶期陆续开始幼穗伸长，小麦拔节时已开始雌雄蕊原基分化，其间还经历了单棱期、二棱期及小花原基分化期。

本阶段栽培特点：在苗全、苗齐的基础上，争取早分蘖、早发根，达到壮苗越冬。

2. 田间管理措施

（1）保苗全苗壮 苗全是指能达到预计的基本苗数；苗壮是指能达到壮苗的标准。所以，首先应搞好查苗补缺，匀密补稀工作。齐苗后必须逐田检查，对缺窝、断条应及时用同一品种经过催芽的种子进行补种。未能及时补种的，应在分蘖始期匀密补稀。然后，对补种或补栽的麦苗应用清粪水提苗，以促使全田生长整齐。

（2）早施分蘖肥 早施分蘖肥能促根、增蘖，延长穗轴节片和小穗分化时间，有利于形成大穗。一般在3叶期前或3叶期施用。四川省农科院作物所试验研究结果认为，分蘖肥应占总施肥量的30%～40%。一般用碳铵或尿素兑入粪水中施用。如果土壤干旱，应多兑清水，增大粪水用量，旺苗可少施或不施，壮苗可按上述用量施用。

（3）灌溉与排水 小麦播种后若遇土壤干旱，必然出苗迟而不整齐，地上部分瘦小黄化。若土壤水分过多，根系发育不良，地上部分也会黄化。

（4）中耕、除草 小麦中耕能疏松表土，提高土温和消灭杂草，改善土壤通气状况，达到促根壮苗作用。苗期，麦苗小，空地多，易长杂草，应结合中耕除草。第一次在开始分蘖时进行浅中耕，以松土除草为主；第二次在分蘖盛期茎蘖达到有效穗数时进行，中耕深度壮苗3～5cm，弱苗不超过3cm，旺苗6cm左右。旺苗在中耕时，还应结合浅培土。化学除草是一项费省效宏的技术，各地应积极推广。常用的除草剂有2,4-D丁酯、扑草净、敌草隆、苯达松等。施药时间一般在4～5叶或出芽前。具体施花时，应参考除草剂说明书。

（5）镇压 是对旺苗采取的一项特殊管理措施，能压碎土块，弥合土缝，能抑制地上部分生长，促使养料向根部输送，促进根系生长；能加速小分蘖死亡，促进大分蘖成穗。方法：用石（木）磙或脚踩将麦苗压倒。压麦时间在3～4叶进行。弱苗不压，壮苗压1次，旺苗可压2～3次（每次间隔7～10d）。土壤过黏过湿不压，有露水和霜时不压。

（6）其他措施　在分盛期每亩用20～30mL增产菌加水至50～60kg喷露，能促进根系和植株生长发育而增产；在3～5叶期用浓度为100～150mg/kg多效唑（15%多效唑粉剂33～50g，兑水50kg），能增强分蘖力，显著降低株高，缩短基部节间长度，改善株型结构，增强抗倒能力，增强光合作用效率而增产。

（二）拔节孕穗阶段的生育特点和田间管理

1. 生育特点

拔节孕穗阶段包括拔节、孕穗、抽穗等生育时期，经历35～40d，属于营养生长和生殖生长并进时期。气温上升到10℃以上时小麦开始拔节，此时次生根仍在继续增加，茎秆迅速伸长，其上长出最后几片绿叶。分蘖出现明显两极分化，后生分蘖由于光照、营养条件不良，发展成无效分蘖，主茎及早期分蘖发育成有效分蘖。小麦拔节时幼穗进入雌雄蕊原基分化期，相继进入药隔期、四分体期，到雌雄蕊发育成熟。孕穗期以前是小花发育壮弱的时期，孕穗期之后是小花发生分化与部分退化的时期。营养物质分配和代谢中心由拔节期以茎、叶生长为主，过渡到孕穗期以茎、穗生长为主。

拔节孕穗期栽培管理目标是：促使营养生长和生殖生长，达到"两旺"并协调发展。

2. 田间管理措施

（1）巧施拔节孕穗肥　拔节、孕穗期是小麦生长发育和形成产量的关键时期，需肥多，吸收量大。若肥水过多则易引起不良效果。所以，要根据不同苗情巧施。施用量占总用肥量的10%左右。对群体小和叶面积不足的弱苗，应早施、多施。对群体和叶面积过大的旺苗，应控制肥水，采取深锄伤根，抑制迟生分蘖，壮秆防倒。到剑叶露尖时，若叶色褪淡，再补施孕穗肥。

（2）春灌防渍　小麦拔节后随着气温增高和群体需水量增大，此时缺水会使有效穗数减少和使小穗小花退化增加，从而导致减产。此时，应使土壤水分保持田间持水量的70%～80%。

（3）预防倒伏　倒伏是小麦高产的障碍因素。据调查，孕穗至抽穗期倒伏，减产一半以上；开花至灌浆期倒伏，减产20%～40%；蜡熟期倒伏，减产10%。倒伏分根倒和茎倒两种。倒伏原因：耕作层浅或播种太浅；根系发育不良；密度过大；施肥、灌水不良；风口田块等。防止方法：对有倒伏趋势的田块，应采取深中耕，合理施用肥水；早上露水未干时，撒施草木灰和在拔节初期每亩用50%矮壮素250～400g兑水75kg喷雾，或在拔节期对长势过旺的麦田每亩用缩节安（高效内吸性植物生长调节剂）15g兑水40kg在晴天的下午喷施，除能缩短节间、使茎基部增粗，降低株高外，还能增加粒数和粒重而增产（增产16.8%～26.1%）。

（4）病虫防治　小麦拔节孕穗期在四川省的气候条件下，易发生红蜘蛛、麦蚜、麦水蝇、白粉病、赤霉病等病虫，应随时检查、及时防治。

（5）其他措施　在小麦孕穗期每亩用500mL垦易活性微生物有机肥兑水150～200kg喷雾，能使茎秆粗壮、穗大、粒多、粒饱满而增产（增产10%～30%）；分别在孕穗期和抽穗20%时每亩用叶面宝（新型复合植物生长调节剂）5mL兑水60kg喷雾，能提高养分的运转能力，起到增粒增重的效果。

（三）抽穗成熟阶段的生育特点和田间管理

1. 生育特点

本阶段指小麦抽穗以后的生殖生长时期。经历40d左右。本阶段前期是籽粒形成期，也是粒数的最后决定期。据华中农业大学（1980年）测定，大约开花后10d左右穗粒数才完全固定，随后转入籽粒灌浆期。在此以后的 2～3 周内籽粒增重快，是决定粒重的主要时期。

2. 田间管理措施

（1）合理灌溉，防止渍害　小麦抽穗以后，在开花灌浆期间，需要大量水分（占全生育期需水量的 1/3 以上），此期干旱缺水对产量影响很大。最适宜的土壤水分应达到田间持水量的 75% 左右。干旱，要注意灌水抗旱；对春末夏初雨水多的，要注意排水，以延长叶片功能期，提高粒重。

（2）根外追肥　用磷酸二氢钾、尿素、过磷酸钙、草木灰等在小麦开花、灌浆期间进行叶面喷施，对增加粒重、提高产量和品质，均有一定效果，特别是后期缺肥的麦田，用氮肥和磷肥配合喷施，可明显延长叶片的功能期，促进碳素代谢，提高千粒重。施用浓度：磷酸二氢钾 0.2%，草木灰 5%，尿素、过磷酸钙 1%。一般喷 1 次，在灌浆初期进行。喷两次的可在孕穗期加喷 1 次，每亩用量 50～75kg。

（3）继续防治病虫害　生长后期主要应加强对麦蚜、麦水蝇、麦蜘蛛和赤霉病、白粉病、条锈病的防治。对病虫防治要加强预测预报，抓住关键时期施药。

（四）适时收获与安全贮藏

1. 适时收获

小麦收获季节，阴雨大多，容易造成种子在麦穗上发芽；若遇高温干旱，又易落粒，所以必须在蜡熟末期抢收，以确保丰产丰收。

2. 安全贮藏

收获脱粒的种子应晒干扬净，含水量降至 12.5% 以下，即可趁热进仓贮藏。贮藏到 8 月份，利用伏天高温翻晒，可保证安全贮藏。

五、稻茬麦免耕栽培技术

稻茬麦免耕栽培是近年推广的一项新的小麦栽培技术。稻茬免耕小麦出苗速度、出苗率和出苗整齐度均优于翻耕小麦，而且小麦分蘖早，低位分蘖多，叶色绿，苗粗壮次生根数多，活力强，具有明显的苗期生长优势。该小麦抗倒伏能力强，成穗数每亩比翻耕麦多 0.5 万～2.5 万穗，千粒重增加 1g 左右，增产 5.8%～17.7%。增产原因主要如下。

① 稻茬免耕麦保持了良好的土壤结构。据测定，0～15cm 土层的容重、毛管孔隙和非毛管孔隙与翻耕麦结果一致。

② 土壤表层肥力较高，由于前茬追肥多施于表层，加之残留稻茬和根系腐烂，使土壤肥力增加，所以表层土壤肥力高。

③ 免耕麦田排水降湿性能好。在雨多田湿地区，免耕配合深沟高厢，多余雨水能随地表径流顺沟排除，或沿大孔隙下渗，利于排水降湿。

④ 土壤保水抗旱能力强。免耕麦稻茬及根系留于土表，加上化学除草形成的死草皮层，增强了土壤覆盖和水分下渗透，减少水分蒸发，提高了土壤保水能力；而且免耕土壤毛细管未被切断，深层土壤水分能不断沿毛细管上升，使得免耕小麦保水抗旱能力增强。

⑤ 有利于化学除草。免耕麦播前化学除草多选用灭生性除草剂，其突出优点是高效、安全、无药害、简便易行、除草效果达 95% 以上。

⑥ 免耕麦能保证适期播种。免耕麦免去了翻耕整地工序，并能抗湿播种，有利于抓住季节，在最佳播期内播种。

⑦ 有利于提高播种质量。由于免耕麦田较翻耕的平，能保证开窝或开沟规格，有利于小窝密植技术的推广，使播种精细化、规范化，能显著提高播种质量。

要夺取免耕小麦高产，应抓好以下技术关键。

（一）播前的准备工作

1. 适时开沟排水

时间掌握在水稻散籽时排水，达到收稻时泥不陷脚，人踩不留脚印，又不开大裂。收获时应做到齐泥割稻，低留稻桩，稻草晒干后及时运出田外，让杂草种子发芽生长。收稻后，下湿田按 3～4m 开厢，沟宽 15～20cm，沟深 20～25cm。开沟泥土分散撒在厢面上。

2. 播前化学除草

搞好化学除草是稻茬麦免耕栽培的关键。所选除草剂应根据当地草情考虑。实践证明：目前较好的除草剂为农达，每亩用 41％农达水剂 150～200mL，兑水 30kg 于撬窝前 5～7d 均匀喷洒。也可用克芜踪或杀草快，每亩用 200mL，兑 60kg 喷洒。

（二）科学施肥

所施肥料应做到有机肥和无机肥结合，氮、磷肥配合施用，一般底肥占 80％，拔节肥占 20％，施肥量、施肥方法同翻耕小麦。

（三）播种

稻茬麦免耕栽培，要与小窝密植配套。

1. 播种规格

主要采用撬窝点播和开沟条播。撬窝点播行距 20～23.3cm、窝距 10～13.3cm、窝深 3～4cm，保证每亩播 2.5 万窝以上；采用开沟条播的要缩小行距，播幅 13.3cm，空行 26.6cm。

2. 种子包衣

① 制泥浆　取干黄泥 7～8kg，加清水 15kg，浸泡 48h（不能搅动），沥去清水待用。

② 拌泥浆　将待播种子倒入盆中，加入滤去清水的泥浆，充分拌匀。

③ 拌磷肥　取钙镁磷肥 25～30kg 与拌了泥浆的种子充分拌匀。

④ 筛裹　将拌好泥浆、磷肥的种子倒入米筛内，不断筛动，使每粒种子均匀裹成球形。

3. 拌种

将经包衣的麦种与每亩应施的全部干底肥（细碎）拌匀，磷肥不足部分在拌种时补足。

4. 播种

将拌好种子的种肥，分厢定量均匀撒播于窝内或播幅内。

5. 盖草

取本田稻草每亩用 200～250kg，均匀盖于已播种子的麦田，做到草不成堆，地不露土。

（四）其他措施

① 免耕麦播期、播量及田间管理与翻耕麦相同。

② 施除草剂时，如遇田干燥裂缝较大时，应灌一次"跑马水"，水干后再喷洒除草剂。

③ 免耕小麦后茬水稻整田时，应先灌水浸泡 2d 后犁田。

第四节　玉　米

一、概述

（一）发展玉米生产的重要性

玉米又名玉蜀黍、玉麦、棒子、珍珠米等，四川通称为苞谷。玉米是高产、优质的粮食、饲料作物，在国民经济中具有重要地位和作用。

玉米籽粒是我国目前主要粮食。其籽粒营养丰富，脂肪含量高于大米和面粉，蛋白质含量高于大米、略低于面粉和小米。此外，玉米籽粒还含有较多的硫胺素、核黄素，单位重量的发热量也比较高。玉米油脂肪酸中亚油酸含量高达 61.8%，易被人体吸收利用。玉米油还含维生素 E，长期食用可降低人体胆固醇，增强肌肉和心血管机能，防治心血管硬化。

玉米是畜牧业重要的饲料源，其植株高大，生物学产量高，并且从籽粒到茎叶的整个植株都是优质饲料，有"饲料之王"的美称。

玉米还是重要的工业、食品和医药原料。玉米植株各部分直接或间接制成的工业产品达 500 种以上。籽粒是制造淀粉的主要原料之一，也是很好的油脂原料，还可制作糖浆、葡萄糖、酒精等。玉米粉是制造抗生素（如青霉素和金霉素等）的重要原料。

玉米具有杂种优势强，增产潜力大等特性，并且适应性广，品种类型多种多样，生育期有长有短，在旱地多熟制中，玉米是与薯类、豆类、麦类、蔬菜类及绿肥饲料间套种植的骨干作物，对改制提高复种指数，增加单位面积土地的年产量和年产值，均能起到重要的作用。

因此，发展玉米生产对整个国民经济的发展都具有十分重要的意义。

（二）玉米的分类

玉米属于禾谷类，玉米族，玉米种。按玉米的植物学特征和生物学特性，可进行下述分类。

1. 按籽粒形态与结构分类

（1）硬粒型 果穗多为圆锥形，籽粒坚硬，有光泽，胚乳以角质淀粉为主；粒色有黄、白、红、紫等颜色，以黄色最多，白色次之；穗轴以白色为多；一般硬粒型品种具有早熟，结实性好，适应性强等特点。

（2）马齿型 果穗多为圆柱形，籽粒较大，胚乳以粉质淀粉为主；顶部凹陷呈马齿状，凹陷程度随籽粒粉质淀粉含量而不同，粉质淀粉含量越多，凹陷越深；籽粒颜色黄色为多，次为白色，其他颜色（紫、红色）较少。马齿型品种增产潜力较大，是栽培品种的主要类型。

（3）半马齿型 果穗长锥形或圆柱形，与马齿形比较，籽粒顶端凹陷不明显或显白顶；角质胚乳较多，品质比马齿型为好，系马齿型与硬粒型的杂交种衍生而得到的；生产上应用的品种（杂交种）也较多。

（4）糯质型 亦称蜡质型，胚乳为角质淀粉组成，籽粒不透明，无光泽如蜡状，色泽有黄、有白；淀粉呈黏性，遇碘显红色反应。糯质型是玉米引入我国以后形成的一种新类型，栽培面积不大。

（5）甜质型 也叫甜玉米，由于所带隐性基因种类不同，又分普通甜玉米和超甜玉米，籽粒胚乳大部分为角质淀粉，在乳熟期籽粒糖分含量为 12%～18%；成熟时由于糖分未能及时转化为淀粉，胚乳淀粉含量少，干燥后，籽粒皱缩，籽粒颜色有黄、白等色。一般用于嫩穗食用和加工制罐。

（6）爆裂型 穗小轴细，粒小坚硬、圆形，籽粒顶端突出；多为角质胚乳，仅中部有少量粉质淀粉。粒色多呈黄、白色，红紫色较少；籽粒形状有米粒形和珍珠形两种。籽粒若遇高温，粉质淀粉中的空气膨胀，受到外围角质淀粉的阻碍，形成气体而爆裂，体积能膨大 2～3 倍以上。

（7）粉质型 籽粒与硬粒型相似，无光泽；胚乳由粉质淀粉组成，仅外层有少量角质淀粉，组织松软，易磨粉；产量偏低，不耐贮藏，易受象鼻虫为害。

（8）有稃型 植株多叶，籽粒外有稃包住，有时有芒，常自交不孕；籽粒坚硬，具有各种形状和颜色，脱粒不便。无栽培价值。

（9）甜粉型　籽粒上部为角质胚乳，含糖质淀粉较多，下部为粉质胚乳；生产价值较小。

2. 按生育期分类

（1）早熟种　生育期 70～100d，株矮、秆细，叶片数 14～17 片，其中极早熟者仅有 8～10 叶；果穗多为短锥形，千粒重约 150～250g。

（2）中熟种　生育期 100～120d，叶片数 18～20 片；果穗大小中等，千粒重 200～300g。

（3）晚熟种　生育期 120～150d，叶片数 20 片以上，一般植株高大，叶片为 22～25 片；果穗较大，千粒重在 300g 左右。

二、玉米的生长发育

（一）玉米的一生

从种子萌发开始到新种子成熟的生长发育过程即为玉米的一生。它要经过种子萌动、发芽、出苗、拔节、孕穗、抽穗、开花及籽粒灌浆成熟等一系列生育过程。一般可划分为以下几个阶段。

1. 苗期

从播种出苗至拔节。它是生长根和分化茎叶的营养生长阶段。此期根系生长快，地上部茎叶生长比较缓慢，是促进根系发育、培育壮苗的重要阶段。

2. 穗期

从拔节至抽雄期。其营养生长与生殖生长同时并进，在叶片、茎节等营养器官旺盛生长的同时，雌、雄穗等生殖器官迅速分化与形成。此期是生长发育最旺盛的阶段，也是田间管理最关键的时期，栽培措施应促进中上部叶片正常生长，茎秆健壮发育，使雌穗分化出更多的小穗、小花，以达到穗大粒多。

3. 花粒期

从抽雄至成熟期。此期营养生长基本停止，转入以生殖生长为中心，即经开花、受精后进入籽粒产量形成阶段。栽培的重点是延长根系与叶片的功能期，防止早衰，争取粒多、粒重，获取高产。

（二）玉米生长发育对环境条件的要求

1. 温度

玉米原产热带，为喜温作物。一般以 10℃作为生物学起点温度。种子萌芽以 25～35℃最适宜。拔节至抽雄阶段以 20～26℃为最适宜；抽穗开花期以 25～28℃为最适宜，若温度高于 30℃相对湿度低于 60％则很少开花，若温度低于 18℃或高于 38℃时，则抽穗不开花，温度超过 38℃花粉便很快丧失生活力。

2. 水分

玉米株体较大，需水也较多，但不同生育时期需水多少及对水分的反应不同。苗期株体小，叶少，蒸腾量不大，而且以生长根系为主，具有较强的耐旱能力。拔节以后，植株生长加快，需水量逐渐增大，其中抽雄前 10d 到抽雄后 20d 的 1 个月左右是玉米需水的关键时期，这段时间若干旱缺水，将影响玉米抽雄和雌穗的发育，或使雌、雄出现的间隔时间加长，或花丝抽不出影响正常授粉。其中又以开花期对水分最敏感，平均日需水量最大，若干旱缺水，将使玉米花粉和花丝寿命缩短，影响受精，造成秃顶缺粒，减产严重。

玉米虽然需水量较大，但不耐涝，尤其是生长后期受涝，将严重影响根系的活力，造成减产。

3. 光照

玉米是喜光作物。若光照充足，光合作用旺盛，合成的有机物质多，光合产物运转速度快，植株生长健壮，产量高。日照不足或田间荫蔽，则光合效率低，合成的有机物少，不仅茎秆细弱，容易倒伏和倒折，发育也会受阻，以致生育期延迟，产量降低。

4. 土壤

玉米对土壤的要求不很严格，但以有机质含量丰富、土层深厚、疏松透气、保水保肥能力强，pH 值 6.5～7.0 的土壤生长良好，产量较高。

三、玉米的栽培技术

（一）玉米地的轮作与间套作

玉米植株高大，播种时期灵活，适合于同多种作物轮作、间套种植。轮作形式主要有小麦→玉米；油菜→玉米；豌（葫）豆→玉米；马铃薯→玉米等。其中以小麦→玉米面积最大，玉米为夏播或早夏播，低山及丘陵地区水利条件较差的旱地，多采用此种形式。

间套作形式主要有：小麦（或大麦）→玉米＋甘薯（或秋马铃薯）；奄豆（或豌豆）→玉米＋甘薯；春马铃薯→玉米＋甘薯（或秋马铃薯）等，其中以小麦→玉米＋甘薯面积最大，这种形式主要适用于气温较高，经常发生伏旱或秋雨的低山、丘陵、河谷地区。

（二）整地

1. 玉米对土壤的要求

玉米整个生育期间，需要有深厚疏松、保水保肥力强、渗透性好、有机质含量丰富的土壤。据研究，玉米一生所需要的各种养分，来自土壤的占 60%～80%，而来自施肥的数量仅占 20%～40%。高产、稳产玉米地的土壤耕层有机质含量要求在 1.0%～1.5%以上，每亩产量 500kg 以上的土壤，养分含量要求更高。目前我国一些丘陵山区，种植玉米的耕地坡度大、土层薄、有机质含量低（一般都在 1%以下），保水保肥力差、水土流失严重、肥力低，因此，要提高玉米的单位面积产量，首先应不断培肥土壤，提高地力。

2. 整地

春玉米地在播种前应当深耕。深耕一般以 26.7～33.3cm 效果较好。耕后整细整平，做到上松下实，以保证播种质量，提高发芽出苗率和使幼苗出土整齐，并减少缺窝。同时，还应开好厢沟、边沟，以利排灌。夏、秋玉米的整地原则与春玉米基本相同，但抢时播种更为重要，可采用灭茬除草播种或精细整地育苗移栽。

（三）选用良种与种子处理

1. 选用良种

选用适宜品种是玉米高产的基础。目前玉米以杂交种占绝对优势，其中春玉米面积占总面积 60%以上，是玉米的主体，各地应因地制宜选用对路杂交组合。

2. 种子处理

（1）晒种　晒种可降低种子含水量，提高种皮透性，增强种子活力，使种子吸水迅速，发芽出苗快而整齐，且有一定杀病菌作用。一般在播种前选晴天晒 2～3d。

（2）浸种　浸种可使种子提前吸足水分，促进种子萌发，提高出苗率和提早苗期。可用冷水浸种 24h，或温水（水温 55℃）浸 6～8h，也可以用 500～800 倍的磷酸二氢钾水溶液浸种 6～10h，然后播种。还可用一些植物生长调节剂，如"玉米壮苗剂"等浸种。若土壤干旱，浸种后播种时须浇足水分，以免产生"炕种"、"烧芽"与干霉，影响出苗。

（3）拌种　为了防止鸟、兽、鼠等为害造成缺苗，播种前可用40％乐果乳剂50g兑水3kg拌种。玉米丝黑穗严重地区，播种前可用0.2％～0.3％的粉锈宁拌种。在拌种时也可结合用一些植物生长调节剂。

（四）播种期与种植密度

1. 播种期

玉米播种适期的确定主要是根据当地的温度条件和栽培制度。首先应使玉米的主要生长阶段处在最适的气候条件，避开不利气候的影响，获得玉米高产，同时又要兼顾前后季作物的衔接关系和作物总产量。春玉米播种期主要由温度条件决定，一般在表层5～10cm土壤温度稳定在10～12℃以上时播种。夏、秋玉米播种期主要由栽培制度决定。不受温度条件的限制，应做到抢时播种。

2. 种植密度

玉米种植密度与品种、播期、肥水及气候条件等因素有关，确定种植密度时必须综合考虑这些因素。

（1）品种与播期　不同品种其生育期的长短，株、叶型都有较大差异。一般生育期短的早熟种，植株体较小，叶片数少，单株所需营养面积小，宜密植；生育期长的晚熟种，植株高大，叶片数多，单株所占营养面积较大，宜稀植；株型紧凑，叶片与主茎夹角小，斜立上冲的品种，光能利用率高（如紧凑型）宜密植；株型松散，叶片与主茎夹角大，叶片披垂的平展叶型种，宜稀植。此外，杂交种密度可大于地方种；单穗品种密度应大于多穗品种。根据各地实际情况，当前玉米生产的密度范围大致是：平展叶型中晚熟品种每亩2500～3000株，中熟品种每亩3000～3500株，中熟偏早或早熟品种每亩3500～4000株，目前推广的紧凑品种每亩4500～5000株。

播期也是决定玉米密度因素之一，早播或春播，生育期长，叶片数多，宜适当稀植；迟播或夏、秋播，生长快生育期短，叶片减少，宜适当密植。

（2）温光条件　玉米是喜温、光的作物，对光照强度反应较敏感。种植密度应根据各地光照强弱与中层叶受光情况而定，光照强的地区应适当密植，山区坡地、梯土通风透光条件好，边行多可密植，平地、背阴土则宜适当稀植。

温度的高低也是决定玉米密度的重要因素。高温短日照下玉米生长发育快，生育期缩短，植株相应变矮；反之，低温长日照下，玉米生育期延长，植株变高。所以低海拔地区应密植，高海拔地区应适当稀植，但海拔很高、光照很强的山地，因紫外光和低温都有抑制生长的作用，则应适当密植。

（3）土、肥、水条件及栽培水平　玉米群体田间自动调节能力低，不因土壤肥瘦和施肥多少而增减，故应本着"肥密瘦稀"的原则。即若土壤、肥水条件好，栽培水平高，可保障单位面积上有较多的植株正常生长，应适当密植，以充分发挥其增产潜力；土壤肥力差，施肥水平低，若种植密度超过其肥水供应能力，玉米不能正常生长发育，导致株矮、穗小，缺粒甚至空秆，所以土壤、肥水条件差的地块应适当稀植。

3. 种植方式

玉米种植方式通常有等行距种植、宽窄行种植和带状种植等几种。

（1）等行距种植　每窝留单株，一般行距66～84cm，窝距27～33cm；留双株，行距84～100cm，窝距33～50cm。

（2）宽窄行种植　这在密度较大，施肥水平较高的条件下，增产效果明显，一般宽行100～120cm，窄行50～67cm，窝距30～50cm。

（3）带状种植　玉米通常与小麦、洋芋、红苕、大豆等间、套作。一般以 170～200cm 为一个复合带，其中 70～100cm 先种小麦或洋芋，另 100～120cm 为预留玉米带。先深耕冬坑或种植冬季蔬菜、绿肥、饲料等短期作物，第二年春在小麦收前种两行玉米，行距 50～70cm，窝距 40～50cm，小麦或洋芋收后在其位置上种植甘薯（或大豆）。下一年各带轮换。这样既可发挥间、套作的优点，也利用了轮作的长处，还可以错开农事季节。

（五）直播与育苗移栽

1. 直播

（1）播种量　播种量的多少，随种子质量、土壤水分、地下害虫及鸟兽危害程度而定。一般通过精选、发芽率高的种子，每窝播 4～5 粒，每亩约需种子 2.5kg。若整地质量差，虫害及鸟兽危害较重，则应适量加大播种量，以保证一次播种全苗。

（2）播种技术要点

① 沟端行直，按规格播种。生产中一般采用窝播，播种对应按规定的行窝距严格进行拉线开窝，做到沟端行直，窝距均匀，保证单位面积上有足够株数。

② 深窝浅盖，以利出苗。要求窝大、底平，深浅一致，有利播种时种子均匀分布和发芽出苗。如施用化肥作种肥，应做到肥种隔离，防止烧根、烧芽。盖种深度一般以 3～4cm 为宜。

2. 育苗移栽

（1）育苗移栽的意义

① 可有效地解决玉米生产的季节矛盾，保证玉米的适时早播，延长玉米的有效生长期，充分利用当地光势资源，特别是可较好地解决山区春迟秋早、适合玉米生长季节短的问题。同时，还可使玉米的有效生长期处于最适的气候条件下，发挥其高产潜力。

② 有利于形成发达的根系和矮健植株。移栽时，部分次生根被切断，能刺激新的次生根的大量生长，使根量显著增加，吸收能力增强。同时，育苗移栽苗期生长减缓，基部节间缩短，植株矮健，株高和穗位降低，经济性状好，抗倒力增强，同时，还有利于密植（一般每亩可比直播增加 300～500 株）。

③ 有利于集中管理，培育壮苗和做到大田一次性全苗，提高植株整齐度。此外还可以节约用种。

（2）育苗移栽方法

① 育苗　常见的育苗方法主要有肥团育苗、方格育苗、玉米蕊育苗以及纸钵育苗、玉米秆（营养管）育苗、散土育苗等。以前两种应用普遍，其技术要点如下。

肥团育苗：a. 选背风向阳、排灌方便、靠近大田的地块作宽 100～130cm、深 10～13cm 的平底低畦苗床；b. 配制营养土，一般用 30%～40% 的腐熟过筛的细厩肥、60%～70% 的肥活细土和 1% 的磷肥混合均匀，加适量水，以"手握成团，落地可散"为度；c. 制作肥团，即用手将营养土捏成拳头大小的肥团，整齐地排放在苗床内；d. 播种，每个肥团播两粒精选的种子，盖约 2cm 厚的细厩肥或营养土，然后可盖塑料薄膜，保温保湿。

方格育苗：即将营养土调成匀浆状，平铺于苗床上，厚 6～8cm，用划格器切制成 4～7m² 的小方格。然后播种盖膜，其方法与肥团育苗相同。

无论哪种育苗，都要求载体排放整齐，做到"上齐下不齐"，并用细土填满缝隙，及时播种，播后盖一定厚度的细土，并覆盖薄膜。育苗时期一般掌握在移栽前的 15～20d。苗床管理：出苗前注意保温，昼夜严盖薄膜。出苗后适当控温控湿，防止徒长，培育壮苗。三叶期后，开始揭膜炼苗。移栽前 3～5d，昼夜揭膜炼苗。炼苗期一般不浇水，以达蹲苗之目的。移栽前的头一天浇透水。

② 移栽　移栽时间以 3～4 叶最宜，一般不超过 5 叶。3～4 叶期，苗体大小适中，栽后容易返青成活。移栽最好选晴天进行。因晴天土温高，土壤不易板结，也不会使玉米僵根，栽后发根快。移栽时应选健壮苗，淘汰弱小苗，要注意根据幼苗质量分级分块移栽，切勿大小苗混栽。栽苗时要求"窝大底平，座水座肥"，栽后用细土壅苑，不按压根部泥土，以免压断或压伤幼根。栽后灌足加少量清粪的定根水，保持土壤湿润，以利发根和根系生长。成活后，及时追施提苗肥，促进幼苗生长，防止形成老苗、僵苗，并及时查苗补缺。

（六）玉米施肥

1. 玉米的需肥特性

玉米是需肥较多的高产作物，一生中需从土壤中吸收大量的养分，特别是氮、磷、钾三种主要肥料元素。据试验研究表明，每生产 100kg 玉米籽粒，大约需要氮 2.5～4.4kg、磷 1.15～1.6kg，钾 3～4kg。

玉米不同生长期对氮、磷、钾的吸收利用有明显的差异。苗期株体较小，生长较慢，尤其是春玉米，吸收氮、磷、钾三要素的数量少，速度慢，分别占全生育期总吸收量的 2%、1% 和 3% 左右，夏玉米苗期吸收氮、磷、钾数量比春玉米多一些，各占全生育期的 10% 左右；拔节孕穗到抽穗开花期是玉米生长最快的时期，营养生长与生殖生长同时进行，故吸收氮、磷、钾也最多，吸收速度最快，是吸肥的关键时期，在这一时期春玉米吸收氮、磷、钾的数量分别占总吸收量的 51.1%、63.86% 和 97.09%，夏玉米分别占 78.3%、80.3% 和 90.5%；到灌浆结实期，春玉米还要从土壤中吸收约 47% 的氮，夏玉米在这一时期吸收的氮量远远小于春玉米，约占总吸收量的 12% 左右。由此可见，无论是春玉米还是夏玉米，磷、钾特别是钾主要是在中前期吸收，而氮肥在生育后期也要吸收一部分，特别是春玉米。因此，磷、钾应主要作底肥施用，而氮肥除部分作底肥施用外，主要作追肥施用，这样才能满足玉米正常生长发育对氮、磷、钾三要素的需求。

除氮、磷、钾三要素外，玉米生长发育还需要一定的硼、锌、锰等微量元素，如果缺乏这些元素的供应，植株生长发育也会受到影响，使产量降低甚至死亡。

2. 施肥技术

（1）底肥　又叫基肥。施足底肥是玉米获得高产的重要条件之一，特别是多施迟效性的有机质含量丰富的堆肥、厩肥和绿肥，并配合腐熟的人畜粪尿，这样肥效长，营养元素齐全，既能满足玉米生育期中对养分的需要，也能改善土壤的理化性质。

底肥的施用量及其占总施肥量的比例因肥料种类、土壤、播种期等而不同，总的原则是重施底肥，底肥占总施肥量的 30%～60%。

在肥料的搭配和比例方面，一般磷、钾肥适宜于全作底肥一次施用，迟效磷肥应先与有机肥堆制后再施用。底肥以有机肥、迟效性肥料为主，适当搭配速效化肥。根据一些高产田块调查，底肥中迟效性肥料占其总量的 80%，速效性肥料占 20% 左右效果较好。

底肥施用上还应注意方法，如施大量的绿肥、厩肥，应在播种（或移栽）前结合整地翻入土中，使土肥混合。在一般情况下，底肥施用量较少，应集中施于窝内或播种沟内，以充分发挥肥效，提高利用率。在集中施用时，如底肥用量较大，应先与土壤拌合，防止对种子发芽出苗产生不良影响。

（2）追肥　玉米追肥分苗肥、拔节肥、穗肥和粒肥，其施用方法如下。

① 早施轻施苗肥　玉米苗期株体小，需肥不多，但养分不足，幼苗纤弱，叶色淡，根系生长受阻，会形成弱苗，影响中后期的生长。所以在定苗后，应及时轻施提苗肥，促进苗壮。苗肥以施用腐熟的人畜粪尿或速效氮素化肥为好。应注意的是苗肥切忌施用过量，以防止幼苗徒长。苗肥用量应占施肥总量的 5%～10%。

② 巧施拔节肥　拔节肥也叫壮秆肥，在拔节时施用。其作用主要是壮秆，也有促进雌雄穗分化的作用，特别是中、早熟品种的夏玉米和秋玉米，施用拔节肥，增产效果更显著。拔节肥也应以腐熟的人畜粪尿或速效氮肥和钾肥为主，但应注意施用适量，以防节间过度伸长，茎秆生长脆嫩，后期发生倒伏。拔节肥的施用数量约占施肥总量的10％～15％。

③ 猛攻穗肥　穗肥又称攻苞肥，其主要作用是促进雌雄穗的分化，实现粒多、穗大、高产的目标。因此，玉米应适时猛攻穗肥。其施用的适期是雌穗小穗小花分化期，即中熟种11～12叶全展、早熟种9～10叶全展时。生产上还应根据植株生长状况、土壤肥力水平以及前期施肥情况，考虑施用的时期和数量。一般土壤瘠薄、底肥少、植株生长较差的，应适当早施、多施。反之，可适当迟施、少施。穗肥用量应占施肥总量的50％左右，以速效氮肥为主。

④ 酌施粒肥　玉米（特别是春玉米）开花授粉后，可适当补施粒肥，促进籽粒饱满，减少秃尖长度，提高玉米的产量和品质。粒肥主要施用速效的氮素化肥，也可叶面喷施0.2％的磷酸二氢钾溶液。粒肥用量占总用肥量的5％左右。

（七）玉米田间管理及收获

1. 田间管理

（1）苗期管理　从播种出苗到拔节为苗期，是形成根系和茎叶的营养生长阶段。以根系生长为中心，根系生长速度大于茎叶。田间管理的主攻方向是促进根系发育，培育壮苗，做到苗全、苗齐、苗壮，为中后期的正常生长发育打好基础。除"早施轻施苗肥"外，还主要有以下几项工作要做。

① 查苗补苗　全苗是夺取高产的基础，没有足够数量的基本苗，就会影响最终的果穗数。玉米分蘖一般无利用价值，不能像其他禾谷类作物那样，靠分蘖来增加果穗数。因此，保证全苗更具有重要意义。出苗后，发现缺窝缺苗，要及时补种或移栽补苗。补苗一般在3～4叶期进行，容易成活，可移密补稀或用预备苗补栽。补栽苗最好要选用比缺苗地的幼苗大1～2个叶龄的幼苗，才易做到补后生长整齐，花期一致，减少空秆和秃顶。补栽后注意浇适量清粪水，以便加快成活。若缺苗过多，可采用补种的办法，但必须进行浸种催芽后播种。

② 间苗定苗　间苗在3～4叶进行，定苗在5叶左右进行，春玉米苗期气温低，生长缓慢，且地下害虫比较多，可以适当推迟定苗。间苗定苗最好在晴天进行，去弱留壮，去密留稀，去掉白苗、黄苗及病苗、虫伤苗。定苗时每窝如留双株的，应选留生长一致的壮苗，避免大苗欺小苗。

③ 中耕除草　苗期中耕松土，能增加土壤透性，提高地温，有利于微生物的活动，提高土壤养分有效性，便于根系吸收利用，壮根壮苗。苗期中耕，可进行1～2次，第一次中耕宜在3～4叶期进行，在行间浅中耕4～6cm，第二次在定苗后拔节前进行7～10cm的深中耕，以促进根系发育。中耕结合除草进行。

④ 防治病虫　玉米苗期害虫，主要有小地老虎（土蚕）、蝼蛄（土狗）等，特别是迟播春玉米和小春作物套作玉米地，受害较重，常造成严重缺苗，应及时防治。可在播种时用毒谷或药剂拌种防治，也可在出苗前后和移栽后用毒饵或药液防治。

（2）穗期管理　从拔节到抽穗为穗期，是营养生长和生殖生长并进期，根、茎、叶旺盛生长，雌雄穗也迅速分化，是玉米一生中生长最旺盛的时期。这一时期常常气温高、雨量多，病虫滋生快，杂草生长迅速。应加强田间管理工作，解决好营养生长和生殖生长的矛盾，保证植株生长整齐健壮，节间粗短，叶片宽厚，根系发达，雌雄穗发育良好。除"巧施拔节肥"和"猛攻穗肥"外，还要抓好以下工作。

① 中耕除草与培土　玉米拔节以后，植株迅速生长，应根据土壤板结和杂草滋生情况，

结合追肥，进行中耕除草和培土。中耕一般不宜过深，植株周围只宜浅中耕。穗肥施后培土，一方面可以掩埋追肥，减少养分损失，另一方面又可促进支持根快发、多发，增强抗倒抗旱能力。培土高度一般 10～17cm。

② 抗旱排涝 玉米拔节孕穗期，生长发育旺盛，需水多，且抽穗前后是玉米一生中的需水临界期，若水分不足，会影响雌雄穗分化和花期协调以及正常授粉，造成秃顶、缺粒或空秆。因此，必须重视水分管理。若遇干旱，有条件的地方，应引水灌溉，保证玉米正常生长发育。若雨水多，土壤水分重，也应注意理沟排水防涝。

③ 防治病虫 玉米穗期的主要害虫有大螟、玉米螟、黏虫等，主要病害有大斑病、小斑病、纹枯病、丝黑穗病等。对于虫害应根据测报资料及时检查、及时防治。

（3）花粒期的管理 从抽雄到成熟为花粒期，又叫开花结实期，是以生殖生长为主的阶段。此期田间管理的主要目标是保持较高叶面积（尤其是穗三叶），防止茎叶早衰，促进灌浆结实。除"酌施粒肥"外，还应去雄和人工辅助授粉。

去雄是指在玉米抽雄后散粉前将其部分雄穗拔除。其作用一是可以把抽雄散粉所消耗的养分、水分转供雌穗的生长发育，促进果穗增长；二是能改善玉米后期群体的光照条件，降低株高，防止倒伏；三是可减轻蚜虫危害。合理运用人工去雄技术可以提高玉米的产量。

人工去雄的最好时间是在雄穗抽出约 1/2，手能握住雄穗全部侧枝时。去雄过早，不易去尽，还易伤叶；去雄过晚，雄穗完全抽出并散粉，已消耗大量养分和水分，达不到去雄的目的。一般采用隔行或隔株去雄，但一块地的边行、边株或迎风面的 2～3 行不宜去雄，以利授粉。待整个地块授粉结束后，最好将余下的雄穗也全部去掉，以增加上中层叶片的受光强度。

去雄常结合人工辅助授粉。玉米果穗的顶部及第二果穗发育晚，吐丝迟，或由于其他原因，常造成缺粒、秃顶。采用人工辅助授粉可以提高玉米的结实率。人工辅助授粉应在全田有 1/3 植株的果穗花丝抽出苞叶时开始进行，每隔 2～3d 进行 1 次。

人工授粉的方法有"授粉器授粉"和"推摇植株授粉"两种。前者为人工搜集花粉，然后用授粉器（筒）将花粉逐株授到新鲜花花丝上，这种方法较费工费时，但授粉效果好。后者是用竹竿制成的丁字架推动植株或用手摇动植株，使花粉迅速落到花丝上，此法简便易行，但有大量花粉落到茎叶及地上，授粉效果较差。生产中最好将两种方法结合起来，即在劳力紧张时，第一次和最后一次采用授粉器授粉法，中间采用推摇植株授粉法。授粉最好在晴天露水干后，雄花开始大量散粉（上午 9～11 时）时进行。如遇阴雨天气，宜在雨后花丝不黏结，花丝上无雨水时进行。在整个人工辅助授粉过程中，要严格注意不损伤叶片，不撞断植株。

此外，还应继续防治病虫、倒伏和早衰。

2. 收获

玉米宜在茎叶变黄、包叶干枯、籽粒变硬而且有光泽的完熟期收获。收获过早，籽粒成熟度不高，干物质积累不充分，产量不高；收获过迟，易遭鸟兽为害，或植株倒折，果穗霉烂，造成损失。一般以完熟期收获为宜，但复种指数高，玉米收后要及时播种其他作物或玉米行间套种有其他作物时，可在蜡熟末期收获，作青贮饲料或青饲料的玉米，可在乳熟末期收获。

（八）玉米地膜覆盖栽培

地膜覆盖栽培，一方面可以提高土壤温度，提早玉米的播种期和促进玉米生长发育；另一方面可以减少土壤水分的蒸发损失，起到保湿防旱的作用。此外，还可以起到抑制杂草发生、促进土壤微生物活动的作用。地膜覆盖栽培是提高玉米产量一项重要措施。其技术要点如下。

1. 选用增产潜力大的杂交良种

采用地膜覆盖后，0~5cm 土温可以提高 2~5℃。选用增产潜力大的杂交良种更有助于充分发挥地膜的增温效应。在风大、倒伏重的地区，应选株高较矮、抗倒能力强的优良杂交种。

2. 适时早播和采用适当的种植方式

盖膜玉米的播种期应比露地玉米提早 10~15d 为宜，特别是高寒山区，更要注意适时早播，以充分利用地膜的增温效应，保证玉米有足够的营养生长期，使玉米在 8~9 月上中旬的适温下灌浆，躲过秋季低温冷害的影响。为了经济利用地膜，种植方式以宽窄行较好，窄行盖膜，宽行留空。窄行行距根据地膜宽度确定。

3. 盖膜方法

先按一般播种方式，挖窝施肥播种，然后盖膜。盖膜时，注意边盖边把膜边用细土压严。玉米开始出苗后，要及时破膜引苗，防止盘芽。引苗出膜后用细土掩好破孔。

4. 施肥技术

地膜玉米的施肥量应高于露地玉米，适当增加有机肥作底肥，采用"底肥加重、穗肥不减、轻施花粒肥"的原则。底肥要深施，以有机肥为主，配合化学磷、钾肥和氮肥，一次施足，以便培育壮苗；底肥充足，幼苗长势好的，可不施或少施苗肥和拔节肥，否则应适量补施苗肥或拔节肥；穗肥重甩后期视情况适量补施花粒肥。追肥时，先用小锄在靠近根部处挖一小坑，施肥后覆土掩好。

复习思考题

1. 简述种子发芽与出苗的条件。
2. 简述种子萌发与出苗的条件。
3. 简述作物倒伏的、徒长产生的原因及防止措施。
4. 简述禾谷类作物花而不实和空壳秕粒的原因及防止措施。
5. 简述发挥作物生产潜力及提高作物产量的主要途径。
6. 简述水稻栽培品种分类与利用方法。
7. 简述水稻生育期变化规律及在生产上的指导意义。
8. 简述水稻坐蔸产生的原因及防止措施。
9. 简述水稻各时期的田管措施。
10. 简述小麦阶段发育理论在生产上的应用。
11. 简述确定小麦适宜种植密度的依据。
12. 简述小麦各生育时期田管的目标和措施。
13. 简述抛秧栽培的技术环节。
14. 简述玉米人工去雄、辅助授粉的作用。
15. 简述玉米地膜覆盖栽培技术要点。
16. 简述玉米田间管理的主要内容。

参 考 文 献

[1] 刁操铨. 作物栽培各论（南方本）. 北京：中国农业出版社，2000.

[2] 李振陆. 作物栽培. 北京：中国农业出版社，2002.

[3] 荆宇，金燕. 作物生产概论. 北京：中国农业大学出版社，2008.

[4] 王璞. 农作物概论. 北京：中国农业出版社，2004.

第五章 薯类作物

▶▶▶ 知识目标

① 了解薯类作物种类、生产概况，懂得发展薯类作物生产的意义。

② 理解甘薯、马铃薯、木薯的生物学基础，为甘薯、马铃薯、木薯高产栽培奠定基础。

③ 掌握甘薯、马铃薯、木薯的关键栽培技术。

能力目标

① 掌握甘薯、马铃薯、木薯大田选地、整地、种植、田间管理技术。

② 了解甘薯、马铃薯贮藏方法。

第一节 薯类作物概述

薯类作物是指地下的根或茎显著膨大，且贮藏有丰富的碳水化合物主要是淀粉，通过人工选择驯化、栽培的植物群的总称。薯类作物主要有马铃薯、甘薯、木薯等。

一、薯类作物在国民经济中的意义

（一）薯类是重要的粮食、蔬菜和饲料作物

薯类营养丰富，富含淀粉、蛋白质、矿质元素和多种维生素等，是重要的粮食作物和饲料作物。马铃薯是典型的粮菜兼用作物，甘薯叶中含有很多的功能活性成分，具有补虚益气、健脾强肾、益肺生津、抗癌、美容等功效，因此甘薯嫩叶和茎尖是一种很好的叶用蔬菜。

（二）薯类可以加工食品

1. 传统类食品

主要是利用薯类生产淀粉、粉条、饴糖或酿酒，这是中国加工、开发的传统薯类食品，在中国广大农村和中小城市有着广阔的市场。但这类产品目前的质量还有待进一步提高，应生产精白淀粉、精白粉丝等较高档的产品，以满足人们的需求。

2. 休闲食品

随着人民生活水平的提高，要求开发健康、卫生、食用方便、包装精美的薯类休闲食品供应市场。目前中国已开发的薯类休闲食品有红薯片、红薯干、辣味红薯干、油炸红薯片等，在此基础上还应借鉴国外的经验，开发生产系列流行薯类食品，如油炸土豆片、地瓜酪、薯脯酥等。

3. 方便食品

为了适应人们生活节奏的加快，可生产薯米、薯面、薯类面包、薯类糕点等方便食品。

4. 保健食品

红薯具有消除活性氧、抑制肌肤老化、防癌、抑制胆固醇、有益于心脏健康、预防肺气肿、抗糖尿病、减肥、润肠通便等作用。

日常生活中，人们所食用的动物性食品和粮食大多为酸性物，而甘薯为碱性物，可调节人体血液的酸碱平衡，减轻人体新陈代谢的负担。

（三）可提取或制备重要的化学成分

利用甘薯淀粉加工副产物红薯渣提取脱氢表雄酮（DHEA），利用甘薯叶制备绿原酸和提取总黄酮，从甘薯提取黏液蛋白。

DHEA能预防心血管、糖尿病、结肠癌和乳腺癌等多种疾病，提高人体免疫力、改善男性性功能以及缓解女性更年期各种不良反应等作用；绿原酸具有抗癌变、利胆、预防心血管疾病和抗菌抗病毒、抑制黑色素的产生等作用；黄酮类化合物具有抗癌、抗肿瘤、抗心脑血管疾病、抗炎镇痛、免疫调节、降血糖、治疗骨质疏松、抑菌抗病毒、抗氧化、抗衰老、抗辐射等作用；黏液蛋白具有抑制人体内胆固醇沉淀、防止动脉硬化、减少高血压发生。

二、薯类作物生产概况

全世界薯类生产国有100多个，2006年收获面积为5381.9万公顷，总产量73359万吨，单产13631kg/hm^2。2006年中国薯类种植面积563.82万公顷，总产量17486万吨，居世界第一位。

（一）甘薯

2006年中国甘薯种植面积为47.09万公顷，总产量为10022.20万吨，单位面积产量21.3t/hm^2。甘薯在中国分布很广，以淮海平原、长江流域和东南沿海各省最多。

（二）木薯

2006年中国木薯种植面积为26.58万公顷，总产量为430万吨，单位面积产量16.2t/hm^2。产量90%以上集中在广西、海南、广东、福建和云南等省区。广西是中国种植木薯最大省（区），种植面积和产量均占全国的60%以上。

（三）马铃薯

2006年中国马铃薯种植面积为490.15万公顷，总产量为7033.80万吨。单位面积产量14.3t/hm^2。主要分布在黑龙江、吉林、内蒙古、山西、甘肃、青藏高原和云、贵、川等广大地区，分北方、中原、南方、西南等四大区域。其中以西南山区的播种面积最大，约占全国种植总面积的1/3。

第二节　甘　薯

一、甘薯生物学基础

甘薯属旋花科甘薯属蔓生性草本植物。在热带终年长绿，为多年生植物；在温带经霜冻茎叶枯死，为一年生植物。甘薯植株可分为根、茎、叶、花、果实、种子等部分。

（一）甘薯的形态特征

1. 根

甘薯大田生产中，通常采用块根育苗，剪苗栽插的无性繁殖方法。薯苗节部最易发根，节间、叶柄和叶片亦具有发根能力。从这些部位发出的根均属于不定根，甘薯根可分为须根、柴根和块根 3 种形态。

（1）须根　又称纤维根，呈纤维状，细而长，有很多分枝和根毛，具有吸收水分和养分的功能。纤维根在生长前期生长迅速，分布较浅；后期生长缓慢，并向纵深发展。纤维根主要分布在 30cm 深的土层内，少数深达 1m 以上。

（2）柴根　又叫粗根、梗根、牛蒡根，粗约 1cm 左右，长可达 30～50cm，是须根在生长过程中遇到土壤干旱、高温、通气不良等不良气候条件和土壤条件的影响，使根内组织发生变化，中途停止加粗而形成的。柴根消耗养分，无利用价值，应防止其发生。

（3）块根　也叫贮藏根，是根的一种变态。它就是供人们食用、加工的薯块。甘薯块根既是贮藏养分的器官，又是重要的繁殖器官。甘薯块根多生长在 5～25cm 深的土层内，很少在 30cm 以下土层发生。块根通常有纺锤形、圆形、圆筒形、块状等几种形状。块根形状虽属品种特性，但也随土壤及栽培条件发生变化。皮色有白、黄、红、紫等几种基本颜色，由周皮中的色素决定。薯肉基本色是白、黄、红或带有紫晕。块根具有根出芽特性，是育苗繁殖的重要器官。

2. 茎

甘薯茎匍匐蔓生或半直立，长 1～7m，呈绿、绿紫或紫、褐等色。茎节能生芽，长出分枝和发根，利用这种再生力强的特点，可剪蔓栽插繁殖。

3. 叶

甘薯叶属不完全叶，互生，呈螺旋状排列，叶片有心脏形、肾形、三角形和掌状形，全缘或具有深浅不同的缺刻，同一植株上的叶片形状也常不相同；叶片颜色呈绿色至紫绿色，叶脉绿色或带紫色，顶叶有绿、褐、紫等色。

甘薯高产田茎叶盛长期单株绿叶数多达 150～200 片，叶寿命 30～50d，最长达 80d；甘薯最适叶面积指数，高产田多在 3.4～4.5，如果超过 5，属徒长型，而茎叶生长不良的低产田，叶面积指数常在 2 以下。

4. 花、果实与种子

（1）花　甘薯花或单生或数十朵丛集成聚伞花序，着生于叶脉或茎顶。甘薯花形与牵牛花相似，花形较小。花冠由 5 个花瓣联合成漏斗状，一般淡红色，也有蓝、紫色和白色，雄蕊 5 枚，花丝长短不一，雌蕊 1 枚，柱头呈球状。甘薯是异花授粉作用，自然杂交率达 90% 以上，自交结实率极低或不结实。

（2）果实（种子）　甘薯的果实是圆形或扁圆开的蒴果，每个蒴果含 1～4 粒种子。种子有圆形、半圆形和不规则三角形，种子较小，千粒重 20g 左右，种皮较坚硬，表面有角质层，透水性差。

（二）甘薯生长发育

1. 发根还苗期

薯苗栽插后，在适宜的温度和水分下，从入土的茎节部两侧和薯苗切口部位，先后长出一批不定根。当新根吸收水分与养分，薯苗地上部开始抽出新叶或新腋芽时，称为还苗。此期大量发生的吸收根是生长中心，地上部也开始缓慢生长。生产上要求栽插后迅速发根和还苗。

2. 分枝结薯期

从出现分枝到封垄始期。植株生长中心由根系逐渐转向茎叶生长和块根形成。生产上要求地上部早发快长，分枝又早又多，但地上部生长不能过旺，达到提早结薯和增加结薯数的目的。

3. 茎叶盛长、块根膨大期

从封垄到茎叶生长高峰。此时地上部重量达到最大值，同化物质向地下部运送量增多，薯快相应膨大，但黄叶与落叶陆续出现，形成新叶与老叶交替的现象。生长上要求茎叶生长适当，茎叶生长量不能不足或过旺，保证有利于块根膨大。

4. 块根盛长、茎叶渐衰期

从茎叶生长高峰期开始到收获为止。此期以薯块生长为中心。生产上要注意防止茎叶早衰，以促进块根迅速膨大。

（三）块根的形成与膨大

甘薯由幼根发育为块根，是前期初生形成层活动和后期次生形成层活动作用的结果。

1. 初生形成层活动与块根形成

初生形成层活动力强弱和中柱鞘薄壁细胞木质化程度大小决定甘薯幼根发展的方向。初生形成层活动程度强，中柱细胞的木质化程度小，幼根才能发育为块根，初生形成层活动弱或中柱细胞木质化程度大的，幼根就发育成为细根或柴根。

2. 次生形成层活动与块根膨大

甘薯栽插发根 20～25d 后，初生形成层继续活动外，先后在原生木质部导管内侧、次生木质部导管内侧、中央后生木质部导管周围以及中柱薄壁组织中，发生为数众多的次生形成层。由于次生形成层活动，分裂出许多薄壁细胞和次生木质部及次生韧皮部。由于薄壁细胞数量的增加，致使块根迅速膨大。次生形成层活动力的强弱和分布范围大小是决定块根膨大的程度。

（四）甘薯生长与环境条件的关系

1. 温度

甘薯是喜温作物，对温度反应是喜温暖、怕寒冷、忌霜冻。薯块萌芽最低温度为 16℃，最适温度为 28～32℃，芽苗在 10～14℃停止生长，在 9℃因冷害受损，40℃以上，薯苗停止生长，幼芽被灼伤。

薯苗发根的最低温度为 15℃，17～18℃发根正常，茎叶生长最适温度 18～35℃，长时间在 10℃以下或霜冻，地上部分会被冻枯死。

块根膨大最适温度为 20～25℃，低于 20℃时薯块即停止膨大，昼夜温差大，有利于块根积累养分和膨大；长时间在 10℃以下或霜冻，块根内部组织受破坏而表现"生理硬心"现象，导致品质变差，不耐贮藏。

2. 光照

甘薯属喜光的短日照作物。对光照的反应是喜光照、怕荫蔽、忌短日。充足的光照不但有利于光合作用，提高光合效率，而且可增大日夜温差，有利于茎叶生长和块根形成、膨大，荫蔽或阴雨天多则导致茎叶徒长，茎蔓细弱，叶片易枯黄，不利块根膨大。每天 9h 以下的短日照，能促进现蕾开花，由于现蕾开花消耗大量养分而不利于块根膨大增粗，每天 12h 以上的长日照条件下能抑制花芽分化，有利于光合产物运转块根，促进块根膨大增粗。

3. 水分

甘薯是需水较多的旱地作物，对水分的反应是喜湿润、怕干旱、忌渍水，各生育时期适宜的土壤最大持水量为：种薯萌芽 60%～70%，发根还苗期 70% 左右，块根盛长、茎叶渐衰期 65% 左右。如果土壤干旱缺水（土壤最大持水量 45%以下），则茎叶生长差，不定根内细胞木质化程度大，不利形成块根而成为粗根，已形成的块根则停止膨大并使薯皮老化变硬，但水分条件好转后又可恢复膨大，老硬的薯皮就破裂；如果土壤水分过多（土壤最大持水量大于80%）或渍水，则使茎叶徒长，且土壤缺少氧气而使不定根内形成层活动能力弱，不利形成块根而成为细根，已形成的块根会产生腐烂。

4. 土壤

甘薯耐瘠薄，对土壤要求不严格，但以土层深厚疏松，排水良好，含有机质较多，富含钾素，具有一定肥力的壤土或沙壤土为宜。

土质疏松和通气性好，能促进块根的膨大和养分积累。因为块根膨大依赖于形成层分裂活动产生大量薄壁细胞及淀粉积累等，而其所需能量来自块根的呼吸活动。呼吸需要消耗大量的氧，故通气性好的土壤，不但能促使库（块根）的扩大，且能提高叶片的光合强度，延长叶片的功能期，增加光合产物向块根部位输送，起到调节源与库的平衡发展的作用。

二、甘薯栽培技术

（一）选用良种

目前生产上种植甘薯品种繁多而优良品种少，造成"多、杂、老、少"的现象。因此，要根据不同地力、不同用途和生产期，选择适合本地种植、高产、优质、抗逆性强的品种。

（二）尽量选用脱毒种薯繁殖

甘薯品种在长期的种植情况下，由于生物学混杂、机械混杂和病毒感染而引起产量降低、品种退化、变劣，前两者通过精细的田间管理和去杂去劣可部分消除，但病毒造成的退化很难用栽培措施改善。甘薯病毒多达40种，病毒可造成甘薯减产12.8%～69.1%，有时甚至绝收。通过分生组织茎尖组织培养、生产脱毒种薯进行繁殖，能有效控制甘薯病毒危害，可使甘薯生长发育快，个体健壮，群体光合面积大，干物质积累数量多，大中薯的比例高，库容量大，一般增产20%～40%。

（三）育苗

1. 壮苗的特征

叶片肥厚、叶色较深、顶叶齐平、节间粗短、剪口多白浆、无气生根，秧苗不老化又不过嫩、根原基粗而多、不带病斑。

壮苗栽插是保证甘薯壮株的重要环节。茎蔓不同部位插条及插条节数多少等对发根和最终产量都有较大的影响，用顶段苗栽插，苗组织较嫩，根原基多，又未长出不定根，插后发根快而多，结薯多产量最高；中段苗次之；基段苗组织老化，节上长出不定根多，插后发根慢而少，结薯少产量低。剪苗段3个节以上，100根插条重1.5kg以上。

2. 种薯选择和种薯消毒

"好种出好苗"是我国农民长期生产实践经验的总结。选种应选择具有原品种皮色、肉色、形状等特征明显的纯种，要求皮色鲜艳光滑，次生根少，块根大小适中（100～150g），无病无伤，未受冻害、涝害和机械伤害，生命力强健的薯块。

种薯消毒可杀死附着在薯块上黑斑、茎腐等病菌孢子，一般用抗菌剂浸种，如用50%托布津或50%多菌灵可湿性粉兑水800倍浸种10min。

3. 排种量和适时下种

一般每公顷用种量750kg左右，约需苗床450～525m²，排种密度与育苗方法及培育壮苗有关，露地育苗排种较稀，采用斜排或平放，排种时薯块头部及阳面朝上，尾部及阴面朝下。大薯排放深些，小薯排放浅些，做到上齐下不齐，使盖土深浅一致。保证出苗整齐一般采用窝插，一次性育苗以40～50cm²，每窝插两个150～200g的中等薯块。排种后用细土填满薯间间隙，再泼浇净水和利用营养土或细土盖种薯。

下种时间要依据育苗方法和栽插时期确定，下种适期露地育苗为当地日平均温度稳定在15℃以上，地膜育苗在当地日平均温度稳定在12℃时。

4. 苗床管理

苗床管理的基本原则是"以催为主，以炼为辅，先催后炼，催炼结合"。

（1）前期高温催芽　从排种到薯芽出土，以"催"为主。要求适当提高床温，有充足的水分和空气，促使种薯萌芽。种薯排放前，床温应提高到30℃左右，排种后使床温上升到35℃，保持3～4d，然后降到32～35℃，最低不要低于28℃，起到催芽防病作用。没有加温设备的苗床也要采取有效措施，提高床内温度。

（2）中期平温长苗　从薯苗出齐到采苗前3～4d，温度适当降低，前阶段的温度不低于30℃，以后逐渐降低到25℃左右。掌握有催有炼，两相结合的原则。

（3）后期低温炼苗　接近大田栽苗前3～4d，把床温降低到接近大气温度，温床停止加温，昼夜揭开薄膜和其他防寒保温设施，任薯苗在自然气温条件下提高其适应自然的能力，使薯苗老健。使用露地育苗和采苗圃的地方，只要搞好肥、水管理，不使生长过旺就能育成壮苗。

5. 采苗

薯苗长到25cm高度时，要及时采苗，栽到大田（或苗圃），如果长够长度不采，薯苗拥挤，下面的小苗难以正常生长，会减少下一茬出苗数。

采苗最好在下午进行，随割随种，下午割苗，苗体含水量较少，乳汁浓度大，伤口易愈合，种后成活率高。

割苗后如遇不良天气等原因不能插植时，可把苗摊开放在荫凉潮湿处，防止苗体失水过多而枯黄，隔1～2d再插植，群众称为"饿苗"，饿苗时间不能太长，如超过2d，插后难以成活。经过饿苗的苗插后发根还苗期延长，结薯较少，高产栽培不宜用饿苗插植。

（四）整地起垄、施足基肥

1. 整地起畦

甘薯是块根作物，需要有深厚、疏松的土层才有利于块根的形成和膨大。甘薯根系和块根伸展膨大多分布在0～30cm土层内，因此，薯地耕翻深度以25～30cm为宜。

甘薯高产栽培，在提高整地质量的基础上必须起畦种植，起畦种植除了方便排灌和田间管理外，还具有下列作用：一是加厚土层，增强土壤的通透性和保水保肥能力；二是增加表土面积，使土温的日夜温差增大；三是有利于集中施基肥于畦心，以肥肥土，改善畦心的土层结构，使畦心疏松肥沃；四是可使茎叶在畦面上均匀分布，更好地利用阳光，以提高光合效率。由上述可知，甘薯起畦种植能创造一个深、松、水、肥、气、湿、光等条件较好的环境条件，以利地上部茎叶壮长和地下部块根形成、膨大，从而提高甘薯的产量。

起畦方法及规格：大垄单行，行距带沟1m，垄高33～40cm，每垄插苗1行；大垄栽双行，垄距带沟1～1.2m，每垄错窝双行，适用于栽插密度大，高产薯田；小垄栽单行，垄距带沟73～86cm，垄高20～26cm，每垄插一行，适用于贫瘠、土层较浅的山地。

2. 施足基肥

基肥一般占总肥量的70%～80%，基肥以有机肥为主，在起畦时集中进行条施，将基肥施在畦心内。一般每公顷施人畜类粪肥$1.5×10^4～2.25×10^4$kg，或施土杂肥$2.25×10^4～3.0×10^4$kg，过磷酸钙375～450kg，草木灰600～1500kg。

（五）栽插

1. 栽插期

适时早栽是提高甘薯产量的重要措施。早栽有利于地上部分生长及光合物质积累，块根膨大期延长，产量提高。此外，夏、秋薯早栽茎叶封行早，能减少地表水分蒸发，增强抗旱能力。冬薯早栽，在较高气温下发根还苗快，分枝结薯早，力争结有小薯后越冬，使体内糖分增加，抗寒力增强，春暖后能较快恢复生长。

甘薯适宜栽插期主要根据当地气温。当日平均气温稳定在 15℃ 以上，表土地温 17～18℃，达到薯苗发根最低温度以上，为春薯栽插适期。夏、秋、冬薯栽插期气温已高，温度不再是限制因素。长江流域春薯适宜在 4 月中、下旬栽插，夏薯在 6 月份，秋薯宜在 7 月下旬至 8 月上旬栽插。华南地区各季甘薯适宜栽插期为：春薯 5 月份栽完；夏薯 5、6 月间；秋薯 7 月中旬至 8 月上、中旬；冬薯为 10 月中旬至 11 月上、中旬。

2. 栽插密度

甘薯栽插密度应根据品种、土壤、水肥条件、栽插期及栽插方法等而定。如短蔓品种、贫瘠地、水肥条件差、直斜插、生长期较短、高台位地块和平作，个体生长受到一定的限制，栽插密度宜大些；反之，栽插密度宜小些。综合各地经验，夏薯每公顷 5.25 万～6.0 万株，套作时每公顷比净作降低 0.75 万～1.5 万株。

3. 栽插方法

甘薯栽插方法较多。栽插时必须掌握"苗要插得浅，节要插得多"的原则。生产上常用的栽插方法主要有 3 种。

（1）直插 将薯苗垂直插入土中 2～3 节，其余节露在外部。因插苗较深，吸收下层水分、养分较多，比较抗旱耐瘠，成活率也较高。但入土节数少，加之结薯集中在上部节位，单株结薯数较少，影响产量提高，应增加栽插密度。

（2）斜插 将薯苗斜插土中 3～4 节。单株结薯数比直插多，且近土表结薯较大，下部节位结薯少而小，插苗较深、较抗旱、成活率较高。

（3）水平插 将薯苗平插入土中 3～5 节。此法入土节数较多，入土节位又较浅，结薯早而多，薯块大小均匀，产量较高。但用苗量多，不耐旱，栽插较费工。水平插适用于水肥条件和生产水平高的薯地。甘薯栽插深度以 3～7cm 为宜。

（六）田间管理

1. 中耕除草、培土

在还苗后（栽插 10d）至封垄前，一般进行 2～3 次中耕，第一次中耕较深，约 7cm，后期每隔 10～15d 进行第二次，第三次，但较浅。中耕要做到不损伤茎叶和不定根，又能使畦土较疏松，以改善透气条件，促进不定根分化成块根。由于块根横向膨大增粗，会使畦面和畦两侧的土壤出现裂缝，有利于甘薯小象甲沿裂缝入土侵害块根，造成块根虫害严重而影响品质，因而要及时做好培土复盖畦面和畦侧的裂缝以防虫害。

2. 科学施肥

（1）甘薯的需肥特点 据分析，每生产鲜薯 1000kg，约需吸收 N：3.5kg，P_2O_5：1.8kg，K_2O：5.5kg。其中以钾最多，氮次之，磷最少，氮、磷、钾比例约为 2：1：4。

氮素的吸收以前中期为多，当茎叶进入盛长期时，氮吸收达到最高峰，磷素在茎叶生长阶段吸收较少，进入薯块膨大期略有增多，钾素在整个生育期都较磷、氮多，尤其薯块膨大后期更为明显。

（2）追肥技术

① 壮苗肥 在栽后 7～15d 进行，每公顷施尿素 45～75kg，或稀薄人粪尿 1.5×10^4～2.25×10^4 kg，以促苗生长健壮。

② 壮株肥 在基肥、苗肥不足的土壤，在分枝结薯阶段（栽后 30d）追施壮株肥，每公

顷尿素 75～90kg，钾肥 45～60kg，以促进分枝壮长、早结薯，这次肥注意氮钾肥结合，防止氮肥过多导致形成块根少而粗细根多。

③ 攻薯肥　栽后 50～70d 内追施，其作用是促进茎叶生长旺盛而健壮，并促进块根膨大增粗。最好是以腐熟有机肥为主，配合施用速效氮钾肥，并以钾肥为主，才可防止茎叶徒长，提高光合效率，促进块根膨大。一般每公顷人粪尿 1.5×10^4～2.25×10^4kg，尿素 75～120kg，钾肥 120～150kg。采用破畦两侧施肥后培土的方法，这种施肥方法称为"夹边肥"，施夹边肥的优点是不仅把肥施入畦中便于根系吸收，而且松土培土有利块根膨大。

④ 裂缝肥　在栽插后 80～90d，垄顶出现裂缝时每公顷尿素 75kg，或稀薄人粪尿 1.5×10^4kg，沿裂缝浇施，施后进行培土。

3. 灌水及排涝

土壤过于干旱影响块根的形成、膨大，甘薯生长前期土壤湿度以田间持水量 70% 为宜，持水量在 60% 以下时，需进行灌水。如遇涝害，会影响块根膨大，折干率降低，不耐贮藏，应迅速排涝。

4. 适时收获

甘薯块根没有严格的成熟期，一般以茎叶衰老、叶色转黄、落叶多时即可收获。如茎叶衰老缓慢，环境条件适于块根形成层活动，可推迟收获以提高产量。甘薯怕霜冻，有霜冻的地区应在霜前收获，避免块根受冻害出现"生理硬心"现象，而降低品质和耐贮性。

（七）甘薯安全贮藏

1. 甘薯安全贮藏条件

（1）温度　甘薯最适贮藏温度为 10～15℃，尤其 10～14℃ 为好。低于 9℃ 就会受冷害，抗性降低，病害容易发生，温度低于 -1.5℃，薯块内细胞结冰，组织受损，温度超过 15℃，薯块发芽消耗养分增多，降低品质。

（2）湿度　为保持薯块新鲜，保持室内相对湿度 80%～90% 为佳。

（3）空气　贮藏窖内应特别注意通风，不宜贮藏过满和过早封窖。

（4）薯块质量　凡受损、带病、水渍和受冷害的薯块都应尽早剔除。

2. 甘薯贮藏技术要点

（1）贮房消毒　用来贮藏的薯窖，应清扫干净，并认真消毒，通常是用硫黄熏蒸消毒，按 $5\sim15\text{g/m}^2$ 分布多点燃烧，密闭熏蒸 24h，然后充分通风。

（2）适时收获　甘薯易遭受冷害，须适时收获。气温在 12℃ 以上可收获，不能低于 10℃ 后收获。收获当天稍经晾晒就要装筐（箱）包装好入贮，不能破伤淋雨，避免甘薯容易腐烂。

（3）精选薯块　用来长贮的甘薯，要严格选择，要把破伤、霜冻、水泡、病虫危害的薯块剔除去，选择大小适中（一般为中等的）、无伤、无病的优良薯块进行贮藏。

第三节　马　铃　薯

一、马铃薯生物学基础

马铃薯属茄科茄属一年生草本植物。

（一）马铃薯形态特征

1. 根

马铃薯由种子繁殖所形成的根是直根根系；由块茎繁殖所形成的根系为须根系。大部分根系存在 0~30cm 的土层内，一般不超过 70cm，个别根系入土深度 150~200cm；水平伸展 30cm 左右。

2. 茎

马铃薯的茎包括地上茎、地下茎、匍匐茎和块茎。

（1）地上茎　种薯芽眼萌发的幼芽发育形成的地上枝条称地上茎。多数品种茎高为 30~100cm，栽培品种中，一般地上茎都是直立型或半直立型。

（2）地下茎　地下茎是种薯发芽生长的枝条埋在土里的部分。它的身上着生根系（芽眼根和匍匐根）、匍匐茎和块茎，地下茎长度为 10cm 左右，节间短，有 6~8 个节。

（3）匍匐茎　马铃薯的匍匐茎由地下茎的节上腋芽长而成。匍匐茎一般在出苗后 7~10d 开始发生，发生后 10~15d 便停止生长，顶端开始膨大形成块茎。匍匐茎大部集中在地表 0~10cm 土层内，长度一般为 3~10cm。匍匐茎具有地上茎的一切特性，担负着输送大量营养和水分的功能。

（4）块茎　马铃薯的块茎，是由匍匐茎尖端膨大形成的一个缩短而肥大的变态茎。块茎最顶部的一个芽眼较大，里边能长出的芽也较多，叫做顶芽；块茎侧面芽眼中长出的芽叫侧芽；尾部的芽眼较稀，所长出的芽叫尾芽。

块茎与匍匐茎连接的一头是尾部，也叫脐部。

块茎每个芽眼内有三个或三个以上未伸长的芽，中央较突出的为主芽，其余的为副芽。

3. 叶

马铃薯的第一、第二个初生叶片是单叶，以后生长的叶子是奇数羽状复叶，叶表皮上有茸毛和腺毛，茸毛和腺毛能减少蒸腾作用，吸附或吸入空气中的水分，增强植株抗旱能力。

4. 花、果实和种子

马铃薯为自花授粉作物。花序为聚伞花序，每个花序有 2~5 个分枝，每个分枝上有 4~8 朵花。

果实为浆果，果实内含 100~250 粒种子。

种子很小，千粒重为 0.5~0.6g。刚收获的种子，一般有 6 个月左右的休眠期。当年采收的种子发芽率一般为 50%~60%，经过贮藏一年的种子发芽率较高，一般可达 85%~90% 以上。

果实里的种子叫实生种子，用实生种子种出的幼苗叫实生苗，结的块茎叫实生薯。

（二）马铃薯的生长发育

1. 芽条生长期

从播种开始至幼苗出土为芽条生长期。块茎萌发时，首先幼芽发生，其顶部着生一些鳞片小叶，即"胚叶"，随后在幼芽基部的几个节上发生幼根。

同时，在幼芽基部形成地下茎，其上有 6~8 个节，每个节上分化并发生匍匐茎，在匍匐茎的侧下方产生 3~6 条匍匐根。

此期是以根系形成和芽的生长为中心，同时进行叶、侧芽、花原基的分化。在此期间发育强大根系是构成壮苗的基础。

2. 幼苗期

从幼苗出土至现蕾为幼苗期。出苗后根系继续扩展，茎叶生长迅速，多数品种在出苗后 7~10d 匍匐茎伸长，5~10d 顶端开始膨大，同时顶端第一花序开始孕育花蕾，侧枝开始发生。马铃薯无性繁殖时苗期短、幼苗速熟的特性是它不同于其他作物的最大特征之一。

幼苗期是以茎叶生长和根系发育为中心，同时伴随匍匐茎的伸长和花芽分化。此期植株发育的好坏是决定光合面积大小、根系吸收能力及块茎形成多少的基础。

3. 块茎形成期

从现蕾至第一花序开始开花为块茎形成期。块茎具有雏形开始，经历地上茎顶端封顶叶展开、第一花序开始开花、全株匍匐茎顶端均开始膨大（直到最大块茎直径达 3～4cm）、地上部茎叶干物重和块茎干物重达到平衡。

生长中心已逐渐转地上部茎叶生长与地下部块茎形成并进阶段。这当中存在一个转折期，此期地上部主茎生长暂时减慢，转折终点可用茎叶干重与块茎干重相等时为标志。在转折阶段内因营养物质的需要骤然增多，造成暂时的供求脱节，出现地上部生长缓慢时期，一般在 10d 左右，这个时期延续的长短决定于当时植株营养状况，营养状况愈好，缓慢生长期愈短，反之则长。栽培上应促控结合，促茎叶生长良好，制造足够的养分，使转折期适时出现，保证有充足的养分转动至块茎，防止茎叶疯长，消耗养分过多，不利于块茎形成；更要避免茎叶生长不良，养分不足，转折时的缓慢生长期延长，限制茎叶发展和促使早衰而影响最终产量。

4. 块茎增长期

盛花至茎叶衰老为块茎增长期。此期叶面积已达最大值，茎叶生长逐渐缓慢并停止，地上部制造的养分不断向块茎输送，块茎的体积和重量不断增长。

此期以块茎膨大和增重为中心的时期，块茎增长速度为块茎形成期的 5～9 倍，是决定块茎产量和大薯、中薯率的关键时期。

5. 淀粉积累期

从茎叶开始逐渐衰老至植株基部 2/3 左右茎叶枯黄为淀粉积累期。

该期茎叶停止生长，地上部同化产物不断向块茎中转运淀粉，体积不再增大，但重量继续增加。当茎叶完全枯萎，薯皮容易与薯块剥离时，块茎充分成熟，逐渐转入休眠。

此项是以淀粉积累为中心，淀粉积累可一直继续到叶片全部枯死以前。此期应防茎叶早衰，也要防止后期水分和氮素过多，贪青晚熟，降低产量与品质。

6. 成熟及收获期

一般当植株地上部茎叶黄枯，块茎内淀粉积累充分时，即为成熟收获期。

（三）马铃薯块茎休眠

新收获的块茎，即使在适宜的条件下，也不能很快发芽，必须经过一段时期才能发芽，这种现象叫做马铃薯块茎休眠。

马铃薯休眠是因新收的块茎内脱落酸和 β-抑制复合物激素含量较高，这些激素抑制了块茎对氧气和磷的吸收及 α-淀粉酶、蛋白酶和核糖核酸酶的活性，使芽得不到生长所需要的能量和养分，细胞分裂活动减弱，因而使块茎处于休眠状态。休眠还与致密的木栓化周皮阻止了块茎内外氧气交换使呼吸作用和生理代谢活动减弱有关。

生产上人为打破休眠，最常用的方法是 0.5～1mg/kg 赤霉素溶液，浸泡 10～15min 或 0.1%高锰酸钾浸泡 10min 等。

脱毒种薯生产中，用 0.33mL/kg 的兰地特气体熏蒸 3h 脱毒小薯，可打破休眠，提高发芽率和发芽势。

（四）马铃薯生长发育与环境条件的关系

1. 温度

马铃薯植株的生长及块茎的膨大，有喜凉特性。生育期间以日平均气温 17～21℃ 为适宜。

块茎萌发的最低温度为 4～5℃，芽条生长的最适温度是 13～18℃，最高温度是 36℃；茎叶生长的最低温度为 7℃，最适温度为 15～21℃。土温超过 29℃时，茎叶停止生长。对花器官的影响主要是夜温，12℃形成花芽，但不开花，18℃大量开花；块茎形成的最适温度是 20℃，在低温条件下形成较早；块茎增长的最适宜温度为 15～18℃，20℃时块茎增长速度减缓，25℃时块茎生长趋于停止。

2. 光照

光照强度大，叶片光合强度高，块茎形成早，块茎产量和干物质含量也较高，但过强光照下，植株后期易出现早衰现象。

日照长度在每天日照 12～13h 植株较矮小，但块茎形成早，产量高；日照长度每天日照超过 15h，植株生长繁茂，匍匐茎大量发生，块茎产量下降。

温度、光照、日长三者的相互作用对马铃薯影响较大。高温、长日照和弱光照对地上部生长有利；而较低温度、短日照和强光有利于块茎形成膨大和获得高产。

3. 水分

马铃薯的蒸腾系数为 400～600，在其生长期间有 300～500mm 均匀分布的雨量就可保证马铃薯的正常生长。整个生长期间，土壤湿度保持田间最大持水量的 60%～80% 为最适宜，但各生育阶段的需水量不同，苗期占全生育期需水量的 10%～15%，块茎形成期 20% 以上，块茎增长期 50% 以上，淀粉积累期 10% 左右。块茎形成与块茎增长期需水占全生育期需水的 70% 以上，块茎膨大期间，若干湿失调，块茎时长时停，容易形成次生薯和畸形薯，但盛花期后应适当控制水分，防止茎叶徒长，块茎逐渐成熟时，要避免水分过多，否则，易引起块茎皮孔增生，影响产量和品质。

4. 土壤

冷凉地方砂土和砂质壤土最好，温暖地方砂质壤土或壤土最好。

砂土中生长的马铃薯，块茎特别整洁，表皮光滑，薯形正常，淀粉含量高，且易于收获。

马铃薯适宜在微酸性土壤中生长，最适宜的土壤 pH 值是 5.5～6.5，pH 值 5～8 的土壤种植生长比较正常。

5. 养分

每生产 1000kg 马铃薯鲜薯约需从土壤中吸收纯氮 5kg，磷素 2kg，钾素 11kg。

幼苗期需肥较少，占全生育期需肥总量的 25% 左右；块茎形成至块茎增长期需肥最多，约占全生育期需肥总量的 50% 以上；淀粉积累期需肥又减少，约占全生育期需肥总量的 25% 左右。

二、马铃薯栽培技术

(一) 选用良种

选用良种是马铃薯高产栽培的一个重要环节，而选用优良脱毒马铃薯品种是高产栽培的基础。适宜品种应早熟、高产、稳产，综合抗病性较强，品质较好。

(二) 选地整地

马铃薯是不耐连作的作物。种植马铃薯的地块要选择三年内没有种过马铃薯和其他茄科作物的地块。马铃薯与水稻、玉米、小麦等作物轮作增产效果较好。

种植马铃薯地块要进行深耕细耙，耕地深度，一般以 20～25cm 为宜，然后作畦。畦的宽窄和高低要视地势、土壤水分而定。地势高排水良好的可作宽畦，地势低，排水不良的则要作窄畦或高畦。

（三）施足基肥

马铃薯的基肥要占总用肥量的 3/5 或 2/3。基肥以腐熟的堆厩肥和人畜粪等有肥机为主，配合磷、钾肥。一般每公顷施有机肥 $1.5 \times 10^4 \sim 2.25 \times 10^4$ kg，过磷酸钙 $225 \sim 375$ kg，草木灰 $1500 \sim 2250$ kg，基肥应结合作畦或挖穴施于 10cm 以下的土层中，以利于植株吸收和疏松结薯层。播种时，每公顷施用腐熟的人畜粪尿 $1.5 \times 10^4 \sim 2.25 \times 10^4$ kg，或氮素化肥 $75 \sim 120$ kg 作种肥，使出苗迅速而整齐，促苗健壮生长。

（四）种薯处理

1. 精选种薯

在选用良种的基础上，选择薯形规整，具有本品种典型特征，薯皮光滑、色泽鲜明，重量为 $50 \sim 100$ g 大小适中的健康种薯作种。选择种薯时，要严格去除表皮龟裂、畸形、尖头、芽眼坏死、生有病斑或脐部黑腐的块茎。

2. 种薯消毒

种薯消毒是用药剂杀死种薯表面所带病菌。整薯消毒可用克露、多菌灵或百菌清 $500 \sim 700$ 倍液，浸种 $15 \sim 20$ min 消毒，然后存放于通风阴凉有散射光处，待表面干爽后进行催芽或切块。

切块消毒可用生石灰粉或自制消毒粉（双飞粉 1kg＋多菌灵、甲基托布津各 20g＋新植霉素 1g 混匀，可拌种 100kg）拌种薯，待切面干爽后催芽。

3. 切块与小整薯作种

（1）种薯切块种植　能促进块茎内外氧气交换，破除休眠，提早发芽和出苗。但切块时，易通过切刀传病，引起烂种、缺苗或增加田间发病率，加快品种退化。一般以切成 $20 \sim 30$ g，每块有 $1 \sim 3$ 个芽眼为宜。切块时要纵切，使每一个切块都带有顶端优势的芽眼。切块时要准备 2 把刀交换使用，为防止切刀传病，应用 75% 酒精或 0.5% 高锰酸钾溶液浸泡切刀消毒。

（2）小整薯作种　小整薯比同等大小的切块芽眼多，每穴茎多，出苗快而整齐，抗旱、抗寒力强，节省切薯费用，减少种薯感病率，便于机械化播种等优点，因而采用 25g 左右健壮小薯作种，有显著的防病增产效果。但小薯一般生长期短，成熟度低，休眠期长，而且后期常有早衰现象。栽培上需要掌握适当的密度、作好催芽处理，增施钾肥，并配合相应的氮磷肥，才能发挥小薯作种的生产潜力。

4. 催芽

（1）沙床催芽　播种前 $7 \sim 10$ d，将切好的薯块或整薯分层铺在湿沙床上，放一层薯块，铺一层 $2 \sim 3$ cm 厚的湿沙，一般铺 $3 \sim 4$ 层，最后用麻袋或稻草盖好。

保持 20℃ 左右的适温和经常湿润的状态，忌淋水过多，底部积水。待芽长出后取出进行适当炼芽（以芽变紫色为宜），按芽长、粗壮程度分级种植

（2）稻田就地催芽　将经过消毒处理的种薯堆在田中，厚度不超过 20cm，用稻草或黑膜覆盖，避雨催芽要注意开好排水沟，经常检查温湿度（温度保持在 $20 \sim 25$℃ 为宜）。

（五）适时播种

确定马铃薯播种适期的重要条件是生育期的温度。原则上要使马铃薯结薯盛期处在日平均温度 $15 \sim 25$℃ 条件下。而适于块茎持续生长的这段时期愈长，总重量也愈高，春播保证全生育期有 $100 \sim 120$ d，夏、秋播应保证全生育期有 90d 以上的。南方春播期为 1 月上旬至 3 月中旬，在此范围内随海拔高度或纬度的上升，播期逐渐延迟；秋薯通常以当地平均气温

下降至 25℃ 以下为播种适期，山区播种稍早，在 7 月中下旬至 8 月上旬，丘陵和平坝区偏迟，以 8 月中下旬至 9 月上旬为宜；在冬、春两季无霜或基本无霜的地区，可冬播马铃薯，播期 12 月上旬至 12 月下旬，次年 4 月下旬至 5 月上旬收获。

（六）合理密植

1. 产量构成因素和密度单位

马铃薯的产量决定于单位面积薯块数与单薯重。而每平方米薯块数决定于每平方米茎数与每茎薯块数，总茎数决定于每平方米种薯数和每薯芽数，每薯芽数又决定于薯块体积和萌发条件。一般常用播种量或单位面积株数（由一个块茎萌发而成的株丛称为一株）来表示密度大小。

2. 密度对块茎产量和品质的影响

（1）对植株生长及薯块大小的影响　增加茎密度，株丛增高，腋生分枝大量减少，植株密集，影响单茎、单株的光截获量；随着密度增加，植株内氮素浓度降低，发生早期落叶，表明增加茎密度常需要供应更多的氮素。茎密度增加，单茎结薯数减少，总薯数增加，薯块变小。

（2）对总产量与分级产量的影响　茎密度高，生长早期的叶面积就大，可促进早期块茎生长，从而提高总产量。但成熟时收获，产量随茎密度增加而呈抛物线的趋势。

马铃薯按完整块茎分等，等级指标见表 5-1。

表 5-1　马铃薯块茎等级指标

等级	要　　求
特级	大小均匀；外观新鲜；硬实；清洁、无泥土、无杂物；成熟度好；薯形好；基本无表皮破损、无机械伤；无内部缺陷及外部缺陷造成的损伤。单薯质量不低于 150g
一级	大小均匀；外观新鲜；硬实；清洁、无泥土、无杂物；成熟度较好；薯形较好；轻度表皮破损、无机械伤；内部缺陷及外部缺陷造成的轻度损伤。单薯质量不低于 100g
二级	大小均匀；外观较新鲜；较清洁，允许有少量泥土和无杂物；中度表皮破损、无严重畸形；无内部缺陷及外部缺陷造成的严重损伤。单薯质量不低于 50g

注：马铃薯以一级为中等标准，低于二级的为等外马铃薯。

最高产量的最适密度较高，商品薯的最适密度则较低，越是大薯，其最高产量的最适密度越低。因此，生产目的不同，适用的品种及其茎密度的配置也不同。大型商品薯要选用单茎结薯少的品种和低的茎密度；罐头用薯要求小块茎，要选用单茎结薯多的品种和高的茎密度。

高密度块茎变小，干物质含量相对较高，可减少收获时的损伤。但密度增大，变绿茎和畸形块茎增多，影响销售价值。

（3）密度范围与种植方式　南方地区种植马铃薯，二季作区种植密度较大，一季作区种植密度较小；早熟种与结薯集中的品种宜密，晚熟种与结薯分散的品种宜稀。一季作的低山或半高山地区，气候良好，种植密度以每公顷 6 万～7.5 万株；高山地区气候寒冷，种植密度每公顷可增大至 9 万株左右；二季作区植株生育期较短，种植密度以每公顷 7 万～9 万株为宜。秋薯生长量比春薯小，播期越晚，差别越大，每公顷可较春薯增加 3 万～3.75 万株。繁殖无毒种薯应通过增茎以控制种薯大小，每公顷茎数在 30 万茎（每株 2～3 茎）以上。

（七）田间管理

1. 查苗补苗

单位面积茎数是构成产量的最重要因素，缺苗影响单位面积茎数。缺苗一株，相邻植株可以补偿损失约50％，如连续缺苗2～3株形成断行时，则影响产量更大。马铃薯出齐后，要及时进行查苗，用播种时在田间地头种植多余的薯块或采用多苗的穴，自其母薯块基部掰下多余的苗，进行补苗，保证全苗，对补苗要进行偏水偏肥管理。

2. 中耕培土

中耕松土，使结薯层土壤疏松通气，提高土温，利于根系生长、匍匐茎伸长和块茎膨大。出苗前如土面板结，应进行松土，以利出苗。齐苗后及时进行第一次中耕，深度8～10cm，并结合除草，第一次中耕后10～15d，进行第二次中耕，宜稍浅。现蕾时，进行第三次中耕，比第二次中耕更浅，以防损伤匍匐茎，并结合培土，培土厚度不超过10cm，为结薯创造深厚疏松土层，避免薯块外露，降低品质。

3. 追肥

马铃薯从播种到出苗时间较长，出苗后，要及早用清粪水加少量氮素化肥追施芽苗肥，以满足下阶段茎叶盛长的需要，形成足够大小的叶面积，才能为块茎膨大提供充足的光合产物。

现蕾期结合培土追施一次结薯肥，以钾肥为主，每公顷追施钾肥75kg，再配合施用适量氮肥，追肥总氮量应控制在纯氮75kg/hm² 以内。

植株封行或开花后，一般不再进行根际施肥，若后期表现脱肥早衰现象，可用磷钾或结合微量元素进行叶面喷施。二季作区马铃薯生育期短，应早追肥促早发，将氮、钾化肥于齐苗期一次施下，才能充分发挥肥效。

4. 注意防旱排水

苗期植株抗旱力强，一般需要灌溉，土壤含水量保持在最大持水量的50％～60％即可；块茎形成期枝叶繁茂，需要水量多，遇旱应灌溉，以防干旱中止块茎形成，减少块茎数量，此期土壤含水量以保持土壤最大持水量的60％～75％为宜；块茎增长期叶面积达到最大值，叶面蒸腾与块茎迅速膨大均需要充足水分，此期耗水量约占全生育期的1/2，干旱使小薯、屑薯、次生薯增多，降低产量和品质，在低洼地种植马铃薯或块茎增长期遇多雨季节，应在植株封行前培土成高垄，加深垄沟，以利于排水，保证块茎膨大所需要的通气条件，防止根系早衰，还可以减少晚疫病、软腐病等病原菌对块茎的侵染，块茎增长期土壤水分以保持最大持水量的60％～75％为宜。

（八）收获

马铃薯当植株生长停止，茎叶大部分枯黄时，块茎很容易与匍匐茎分离，周皮变硬，干物质含量达最高限度，即为食用块茎的。由于马铃薯只要茎叶不枯，块茎仍继续增重，因此，在最适收获期前，收获越早，产量越低，但过迟收获，会增加病虫感染机会。利用块茎做种应提前5～7d收获，以减少病毒在块茎中的积累，减轻生长后期高温的不利影响，提高种性。

收获应选晴朗干燥天气进行，收前1～2d选割茎叶，如植株繁茂郁闭，可在收获前3～4d割茎叶，以降低土壤湿度，减少病菌对块茎的侵染。收获期间若遇高温烈日，则宜在早上或傍晚挖收。收获过程要尽量减少机械损伤，并要避免块茎在烈日下曝晒，以防降低种用和食用品质。

三、安全贮藏

（一）块茎在贮藏期间的生理生化变化

马铃薯贮藏期间呼吸作用旺盛，特别是收获后2～3周，放出大量热能和CO_2，使薯堆温度和湿度迅速增高，因呼吸作用和水分蒸发，可减轻块茎重量 6.5%～11%，而失重达到 10%，就不能做食用，只能用于饲料；同时块茎水分损失过多，薯皮皱缩，芽眼老化，更不宜做种用。此外，由于 CO_2 的积累过多，温、湿度增高，还会引起微生物活动，导致块茎腐烂。

贮藏期间淀粉与糖的含量了有变化，新收的块茎，糖分含量很低，休眠结束时增高，萌芽时由于自身消耗，糖分含量又下降。淀粉含量在 10～15℃ 下较为稳定，10℃ 以下淀粉含量下降，糖分含量增加，如在 0℃ 下长期贮藏，会引起糖分大量聚积，块茎变甜，降低食用品质。贮藏期间见光，龙葵素含量增加，龙葵素是一种有毒的糖苷生物碱。

（二）块茎安全贮藏方法

贮藏窖需要具备通风、防水湿、霜冻和病虫传播等条件。贮藏前将块茎分级和摊晾 1～2 周，使伤口愈合，薯皮坚实，再剔除未愈合的伤薯、病薯和畸形薯后，即可贮藏。贮藏期间的适宜温度，种薯应控制在 1～5℃，最高 7℃；食用薯应保持在 10℃ 以上，相对湿度以 85%～95% 为宜，不使块茎见光。贮藏方法有两种。

1. 夏贮法

两季作春薯或秋、冬薯收后的块茎于夏季贮藏，主要是解决好降温和通风问题，一般在阴凉通风地点用架藏或竹篓贮藏。架藏是有竹木作成架床，分层放薯，架间留有间隙，便于通风和管理操作。此外，也可利用地下室较凉爽的特点，作为冷库进行大量贮藏。

2. 冬贮法

高山一季作的块茎于冬季贮藏，要注意保温防寒，一般采用沟贮。将块茎置于挖好的沟内，上浅盖 15cm 沙土，再加盖稻草，保持温度在 1～5℃ 之间，春季温度回升冬贮也可在室内较温暖处进行堆贮或架贮。调节贮藏温度不得高于 10℃。

四、马铃薯的退化原因及防止措施

（一）马铃薯退化的原因

马铃薯在南方夏季炎热地区春种，经一年或数年后，产量逐渐降低，甚至完全没有收成，这种现象叫马铃薯退化。退化的马铃薯，茎秆纤弱，叶片卷曲，皱缩或花叶，块茎变形，瘦小，薯皮龟裂，产量下降。

引起马铃薯退化的直接外因是病毒为害，南方常见的有花叶病毒、卷叶病毒、普通花叶病毒和纺锤块茎类病毒等，这些病毒通过机械摩擦、蚜虫、叶蝉或土壤线虫等媒介传播而侵染植株引起退化。病毒侵染，有的是一种病毒单一侵染，有的是两种或多种病毒复合侵染，因而出现的症状也多种多样，南方地区以皱缩花叶类型和卷叶类型最为普遍。

高温是引起马铃薯退化的间接外因，马铃薯在高温下栽培，生长势衰弱，耐病力下降，而且高温有利于病毒繁殖、侵染和在植株体内扩散，因而加重了病毒的危害，加重了退化。此外，生长和贮藏过程中的其他栽培或环境条件，也影响植株生长和病毒的增殖与危害程度。

马铃薯退化的内因是品种抗病毒能力，抗病力强的品种，发病较轻，退化不严重，抗病力弱的品种发病重，退化比较严重。

（二）防止马铃薯退化的措施

1. 选用抗病力强的品种

选用抗病力强的品种是防止退化的有效措施，同时，要注意健全良种繁育体系和制度，在高山较冷凉的地方建立留种基地，把选用良种和防毒保种结合起来，才能维持良种的生产力和延长其使用年限。

2. 秋播和晚播留种

春秋两季作用秋播留种和一季作用晚夏播留种，使结薯期处于冷凉气候下，植株生长健壮，增强了抗病性，且不利于病毒的繁殖与感染，用这种生长期中病毒积累较少，较少受高温影响的种薯作种，可减少退化。

3. 去除病毒

（1）选择优株扩大繁殖　在病毒感染尚不严重的田块，选择健壮优良单株，进行繁殖留种，淘汰有病的植株。

（2）利用实生薯作种　马铃薯的病毒很少侵入花粉、卵和种胚，因此通过有性生殖可汰除无性世代所积累的病毒，生产无病毒种子、实生苗、实生薯，防止退化。

（3）茎尖培养无毒种薯　植株组织中病毒浓度的分布是不均匀的，茎尖分生组织基本上不带病毒，因此，可以通过茎尖组织培养获得无病毒的植株和薯块，再以这种无毒原种薯块在生产上作种，可排除多数病毒和防止退化。

（4）改进栽培技术和贮藏条件　采用适宜的栽培措施如选砂壤土种植、高肥水、合理密植、加强田间管理、防治蚜虫和适时早收等都可促进植株健壮生长，增强抗退化能力，减少田间病毒，防止退化。贮藏中要避免薯块受高温影响或低温冻害以及失水皱缩，过早萌芽，损耗养分，病虫危害等现象，以防止种薯老衰，降低生活力，引起退化。

五、马铃薯稻草覆盖免耕栽培技术要点

（一）田块选择和整理

1. 田块选择

马铃薯稻草覆盖免耕栽培宜选择排灌方便、土质疏松、pH值5.5～6.0、保水保肥力较强的砂壤土田块进行栽种。低洼田、浅瘦田、黏重田、山坑田、冷浸田、烂渍田等不宜搞马铃薯免耕栽培。

2. 田块整理

稻田四周要开环田沟，沟宽40cm、深25～30cm，田中间要分厢起畦，畦宽160cm，每畦种4行，也可畦宽70cm，每畦种2行。

畦与畦之间留出30～40cm的宽度，作为排灌水沟和人行道，待摆种施肥后把沟铲至20～25cm深度，将土打碎后均匀铲放于畦面上，使畦面微呈弓背形，防止渍水。

（二）播种

1. 大畦种植

每畦播种4行，宽窄行种植，中间为宽行，大行距为40cm，两边为窄行，小行距为30cm，株距为25～30cm，畦边各留20cm，按"品"字形摆种。

摆种时，将种薯摆放在土面上，芽眼向下或侧向贴近土面，施肥后将沟土打碎后均匀地铲放于畦面上，将种薯、肥料盖住，然后覆盖6～8cm厚的稻草，再将排灌沟剩余沟土盖在稻草上，以防漏光或大风吹走稻草。

2. 小畦种植

每畦播种两行，行距30cm，株距25cm左右，畦边各留20cm，按"品"字形摆种。其他技术与大畦种植相同。

（三）施肥

摆完种后，按氮磷钾2∶1∶4的比例，根据稻田肥力和产量要求在盖稻草前一次性施足

肥料。施于距种薯 4~5cm 的四周株行间,避免与种薯直接接触。

(四)水分的管理

播种盖好草后,浇灌定植润草水,以稻草和土壤完全湿润为度。也可采用沟灌,水深不超过畦高 2/3,并一边灌一边用水勺泼淋湿润后,让沟水自然落干。注意不能使水浸过畦面,以免稻草飘移和畦面渍水;出苗前要始终保持土壤湿润;现蕾开花期需水量最大时期,无雨干旱时要及时灌溉,最好沟中保留 1~2cm 的水;生长后期需水较少,要注意清沟排水。

第四节 木 薯

一、木薯生物学基础

木薯是大戟科木薯属的一个种,本属有 100 多个种,木薯为唯一用于经济栽培的种,其他均为野生种,木薯可分为甜、苦味两个品种类型,甜味品种含氰酸量很少,全株含氰酸约为 0.02%,苦味品种含氰酸较多,全株含氰酸约为 0.02%~0.05%,毒性很强。

(一)木薯形态特征

1. 根

木薯的根分为须根和块根两种,初生时无法区别,以后块根逐渐膨大,内贮丰富淀粉,而须根细长内含淀粉很少。木薯从种茎切口处长出有 20~60 条不定根,从粗根和块根上长出须根也称为吸收根。粗根是由不定根在分化膨大形成块根的过程中,受不良条件的抑制停止增粗膨大而形成,是已经分化了的吸收根。块根一般有 5~6 条,有时多达 10 条以上;块根由表皮、皮层、肉质及薯心组成,表皮薄而坚韧,厚度约 0.2~0.3mm,表皮上粗纹的多少与品种和年龄有关,表皮颜色与品种有关,但常因土壤条件不同而略有变化;皮层较厚而韧,厚度约 1.5mm,呈紫红色、乳白色或白色,是品种特征之一;肉质是块根的主要部分,富含淀粉、色白、肥大质脆;薯心由维管束组成,坚韧,贯通薯的中心。

2. 茎

普通栽培品种多为灌木,直立或稍带弯曲,一年生植株高约 1~3m,直径 3~6cm,多年生植株则更高大、茎粗。许多品种茎呈黄白色,有的呈青、黄、褐、暗褐、紫红等色,因品种而异。茎呈圆形,梢部则呈菱形。木薯的茎由节和节间组成,节上生有芽点,所以茎可作种。

3. 叶片

木薯叶片单叶互生,掌状深裂,裂片多为 7~9 裂,叶腋有腋芽,可萌发形成枝条。叶面绿色,叶背青白色,梢端嫩叶绿紫或红色,是鉴别品种特征之一;各裂片的中脉和小脉有紫或绿色,因品种而异;叶柄在茎上脱落后遗留的痕迹,有中央凹陷、凸起或平面等形态,也是鉴别品种特征之一。

木薯叶片光合效率较低,叶面积指数的大小,对产量有很大的影响。因此,合理密植和水肥管理,对提高产量有重要作用。

4. 花、果实和种子

木薯花为总状花序,雌雄同序异花,为异花授粉作物。木薯果实为蒴果,种子扁长,似肾状,褐色。木薯用种茎栽培,有否开花与生产关系不大,只是杂交种育种时才需要其开花结果。

（二）木薯的生长发育

1. 幼苗期

木薯种植后 60d 内为幼苗期。它是生长发育过程中幼根最盛期，但这时期植株生长缓慢，幼苗生长的初期所需的养料，主要靠种茎贮藏的养分供应，种茎新鲜而健壮的发根多，伸长块，根系发达，但根量的多少与块根的数量无明显相关。

2. 块根形成期

木薯种植后 60～100d 为块根形成期，其中种植后 70～90d 为结薯盛期。

木薯种植后 90d，块根的数量和长度已基本稳定，每株通常有 5～9 条，此时茎叶生长较迅速，株高可达 1m 以上，并开始出现第一次顶端分枝，其茎叶量约为苗期的 3～4 倍。

块根形成的早晚和数量除品种特性外，与水肥、土壤环境的关系也很密切，在土壤疏松，湿润，养料充足的条件下，块根形成早且数量多。在块根形成期，如果土壤板结或严重干旱和缺肥，就会减少块根的数量和产量。

3. 块根膨大期

木薯块根形成至收获前的生长过程称为块根膨大期。

这时茎叶生长量很大，叶片生长量达到全生长期的最高峰，此后叶片开始脱落，10 月份以后，块根增粗随之减慢，至 11 月下旬叶片大量脱落，块薯基本停止增粗。

4. 块根成熟期

一般植后 9～10 个月，块根已充分膨大，地上部分几乎停止生长，叶片大部脱落，块根也基本停止增粗，这时为块根成熟期，可开始收获。

（三）木薯对环境条件的要求

1. 温度

木薯是热带喜温作物，喜高温，不耐霜雪，一年之中有 8 个月以上的无霜期，月平均温度 16℃ 以上的地区均可栽培，4 月份平均气温 16℃ 以上，7 月份平均气温 28℃ 以上，10 月份平均气温 17℃ 以上的地方很适宜种植。

木薯发芽出苗的最低温度为 14～15℃，一般气温达到 15～18℃ 时即可播种，18～20℃ 可正常生长，最适温度为 25～29℃，在 14℃ 时生长缓慢，10℃ 以下停止生长并受寒害。

2. 光照

木薯是短日照热带作物，喜阳性不耐荫蔽，对光照、光度和温度的反应都是很敏感，阳光充足对提高产量有重要作用。

因此，在木薯林地间作，只限于幼林地段，与其他农作物间作，也应以矮生的豆科作物为宜。

3. 雨量和湿度

木薯对降水量有广泛的适应性，能在 600～6000mm 的地区生长。

木薯是耐旱性很强的作物，但在生长及块根膨大期间喜湿润土壤，年降水量少于 500mm 的地方产量低，品质差，淀粉含量下降，氢氰酸含量增加，如雨水过多，根系生长不良，被淹两昼夜以上，块根腐烂甚至全株死亡。

4. 土壤

木薯对土壤的适应性强，只要不积水，不过分瘦瘠或石砾过多的土壤均可栽培。但以排水良好，土层深厚，土质疏松，有机质和钾质丰富的砂壤土为最适宜，表土层过浅、肥力差、易受旱的土壤，虽能生长，但产量低，品质差。土壤黏重板结或石砾地、粗砂地等，不利块根伸长，块根发育不良，产量品质差。

二、木薯栽培技术

（一）选地、整地、施基肥

木薯适应性比较强，对土壤要求不严，但在土层深厚，排水良好的土壤种植，更能发挥其增产潜力。木薯是块根作物，又是深根作物，不论新开荒、熟地，整地都要深、松、碎、平，起畦种植，以增厚土层，在岭坡地种植木薯，为保持水土，防止冲刷，要沿等高线起畦。种植木薯地要翻犁地深度30～35cm。

木薯虽然耐瘦瘠，但吸肥能力强，增施肥料，增产效果很显著，因此要施足基肥。每公顷施腐熟有机肥7500kg或300kg复合肥、750kg过磷酸钙，施后覆土5cm，然后将种茎按规格平放种植沟内，再覆土10cm，不能让种茎直接接触肥料。

（二）选用良种

选用木薯品种，要根据栽培目的而定，如以食用为主，应选用毒性小的甜味种高产品种；如以制淀粉为主，则选用高产、适应性强、淀粉含量高、抗病抗倒伏能力强的木薯品种，毒性大小不必考虑。

（三）精选、处理种茎

1. 精选种茎

选择充分成熟，粗壮密节，髓部充实并富含水分，芽点完整，不损皮芽，无病虫害，新鲜、色泽鲜明、斩断切口见乳汁的中下部主茎种植。嫩梢及分枝作种茎，发芽出苗嫩弱，尤其不耐春旱而干枯，造成断垄缺苗，不宜作种茎。

2. 砍种

种茎长短与出苗快慢和缺株有密切关系。因为种茎发芽发根慢，嫩苗萌发后，未发根前，幼苗的水分和养分主要靠种茎供应，种茎每段长短对保证全苗有很大影响。砍种须砍成每段长20～30cm，并有5～6个芽点的茎段，以减少干旱造成缺苗。砍种切口要平滑、无破裂、芽点保持完好，为了增加切口和外露皮层的面积，扩大愈伤组织面积，多发根，提高幼根数目和成薯率，砍种时要把种茎斜切成马耳形。种茎要随砍随种，种茎旧切口要砍掉，以利于萌发新根。

3. 割破皮层

斜砍的木薯种茎种植前在离斜切口3.3～6.6cm处的两侧各开一个"窗口"，并割破2层皮层（不要环割），薯茎平摆于沟上，"窗口"朝向沟的两边，这样愈伤组织亦能生根结薯。

（四）适时插植、合理密植

木薯生育期较长，种后要8～9个月才能收获。种植过晚，生育期短，产量低，种植过早，温度低不易发芽，甚至会沤烂种茎。木薯在日平均气温在14℃以上就可以插植。

木薯是喜光作物，种植密度过密，互相荫蔽，光照不足，节间细长徒长，结薯少，产量低，种植过稀单株产量虽高，但不能充分利用阳光，单位面积产量也不高。合理密植要根据地区气候特点、土壤肥力及品种特性而定，一般肥地、施肥多、植株高大分枝多的品种宜稀一些。一般每公顷插植1.2万～1.5万株为宜，最密不宜超过2.4万株。插植规格为1m×0.8m或0.8m×0.8m。

木薯的种植方式有平放，斜插和直插。平放可四周结薯，浅生易收获，但全埋于土中，通透性差，发芽出土困难，易引起缺株，抗风性也较差；斜插出苗快，出苗率高，能保证全苗，薯块朝一方伸展，收获方便，但抗风性也较差；直插出苗早而整齐，结薯多入土较深，抗旱抗风性能较好，但薯块大小不均匀，种植时花工多，收获较困难，大面积生产少使用。

木薯地膜栽培是在犁耙好的地块上，按行距起畦，施入基肥，畦面覆盖上地膜，地膜四周用泥土压封实，然后按株距将木薯茎段插于畦膜两边或在畦膜上打小洞，将种茎插入，将种茎露出畦面 3～5cm 即可。

（五）木薯的田间管理

1. 补苗

木薯种茎由于贮藏过久，失水过多，种茎幼嫩纤细或插条过短或由于遇上低温干旱，雨水过多，湿度过大等原因易造成缺株。为了保证全苗，必须及时补苗，在齐苗后 5d 内完成，补苗方法是，在阴雨天，利用大田下种的同时在田头地边播插预备苗，或在苗高 20～33cm 时，用利刀于地下处切取多余的苗进行补苗。

2. 间苗

木薯种植后通常有 2～4 个或更多的幼芽出土，如任其自然生长，每穴将有多个主茎，造成荫蔽和消耗养分，因此在齐苗后，苗高 15～20cm 时进行间苗，每穴留 1～2 苗。

3. 中耕除草

木薯的块根需要有土壤疏松、通气良好的表土层，才能发育良好。

种植后 30～40d，苗高 15～20cm，块根开始形成时，进行第一次中耕除草，促进幼苗生长；种植后 60～70d，此时茎叶迅速生长，块根迅速膨大时，进行第二次中耕除草；种植后 90～100d，进行第三次中耕松土，这时块根的数量已基本稳定并开始膨大，应结合松土追施壮薯肥。

4. 科学追施肥

木薯耐瘦瘠，群众称它为"贱生作物"，其实，木薯需要吸收很多的养分才能生长良好，每生产 1t 木薯块根的产量，约从土壤里吸收氮 2.3kg、钾 4.1kg、磷 0.5kg，$N：P_2O_5：K_2O=5：1：8$。

一般追施 2～3 次，分为壮苗肥，结薯肥和壮薯施。

壮苗肥以氮肥为主，在种植后 30～40d 内施用，此时是块根开始形成，追肥要氮肥和钾肥并重，其作用是促进地上部茎叶生长，促进地下部细根分化成块根，每公顷追施尿素 300kg、钾肥 120～150kg，追肥后进行浅培土。

结薯肥以钾肥为主并适当配合施用氮肥，在种植后 60～90d 施用，此时茎叶迅速生长，块根迅速膨大，每公顷施氯化钾 225kg、复合肥 150kg、尿素 150kg，随后培土 10cm 左右，可促进块根形成，保证单株薯数。

如果土壤贫瘠，最好施一次壮薯肥，在种植后 90～120d 内施用，每公顷施钾肥 75kg、尿素 37.5kg，可促进块根膨大和淀粉积累。

每次追肥应离植株基部 20cm 处穴施或沟施，肥料施入深度 5～10cm。

（六）木薯的收获加工

1. 收获

木薯块根是营养器官，无严格成熟期。主要是根据木薯块根产量和淀粉含量来确定成熟期，一年之中块根产量和淀粉含量均达到最高值的时期为木薯成熟期。

此时木薯外部特征是叶色稍转黄，基部老叶逐渐脱落，薯块皮色变深，用手摩擦薯块皮易脱落，皮层和肉质易剥离，即为成熟标志。

木薯多为春季种植，收获期多在当年 11 月至翌年 2 月。

2. 加工

木薯块根不耐贮存，收获后 3～7d 便变质腐烂，必须及时加工。

复习思考题

1. 简述甘薯块根的形成与膨大的过程。
2. 试从甘薯不同生育时期的生长发育特点，谈田间管理的对策和措施。
3. 简述甘薯施肥技术。
4. 简述甘薯安全贮藏条件和贮藏技术要点。
5. 简述马铃薯种薯处理的方法。
6. 简述马铃薯的退化原因及防止措施。
7. 简述马铃薯稻草覆盖免耕栽培技术要点。
8. 简述木薯的生长发育过程。

参 考 文 献

[1] 孙进昌、童华兵. 麻类副产物的综合开发与利用价值. 农产品加工学刊 2006，12：22-25.
[2] 孙进昌、王益慧等. 浅析我国麻类产品的地位和开发前景. 农产品加工学刊 2008，8：77.
[3] 潘雅茹，吕勤. 剑麻生产与加工. 南宁：广西科学技术出版社，2007.

第六章　油料作物

>>> **知识目标**

① 了解油菜作物的种类、油料作物生产概况、油料作物的国民经济意义、植物油脂的组成与性质以及植物油脂的形成及其与环境条件的关系。

② 了解花生和油菜的概述，识记花生和油菜的生物学基础。

③ 掌握花生和油菜的栽培技术。

能力目标

① 熟练操作花生和油菜的田间各项栽培技术。

② 正确掌握花生和油菜生育状况调查和测产。

③ 能正确观察花生形态和花生类型识别。

④ 能正确识别油菜的三种类型。

⑤ 能正确观察油菜花芽分化。

第一节　油料作物概述

油料作物是以榨取油脂为主要用途的一类作物。一般植物体内部含有油脂，但是，多数植物含油量少，没有利用价值。人们为了取得油脂，把植物中含油量多的，具有实际利用价值而进行栽培的称为油料作物。

一、油料作物的种类

油料作物的种类可按植物学形态、产量与栽培区域、用途、油脂的干燥性能、植物油料的含油率高低分类。

（一）按植物学形态分类

分为草本油料和木本油料两大类。油料作物大多属草本植物，如油菜、芝麻、花生、大豆、向日葵等，是我国油料植物的主要成员，栽培面积大。木本油料如油茶、油桐、油棕、橄榄油、椰子、核桃、乌桕等。这类油料植物具有投资少，花工少，生长年限长，收益大，在山地、丘陵、河滩、路旁都可种植，具有不占耕地面积，不与其他作物争地的特点。

（二）按产量与栽培区域分类

分为大宗油料、特种油料和野生油料。我国农业部门统计的大宗油料作物有油菜、花生、芝麻、向日葵、胡麻，但按照油脂产量的高低，大宗油料的排序应为油菜、大豆、棉籽、花生、芝麻、胡麻、向日葵等，产量约占植物油脂总产的 80%。一般称大宗油料以外的油料作物如红花、苏子、蓖麻以及木本油料作物等为特种油料，有时也将具有特殊用途的油料称为特种油料，因而将向日葵、胡麻、黑芝麻等划归这一类。在特种油料作物中，属于我国特有的油料作物油核桃、油茶、乌桕等，其产品在国际市场有极高的声誉。野生油料植物种类繁多，遍及全国各地，据初步调查有 4000 多种，如苍耳子、盐蒿子、黄连木种子的含油率分别为 42.5％、26.15％、42.46％等。随着人民生活水平的提高和工业技术的迅速发展，对野生油料植物的发掘和利用更为必要。

（三）按用途分类

分为食用、工业用和药用油料等。油菜、芝麻、花生、大豆、向日葵等，是我国人民生活所需食用油的主要来源，油菜、大豆、亚麻、棉籽等除食用外，也有很好的工业用途，蓖麻、紫苏油则主要用于工业。油茶、核桃、油橄榄等多为食用；野生油料多为工业上用，如油桐、乌桕等；蓖麻、巴豆、苦楝子、马桑油可作药用。

（四）按油脂的干燥性能分类

分为干性油、半性油和不干性油。干性油有亚麻油、苏籽油、桐油等。半干性油大多为良好的食用油，如油菜、豆油、向日葵油、芝麻油等。不干性油有蓖麻油、橄榄油、茶油、花生油等。

（五）根据植物油料的含油率高低分类

分高含油率油料和低含油率油料。高含油率油料如菜籽、棉籽、花生、芝麻等含油率大于 30％的油料。低含油率油料如大豆、米糠等含油率在 20％左右的油料。

二、油料作物生产概况

我国幅员辽阔，自然条件复杂，油料作物的种类很多。有油菜、花生、芝麻、胡麻、向日葵、茌籽、芸芥等草本油料植物，还有油茶、核桃、油桐等木本油料植物。据近年来的农业统计，全国栽培面积最大的油料作物为油菜、花生、向日葵、芝麻、胡麻等五种。

油菜是我国播种面积最大，地区分布最广的油料作物。我国以种植冬油菜为主，长江流域是全国冬油菜最大产区，其中四川省的播种面积和产量均居全国之首，其次为安徽、江苏、浙江、湖北、湖南、贵州等省。春油菜主要集中于东北、西北北部地区。

花生在各种油料作物中，花生的单产高，含油率高，是喜温耐瘠作物，对土壤要求不严，以排水良好的沙质土壤为最好。花生生产分布广泛，除西藏、青海外全国各地都有种植，主要集中在山东、广东、河南、河北、江苏、安徽、广西、辽宁、四川、福建等省区，其中山东的产量居全国首位，其次是广东。目前，全国花生要集中在两个地区：一是渤海湾周围的丘陵地及沿河沙土地区，是我国最大的花生生产基地和出口基地；二是华南福建、广东、广西、台湾等地的丘陵及沿海地区。

向日葵主要分布在东北和内蒙古，新疆、甘肃、宁夏、河北、山西、天津等省、市、区也有栽培，南方各省很少种植。

我国是世界上生产芝麻最多的国家之一，分布广泛。以河南省的面积最大，占全国播种面积的 36％，总产量占全国的 31％。其次为安徽、湖北、河北，其余省、区栽培面积都比较小。

胡麻当前主要分存在中国的华北、西北地区，占全国总播种面积的 99.6％，以内蒙古、山西、甘肃、新疆四省产量最大，吉林、河北、陕西、青海次之，西南地区的西藏、云南、贵州等地也有零星种植。截止 2008 年 10 月全国种植面积约 1000 万亩，年产量约 40 万吨，是我国工业用干性植物油和产区群众主要食用油的来源。

近年来我国油料作物无论种植面积、单产或是总产上都得到快速发展，油籽年总产 2007 年达到 5440 万吨（未含芝麻等小油料），其中大豆、油菜、花生三大作物是油料总产增长的主要来源，油料年均种植面积仅次于谷物的种植面积。我国几大油料的总产量从

2005年起都有不同程度的减少，虽然减幅不大，但随国内居民生活水平不断提高，而带动的食用植物油总供给量和人均占有量的新增长，为确保市场需求，会因此而导致进口油脂油料连创新高，使自给率逐年下降。

三、油料作物的国民经济意义

（一）油料作物是人们生活的必需品

许多种植物油脂可以供人类食用。植物油脂气味芳香，营养丰富，易于被人体吸收，而且发热量大，在体积和重量方面是很经济的食品。

（二）油料作物是工业上不可缺少的原料

植物油脂中含磷脂较多，经加工提取的磷脂和植物酸，不仅是食品工业的重要原料，而且在许多工业部门有着广泛的用途，如在油漆、油墨工业中，一些植物油是制造清漆、色漆、磁漆和高级油墨的主要原料；在生产洗涤用品方面，油脂是制造肥皂的原料。此外，它还用于纺织、制革、医药、化妆品、合成橡胶等许多工业部门。油脂又是机械的润滑剂，也是提取甘油的原料。甘油可以作炸药，在采矿、国防等方面应用很广泛。部分油料作物的秸秆富含纤维，经过加工处理，可以用于纺织，也可以制作绳索。

（三）副产品有多种用途

油料作物种子除含有丰富的油脂还含有较多的蛋白质，榨油后的饼粕，含有大量的蛋白质和其他营养物质，不仅可食用又是牲畜的精饲料，又是成分较完全的优质肥料。

此外，油料作物的茎、叶、花等可以做饲料和绿肥。油菜等油料作物还是很好的蜜源植物，有利于发展养蜂事业。

四、植物油脂的组成与性质

（一）植物油脂的组成

植物油脂是由脂肪酸和甘油化合而成的天然高分子化合物，即是高级脂肪酸甘油酯的复杂化合物，广泛分布于自然界中。凡是从植物种子、果肉及其他部分提取所得的脂肪统称植物油脂。它不溶于水，很难溶于醇（除蓖麻油外），而溶于脂、乙醚、石油醚、苯等溶剂。

植物种子、果肉、胚芽等细胞中所含的油脂，含量随原料而不同，例如米糠的含油率约为 $12\% \sim 20\%$，干椰子果肉的含油率约为 $63\% \sim 70\%$。一般用压榨法或溶剂提取法取得。在常温下大多数是液体，如豆油、花生油、菜籽油等；少数是半固体或固体，如柏脂、椰子油等。

根据在空气中发生的变化，即能否干燥和干燥快慢的情况，植物油脂可分为以下几类。

① 干性油，如桐油、亚麻油等；含有大量高度不饱和脂肪酸，暴露在空气中易氧化生成硬膜，通常在空气中 $3 \sim 6d$ 即可干燥。适宜作油漆、涂料、油墨及颜料等的原料。

② 半干性油，如菜子油、芝麻油等；暴露在空气中 $7 \sim 8d$ 后呈胶体状，18d 后可形成薄膜层，但不能充分干燥，在工业上有广泛用途，部分可作食用油。

③ 不干性油，如花生油、蓖麻油、茶油等；高度不饱和脂肪酸含量较少，长久暴露在空气中不会干燥结膜，适宜作机械的润滑油和优质肥皂的原料，部分可作食用油。

（二）植物油脂的化学性质

油脂中的碳链含碳碳双键时（即为不饱和脂肪酸甘油酯），主要是低沸点的植物油；油脂中的碳链为碳碳单键时（即为饱和脂肪酸甘油酯），主要是高沸点的动物脂肪。

其中油可以进行加成反应（如氢化），油和脂都能进行水解。

油脂是食物组成中的重要部分，也是同质量产生能量最高的营养物质。1g 油脂在完全氧化（生成 CO_2 和水）时，放出热量约 39kJ，大约是糖或蛋白质的 2 倍。成人每日需进食 50～60g 脂肪，可提供日需热量的 20％～25％。

脂肪在人体内的化学变化主要是在脂肪酶的催化下，进行水解，生成甘油（丙三醇）和高级脂肪酸，然后再分别进行氧化分解，释放能量。油脂同时还有保持体温和保护内脏器官的作用。

（三）植物油脂的特性

油脂由脂肪酸和甘油化合而成。通常所谓的"油"是习惯上的称呼。严格地说，在常温下呈液体状态的叫做油，呈固体状态的叫做脂。植物油一般呈液体状态。不同植物油所含各种脂肪酸的比例不同，含杂质的多少也不一样，因而它们具有不同的颜色，气味和其他物理化学性质。

1. 油的颜色

化学纯的油是无色，无味和无臭的。我们日常见到的几种植物油都有颜色，如胡麻油呈金黄色，菜籽油呈深黄色，棉籽油呈淡黄色，是由于各种油中实际上都含有少量的色素所致。

2. 油的碘值

植物油中的脂肪酸分为饱和脂肪酸和不饱和脂肪酸两大类。油脂中含不饱和脂肪酸的多少，可以用碘来测定。每 100g 植物油所吸收碘的克数，称为碘值，也叫碘价。碘值愈大，含不饱和脂肪酸愈多，油的干燥性能愈好，一般把碘值在 130 以上的称为干性油，碘值在 100～130 的称为半干性油，碘值在 100 以下的称为不干性油。桐油、菜籽油、胡麻油等属干性油；大豆油、棉籽油、芝麻油等属半干性油；花生油、茶油、蓖麻油等属不干性油。干性油含有较多的不饱和脂肪酸，与空气接触，容易氧化成为固体。人们利用这一特性，用它来做油漆、油墨及各种涂料的原料。

鉴别植物油的干燥性，还可以通过测相对密度及对光的折射的方法进行。不同植物油的相对密度各不相同，但都小于 1。一般来说，在常温下（15℃），不干性油的相对密度较低，为 0.913～0.925，蓖麻油例外，相对密度达 0.955～0.974；干性油的相对密度较高，为 0.923～0.943；半干性油的相对密度介于二者之间，为 0.921～0.936。测定油的折射率也是了解其干燥性的重要手段。折射率愈高，油的干燥性能愈强，油内含不饱和脂肪酸愈多。

3. 油的酸值

植物油中存在一些没有与甘油相结合的游离脂肪酸，其多少可以用氢氧化钾测定出来。中和 1g 游离脂肪酸所需要氢氧化钾的毫克数称为酸值，也叫酸价，油脂中游离脂肪酸多，酸值就高，反之则低。一般地说，成熟种子榨的油和贮存时间短的油酸值较低。油脂中的游离脂肪酸在空气和日光的作用下，形成氧化脂肪酸使油的品质变劣。通常食油或油料作物种子贮存久了会变质，产生刺鼻的气味和苦的味道，便是由于游离脂肪酸"酸败"而引起的。酸值是植物油的一种重要性质，它既可以区别油的种类，又可以看出油的新陈。日常生活中，把植物油存放在低温、避光、与空气隔绝的条件下，并尽量减少油脂中的杂质和水分，可以延缓其变坏的时间。

4. 油脂的皂化值

油脂与氢氧化钾作用，能产生肥皂。中和 1g 油脂中游离的和化合状态的脂肪酸所需要氢氧化钾的毫克数，称为皂化值，又叫碱化值或皂化价。油脂的皂化值愈大，表明其愈适合作肥皂的原料。各种植物油的酸值、皂化值、碘值（表 6-1）。

表 6-1　各种植物油的主要性质

类别	酸值	皂化值	碘值	类别	酸值	皂化值	碘值
蓖麻油	4	173～188	80～90	大豆油	4	190～195	120～137
茶油	6	188～195	84～94	向日葵油	4	188～194	120～140
花生油	4	186～196	83～106	大麻油	3	190～195	140～166
菜籽油	8	170～180	94～110	亚麻油	6	189～195	170～240
芝麻油	4	187～194	103～117	菜籽油	6	188～197	185～208
棉籽油	1	190～197	105～120	桐油	8	190～195	162～170

油脂的发热量：油脂在完全氧化时所产生的热量比蛋白质和碳水化合物都多。研究资料表明，燃烧 1g 油能产生 9500cal 左右的热量，燃烧 1g 蛋白质产生 5500cal 左右的热量，燃烧 1g 碳水化合物只能产生 4000cal 左右的热量。油脂的这一特性说明了它适合作为植物的贮藏物质。油脂为什么发热量大？这是因为油脂、蛋白质、碳水化合物三种物质的元素组成不同，油脂含氧少，含碳多，所以燃烧（氧化）时发热量大（表 6-2）。

表 6-2　油脂、蛋白质和碳水化合物的元素组成　　　　　　　　　　　　%

物质名称	C	H	O	N	S
油脂	76～79	11～13	10～12	—	—
蛋白质	53	7	23	16	1
碳水化合物	44	6	49	—	—

另外，油脂在氧化时能放出大量的水，其数量比氧化碳水化合物时约高 1 倍，比氧化蛋白质时高出 1 倍多，油脂的这种特性对有机体的代谢反应有很重要的意义。

五、植物油脂的形成及其与环境条件的关系

（一）植物油脂的形成

油料作物一般从盛花期开始积累油分，一直到果实或种子完全成熟为止。

油料植物种子逐渐成熟，糖类含量逐渐减少，油分含量逐渐增加。先形成饱和脂肪酸，然后形成不饱和脂肪酸，所以一般成熟种子油分的碘值高，未成熟种子油分的碘值低，油料作物种子在成熟过程中，游离脂肪酸不断合成脂肪，酸值因此逐渐降低。由此可见，种子的成熟度如何，不仅关系到产量的高低和含油量的多少，而且影响油质。

（二）油料植物种子的含油量与其所处的环境条件有密切关系

土壤和空气的湿度、温度对油分的形成有直接影响。湿度高而温度低时，有利于油分的形成，反之，则不利于油分的积累。甘肃祁连山柑线，特别是山丹军马场，地势高寒，年降雨量虽不太多，但雨日较多，油菜开花期湿度较大，所以油菜籽的含油率较高。在干旱地区，如有水源，适时对油料作物进行灌溉，或采取提高土壤湿度的其他农业技术措施，可以提高种子的含油量。在进行油料作物施肥时，不宜过多地施用氮肥。氮素过多时，种子中蛋白质的含量提高，脂肪的含量相对降低。在施用氮肥的基础上，配合施用磷肥，能显著提高种子的含油量。

第二节　花　　生

一、概述

花生起源于南美亚洲热带、亚热带地区，栽培历史悠久，主产于亚洲、非洲和南北美洲

暖、热地区。世界花生种植面积近 0.2 亿公顷。早在 16 世纪初叶（1503 年），我国东南沿海一带已开始种植花生，随后逐渐向长江流域各地推广。目前，花生种植已普及全国，成为我国的主要油料作物之一，种植面积居世界第二位。

我国花生分布很广，主要集中在三大产区：一是北方大花生产区，包括山东、河南、辽宁、安徽及江苏北部，其面积占全国花生种植面积的 60%；二是南方春、秋两熟区，包括广东、广西、福建、海南及台湾，约占全国种植面积的 20%～30%；三是长江流域春、夏花生交作区，包括四川、湖北、湖南，约占全国种植面积的 10%，其他地区有零星种植。山东、广东、河北、河南是我国花生四大集中生产省，种植面积占全国种植总面积的 1/4，总产量的 1/3，居全国第一位。

花生全身都是宝，主产品荚果可以直接食用。花生种子含有大量脂肪和蛋白质，粗脂肪含量一般在 50% 左右，出油率仅次于芝麻；蛋白质含量 23.9%～36.4%，均次于大豆，高于油菜和芝麻。花生油主要成分是油酸和亚油酸，二者含量占油量 80%。亚油酸可调节人体生理机能，促进生长发育，降低血液中胆固醇含量，预防高血压和动脉硬化等疾病。种子中含有止血的特种成分，其中种皮止血效能高，还有补血功能，所以吃花生米最好连红皮一块吃。

花生的茎叶含有丰富的营养，花生叶含蛋白质 10%，碳水化合物 44%，脂肪 4%。茎叶都是优质饲料，花生壳磨碎后可作饲料，花生仁榨油后饼粕仍残留约 6% 的油分，可消化总养分为 54%，是很好的食用蛋白源，也是农家优质饲料和有机肥料，对发展种植、养殖业有重要作用。因此，花生产区有三多：猪多、粪多、作物产量多。

花生是耐旱耐瘠、适应性广、抗逆性强、稳产保收、产值高的作物。花生根系发达，吸水力强，在干旱的土壤中可保持较高的叶片含水量，与小麦、大麦、大豆等作物相比，其叶片在含水量较低的情况下仍能继续进行光合作用，制造养分，在遇干旱后有较强的恢复能力。它还具有耐瘠的特点，根瘤可以固定大量氮素，有利于培肥地力，对提高农业生产效益、促进农业生产良性循环有着极其重要的作用。随着城乡人民生活水平的不断提高及副食品加工业的发展，对花生及其产品的需求量将不断扩大，花生生产有着广阔的发展前景。

二、生物学基础

花生为圆锥根系，入土可达 2m，但主要分布在地面下 30cm 左右的耕作层中。根上着生直径 1～3mm 的豇豆族根瘤菌。主茎直立，绿色，有的品种带有不同深浅的花青素，中上部呈棱角状，中空。主茎高度因品种和栽培条件而异，高的可达 1m 以上。主茎上着生第 1 次分枝，其与主茎的角度因品种类型而异，约 30°～90°。通常直立型花生主茎高于分枝，匍匐型或半蔓型分枝比主茎长。1 次分枝上着生 2 次分枝和花序。叶互生，为 4 小叶偶数羽状复叶，某些品种也可见多小叶的畸形叶，有叶柄和托叶，小叶片椭圆、长椭圆、倒卵和宽倒卵形，也有细长披针形小叶，叶面较光滑，叶背略显灰色，主脉明显，有茸毛，叶柄和小叶基部都有叶枕，可以感受光线的刺激而使叶枕薄壁细胞的膨压发生变化，导致小叶昼开夜闭，闭合时叶柄下垂。

总状花序，每个花序一般可着生 4～7 朵花，多的可达 10 朵以上而形成长花枝，蝶形花，橙黄色，旗瓣上带有深浅程度不同的紫红色条纹。雄蕊 10 个，2 个退化，8 个具有花药。柱头羽毛状，子房基部有子房柄，受精后一群能分生的细胞迅速分裂，约经 3～6d 伸长形成绿色带紫的棍状物，称果针，一般长 10～15cm。有时可见花萼管基部套在果针梢端上，顶着受精后已凋萎的花器。这时子房位于果针的梢端，外有若干层细胞的帽状物保护。花生开花后会开始生长红紫色头，尖尖像气根一样的子房柄，其伸入土中尖端会形成乳白色小小的豆荚（花生豆荚），果针伸长后向地生长，将子房送入土中，达到一定深度后，子房开始向水平方向生长发育而形成荚果。这时需要黑暗条件。荚果本身也有一定的吸收功能，其发育所需要的钙质，都由荚果直接从土壤中吸收。果针入土的难易与花在植株上着生的位置有关。开花部位过高，或因茎枝过于纤弱，遇风雨时易变动位置，因而影响果针向地的角度，入土较难。匍匐型花生的果针由于距离土面近，角度适宜，入土结荚率最高。直立或丛生型花生如茎枝节间短，近主茎基部多分枝且能连续开花的，才有较高的入土结荚率。

荚果果壳坚硬，成熟后不开裂，室间无横隔而有缢缩（果腰）。每个荚果有 2～6 粒种子，以 2 粒居多，多呈普通型、斧头型、葫芦型或茧形。每荚 3 粒以上种子的荚果多呈曲棍形或串珠型。百粒重一般 50～200g。果壳表面有网络状脉纹。种子三角形、桃形、圆柱形或椭圆形，一般底端钝圆或略平，梢端胚根突出。种皮有白、粉红、红、红褐、紫、红白或紫白相间等不同颜色。子叶占种子总重量的 90% 以上。胚芽隐藏在两片肥厚的子叶中间，由主芽和两个子叶节侧芽组成。

中国花生品种可分为 4 个主要类型：①普通型。侧枝上交替着生花序，分枝多，叶片倒卵圆形，深绿色。株丛直立、丛生以至匍匐，果形较大，种子长圆柱形，生育期较长。②龙生型。植株匍匐，交替开花，多毛花生茸，有花青素，荚果有龙骨（背脊）和勾嘴，曲棍状。果壳网纹深，果针脆弱易断。③珍珠豆型。侧枝近主茎，可连续着生若干花序节，仅少数 2 次分枝。叶片椭圆形，浅绿色或绿色。植株直立或丛生，果型较小，种子桃形，休眠性弱。④多粒型。侧枝每节均可着生花序，很少有 2 次分枝，主茎有花序。植株高大，茎枝上有明显的花青素。荚果棍棒状，以 3～4 粒种子荚果占多数。种子圆柱形。中国在生产上曾大面积栽培的品种类型不一，大多数是珍珠豆型和普通型丛生花生。通过两个类型间的杂交育成的品种，在生产上显示出一定优越性。现在世界上高产、稳产、推广面积最大的品种是美国"佛罗蔓生"，也属类型间杂交种，占美国当前花生生产面积的 90% 以上。"马库鲁红"对叶斑病也有一定抗性，曾是世界上普遍利用的一个品种。中国的"协抗青"对花生细菌性枯萎病的抗性较优。

花生对微酸性土壤有一定适应能力，是开发红壤土的先锋作物；但偏高的土壤酸度需施用石灰等钙质肥料中和。花生是短日照作物，对光周期并不太敏感。需较高热量，日平均气温稳定在 12℃ 以上时才能播种；主要生育期中要求 20～28℃ 的气温，秋季气温降至 11℃ 左右时，荚果即停止发育。中国花生产区生育期平均积温均在 3500℃ 左右，花生的生育期 100～150d，个别晚熟品种可达 180d。一般早熟品种种子休眠期短，迟熟品种休眠期长，龙生型品种休眠性最强。花生种子的休眠性除受种皮影响外，并与胚内某些激素类物质有关。利用乙烯、激动素等化学物质、晒种和适温催芽可解除休眠。

土壤中的花生根瘤菌受根系分泌物的吸引，通过表皮细胞进入皮层细胞内分裂繁殖，使细胞受刺激而形成根瘤，这个时期是寄生关系；而后根瘤菌固氮活动加强，才成为共生。花生生育末期，由于根系折断，根瘤破裂，根瘤菌又回归土中腐生生活。适宜根瘤菌繁殖的温度为 18～30℃，水分为土壤最大持水量的 60% 左右，pH 值 5.5～7.2。土壤中硝酸态氮过多时，对根瘤菌固氮有抑制作用，故生长初期应适当控制氮素的施用。增施磷、钾、钙肥能促进根瘤菌繁殖及提高固氮能力。

三、花生的栽培技术

花生在中国不同地区与其他作物组成一年一熟、二年三熟、一年二或三熟的种植制度，从而有春花生、麦套花生、夏花生和秋花生之分，广东个别地区还可种植冬花生。近年来在水稻田中发展了部分花生种植，形成花生-水稻或水稻-花生的轮作制度。有的地方生育季节较长，水稻品种搭配合适，还可与双季稻轮作。广东、福建等种植秋花生收荚果留作第 2 年春播用种，可以提高出苗率，保证苗全、苗壮，当地俗称"翻秋留种"或"倒种春"。因地下结荚，要求疏松的沙土、砂砾土或砂壤土，以利果针入土、荚果发育和收获。深耕、深翻有利花生的生长发育。

种子发芽要求较高的温度，其适温珍珠豆型为 12～15℃，普通型为 15～18℃。有些品种的休眠性较强，低温情况下很难发芽。另外，种子吸水后，内含物转化为糖，又易吸引蚂蚁等地下害虫啮食。因此掌握适时播种是全苗壮苗的关键。覆土不宜过厚，墒情较好时以 5～7cm 为宜。覆土厚度超过胚轴的正常延伸长度时，应设法清除。"清棵蹲苗"就是出苗后用手锄刨开土表层，使子叶节露出土面的措施，有利于第一对侧枝的生长，多开花、多结果。种植密度原则上除保持田间通风透光外，生育后期应能封行覆蔽地面，防止土壤水分蒸发并能抑制杂草。一般生产条件下北方地区普通型花生亩栽 1.2～1.5 万株，珍珠豆型花生宜稍密；南方地区珍珠豆型品种亩栽 1.8～2.2 万株。

苗期施氮不宜过多。依据土壤情况施用硼等微量元素效果显著。氮、磷、钾和硼均可根外追肥。亩产 250kg 左右时，每产 100kg 荚果约吸收氮 5～7kg，磷 1～1.2kg，钾 2～3.5kg，对钙的需要量仅次于钾。钙肥能调节土壤酸度，改善花生营养状况，并促进氮的代谢，减少空壳，提高饱果率。花生器官对钙质的吸收利用功能不同，根系吸收的仅能向上运输，很少能转运供应荚果发育。为了使果针和荚果能直接吸收利用土壤中的钙，钙肥宜撒施在结荚区的土壤中。不同类型品种对钙的需要量不同，珍珠豆型较低，普通型较高。

花生较耐旱，但需水量大，每生产 1kg 干物质，约需水 225kg。需水最多、影响最大的是花荚期，约占总需水量的 50% 左右，此期受旱，会影响花芽分化、开花、受精和果针的伸长。地面干燥也有碍果针入土。南部多雨地区则要注意排水，以免影响荚果的正常发育。

荚果成熟时间很不一致。可剥开荚果，根据内壁颜色由白转褐变黑的程度来判断。一般以大部分荚果的内壁或内果皮颜色变褐至黑色时开始收获。收获过晚，休眠性弱的品种易在田间发芽；有的品种则易致果柄折断，难以收获干净。大面积生产用收获机挖掘翻晒，而后用摘果机摘果清选、干燥。荚果安全贮藏水分含量为 10%。及时充分干燥非常重要，否则会发热、生霉。由于黄曲霉污染而产生的黄曲霉素 B_1 和 B_2，有致癌作用。

（一）产地选择

选择色泽浅，质地疏松，排水良好的砂壤土。

（二）品种选用

选用经审定推广的、生育期适宜、比较早熟、株型紧凑、结荚集中、抗旱性较强、较抗叶斑病、理化指标符合绿色食品花生要求的品种。主要有：黑花生 1 号、中花 6 号、中花 8 号、粤油 14、唐油 4 号、白沙 1016、锦花 5 号、大白沙、鲁花 12 等。

（三）种子播前处理

（1）发芽试验 要求发芽率达 95% 以上。

（2）晒种与剥壳 播前要带壳晒种，选晴天 9～15h，在干燥的地方，把花生平铺在席子上，厚 10cm 左右，每隔 1～2h 翻动 1 次，晒 2～3d。剥壳时间以播种前 10～15d 为好。

（3）分级粒选 选种仁大而整齐、籽粒饱满、色泽好，没有机械损伤的一级、二级大粒作种，淘汰三级小粒。

（4）根瘤菌拌种 种子拌花生根瘤菌粉，每亩用种量加根瘤菌粉 25g，菌粉加清水 100～150mL 调成菌液，均匀地拌在种子上。

（四）整地与施肥

（1）整地 秋季前茬收割后，灭茬，秋翻、耙、压后做成新垄。准备地膜覆盖栽培的地块，做成底宽 75～80cm、畦高 5cm，畦面宽 65～70cm 的畦，畦与畦中间做成 20～25cm 宽，15cm 高的小垄，以备播种时取土用。

（2）施肥 优先选用经绿色食品管理部门认定的绿色食品专用肥。随秋整地作垄，施腐熟圈粪、炕洞土、沤制绿肥等。施 1.5 万～3.0 万千克/公顷，垄作开沟、疏施，畦作撒施。垄作栽培也可在播种当年下种前疏施农肥。播种时，施磷酸二铵 150～225kg/hm² 、硫酸钾 75～120kg/hm² 作种肥。酸性土壤随基肥施石灰。如 pH 值（酸碱度）6.0～6.5，施石灰 450kg/hm²，pH 值为 5.5～6.0，施石灰 675kg/hm²。

（五）播种

（1）播种期 春季 5cm 土层地温稳定在 12℃时，珍珠豆型花生即可播种。约在 4 月底至 5 月上旬，地膜覆盖栽培可稍提前 7～10d。

（2）播种密度与方式

① 垄作 垄距 50cm，穴距 13～17cm，即 12 万～15 万穴/公顷，每穴播两粒。

② 地膜覆盖畦作 一畦两行，小行距 40cm，穴距 13～17cm，每穴两粒，即 12 万～15 万穴/公顷。

（3）播种方法

① 垄作 开沟深 5cm 左右，因墒情而定。先施种肥，再以每穴两粒等距离下种，均匀覆土，镇压。

② 覆膜栽培 分先播种后覆膜和先覆膜后播种两种方法。先播种后覆膜可采用机械或人工进行。机械播种可一次性完成整地、施肥、喷施除草剂、播种、覆膜、压土等工序。人工方法在畦面平行开两条相距 40cm 的沟，深 4～5cm，畦面两侧均留 13～15cm。沟内先施种肥，再以每穴两粒等距下种，务使肥种隔离，均匀覆土，使畦面中间稍鼓呈微弧形，要求地表整齐，土壤细碎。然后，喷除草剂乙草胺，每亩用量 40～60mL，兑水 50～75kg 喷洒。如墒情不好，要加大对水量，均匀喷洒，使土壤保持湿润。最后，用机械覆膜或人工覆膜，要求膜与畦面贴实无折皱，两边攒土将地膜压实。最后在播种带的膜面上覆土成 10～12cm 宽、6～8cm 高的小垄。

（六）田间管理

（1）垄做栽培的田间管理

① 清棵蹲苗 苗基本出齐时进行。先拔除苗周围杂草，然后把土扒开，使子叶露出地面，注意不要伤根。清棵后经半个月左右再填土埋窝。

② 中耕除草 在苗期、团棵期、花期进行 3 次中耕除草。掌握"浅、深、浅"的原则，注意防止苗期中耕壅土压苗；花期中耕防止损伤果针。

③ 培土 开花后半个月进行培土，不要过厚，以 3cm 为宜。

（2）覆膜栽培的田间管理 覆膜到出苗期间，发现薄膜破口或覆盖不严时，及时用上重新压埋、堵严。当幼苗破膜拱土，开始露出真叶时，扒去膜上的土，使子叶露于地表。发现缺穴，立即用催出芽的种子补种。开花前在畦沟内进行 1 次中耕除草。在开花下针到荚果充实期间，根据花生长势，可在叶面喷施 0.2%～0.3%磷酸二氢钾 500 倍溶液 2～3 次。在此期间，如遇干旱，要及时灌水。

（七）病虫害防治

1. 病毒病

我国花生病毒病主要有轻斑驳、黄花叶、普通花叶、芽枯等不同类型的病害。

花生轻斑驳病毒病，由花生条纹病毒引起，感病植株首先在顶端嫩叶上出现褪绿斑，随后发展成浅绿与绿色相间的轻斑驳、斑驳，沿叶脉有断续绿色条纹以及橡树叶花叶等各种症状。早期感病植株，稍矮化，后期矮化不明显。轻斑驳病在田间流行具有发病早，扩散快，形成高峰早，流行频率高的特点。

花生黄花叶病毒病，由黄瓜花叶病毒引起，病株开始在顶端嫩叶上出现褪绿黄斑，叶片卷曲。随后发展成黄绿相间的黄花叶，网状明脉和绿色条纹等各种症状。病株中等矮化。黄花叶病具有发生早，形成高峰早的特点。

花生普通花叶病毒病，由花枝矮化病毒引起，病株开始在顶端嫩叶出现脉淡或褪绿斑，随后发展成浅绿色相间的普通花叶症状。沿侧脉出现国徽状小绿色条纹和斑点。叶片变窄，叶缘波状扭曲。病株中度矮化，所结荚果多为小果，普通花叶病在花生生长前期发展缓慢，到生育中后期进入高峰，年份流行频率较低。

花生芽枯病，由番茄斑萎病毒引起，病株开始在顶端叶片上出现很多伴有坏死的褪绿黄斑或环斑。有的叶片坏死，沿叶柄和顶端表皮下维管束褐色坏裂，并可导致顶端枯死。顶端生长受到抑制，节间缩短，植株明显矮化。

花生病毒病是花生的主要病害之一，严重影响着花生的产量和品质，在我国北方生产区，尤为严重。

花生病毒病中除芽枯病主要由蓟马传播外，其他病害如轻斑驳病、黄花叶病、普通花叶病则通过种子和蚜虫传播，种传病，这些病害流行的主要初侵染源。种传率的高低主要受发病时期的影响，发病早，种传率高。种子带毒率与种子大小成负相关，大粒种子带毒率低，小粒种子带毒率高。在存在毒源和感病品种的情况下，蚜虫发生早晚和数量是病毒病流行的主要因素。传播病毒的蚜虫主要是田间活动的有翅蚜。一般花生苗期蚜虫发生早，数量大，易引起病害严重流行，反之则发病轻。花生苗期降雨少、气候温和、干燥，易导致蚜虫大发生，造成病害流行，反之则轻。

防治方法：一是采用无毒或低毒种子，杜绝或减少初侵染源。无毒种子可采取隔离繁殖的方法获得。二是选用豫花1号、海花1号、豫花7号等感病轻和种传率低的品种，并且选择大粒籽仁作种子。三是推广地膜覆盖技术，地膜具有一定的驱蚜效果，可以减轻病毒病的危害。四是及时清除田间和周围杂草，减少蚜虫来源。五是搞好病害检疫，禁止从病区调种。六是药剂治蚜，播种时采用3%的呋喃丹颗粒剂盖种，每亩用药量为2.5～3kg，也可用25%的辛拌磷（812）盖种，每亩用药量0.5kg，花生出苗后，要及时检查，发理蚜虫及时用40%乐果乳油800倍液喷洒，以杜绝蚜虫传毒。

2. 褐斑病和黑斑病

（1）轮作倒茬　花生叶斑病的寄主比较单一，只侵染花生，与其他作物轮作，使病菌得不到适宜的寄主，可减少为害，有效地控制病害的发生。轮作周期2年以上。

（2）减少病源　花生收获后，要及时清除田间病叶，使用有病株沤制的粪肥时，要使其充分腐熟后再用，以减少病源。

（3）选用耐病品种　虽然目前生产上还没有高抗叶斑病的品种，但品种间的耐病性差异较大，一般叶片厚，叶色深的品种较抗病，在河南重病区宜选用豫花1号、海花1号、豫花4号和豫花7号等耐病性较强的品种。

（4）加强管理，增强植株抗病性　合理密植，科学施肥，采取有效措施，使植株生长健壮，增强抗病能力。

（5）药剂防治　在发病初期，当田间病叶率达到10%～15%时，应开始第一次喷药，药剂可选用50%多菌灵可湿性粉剂1500倍液；或50%甲基托布津可湿性粉剂2000倍液；

或80％代森锌可湿性粉剂400倍液；或80％代森锰锌400倍液；75％百菌清可湿性粉剂600倍～800倍液；或抗枯宁700倍液；或0.3～0.5°Bé的石硫合剂等。以后每隔10～15d喷药1次，连喷2～3次，每次每亩喷药液50～75kg。由于花生叶面光滑，喷药时可适当加入黏着剂，防治效果更佳。抗枯宁对褐斑病效果较佳，代森锰锌对网斑病也有较好防治效果，多菌灵在叶斑病与锈病混发区，不宜使用。

3. 青枯病

花生青枯病双叫"青症"、"死苗"、"花生瘟"等，是细菌性病。侵害花生的维管束，在短期内能使大量植株迅速枯死。花生青枯病从苗期至收获的整个生育期间均可发生，一般多在开花前后开始发病，盛花期为发病盛期。病菌主要侵染根部，使根端变色软腐，维管束组织变为深褐色，并自下而上扩展到植株的顶部。将病部横切后，用手挤压，可见浑浊乳白色细菌液流出。感病植株期表现为主茎顶梢第一、第二片叶首先表现失水萎蔫，趋势扩展后，全株叶片自上而下失水萎蔫，叶色暗淡，但仍呈绿色。植株从感病到枯死需7～15d，植株上的荚果、果柄呈褐色湿腐状。

该病菌可在土壤中存活3～5年，在土壤中越冬的病菌是主要的侵染来源，田间扩散主要借助于流水和工具。高温高湿是病害大发生的主导因素。

防治方法：防治青枯病最经济是有效的方法是选用抗病品种，但各品种的抗病性因地点不同表现不太一致，因此在大面积引种前应先做好试验。轮作倒茬也可有效地控制青枯病的发生，由于花生青枯病的寄主范围较广，轮作时要考虑好茬口的安排，与红薯、玉米、谷子或采用水旱轮作的方式较为适宜，轮作周期达3～5年。药物可采用25％的敌枯双配制成毒土盖种，或用1000倍液灌根；或用链霉素200～400mg/kg（200～400ppm）浸种或灌根。

4. 锈病

花生锈病是我国南方花生产区普遍发生，危害较重的病害。近年来，北方花生产区也有扩展蔓延的趋势。花生锈病主要危害叶片，到后期病情严重时也危害叶柄、茎枝、果柄和果壳。一般自花期开始危害，先从植株底部叶片发生，后逐渐向上扩展到顶叶，使叶色变黄。发病初期，首先叶片背面出现针尖大小的白斑，同时相应的叶片正面出现黄色小点，以后叶背面病斑变成淡黄色并逐渐扩大，呈黄褐色隆起，表皮破裂后，用手摸可粘满铁锈色末。严重时，整个叶片变黄枯干，全株枯死，远望如火烧状。不仅严重降低产量，而且也影响品质。

花生锈病以风和雨水传染，一般夏季雨量多，相对湿度大，日照少，锈病往往比较严重。

防治方法：除选用抗病品种外，要加强田间管理，增施有机肥和磷、钾肥，做好防旱排涝工作，培育壮苗，提高植株抗病能力。在田间病株率达到10％～20％时，可选用50％的胶体硫150倍液；或敌锈钠600～800倍液；或75％百菌清800倍液；或1：2：200（硫酸铜：生石灰：水）的波尔多液；或25％粉锈宁可湿性粉剂3000～5000倍，每隔10d左右喷1次，连喷3～4次。敌锈钠不宜连续使用，应与其他药剂交替使用，每次每亩喷药液60～75kg。

（八）收获

中下部叶片转黄脱落，多数荚果果壳硬化，种子颗粒饱满、光润、呈现品种特有的色泽，可开始收获。选晴天用人工或机械拔收、刨收、犁收均可，起收后就地铺晒，晒到荚果摇动有响声时，运回场院堆垛，荚果朝外，继续风干。约经30d，充分干燥后摘果，去除秕果，再充分晾晒，方可入库储藏。

第三节　油　菜

一、概述

油菜的起源和进化情况，特别是有关中国芸薹和芥菜型油菜，以及从国外引进的甘蓝型油菜的历史考证。近年来，由于在华中和西北发现山芥菜和野生型黑芥，可以得出结论说，油菜是多源发生的，中国是白菜型油菜和芥菜型油菜的发源中心之一。白菜型原始祖先 *B. compostris* 起源于华中和西北，*B. chinensis* 型油菜起源于中国中部和南部，尤其是长江流域一带。芥菜型油菜原始祖先起源于中国西北。在西北许多地方还发现有野生型黑芥。

以云南长角（甘蓝型油菜，*B. napus*）、青海牛尾梢（芥菜型油菜，*B. juncea*）、汕头芥蓝（*B. alboglabra*）和黑芥（*B. nigracy giebra*）为参照品种，对不同地理来源的 82 份白菜型油菜（*B. campestris* L.）资源进行了形态学鉴定和 RAPD 分子标记分析。利用分子进化遗传分析软件（MEGA）构建白菜型油菜的系统发育树，以揭示白菜型油菜在我国的起源与进化。分析表明：北方油菜（*B. campestris* var. oleifera）的起源早于南方油白菜（*B. chinensis* var. oleifera）；冬油菜（Winter type *B. campestris* var. oleifera）的起源早于春油菜（Spring type *B. campestris* var. oleifera）；关中蔓菁是起源较早的北方小油菜。陕西可能是北方小油菜的起源地，后来逐渐分化出广泛种植于甘肃青海等地的春油菜；南方油白菜可能起源于云南、贵州、四川、湖北等地。形态性状与分子标记相结合，可用于研究白菜型油菜的起源与进化。

油菜是以采籽榨油为种植目的的一年生或越年生草本植物。油菜有两个起源中心。白菜型油菜和芥菜型油菜的起源中心主要在中国和印度；甘蓝型油菜的起源中心在欧洲。

油菜不是一个单一的物种，它包括芸薹属中许多种，根据我国油菜的植物形态特征，遗传亲缘关系，结合农艺性状。栽培利用特点等，将油菜分为三个类型，即白菜型油菜、芥菜型油菜和甘蓝型油菜，每个类型中又包括若干个种。白菜型油菜：主要有两个种，一是小油菜的原始科（*B. campestris*），一是普通白菜的油用变种（*B. chinensis* var. oleifera Mak.）。

油菜的招牌营养素含量及其食疗价值可称得上诸种蔬菜中的佼佼者。据专家测定，油菜中含多种营养素，所含的维生素 C 丰富。每 100g 可食部分含水分 93g，蛋白质 2.6g，脂肪 0.4g，碳水化合物 2.0g，维生素 0.5g，钙 140mg，磷 30mg，铁 1.4mg，维生素 A 3.15mg，维生素 B_1 0.08mg，维生素 B_2 0.11mg，维生素 C 51mg，尼克酸 0.9mg，胡萝卜素 3.15mg。所含的矿物质能够促进骨骼的发育，加速人体的新陈代谢和增强机体的造血功能。胡萝卜素、烟酸等营养成分，也是维持生命活动的重要物质。

油菜既是重要的食用油源和蛋白饲料来源，也是重要的工业原料。油菜籽一般含油量 40%～50%，出油率 35% 以上。经加工榨出的菜籽油含有丰富的脂肪酸和多种维生素，是良好的食用油。无芥酸的菜籽油用于制造人造奶油，并可作生菜油（色拉油）、起酥油和调味用油。高芥酸（芥酸含量为 55%～60%）的菜籽油，是重要的工业原料，在铸钢工业中作为润滑油。一般菜籽油在机械、橡胶、化工、塑料、油漆、纺织、制皂和医药等方面都有广泛用途。榨油后的菜籽饼，其蛋白质含量高达 36%～38%，营养价值与大豆饼相近，是良好的精饲料。

此外，油菜花器多，花期长，具有蜜腺，是良好的蜜源植物。油菜根系可分泌有机酸，溶解土壤中难溶态的磷，提高磷的有效性，在轮作复种中也占有重要地位。

油菜种子富含食用油，叶片和菜薹可食用，故称为油菜。油菜在我国各地均有栽培，面积逐渐扩大。现在，北至黑龙江，南到海南省，西到新疆、西藏，东到上海、台湾，均有油菜的花香。

油菜种子含油量丰富，油菜是我国食用植物油的主要来源，占食用油的50%以上。油菜种子中含油率高达40%～50%。每亩可收菜籽100～200kg，榨油40～80kg。菜油含丰富的脂肪酸和多种维生素，营养价值高、并易于消化，还可出口创汇。

油菜种子含有较高的蛋白质，榨油后的菜籽饼含优质的蛋白质是畜牧业的精饲料。但常规油菜的菜饼中含有硫代葡萄糖苷，直接作饲料有毒害作用，因此目前我国主要推广双低（低芥酸、低硫苷）油菜品种，菜饼可直接作饲料或做酱油，还能提取优质蛋白粉，用作食品工业原料。

油菜全株均能作肥料，菜饼中含氮、磷、钾及其他成分的营养元素，是优质的有机肥，而且其根、茎、叶、花、果、壳都含有丰富的营养元素，推行秸秆还田能显著提高土壤肥力，改良土壤结构。种植油菜能显著提高后茬作物的产量。

油菜可以调节茬口，增加复种指数，实现粮油双丰收，在沿江、江南还可实现油菜、早稻和晚稻一年三熟，充分发挥生产潜力。

油菜还是一种很好的蜜源植物，油菜花期长达一个月以上，通过放养蜜蜂，每亩可酿出蜂蜜1.7～5kg，通过蜜蜂授粉可提高产量10%以上。

二、生物学基础

油菜是十字花科，芸薹属，一年生草本植物，直根系。南北广为栽培，四季均有供产。

油菜是长日照作物，适应性较广，喜冷凉或较暖和的气候。油菜整个生育期是在日平均温度22℃以下完成的，因各地气候和季节不同而有冬油菜和春油菜之分。油菜生长下限温度为10℃，最低平均温度为-5℃，低于此温度不能安全越冬，高于3℃时，油菜籽才能发芽、出苗。冬性品种及晚熟品种出苗后，需经0～5℃的低温春化阶段，才能现蕾开花结籽。

油菜对土壤要求不严，沙土、黏土、红黄壤土均可栽培，土壤酸碱度pH值在5～9.8范围内生长发育，以中性土壤产量最高。偏酸、偏碱的土壤栽培油菜，虽不能获取高产，但对改良土壤、提高下茬作物产量很重要。油菜对硼肥反应极为敏感，土壤缺硼，会导致死苗或花而不实，严重减产。

（一）种子

油菜种子为球形，粒小、千粒重仅3g左右，以褐色和黑色为主。种子外被种皮，比较坚硬，种皮内通称种仁或称为胚，是种子的主要成分，胚由胚根、胚轴、胚芽和两片子叶组成，含有丰富的油脂和蛋白质。当种子萌发时要吸收大量氧气和水分，约占种子重量的60%以上，如果水分不足或播种过深、土壤板结、积水等，则种子易发生烂种、缺苗等现象，一般在25℃出芽迅速、整齐。

（二）根

油菜的根由主根、侧根、细根和不定根组成强大的圆锥形根系。根系具有支撑、吸收和贮藏三大功能。一般主根入土50cm左右，与侧根一起支撑植株挺立不倒。根系除了吸收水分、矿物质营养外、还能吸收生长素、部分农药等。此外，油菜根系能分泌有机酸，能将土壤中难于吸收的磷矿粉转化为易被吸收的水溶性磷。越冬前油菜根部不断膨大增粗，中间贮藏大量养分，为翌年春季生长准备条件。油菜根系生长有三个时期：一是扎根期。自出苗至越冬前、根系往下扎，垂直生长快于水平生长；二是扩展期。越冬后至盛花期，根系加快生长，尤其水平生长加快；三是衰老期。盛花期至成熟期，根系基本停止生长。因此前二期有充足的肥料与水分供应，发挥根系的三大功能，以达到油菜的高产。

（三）茎

油菜的茎可分为主茎和分枝。冬油菜主茎在冬前一般不延伸，各节密集，春天开始伸长，主茎达 10cm 时开始抽薹并逐渐木质化和产生分枝。主茎着生 30 多片叶子，每片叶子基部都有一个腋芽，并萌发成分枝，但一般只有上部的约 10 个左右的腋芽可成为有效分枝。有些分枝很粗壮，可再发生分枝，在肥水条件良好时，还能产生 3～4 次分枝。油菜有 2/3 以上的角果着生在分枝上，因此分枝越多，角果数越多，产量就会相应提高。茎秆粗壮，既支撑整个植株挺立，又对角果重量能有较大的抵抗力，后期不易倒伏，过于瘦弱或过度施用氮肥，不但后期易倒伏导致荫蔽，影响产量，也易发生病害。

（四）叶

油菜的二片子叶在进行短期光合作用后逐渐枯黄脱落，营养物质主要靠后生出的真叶制造，真叶着生在主茎及分枝上，每节都有一片真叶，不同部位的真叶有长柄，短柄及无柄叶三种。叶片是进行光合作用，制造养分的主要器官，也是进行呼吸和蒸腾作用的器官，长柄叶制造的养分主要供应根和茎的生长；短柄叶则供应茎和分枝的养分；无柄叶供应分枝和角果的养分。因此，油菜能否获得高产，首先要增加油菜的绿叶量和叶面积，延长绿叶的功能期，防治病虫害，使油菜生长发育良好。

（五）花

油菜花按照一定顺序着生在花轴上，着生在主茎上的主花序首先开花，然后各分枝花序陆续开花，同一花序的花蕾从下向上逐个开放。花由花柄、花萼、花冠、雄蕊、雌蕊和蜜腺 6 部分组成，花冠展开时 4 瓣呈十字形，故称为十字花科，雄蕊有 6 枚，顶端着生花药，俗称花粉，能借昆虫或风力传播。雌蕊位于花朵中央，基部略膨大称作子房，受精后发育为角果。蜜腺有 4 个，分泌蜜汁，引诱昆虫采蜜并传粉。

（六）角果

油菜开花授粉后，花瓣凋谢、子房膨大形成角果，角果由两片狭长类似船形的壳状果瓣构成，成熟时易开裂。甘蓝型品种角果较长，其绿色角皮是生育后期进行光合作用的重要器官，提供种子贮存养分的 40% 左右，因此，使角果发育良好，对丰产有重要意义。

三、油菜的栽培技术

（一）油菜的育苗技术

油菜育苗移栽是油菜高产的重要栽培技术，也是我国油菜生产的一大特色，因我国地少人多，劳动力资源丰富。油菜育苗移栽的好处很多，主要有：可以适时早播，培育壮苗，这是油菜高产的基础。壮苗积累的养分多，栽后发根早、成活快、长势强、根多叶茂、吸收水肥能力强，抗逆性提高；移栽油菜时去掉弱苗及杂株，栽后生长整齐、大小一致、苗距均匀、有利高产；移栽时主根受损，则栽后支根系发达，密布于耕作层 20～30cm 内，能吸收较多养分；育苗移栽能提高土地利用率，可以解决季节与茬口矛盾，甚至实现三熟制和油棉二熟地区避免前茬收获迟、后茬误农时的不足。

（二）油菜的育苗技术

1. 选好苗床地

一般选背风向阳，排灌方便，地力较高，土壤疏松的地块，其面积是大田面积的 1/6～1/5，即栽 5～6 亩油菜要有 1 亩左右苗床，防止苗床不足，幼苗过挤、秧苗不壮的问题。

2. 精耕细作、施足基肥

苗床要做到平、细、实要求，畦宽 1.5m、沟宽深 0.25m，施足基肥，每亩施 2500kg 土杂肥，25kg复合肥和0.5kg硼肥。

3. 适时播种

杂交油菜的播种期一般在9月中旬至下旬，播前进行晒种，每亩播量为0.4～0.5kg，均匀撒播，播后用细土或细土粪覆盖，不露籽，盖种厚度1cm左右。

4. 苗床管理

油菜出苗后要求早间苗、稀定苗，一片真叶后间第一次简苗剔出双棵苗，两片真叶时拔除搭叶苗，播种后要浇好出苗水，以土面不干躁、不发白为宜。齐苗后少浇水，促进根系下扎，1～2叶期结合间苗浇施粪水或稀尿素；5叶后减少浇水施肥，移栽前一周施好送嫁肥，苗肥用碳铵5kg左右兑水浇施，移栽前一天浇一次透水，以利拔苗。三叶时定苗，每平方米留110～120株，苗距8～10cm，每亩留苗$7×10^4$株为宜。间苗要做到"五去五留"，即去杂苗，留纯苗；去弱苗，留壮苗；去病苗，留健苗；去小苗、留大苗；去密苗，留匀苗。间苗时拔除杂草。

5. 化学调控，培育壮苗

3叶期用150mg/L多效唑（即每亩用15%多效唑100～130g兑水1000倍）或25%矮壮素每亩3～4g（有效成分），兑水3200～6000倍。控制高脚苗，过旺苗。另外蕾期也可以用一次。

（三）油菜的移栽技术

1. 整地

前作收获后及时耕耙，达到土粒均匀疏松，做好畦（畦宽约2m），开好三沟（畦沟、围沟、腰沟），达到沟渠相通，涝能排，旱能灌，沟深30～20cm。

2. 起苗

起苗前一天浇足水、力求拔苗时少伤叶、叶柄和根系，多带土，这样栽后恢复快，故最好用小铲起苗、带土移栽，栽时要去杂去劣。

3. 移栽

要做到"三要三边"和"四栽四不栽"。即行要栽直、根要栽正、棵要栽稳，并做到边起苗、边移栽、边浇水；大、小苗分栽，不栽隔夜苗、不栽钩根苗，栽时土要压紧，不歪不倒，这是油菜增产的一些主要经验。

油菜移栽有条栽、穴栽及板茬移栽三种，开沟、开穴要达到10cm左右，不能太浅太小，栽植密度每亩7000～8000株，株行距为33cm×47cm。栽时要拌好土杂肥，灰粪及硼肥和适量的复合肥（不能直接用尿素，也不能单用复合肥）压根，或用小铲扒开肥土栽入，也可先压好土，再施入肥料，达到根、肥分隔，防止烧根。板田移栽，直接打大穴栽入，只要加强中耕、追肥、培土等田间管理，同样可获得高产。

4. 壮苗的标准与移栽时间

壮苗的标准，即在移栽时达到绿叶七片，根茎粗0.6～0.8cm，苗高22～24cm，苗龄30d为好，移栽的适宜时间在10月中、下旬，迟至11月上旬，再晚移栽，产量会明显下降。

（四）油菜的直播技术

近十多年来，油菜直播面积有较大发展，主要是直播油菜省去了育苗过程和移栽过程，比移栽油菜每亩省工3～4个，如直播油菜采用机械收割，则节省劳力更多。直播油菜主要特点是根系发达，主根粗长、入土深，不易倒伏，有利于吸收土壤深层次养分和水分，因而比移栽油菜更耐旱、耐瘠、抗倒伏，因晚播25d左右，大大减少病虫的感染与危害，另外对机械收割更有利。

但直播油菜播期较晚，营养生长期相对较短，植株相对较矮，分枝较少，单株生产力下降，故直播油菜每亩密度要比移栽密度增加30％左右，即每亩1.1万～1.2万穴。每穴可留苗2～3株，苗总株数2.5万～3.5万株，单株有效角数80～110个，每角果15～16粒，千粒重3.5～3.7g，单产108～227kg。可见直播油菜的关键是提高每亩的有效株数和角果数，才能获得理想的产量。

直播油菜一般在稻茬或棉茬田进行，大多不能耕翻，故一般采取点播或开沟条播，可进行人工播种或机播，播期在10月中、下旬，过迟则产量明显下降，播量每亩0.25～0.3kg，播种齐苗后，往往密度过高、互相拥挤，造成弱苗、瘦苗，必须及时间苗，但直播油菜一次间苗太稀，容易发生冻害，故应在4片真叶后定苗及适当的补苗，以达到大小一致，均匀整齐的要求。

（五）油菜的田间管理

为确保油菜壮苗越冬，要选用抗寒性强的品种并适时早播、早栽，在抓好病虫草害防治的基础上，要认真搞好田间管理。

1. 巧施苗肥

油菜苗期约占整个生育期的2/3，并处于从高温到低温的生长环境。苗期吸收的肥料占44％～50％，因此在施足基肥的基础上，必须早施、重施苗肥，促进冬前的根系和植株生长。

苗肥一般分两次施用，第一次在移栽成活时（直播油菜籽定苗后），约在10月下旬至11月上旬，每亩施尿素5～6kg。兑水浇施或雨前雨后撒施（围棵更好）第二次在12月上、中旬，以农家肥为主（或称腊肥）或每亩3～5kg尿素。

2. 中耕除草

中耕可破除土壤板结，松疏表土，改善土壤通气状况，提高地温，消除杂草，促进微生物活动。最好在活棵后结合施肥进行浅中耕，深3～5cm，第二次在11月底结合施腊肥进行深中耕7～10cm，壅根培土，对长势过旺的田块深中耕能切断部分根系，抑制地上部生长。对迟播小苗进行早锄、勤锄、有利秋发，但在寒流来临前中耕易发生冻害。

3. 抗旱排涝

油菜苗期根系浅而少，易受旱受涝。当油菜叶边缘发黄，甚至茎部发生紫红色，表明水分供应不足，应及时抗旱，特别在寒流来临前浇水能减轻冻害。但油菜切忌漫灌，可在开好三沟的基础上进行沟灌或浇灌。在雨雪过多时，要做到田间不积水，明水能排、暗水能滤，雨住田干。

4. 中期管理

蕾薹期一般在2～3月份，是油菜营养生长和生殖生长的两旺时期，花蕾不断分化，枝条不断抽生，短柄叶、无柄叶和分枝叶都在这时长出，叶面积迅速增加，根系陆续扩展，光合作用增强。因此蕾薹期是油菜春发稳长，达到根强、杆壮、枝多、角多、粒重的关键时期。此时，也是气温不稳、风雨寒潮频繁、田间湿度大，易导致植株倒伏，病虫害发生多，严重影响产量。其管理技术是：要看苗、看地、看天合理施薹肥，既要促进稳长、不早衰，又要防贪青、倒伏，故长势好、地力肥的地块少施或不施；肥力差、长势弱，薹茎紫红色，有早衰趋势的要早施、重施薹肥。薹高低于叶高的要少施或不施，早熟品种要少施。干旱时要适当补水，水肥结合，及时发挥肥效；多雨时要排涝。薹肥一般每亩用尿素5～10kg，钾肥3～5kg，撒施或穴施，一般在薹高10cm左右施用。另外要尽量进行中耕除草，减少杂草为害，培土固定植株防倒伏。并要注意病、虫、草害的防治。

（六）适时收获

在油菜收获这一关键环节上，要了解油菜成熟过程，不同收获期对产量和品质的影响，掌握好适宜收获期的标准。

1. 油菜的成熟

油菜整株角果的成熟过程与其花芽分化的顺序是一致的，即先主序后分枝。主花序角果的成熟顺序是下部先成熟，然后中部和上部依次成熟。一次分枝上的角果成熟过程和顺序也和主花序是一致的。

由于油菜籽具有先开花、先成熟，后开花，后成熟，角果成熟参差不齐的特性，给油菜的收获也带来了困难。因此，科学的确定油菜籽的适宜收获时期是丰产的关键。

2. 油菜的适宜收获期

油菜的适宜收获时期因品种、种植密度、空气湿度和栽培条件而异。一般株形高大，分枝特别是二次分枝多的品种，全株上下角果籽粒成熟相隔时间较长，有的品种从主序角果成熟到中下部二次分枝角果成熟时间相差 $12\sim15d$；植株紧凑、分枝较少的品种，全株上下角果成熟相间也不过 $6\sim8d$。种植密度较大的，由于单株分枝少，主花序角果占的比重较大，分枝角果占的比重小，所以全株上下角果成熟期相隔时间短。一般在密度在每亩 2 万株的情况下，其间距为 $5\sim6d$。空气湿度大的地区，全株上下角果成熟间距较长，一般相距 $7\sim9d$。丘陵瘠薄地区种植的油菜植株上下部角果的成熟期相距一般为 $4\sim5d$，密度较大的只有 $3\sim4d$。

由此可见，油菜的适宜收获期既不能按油菜植株上部角果的成熟期为准，也不能按下部的角果成熟期为准。以上部角果成熟时收获，则下部角果未到成熟时间，影响产量和品质；若以下部角果完全成熟为准，则上部角果大大超过成熟期而裂角落粒，同样会降低产量和品质。油菜的适宜收获期应以取得最高的产量和含油量为准。据测定，油菜主轴籽粒的含油量在终花后 25d 达到高峰，但分枝籽粒的最高含油量则在终花后 35d。在对油菜的适宜收获期的掌握方面，油菜产区有"八成黄，十成收；十成黄，两成丢"的说法。这些经验都是把油菜成熟度与产量的高低联系起来。此外，也有些经验丰富的群众利用油菜的外部长相、色泽作为判断油菜适宜收获期的标准。如"角果枇杷黄，收割正相当"。也有用油菜角果的颜色，来说明收获的紧迫性，如角果"上白中黄下绿，收割不能过午"等。农民群众对油菜成熟收获的经验，值得各地借鉴。

种子色泽的变化也可以作为适宜收获期的尺度。即摘取主轴中部和上、中部一次分枝中部角果共 10 个，剥开观察籽粒色泽，若褐色粒、半褐半红色粒各半，则为适宜的收获期。由于种植密度不同，分枝数量多少也不相同。在确定油菜的适宜收获期时，各部位摘取角果数的比例也不应相同。密度为每亩 1 万株时，主轴、上、中部分枝的角果比例为 3：3：4；若密度为 1.5 万～2 万株时，摘取角果的比例应为 4：4：2；当密度超过 2.5 万株以上时，其比例为 5：4：1。实践证明，采用这种不同比例的取角方法，具有一定的准确性。

3. 收获方法

（1）收割方法　无论是冬油菜产区还是春油菜产区，油菜收获均应在早晨带露水收割，以防主轴和上部分枝角果裂角落粒。收获过程力争做到"四轻"（轻割、轻放、轻捆、轻运），力求在每个环节上把损失降到最低限度。油菜收割时，边收，边捆，边拉，边堆，不宜在田间堆放、晾晒，以防裂角落粒。

（2）堆垛与成熟　油菜收获后堆垛与否，与成熟度、生产习惯和气候条件有关。由于油菜在八成熟时收获，为促进部分未完全成熟的角果的后熟，应将收获后的油菜及时堆垛后熟。若直接散放田间晾晒，角果皮将会迅速失水变干，茎秆和角果皮中的营养物质不能再向籽粒运输，角果秕粒增多，降低产量和品质。据调查，八成熟的油菜收后，直接晾晒的比堆垛后熟的产量降低 4.9%～6.3%，含油量降低 1.3%～2.1%。

堆垛的方法有圆柱形、方形等，无论选择哪种垛形，都要选择在地势较高、不积水的地方。为避免垛下积水，应在垛下垫以捆好的角果向上的油菜捆或废木料等，以利排水、防潮和防止菜籽霉变。为了便于油菜茎秆和角果中的养分继续向种子运输，堆放油菜时，应把角果放在垛内，茎秆朝垛外，以利后熟。

（3）脱粒　经过堆放 4～6d 的油菜，角果经果胶酶分解，角果皮裂开，菜籽已与角果皮脱离。这时，可选择晴朗的天气，抓紧时间摊晒、碾打、脱粒、扬净，当水分降到 8%～9% 时即可入库。

复习思考题

1. 简述油料作物的种类。
2. 简述植物油脂的组成与性质。
3. 阐述花生常见的病害防治。
4. 阐述油菜常见的病害防治。
5. 根据学生所在地实际和所学知识，撰写出花生种植技术要点。
6. 结合本地实际和所学知识，为 1000 亩油菜大田生产撰写出种植技术方案。

参 考 文 献

[1] 董钻，沈秀英. 作物栽培学总论. 北京：中国农业出版社，2000.
[2] 曹卫星. 作物学通论. 北京：高等教育出版社，2001.
[3] 翟虎渠. 农业概论. 北京：高等教育出版社，1999.
[4] 杨文钰. 农业概论. 北京：中国农业出版社，2002.
[5] 李振陆. 农业作物生产技术. 北京：中国农业出版社，2001.
[6] 刘玉凤. 作物栽培. 北京：高等教育出版社，2005.
[7] 詹志红，刘国芬. 花生高产栽培技术. 北京：金盾出版社，2000.
[8] 孙彦洁. 花生高产种植新技术. 北京：金盾出版社，2000.

第七章 豆类作物

第一节 豆类作物概述

一、豆类作物的基本概况

(一) 豆类作物的种类

豆类作物豆科蝶形花亚科,种类繁多,根据用途不同可分为食用豆类、油用豆类、饲料绿肥豆类,以及作工业原料的特用豆类。其中以收获籽粒作为食用的豆类称之为食用豆类作物,食用豆类作物是仅次于禾谷类作物的人类食粮来源,主要有大豆、蚕豆、豌豆、绿豆、豇豆、小豆、菜豆、小扁豆、饭豆、四棱豆和鹰嘴豆等。其中,大豆种子含有大量脂肪,是压榨食用油的主要原料之一,荚用菜豆、豇豆、青大豆、豌豆以及蚕豆等 9 属 14 种又可作为蔬菜。本章以食用豆类为重点进行介绍。

(二) 豆类作物的国民经济意义

1. 营养价值高

食用豆类是粮食作物中营养价值最高的一大类。其籽实含有丰富的蛋白质,食用豆类蛋白质含量一般在 $20\%\sim40\%$,是谷类作物的 $3\sim6$ 倍,是甘薯、芋头的 $6\sim10$ 倍,而瘦猪肉蛋白质含量为 16.7%,鸡蛋为 14.7%,均比豆类要低许多;豆类蛋白质为全价蛋白质,可以提供人体不能自身合成而又必需的赖氨酸等 $8\sim10$ 种氨基酸。此外,豆类还富含多种矿物质与维生素。

2. 用途广泛

豆类可以加工制作各种人们喜爱的食品,为豉、作酱、制饼饵,做糕点、豆腐、豆芽等;还可加工、冷冻或制成各种罐头出口;豆类可和米混合做饭或直接煮食,豆粉与面粉、玉米粉混合是良好的面食。

3. 根部有根瘤

豆类作物有相应的根瘤菌与之共生,依靠根瘤菌的固氮活动,一般豆科植物所需氮素约 $1/2\sim2/3$ 为根瘤菌所提供。

4. 适应性强

豆类作物根系发达，适应性广，生育期一般较短，可作填闲补种作物，早种早收，还可与高秆作物间作套种，充分利用土地和季节，提高复种指数。有些可在房前屋后，田埂地边种植，精细管理也能获得较高产量。

（三）豆类作物的分布

食用豆类栽培遍及世界各地以亚洲为最多，非洲及美洲次之。世界生产豆类作物的主要国家是中国、前苏联、印度、美国和日本等国。我国主产大豆、蚕豆、豌豆、绿豆和小豆等；前苏联主产豌豆、洋扁豆等；美国主产大豆、小扁豆、菜豆和豌豆等；印度主产菜豆和绿豆。

大豆、小豆均起源于中国，我国豆类作物的栽培遍及全国，栽培面积最大，分布比较集中成片者：大豆主要在东北各省和山东、河南等地；蚕豆主要在四川、云南、湖南、湖北等省；豌豆主要在四川、湖北、河南、江苏等省；绿豆主要在河南、河北、安徽、山东、江苏、四川、山西、辽宁等省。

二、豆类作物的主要特征特性

（一）主要形态特征

1. 根

豆类作物根系为圆锥根系，由明显而发达的主根和各级侧根组成。根系入土较深，在渗透性好的土壤中，单株直根系可入土深达 2m 左右，但主要根系分布在 20～30cm 的表土层。豆类根系吸收能力强，能利用土壤中难溶性矿质元素，甚至能从一些岩石中分解吸取养分。豆类作物的根具有根瘤，不同的豆科植物，其根瘤的形状和大小也不一样。

2. 茎

草质或木质，多数柔软易倒伏。茎秆大多呈圆筒形，内部充实，如大豆、小豆等；有四方形而内部中空的，如蚕豆、豌豆等。茎的生长习性可分为直立型、半蔓生型、蔓生型和攀缘型四种。主茎下部腋芽易萌发成分枝，并会发生第二次分枝，且分枝生长往往超过主茎，但分枝多少因品种和栽培条件而异，其中，绿豆、赤小豆、豌豆和大豆分枝能力较强，蚕豆分枝能力较弱。光照充足和水分控制，能抑制节间伸长，促进分枝发生，摘心能增加分枝结荚数。

3. 叶

豆类作物的子叶有出土、不出土和半出土之分。出土与否决定于种子发芽出苗时下胚轴的延伸能力。出苗时最初出现的第一对真叶，称为初生真叶或原始叶，常为单叶。第一对真叶出现后才出现复叶；复叶互生，有三种组成形式：①羽状复叶，如蚕豆和豌豆等；②掌状复叶，如羽扇豆；③三出复叶，如大豆、菜豆、小豆和绿豆等。豆类作物叶片的光合能力强，有的甚至比其他作物高一倍左右。还表现有明显的向阳性，能借助小叶上的叶枕，在一天中的不同时间发生循环运动。而成熟时，叶片容易脱落。

4. 花

总状花序，腋生或顶生，蝶形花冠，二体雄蕊，子房上位，单心皮一室，多胚珠，着生在腹缝线上，一般自花授粉，但也有常异花授粉的，如蚕豆、黄羽扇豆等。蚕豆、豌豆和豇豆的花大，其他花小，尤其大豆花最小。一般开花较多，但只有少量能结荚，有些结荚率仅15%～20%。

5. 荚果

荚果扁平或圆筒形，分为硬荚和软荚两类，硬荚类如大豆、绿豆、小豆、饭豆等，背缝线和腹缝线两侧的维管束硬而发达，内果皮有海绵状厚膜组织，成熟时干燥收缩，使荚壳开裂而自行落粒。软荚类如豌豆、菜豆、小扁豆等，内果皮无厚膜组织，嫩荚可采食作蔬菜，成熟时也不开裂。

6. 籽实

种子较大，种脐明显，无胚乳，子叶肥厚，粒形和颜色千差万别，有球形、筒形、椭圆形、扁椭圆形、卵圆形、肾脏形等，颜色有白、黄、赤、褐、红、绿以及杂色相间，有的还有各种花纹和斑点。种皮多很光滑，只有豌豆的部分品种种皮皱缩。种子常生硬实，其发生除与品种特性有关外，常因土壤钙质多，成熟期间气候干燥而增多。硬实种皮细胞致密，履被坚硬的革质，水分不易浸入，对食品加工和种子萌发都有不利影响。

（二）与根瘤菌共生固氮特性

豆科植物与根瘤菌共生固氮是土壤氮素养分的主要来源之一。豆科植物根系在生长过程中能渗出某些化合物，引诱土壤根瘤细菌聚集在根毛周围，并进行大量繁殖。根瘤菌能分泌某些植物激素，使根毛顶端卷曲。而后，根瘤菌侵入根毛表皮细胞壁内，并不断地繁殖，约经 $1\sim2d$ 侵入皮层，使皮层细胞受到刺激，迅速分裂形成分生组织，逐渐形成根瘤原基，以后随着体积增大，向外突出形成根瘤。根瘤细菌能利用寄主提供的有机能源等物质，在常温常压下，把稳定态氮分子与氢分子化合成为氨分子，供寄主直接吸收利用。

（三）春化现象与光周期特性

豆类作物有秋冬播和春夏播两大类型，在系统发育过程中形成了不同的温光反应特性。

1. 秋冬播类型

如蚕豆和豌豆等，性好冷凉，属低温长日照作物，其晚熟品种有明显的春化现象。但早熟品种对春化处理和日长反应不敏感，甚至无感。

2. 春夏播类型

如大豆、豇豆、菜豆、扁豆、刀豆、绿豆和赤小豆等，性喜温暖，属喜温短日性作物，没有明显的春化现象，开花迟早主要受日长和积温的影响，特别是夜温升高，对光周期诱导有明显促进作用。但对光周期反应的敏感程度，与品种原产地及播种期有关。原产高纬度地区品种，长期适应夏季日照较长的自然条件，多属感光性弱的早熟品种；而原产南方低纬度地区品种，多属感光性较强的迟熟品种。

三、豆类作物的栽培要点

豆类作物在生产栽培上有相同的特点，如因地制宜地选择品种和根瘤菌接种，精细整地和合理施肥，忌连作和适宜间、混套作，防止落花落荚等，都是豆类作物增产的主要技术措施。

（一）合理选择品种类型

栽培豆类作物，应合理选择品种类型，适当安排播种期，正确确定栽培措施。如秋大豆不宜春播；南北大豆日照生态类型不同，引种时尤其要注意这一特性，如果南种北引，应选短日性弱的早熟品种，或延迟播种；北种南移应选迟熟类型，或早春播种。

（二）轮作和间混作

豆类作物不耐连作，连作时由于噬菌体的繁衍，会抑制根瘤菌发育，而且有毒物质累积，病虫害加重，产量和品质降低。轮作间隔年限按耐连作程度不同，大豆需 $1\sim2$ 年；蚕豆、豇豆和扁豆需 $2\sim3$ 年；小豆、绿豆和菜豆需 $3\sim4$ 年；豌豆需 $4\sim5$ 年。

豆类作物与非豆类作物间作或混作，能发挥两者在生态学和生物学上的互利作用。如矮秆直根的大豆与高秆须根的玉米间、混作，可充分利用阳光和土地，抑制杂草。同时豆类作物在生长过程中，由于部分根瘤破裂释放的氮素，以及豆类根系遗留于土壤中的养分，可供给其他间、混作物吸收。南方一些省份豆类作物间、混作套种的形式主要有：大豆与甘蔗、玉米或芝麻间作，大、小麦套种大豆或大豆套种甘薯等。

（三）根瘤菌接种

根瘤菌接种，是豆类作物特殊的增产措施，具有成本低、效益高，使用方法简单等特点，根瘤菌虽能在土壤中单独生存 $10\sim12$ 年之久，但长期不与相应的豆科作物共生，数量大为减少，活性也变弱。所以，在久未种植或从未种植过某种豆类作物的土地上，接种根瘤菌效果特别显著。而在豆科作物老区，尤其在连作或间隔期较短的情况下，由于土壤中存在着土着根瘤菌的竞争，接种新菌株的占瘤率不高，因而效果大多不明显。

（四）整地施肥

豆类作物种子较大，发芽时吸水很多，顶土力弱，特别是子叶出土的豆类，要求精细整地。根系发达，入土较深，根瘤菌又是好气性的，要求具有深、松的土壤。

豆类作物所需的氮素约有 $1/2\sim2/3$ 为根瘤菌所供给，但在苗期根瘤菌没有充分形成和活动以前，或在瘠薄的土壤上，需施必要的速效氮肥。对磷、钾肥的要求特别高，因为不仅豆类作物本身需要大量磷、钾营养，根瘤菌发育和固氮过程也需要磷钾元素，磷钾充足能显著增加根瘤数目和促进固氮活动。适当施用钼、硼、锰、锌等微量元素，可明显提高产量。

（五）增花保荚，减少脱落

落花落荚是多种因素综合作用的结果。尤其是在栽培措施不当或环境条件不良，水分、养分、光照、温度等不能适应作物生长发育的生理要求，而使植株体内生理失调，是导致落花落荚的重要因素。生产上要根据豆类作物的特性，采取适当的措施，控制生长，协调养分的分配，尽力减少落花落荚。

第二节　大　豆

一、概述

（一）大豆生产在国民经济中的意义

1. 大豆的营养价值

大豆既是豆类作物，又是油料作物。大豆籽粒约含蛋白质 40%、脂肪 20%，大豆营养价值很高，大豆蛋白是我国人民所需蛋白质的主要来源之一，含有人体必需的 8 种氨基酸，尤其是赖氨酸含量居多，大豆蛋白质是"全价蛋白"。近代医学研究表明，豆油不含胆固醇，吃豆油可预防心血管疾病。大豆的碳水化合物含量约 30%，主要是乳糖、蔗糖和纤维素，淀粉含量极小，是糖尿病患者的理想食品。大豆含丰富的维生素 B_1、维生素 B_2、烟酸，可预防由于缺乏维生素、烟酸引起的癞皮病、糙皮病、舌炎、唇炎、口角炎等。此外，大豆还富含多种人体所需的矿物质。

2. 大豆的工业利用

大豆可制成多种营养丰富的副食品，如大豆蛋白已广泛应用于面食品、烘烤食品、儿童食品、保健食品、调味食品、冷饮食品、快餐食品、肉罐食品等的生产。大豆是重要的工业原料，可加工成大豆粉、组织蛋白、浓缩蛋白、分离蛋白，大豆还可制作油漆、印刷油墨、甘油、人造羊毛、人造纤维、电木、胶合板、胶卷、脂肪酸、卵磷脂等多种民用、医药和工业产品。

3. 大豆的其他用途

大豆是重要的饲料作物。大豆的籽粒、植株及榨油后的豆饼都是优质的饲料，大豆蛋白质消化率比高粱、燕麦、玉米高 26%～28%，易被牲畜吸收利用。

大豆是养地作物。大豆根瘤菌能固定空气中游离氮素，在作物轮作制中适当安排种植大豆，可以把用地养地结合起来，维持地力，使连年各季均衡增产。用根瘤菌固定空气中的氮素，既可节约生产化肥的能源消耗，又可减少化肥对环境的污染。

（二）大豆的起源、分布与种植区划

大豆起源于我国，由野生大豆进化演变而来的，已为世界所公认。

我国自然条件优越，大豆分布很广，从黑龙江边到海南岛，从台湾和山东半岛到新疆伊犁盆地，均有大豆栽培。根据自然条件、耕作制度，我国大豆产区可划分为五个栽培区。

1. 北方一年一熟春大豆区

本区包括东北各省，内蒙古（自治区）及陕西、山西、河北三省的北部，甘肃大部，青海东北部和新疆部分地区。

2. 黄淮流域夏大豆区

本区包括山东、河南两省，河北南部、江苏北部、安徽北部、关中平原、甘肃南部和山西南部，北临春大豆区，南以淮河、秦岭为界。

3. 长江流域夏大豆区

本区包括河南南部、陕西南部、江苏南部、江西北部，湖南、湖北、四川大部，广西、云南北部。当地生长期长，以夏大豆为主，但也有春大豆和秋大豆。安徽南部，浙江西北部，一年两熟，品种类型繁多。

4. 长江以南秋大豆区

本区包括湖南、广东东部，江西中部和福建大部。当地生长期长，日照短，气温高。大豆一般在8月早中稻收后播种，11月份收获。

5. 南方大豆两熟区

包括广东、广西、云南南部。日照短，气温高，终年无霜，在当地栽培制度中，大豆有时春播，有时夏播，个别地区冬季仍能种植；11月份播种，次年3～4月份收获。

（三）大豆的生产概况

1. 世界大豆生产概况

大豆是近几十年来种植面积增加最快、产量增长最多的作物。据统计，1998年全球大豆种植面积为7441.2万公顷，同年，大豆总产量为15983万吨；2008年全球大豆种植面积为9790万公顷，同年，大豆总产量为2113亿吨。世界大豆生产发展迅速的根本原因在于，大豆种植效益相对高于其他农作物，而且投入成本偏低，各国对植物蛋白的需求增长，大豆深加工日益加强，综合利用日益扩大。许多国家对大豆及其产品的生产和出口采取鼓励政策，加强大豆育种、栽培、加工的科学研究，增加大豆生产的物资投入等也都推动了大豆产业的发展。

2. 我国大豆生产概况

我国是大豆第四大生产国，世界最大的大豆进口国。20世纪90年代中后期以来，尽管我国的大豆种植面积时有波动，但由于单产的提高，使大豆总产维持相对稳定。与发达国家相比，我国大豆的单位面积产量不高，其主要原因并不在于品种的产量潜力低，而在于生产条件较差，栽培技术推广不够。在生产实践中，只要品种选用适宜，栽培技术措施运用得

当，大豆大面积平均产量是可以达到 $3000kg/hm^2$ 或更高的。

二、大豆栽培的生物学基础

（一）大豆的形态特征

大豆属豆科，蝶形花亚科，大豆属。植株由根、茎、叶、花、荚及种子组成。

1. 根和根瘤

大豆根系由主根、侧根、不定根组成，根尖密生根毛。主根由胚根发育而成，在耕层深厚的土壤条件下，大豆根系发达，主根在地表下 10cm 以内比较粗壮，愈向下愈细，几乎与侧根很难分辨，入土深度可达 $60\sim80cm$。侧根是从主根中柱鞘分生出来的，先向四周水平伸展，远达 $30\sim40cm$，然后向下垂直生长深度可达 $100\sim180cm$。在近地表茎基部，由于培土关系，可发生须状不定根。根毛是幼根表皮细胞外壁向外突出而形成的，根毛寿命短暂，大约几天更新一次，根毛具固定、吸收以及分泌酸类物质的作用。

大豆的主根和侧根上生有很多根瘤，初生时为绿色，逐渐为浅红色，最后变为褐色。大豆根瘤是由根瘤细菌，在适宜的环境条件下，由根毛侵入根部，刺激根部细胞分裂而形成的，适宜的温度、良好的土壤结构和早期施磷，均有利于根瘤的形成。一般根瘤菌所固定的氮供大豆一生需氮量的 $1/3\sim1/2$，且土壤中残留了相当部分。

2. 茎和分枝

大豆的茎包括主茎和分枝，茎秆坚韧，略呈圆形。主茎高度在 $50\sim150cm$ 之间，一般有 $12\sim20$ 节，大豆幼茎有绿色与紫色两种，绿茎开白花，紫茎开紫花。按主茎生长形态，大豆可分为蔓生型、半直立型、直立型，栽培品种均属于直立型。大豆主茎基部节的腋芽常分化为分枝，多者可达 10 个以上，少者 $1\sim2$ 个或不分枝。分枝与主茎所成角度的大小、分枝的多少及强弱决定着大豆栽培品种的株型，按分枝与主茎所成角度大小，可分为张开、半张开和收敛三种类型；按分枝的多少、强弱，又可将株型分为主茎型、中间型、分枝型三种。

3. 叶

大豆叶有子叶、单叶、复叶之分。子叶（豆瓣）出土后，展开，经阳光照射即出现叶绿素，可进行光合作用，在出苗后 $10\sim15d$ 内，子叶所贮藏的营养物质和自身的光合产物对幼苗的生长是很重要的。

子叶展开后 $2\sim3d$，随着上胚轴伸长，长出两片对生单叶，以后每节长出由三小叶组成的复叶。大豆复叶由托叶、叶柄和小叶三部分组成，托叶一对；小而狭，位于叶柄和茎相连处两侧，有保护腋芽的作用，大豆小叶的形状、大小因品种而异，叶形可分为椭圆形、卵圆形、披针形和心脏形等，有的品种的叶片形状、大小不一，属变叶型。

4. 花序

大豆的花着生在叶腋间或植株顶端，呈总状花序。花朵通常是簇生在花柄上，俗称花簇，每个花簇有 $15\sim20$ 朵花。每一单花由苞片、花萼、花冠、雄蕊和雌蕊构成。苞片有两个，很小，呈管状，苞片上有茸毛，有保护花芽的作用。花萼位于苞片的上方，下部联合呈杯状，上部开裂为 5 片，色绿，着生茸毛。蝶形花冠，有白色、紫色两种。二体雄蕊；雌蕊 1 枚，柱头为球形，花柱稍弯曲，子房扁平，内含胚珠 $1\sim4$ 个。大豆是自花授粉作物，花朵开放前即完成授粉，天然杂交率不到 1%。

根据大豆开花顺序、花荚分布、植物学特征特性等，可将大豆开花结荚习性分为无限、有限和亚有限三种类型，基本上是前两种类型。

（1）无限开花结荚习性　具有这种开花结荚习性的大豆茎秆尖削，始花期早，开花期长。主茎中、下部的腋芽首先分化开花，然后向上依次陆续分化开花。始花后，茎继续伸长，主茎与分枝顶部叶小，着荚分散，基部荚不多，顶端只有 1～2 个小荚，多数荚在植株的中部、中下部，每节一般着生 2～5 个荚。这种类型的大豆，营养生长和生殖生长并进的时间较长。

（2）有限开花结荚习性　这种开花结荚习性的大豆一般始花期较晚，当主茎生长高度接近成株高度前不久，才在茎的中上部开始开花，然后向上、向下逐步开花，花期集中。当主茎顶端出现一簇花后，茎的生长终结。茎秆不那么尖削，顶部叶大，不利于透光。由于茎生长停止，顶端花簇能够得到较多的营养物质，常形成数个荚聚集的荚簇，或成串簇。这种类型的大豆，营养生长和生殖生长并进的时间较短。

（3）亚有限开花结荚习性　这种开花结荚习性介于以上两种习性之间而偏于无限习性。主茎较发达。开花顺序由下而上。主茎结荚较多，顶端有几个荚。

大豆开花结荚习性不同的主要原因在于大豆茎秆顶端花芽分化时个体发育的株龄不同，顶芽分化时若值植株旺盛生长时期，即形成有限结荚习性，顶端叶大、花多、荚多。否则，当顶芽分化时植株已处于老龄阶段，则形成无限结荚习性，顶端叶小、花稀、荚也少。

大豆的结荚习性是重要生态性状，在地理分布上有着明显的规律性和地域性。从全国范围看，南方雨水多，生长季节长，有限品种多，北方雨水少，生长季节短，无限性品种多。从一个地区看，雨量充沛、土壤肥沃，宜种有限性品种；干旱少雨、土质瘠薄，宜种无限性品种。雨量较多、肥力中等，可选用亚有限性品种。当然，这也并不是绝对的。

5. 荚果和种子

大豆的果实为荚果，豆荚形状分直形、弯镰形和弯曲程度不同的中间形。荚果的表皮披茸毛，个别品种无茸毛，成熟时荚色有黄、灰褐、褐、深褐色等。大豆荚粒数各品种有一定的稳定性，栽培品种每荚多含 2～3 粒种子，荚粒数与叶形有一定的相关性，有的披针形叶大豆，四粒荚的比例很大，也有少数五粒荚；卵圆形叶、长卵圆形叶品种以 2～3 粒荚为多。

大豆的种子的形状可分为圆形、卵圆形、长卵圆形、扁圆形等。种子大小通常以百粒重表示，按粒重分小粒种（百粒重 14g 以下）、中粒种（百粒重 14～20g）、大粒种（百粒重 20g 以上），栽培品种多为中粒种。种皮颜色与种皮栅栏组织细胞所含色素有关，可分为黄色、青色、褐色、黑色及双色五种，以黄色居多。种脐是种子脱离珠柄后在种皮上留下的疤痕，脐色的变化可由无色、淡褐、褐、深褐到黑色。圆粒、种皮金黄色、有光泽、脐无色或淡褐色的大豆最受市场欢迎。

（二）大豆的生长发育

1. 大豆的一生

大豆的生育期通常是指从出苗到成熟所经历的天数。实际上，大豆的一生指的是从种子萌发开始，经历出苗、幼苗生长、花芽分化、开花结荚、鼓粒，直至新种子成熟的全过程。

（1）种子的萌发和出苗　大豆种子在吸收相当于本身重量 120%～140% 的水分，通风条件适宜，播种层温度稳定在 10℃时，种子即可正常发芽。首先胚根从珠孔伸出，当胚根长度与种子长度相等时就为发芽。接着胚轴伸出，种皮脱落，子叶随着下胚轴的伸长包着幼芽露出地面，称为出苗。子叶出土见光后由黄变绿，进行光合作用，合成有机物质，供幼苗生长需要。

（2）幼苗生长　子叶出土展开后，幼茎继续伸长，上面两片对生单叶（即真叶）随即展开，此时称为真叶期，接着长出第一片复叶，称为三叶期，此后，每隔 3～4d 出现一片复叶，腋芽也跟着分化。主茎下部节位的腋芽多为枝芽，条件适合即形成分枝，中、上部腋芽一般都是花芽，长成花簇。出苗到分枝出现，叫做幼苗期。幼苗期大约 20～25d，这时期，根系比地上部分生长快，应注意蹲苗，加强田间管理，达到全苗、壮苗、齐苗的目的。

（3）花芽分化　大豆花芽分化，最初出现半球状花芽原始体，接着在原始体的前面发生萼片，继而在两旁和后面也出现萼片，形成萼筒，花萼原基出现是大豆植株由营养生长进入生殖生长的形态学标志。然后，相继分化出极小的龙骨瓣、翼瓣、旗瓣原始体。跟着雄蕊原始体呈环状顺次分化，同时心皮也开始分化。在 10 枚雄蕊中央，雌蕊分化，胚珠原始体出现，花药原始体也同时分化，花器官逐渐长大，形成花蕾。随后雄、雌蕊的生殖细胞连续分裂，花粉及胚囊形成，完成花芽分化。

从花芽开始分化到始花，称为花芽分化期，又称分枝期，一般为 25～30d。因此，在开花前一个月内环境条件的好坏与花芽分化的多少及正常与否有密切的关系。从这时起，营养生长和生殖生长并进，根系发育旺盛，茎叶生长加快，花芽相继分化，花朵陆续开放。

（4）开花结荚　从始花到终花为开花期，从软而小的豆荚出现到幼荚形成为结荚期。由于大豆开花和结荚是交错的，所以又将这两个时期称开花结荚期。

从大豆花蕾膨大到花朵开放需 3～4d。每天开花时间，一般从上午 6 时开始开花，8～10 时最盛，下午开花甚少。由于大豆的落花落荚率高，因此每个花簇结荚数不多。

胚珠受精后，子房逐渐膨大，幼荚形成开始。头几天，荚发育缓慢，从第五天起迅速伸长，大约经过 10d，长度达到最大值，荚达到最大宽度和厚度的时间较迟。

开花结荚期内，营养器官和生殖器官之间对光合产物竞争比较激烈，是大豆一生中需要养分、水分最多的时期。

（5）鼓粒成熟　大豆从开花结荚到鼓粒阶段，无明显的界限。在田间调查记载时，把豆荚中籽粒显著突起的植株达一半以上的日期称为鼓粒期。在荚皮发育的同时，其中种皮已形成；荚皮近长成后，豆粒才鼓起。种子的干物质积累，大约在开花后一周内增加缓慢，以后的一周增加很快，大部分干物质是在这以后的大约三个星期内积累的。荚的重量大约在第 7 周达到最大值。当种子变圆，完全变硬，最终呈现本品种的固有形状和色泽，即为成熟。

2. 大豆对环境条件的要求

（1）温度　大豆是喜温作物，全生育期所需积温，因品种和地区而异，春大豆一般为 1800～2700℃。发芽至出苗阶段对土壤温度很敏感，发芽最低温度为 6℃，出苗最低温度为 8～10℃，低于 8℃则不能出苗，出苗后 -3℃低温能使幼苗受冻害；生育期间，平均温度在 20～25℃适宜大豆生长，成熟期间，温度降低到 12℃以下，大豆停止生长。

（2）光照　大豆是短日照作物，缩短日照能促进花芽分化，提早开花成熟。相反，延长日照则会延迟开花和成熟，甚至于不能开花结实。幼苗第一复叶出现后，开始对日照起反应。幼苗经过 5～12d 的短日照条件便能完成光照阶段。当植株出现花萼原基时，就标志着光照阶段完成。大豆虽属短日照作物，但由于长期适应各地日照条件，因而各地品种对日照反应不同，南方品种具有较强的短日性，北方品种则对日照反应不敏感，在引种时应特别注意。大豆是喜光作物，光照强度对产量的形成有显著的影响，阴雨天多，光照不足时会严重影响产量。

（3）水分　大豆是需水较多的作物。据研究，大豆形成 1g 干物质需水 600～1000g。种子发芽和出苗阶段需要有充足的水分，该阶段土壤含水量低于 20%，则出苗困难，幼苗细弱不整齐，生长缓慢；开花前耐旱力较强，土壤水分过多，反而对根系发育不利；开花结荚期是大豆需水的临界期，该期如果土壤干旱，植株生长矮小，叶面积不能充分扩展，造成大量花荚脱落，严重减产，最多可减产 2/3 以上。

3. 大豆花荚脱落和秕粒的产生

（1）大豆花荚的脱落　大豆落花落荚包括蕾、花和荚的自然脱落，是大豆在生长发育中调节自身代谢平衡的一种生理现象。大豆在开花结荚期间，其营养生长和生殖生长都很旺盛，由于种种原因，很容易引起植株体内水分和养分的需求与分配的矛盾，使代谢紊乱和失调，造成花荚脱落，一般在 40%～70%，脱落比例大致为：花蕾占 10%，幼荚占 40%，花朵占 50%。

大豆落花落荚的原因很多。有品种上的原因，一些品种由于光合速率低，新陈代谢弱，造成开花数和结荚数较少；有栽培上的原因，栽培上如果群体密度过大，植株徒长，田间通风透光条件差，容易造成落花落荚；有水分、营养等方面的原因，花荚期干旱、缺氮、缺磷等，使植株营养生长严重不足，花荚营养供应不良，也会造成花荚大量脱落；也有机械损伤、病虫害为害及低温造成冷害等外界因素。当大豆进入营养生长和生殖生长的旺盛生长阶段，落花、落荚也将开始。所以，认识大豆落花落荚的原因，根据其长势长相进行科学施肥和管理，有利于提高大豆产量。

（2）大豆秕粒的产生　大豆植株形成荚果后，如果种子得不到足够的营养物质，籽粒就不能正常形成，或外壳鼓起，荚果产生空秕，是影响大豆产量和品质的一大问题。

大豆空秕粒的原因，一般认为是大豆在鼓粒阶段，叶片功能衰退或营养生长过旺，使叶片合成有机养分不足或送到种子内的物质较少。另外，生育期间的旱、涝灾害，营养物质运输受阻等因素，都会使籽粒得不到足够的营养物质而产生秕粒。

防止秕粒的产生，可采取选用良种、合理轮作、适时排灌、及时补充养分、做好发育后期的田间管理等措施，另外，也可使用生化制剂，来降低株高，增粗茎杆抗倒伏，也可以增加单株荚数、粒数、百粒重。

三、大豆的栽培技术

（一）轮作换茬和间作套种

1. 大豆的轮作换茬

大豆最忌重茬和迎茬，重茬一般减产 20%～30%，迎茬一般减产 5%～10%。合理轮作是调节土壤养分，培肥地力，减少杂草危害和病虫害蔓延的重要措施，因此，在轮作中大豆是用地养地的作物。大豆的茬口好，是各种主要农作物的良好前作，尤其是禾谷类作物为后作，都能显著增产。在南方地区，前茬大豆后作晚稻，比双季连作的晚稻产量也会有明显提高。

大豆轮作后茬增产的主要原因是：大豆属直根系，能更多地利用土壤深层的养分，对土壤氮素消耗相对较少，同时因根瘤的固氮作用，使土壤的含氮量相对而言较多。大豆的残根落叶遗留的有机质较多，能改良土壤，提高肥力。大豆是中耕作物，经过几次中耕后杂草少，而且生育中后期枝叶繁茂，荫蔽覆盖作用强，能抑制杂草生长。

大豆如果连作，土壤中磷素营养过度消耗，氮磷比例失调，连作的土壤有适宜的病菌发病条件，各种病害尤以线虫危害最严重，连作大豆的根系分泌某种酸性物质，形成有毒物质并产生噬菌体，使根系发育不良，根瘤菌活力减弱，植株生长受到抑制，导致减产。所以农谚说："豆地年年换，豆籽年年好"。

南方大豆轮作主要有水旱轮作和旱地轮作两种。水旱轮作主要指水稻与大豆的轮作换茬。在秋季水源不足的山区水田，不能种植晚稻的，在早稻或早中稻收获后种一季秋大豆，秋大豆收获后，如季节早就冬种大小麦、油菜或绿肥，季节来不及就冬闲。其轮作方式是：早稻或早中稻→秋大豆→冬种作物或冬闲。水源充足的双季稻田，由于长期泡水不透气，有毒物质增加，还原层加厚，加速了土壤次生潜育化的发展，成为水稻增产的限制因素，可在一年多熟制中换一熟大豆，如麦→豆→稻，或春大豆→杂交水稻，每隔 3～4 年换一熟，可使土壤理化性质有明显变化。旱地轮作主要指丘陵坡地和农地的轮作，如：豆→薯、花生→豆等。

2. 大豆的间作和套种

大豆是矮秆作物，所占地上部空间较小，而高秆作物所占地面空间较大，两者间作、套种能构成良好的异种间复合群体，可充分利用空间和地力，增强空气流动，增加 CO_2 供给，从而提高产量。南方大豆主要与甘蔗、玉米或幼龄果园进行间作；与甘薯等进行套种。

大豆间作，应选择早熟、丰产而不蔓生的有限开花结荚习性品种。

（二）深耕整地

大豆对土壤条件的要求不很严格，一般土壤都能种植。但大豆是深耕性作物，属子叶出土幼苗，亲水性强，发芽时需吸收大量水分又有大量根瘤菌共生。因此，高产大豆田要求排水良好，有一定灌溉条件，土层深厚，土质疏松，富含有机质和钙质，保水力强，通气性好，营养丰富，热量充足的中性土壤。至于土壤酸碱度，一般以 pH 值 6～7.5 适宜，而以 pH 值 6.5～7.0 为最好。因为根瘤的形成及根系生长与 pH 值有密切相关，微碱性土壤能促进根瘤菌的活动和繁殖，对大豆生长有利。

大豆根系在土壤中分布深而广，耕层深厚，松紧适度的土壤条件，能促进根系向纵深发展和植株地上部良好发育。因此深耕是大豆增产的基础。深耕必须因地制宜，在多熟制地区，前作物收获迟，季节紧逼，不宜耕得过深，以免播种时土壤来不及熟化，反而不利于大豆生长。沿海地区盐碱地，应采取上翻下松的方法适当深耕，防止底层盐分或其他有毒物质上升为害。农地大豆田应逐年分次深耕，以加深耕层、熟化土壤，增加保肥保水能力。

大豆翻耕深度一般以 20～23cm 为宜。深耕要结合增施有机质肥料，做到耕透耙细，土肥相融。水田土壤表层与下层养分差别大，宜浅耕避免腐殖质翻入下层，并要掌握适宜的土壤湿度，抢晴耕翻断白。春大豆田耕翻要早，做到播种前能再浅耙一次。若是冬闲田，应排干田水，进行犁冬晒白，熟化土壤。秋大豆田应在前作水稻钩头时排干田水，水稻收获后即行翻耕。农地种植大豆的，在前作的收获后应立即犁耙，防止跑墒。如系套种，播种前应在前作物行间进行松土。深耕必须结合精细整地，使土壤疏松，含水量适宜，以提高播种质量、保证出苗齐全，促进幼苗生长发育。所以整地是同深耕不可分割的重要组成部分，如果整地粗放不平，就会使下种不均匀，不利于保苗，影响播种质量。

大豆整地方法主要是耙地做畦。耕翻后耙地，可撞碎土块，使表面平整，且有较细的土壤覆盖层，有利于蓄水保墒。耙地后按不同播种方式整成相应大小的畦厢。然后在厢面粉地，进一步粉碎土块，平整厢面，达到播种的要求。整地要及时，无论春大豆或秋大豆，在前作收获后应立即耕耙，整地播种。大豆套种的应结合前作中耕进行整地。此外，干旱地区整地应重视保蓄土壤水分，多雨地区整地要求田间排水畅通。

（三）播种

1. 种子处理

（1）精选种子　采用粒选机或人工挑选，清除小粒、瘪粒、破瓣粒、泥沙和杂草种子，选留大小均匀、充实饱满的种子做种。经过发芽试验，一般要求发芽率在 95％ 以上。

（2）拌种　药剂拌种有两种目的，一是防治地下害虫，二是将种子表面的病菌杀死。钼肥拌种是因为大豆施钼肥可有效的增产，但大豆需钼量极少，一般采用钼酸铵拌种。拌种方法是取钼酸铵 4～6g，用温水 200g 溶解，制成 1％～2％ 左右的溶液，再用喷雾器喷到 10kg 种子上，边喷边搅拌至均匀，待种子吸收阴干后即可播种。但要注意药液用量不宜过多，以免种皮皱缩，拌种后不要晒种，以免种皮破裂。如果要结合药剂处理，必须在拌钼肥的种子阴干后，再进行药剂拌种。

（3）根瘤菌接种　根瘤菌接种在我国大豆生产中已应用很久，对新开垦荒地和多年未种大豆的土壤来说，是一种低成本、高效益的重要增产措施。方法是用该品种高效共生固氮株系，或混合菌种的根瘤菌粉 150g（含活菌 500 亿个以上），渗水 500g，拌种子 10kg，待吸收阴干后播种。在新种大豆的红壤地，采用菌剂与钙镁磷肥混合拌种，可收到更好的接种效果，与单独使用相比效果有了明显提高。

2. 适时播种

大豆播种期因品种特性、耕作制度和气候条件而不同。播种期的早晚与产量、品质有很大关系。适时早播，保苗率高，幼苗健旺，且早期低温有利于根系迅速生长，地上部生长较慢，生长期延长，茎粗节密，有效分枝多，开花结荚多，尤其在梅雨季节前能完成开花结荚，落花落荚和病虫害均较少。

南方气候温暖，复种指数高，大豆栽培制度分有春、夏、秋播等三种不同类型和不同播种季节。

（1）春播大豆　温度是决定因素。当表层 5cm 土温稳定在 14～16℃ 以上时即可播种，春大豆一般在惊蛰前后播种。但早春气候变化大，在播种适期内，还要注意天气预报，掌握冷尾暖头抢晴播种。

（2）夏播大豆　栽培制度是决定播种期的主要因素。所以季节紧逼，前后作矛盾较大，其中夏大豆早熟区，一般于夏至至小暑播种，秋分前后收获，全生育处于高温强光的夏秋季节，生长旺盛，开花集中。在迟熟田埂豆区一般于小满至芒种一播种移栽，寒露至霜降收获。

（3）秋播大豆　一般在大暑至立秋前后播种，霜降至立冬收获。秋大豆播种期主要受前作物收获迟早和墒情的限制，在可能条件下，尤其晚熟品种应力争早播，以避免鼓粒期受低温的影响。

3. 合理密植

根据大豆品种特性、土壤肥力和栽培季节，安排好适宜的种植密度和方式，能保证单位面积上有足够的株数，最大限度地增加总荚数和总粒数，是大豆高产的重要措施之一。根据各地高产栽培经验和密度试验等综合分析，凡品种繁茂性好、植株高大、分枝多的迟熟品种，密度宜稀些；株型紧凑，分枝少的早熟品种，密度宜密些。肥田宜稀些，瘦田稍密些。春大豆早播，营养体繁茂性好，适当稀些，秋大豆播种迟，生长期集中，可适当密些。

一般春大豆 30 万～45 万株/hm²，夏大豆 22.5 万～30 万株/hm²，秋大豆 60 万株/hm² 以上。通常情况下，大豆播种量小粒种 60～75kg/hm²，中粒种 75～90kg/hm²，大粒种 105～120kg/hm²。

4. 播种方法

大豆种植方式主要有窄畦宽行、宽行窄株和宽窄行等。播种方法有穴播、条播，以及个别单粒点播或撒播等，以穴播最为普遍。近年对土壤肥力较高或水肥条件较好的田块，采用窄畦双行的宽行窄株种植方法，使群体透光性能良好，个体能得致较好发展，容易获得高产。因此，被迅速推广应用。

播种深度关系到出苗的好坏，因大豆种子含脂肪、蛋白质多，发芽时要求充足的水分和氧气，因此，大豆播种后覆土的深浅、土壤水分，土壤性质等与发芽出苗有很大关系。如果土壤疏松，水分不足时，播种宜深些。相反，如果土壤较黏，墒情较好时，播种宜浅些。一般大豆播种深度以 3cm 左右为宜，尤其大粒种大豆，子叶托土力弱，播种不宜过深。

（四）需肥特点

1. 大豆需肥特点和施肥方法

大豆是需要矿质营养数量多、种类全的作物。在矿质营养中，需要量最多的是氮、磷、钾；其次是钙、镁、硫；只需微量的是氯、铁、锰、锌、铜、硼、钼等。据试验，大豆对氮、磷、钾的吸收量苗期较少，开花期也只占总吸收量的 $1/4 \sim 1/3$，直到结荚期吸收量达最高峰，约占总吸收量的 $2/3$ 以上。大豆在开花后；茎叶中干物质迅速增长，约占干物重最高时的 25%。但茎叶中氮、磷转移到籽粒只占 $40\% \sim 50\%$，大豆在成熟过程中所需的氮、磷营养大部分是由根部供给的，可见大豆后期营养的重要性。

（1）氮素营养　大豆富含蛋白质，氮素是蛋白质的主要组成元素。氮肥是大豆高产不可缺少的条件。大豆的氮素来源有两个：一是根瘤菌所固定的氮，二是根系从土壤中所吸收的氮。大豆生育前期，根瘤少且小，固氮能力差，容易出现氮素亏缺现象，必须适当供给氮素营养，以保证豆苗生长健壮。随着植株的生长，光合作用增强，能促进根瘤发育，提高固氮能力，但即使在固氮活力旺盛的开花结荚期，也不能满足植株对氮素营养的需要，因此，在初花期看苗补施适量氮肥，对大豆高产是十分必要的。但是偏施氮肥不利于根瘤菌的繁殖，以至抑制共生固氮作用。所以采用能充分发挥土壤氮和共生固氮共同作用的施肥方法，既促进根瘤的生长发育，增加固氮量，又能给大豆补足够氮素营养，是十分重要的。

（2）磷素营养　磷是核酸和蛋白质的组成成分。磷参加蛋白质、脂肪和糖的重要代谢过程，有机物质的转化和运输，往往要经过磷酸化的中间过程才能顺利进行。磷素对大豆生长发育的效应比氮素还明显，它既有利于营养生长的正常进行，又能促进生殖生长，促进根系发达和根系结瘤数量及重量，增强固氮量。大豆幼苗期吸收磷素的能力较弱，到始花前仅占总吸收量的 15% 左右，随着植株长，吸磷能力逐渐增强，在开花结荚期约占总吸收量的 60%，以后逐渐减弱以至停止，鼓粒期约占总吸收量的 20%。大豆早期对磷反应敏感，如果苗期缺磷叶色深绿，底部叶片的叶脉间失绿，植株矮小，叶小而落，茎秆细弱，开花后叶色呈棕色斑点，严重缺磷时茎秆变红色。磷在大豆植株内能够移动和再利用，只要前期吸收了较多的磷，中后期即使停止供应，也不至于严重影响产量。但是，在苗期缺磷，即使后期得到补充，也难于恢复。所以磷肥做基肥和种肥效果更好。

（3）钾素营养　钾是酶促反应的活化剂，与光合作用、碳水化合物代谢关系密切。前期与氮配合能加速营养生长，促进机械组织的发育，使茎秆强壮不倒；后期与磷配合能加速物质运输促进脂肪的合成，使籽粒饱满。大豆缺钾，下层叶片边缘先出现不整形的黄斑，继而向内发展，叶片前端向下卷曲，叶脉间凸起趋混，最后枯死。大豆对钾素的吸收，主要在幼苗期和开花结荚期。开花前，植株的适宜含钾为 $1.0\% \sim 4.0\%$；开花末期顶端新生功能叶含钾量在 $1.7\% \sim 2.5\%$ 表示充足。增施钾肥能促进根瘤菌共生固氮，提高抗锈病能力，提高结荚率和百粒重。施用有机肥能补充土壤中的钾素营养。

（4）微量元素营养　微量元素是酶或辅酶的组成部分，具有很强的专一性。当缺乏任何一种微量元素时生长发育就会受到抑制，导致减产。反之，某些微量元素含量过多，又会出现植株中毒现象，影响产量和品质。大豆缺钼，根瘤形成困难，根瘤菌失去固氮能力，土壤中硝态氮还原受阻。施钼能提高叶片过氧化酶的活性和叶绿素含量，促进根系发育，增强根瘤菌固氮作用。在缺钼的土壤中施钼还能促进种子萌发，提早开花结荚，增加产量。钼肥过多会引起植株中毒。大豆缺硼，糖的转化受阻，影响生殖生长，根瘤发育不正常。施硼能加速糖对繁殖器官的供应，促进对钙的吸收和根瘤的发育。大豆在苗期和生殖生长期对硼的吸收量较多，故用叶面喷硼有明显的增产效果。

2. 大豆的施肥技术

增施肥料是提高大豆产量的有效措施之一。大豆的合理施肥，应根据各个时期的特点和光合产物分配中心，采用适当的施肥方法。大豆在幼苗期，叶片光合产物的主要供应中心是根、茎、分枝和幼叶形成等营养器官，在开花期，光合产物除供应营养器官外，更多地是供给生成生殖器官；在结荚鼓粒期生殖生长居于首位，荚和豆粒成为光合产物的分配中心。

大豆的施肥方法，总的原则是施足基肥，分期适时追肥；农家肥化肥相配合，氮、磷、钾并重。

基肥以农家肥为主，一般以腐熟厩肥、堆肥、土灰肥等与磷肥配合混施为好。施用农家肥大豆表现茎秆粗壮、株高适中，成荚率高；而单纯施用化肥的，主茎节间细长，叶片过大，成荚率低。大豆基肥一般施用量要占总施肥量的60%以上，这样容易获得高产。对套种、间作大豆因每亩种植株数相应较少，基肥应酌量减少。

大豆根部追肥包括苗肥和花肥，以速效性氮肥为主，搭配磷钾肥。追肥应根据地力、基肥用量和苗情灵活掌握。春大豆幼苗期以促进根系发育为主，在基肥充足情况下，一般可以不施苗肥。夏大豆和秋大豆由于生育期较短而集中，为了促进营养生长，特别是在瘠薄地和基肥不足，幼苗生长瘦弱情况下，应结合第一次中耕，进行施苗肥，以氮为主搭配适量的磷和钾，浇施。如果土壤肥沃，而且基肥较多，在生长健壮情况下也可不施。施用花肥是大豆栽培的一个重要环节，可促进茎叶和分枝生长以及花芽分化。施用时间以始花前一星期左右效果最好。花肥应根据苗情结合最后一次中耕除草后进行，在垄侧开沟深5～10cm处，将肥料施于大豆株旁，施后立即清沟培土盖肥，不可撒施，以避免烧伤豆叶。如果基肥多、苗肥足，叶色浓绿，生长繁茂，应适当少施或不施，以防生长过旺，引起徒长倒伏。

大豆叶片吸收养分能力很强，在开花结荚期如果土壤养分不足，采用根外追肥的方法，不仅肥效快，用量少，而且能克服根部追肥不易见效的缺点。做法：首先将化肥溶于30kg水中，过滤之后喷施在大豆叶面上。可供叶面喷施的化肥和每公顷施用量：尿素9kg，磷酸二氢钾1.5kg，钼酸铵225g，硼砂1500g，硫酸锰750g，硫酸锌3000g。需要指出的是，以上几种化肥可以单独施用，也可以混合在一起施用。究竟施用哪一种或哪几种，可根据实际需要而定。最好在晴天傍晚喷施，避免受烈日照灼伤苗。一般从初花期开始连续1～2次，相隔7d一次。

（五）水分管理

1. 大豆的需水特点

大豆的整个生育过程需水较多，各个生育时期的耗水量差异很大，播种到出苗大约占总耗水量的5%。这一时期，如水分不足或中途落干，种子在土壤中很容易丧失发芽能力，即使勉强发芽，出苗也难以达到全苗壮苗。出苗到分枝约占13%，这时正值大豆蹲苗扎根，若土壤水分过多，根不下扎，茎节细长，中后期易倒伏，这一时期除非特殊干旱，一般不宜灌水，相反，应适当控制水分，促进根系深扎，增强抗倒伏能力。分枝至开花，耗水量约占17%，此期主茎变粗伸长，复叶不断出现，分枝相继产生，根系向纵深发展。与此同时花芽也陆续分化，进入营养生长和生殖生长并进阶段。这一时期大豆对水分的要求开始增长，及时灌水对大豆生长发育均有促进作用。开花至鼓粒阶段，大豆需水最多，约占总耗水量的45%，是大豆需水的关键时期，蒸腾作用强度在这个时期达到高峰，干物质也直线上升。因此这个时期及时而充分的供给水分，是保证大豆高产的重要措施。大豆鼓粒至完熟，耗水量约占20%，这一时期若干旱缺水，则秕粒、秕荚增多，而粒重下降。

2. 合理灌水原则

根据大豆整个生育过程需水特点，结合苗情、墒情、雨情等具体情况，采取相应措施进行合理灌水，才能收到良好灌水效果。

（1）根据大豆长相灌水　大豆植株生长缓慢，叶片老绿，上午叶子有萎蔫现象即为大豆缺水表现，应及时灌溉。决不可等到大豆植株叶片萎蔫后，土壤湿度降到萎蔫系数才进行灌水，需掌握时机及时灌水。

（2）根据土壤墒情灌水　土壤含水量是否适宜是正确确定灌水与否的可靠依据。在一般土壤条件下，大豆各生育阶段土壤适宜含水量的趋势是：幼苗期 20% 左右，分枝期 23% 左右，开花结荚期 30% 左右，鼓粒期 25%～30%。当测定土壤含水量在适宜含水量的下限时，大豆有受害的可能，宜进行灌水。

（3）根据当天天气情况合理灌水　要做到天晴无雨速灌，将要下雨不灌，晴雨不定早灌，气温高、空气湿度低、蒸发量大、土壤水分不足应及时灌水，即使土壤水分还勉强够用，但由于空气干旱也应适时进行灌水。南方一些地区雨量充沛，但分布不均，旱涝频繁。春大豆生育期间正值雨季，易造成田间积水，锈病发生和蔓延严重；夏秋大豆在花荚期常遇高温干旱威胁。因此，各地应掌握气候变化规律，结合天气预报，做好合理管水工作。

3. 合理灌水方法

（1）沟灌　适用于垄作地区，水从垄沟里渗到土壤中去，不接触垄上表土，可以防止板结，有利于改善大豆的水、气、热条件。

（2）畦灌　适用于窄行平播大豆。优点是灌水快，省水，灌水量容易控制，不至造成土壤冲刷及肥料流失。但畦灌要求土地平坦，土地不平时，灌水不均匀，灌水后地表土壤易板结。

（3）喷灌　就是用喷灌机进行人工降雨。它可以不受地形限制，减少渠道设置，充分利用土地。

（六）田间管理

俗话说"三分种，七分管"，田间管理是大豆栽培技术的重要组成部分。加强田间管理，是充分利用一切有利因素，排除一切不利因素，创造适宜的环境条件，促进大豆正常生长发育的重要措施。

大豆田间管理可分为苗期管理和后期管理两个阶段，一般以始花为界线。苗期管理措施是保证全苗，培育壮苗，促进根系生长和结瘤早而多，到花芽分化期要促进分枝多，孕蓄早且多。后期管理措施要保证水足、肥足，促进增花增荚和大粒，减少落花落荚，确保高产丰收。

1. 查苗、补苗和间苗

单位面积株数是构成大豆产量的重要因素。为保证苗数，必须尽早做好田间苗情调查，对缺苗地块采取补救措施。因此，大豆齐苗后，要及时查苗补苗，发现缺苗，要用同一品种补种或移苗补栽。补种的种子应是同一品种的种子，可先浸泡 2～3d，如土壤干旱的地块，补种时采用座水点种，以利于提早出苗。补栽是在发现缺苗过晚，或出苗后因地下害虫为害而造成缺苗断行，可用预先育好的预备苗移栽，或移取过密处的壮苗，带土补栽。为了保证移栽成活，应在阴雨天或下午 4 时以后进行，埋土要严密，并浇定根水。可在补栽时施用适量化肥，或在成活后追施苗肥，促进补苗加快生长。移栽苗龄越小，成活率越高，移栽的植株单株荚粒数也不会明显减少。

间苗定苗是保证豆田形成一个合理的群体结构、培育壮苗的重要措施。间苗的时间宜早不宜迟，一般应在对生单叶展开前进行。要及时进行间苗，间苗时应注意去密留稀，去弱留强，去病留健。定苗要均匀，一般穴播的每穴留苗 2～3 株；条播的苗间距 5～7cm 为宜。春大豆一般间苗两次，在第一片复叶出生时定苗，秋大豆出苗后因气温高，生长迅速，可一次性间、定苗。

2. 中耕除草和培土

大豆在幼苗期生长缓慢，杂草容易滋生；大豆有根瘤菌共生，根瘤菌是好气性细菌，中耕增加土壤的通透性，有利于根瘤菌的繁殖增生。因此，应及时进行中耕松土和除草，以疏松土壤，改善土壤物理性质，促进根系发育和植株生长。大豆一般中耕 3 次，通常在幼苗出土、子叶展开后，即进行第一次中耕，深约 3～4cm。这次中耕要及时细致，为幼苗生长创造良好环境。当苗高 10～14cm，出现第一片复叶时，结合定苗进行第二次中耕，深约 5cm 左右。到开花封行前进行第三次中耕，深度略浅些。大豆第二、三次中耕应结合追肥和培土，培土先轻后重。高度要超过子叶节以上。既有利灌溉排水，又可促根防倒。

大豆田间杂草种类繁多，我国南方多熟制大豆区，一年生和多年生杂草均有，而且由于春、夏、秋三季都有大豆播种，同时雨水充沛，气温高有利于杂草滋生，密度大，危害重，竞争力强，容易发生草荒。据调查，草荒田块每平方米有杂草 400～500 株，有时多达千株以上，大豆减产 20%～70%。消灭杂草，除了采取综合防治措施外，近年各地采用化学除草剂除草，是农业现代化中一项先进技术，正确使用可以收到很好的效果。目前我国豆田广泛使用的有以下几种除草剂有氟乐灵、杀草胺、杀草醚等，一般以播后苗前土壤处理为主，出苗后茎叶处理为辅，但在干旱地区和季节不紧情况下，应尽量选用播前土壤处理。选用除草剂品种时，要注意生物活性的强弱、杀草谱的宽窄，水溶性的高低，杂草吸收的部位及传导速度，药剂的持效期等。一般应选用与当地土壤杂草种类相适应的，水溶性高，活性钙强的药剂，并掌握好用量和方法，以提高药效，防止药害。到大豆生育中后，虽枝叶繁茂，能压住晚生杂草，但仍会出现前期残存杂草，如苍耳、水稗等，植株高大，生长快，与大豆争夺养分、水分、阳光，必须在杂草结实前及时拔除。

3. 摘心促分枝、防徒长

土壤肥沃、水分充足时，大豆容易发生徒长倒伏，使植株下部花荚严重脱落，造成减产和品质降低。大豆摘心能控制顶端生长，促进腋芽发育，其效果因品种类型和摘心时期而不同。无限结荚习性类型品种，在生长繁茂，茎叶有倒伏倾向时，在盛花中期进行摘心，是防止徒长的一种有效措施。摘心后表现植株高度降低，中部叶片增厚，光能利用率提高。能减少下部叶片过早枯黄脱落，使单株豆荚粒数和粒重增加。有限结荚习性类型，春大豆在 4～5 片复叶时、夏大豆在 7～8 片复叶时秋大豆在孕蕾期摘心，有利分枝生长和豆荚的形成，增产显著。尤其是植株高，花期长，分枝力强的中迟熟品种，在种植密度不大，肥水充足条件下摘心，可增产 20%～30%。但是摘心过早，植株瘦弱，对生长不利；如果摘心过晚，分枝大多无效。尤其早熟品种，植株矮小，分枝少，开花期短，摘心的增产效果差，如果到盛花后才摘心，反而会造成减产。

4. 病虫害防治

大豆生育期内受多种病害虫为害，造成减产、品质下降影响产量。常见的害虫豆天蛾、造桥虫、食心虫、蚜虫等。豆天蛾俗名豆虫，以幼虫为害大豆叶片，造成缺刻或孔洞，轻则吃成网孔，重者将豆株吃成光杆，不能结荚，影响产量。大豆造桥虫种类较多，以银纹夜蛾为多，幼虫为害豆叶，食害嫩尖、花器和幼荚，可吃光叶片造成落花落荚，籽粒不饱满，严重影响产量。大豆食心虫又叫大豆蛀荚螟，以幼虫蛀食豆荚，一般从豆荚合缝处蛀入，被害豆粒咬成沟道或残破状。大豆蚜虫自苗期起为害，以植株的生长点、嫩叶、嫩茎、嫩荚为取食对象，传播病毒，造成叶片卷缩，生长减缓，结荚数减少，苗期发生严重可致整株死亡。常见的病害有霜霉病、病毒病。大豆与禾谷类进行轮作可以有效防治这些常见的病虫害。

（七）收获与留种

1. 大豆收获期

大豆种子成熟过程可分为黄熟期和完熟期。大豆生长后期，当叶片大部分变黄，并开始脱落，茎基部成黄褐色，种粒和荚壁开始脱离时，为黄熟期。以后种子水分进一步减少，茎秆变褐色，叶片全部干燥脱落。种粒呈品种的固有色泽，摇动时"哗哗作响"，这就达到完熟期。一般应掌握在黄熟末期至完熟初期收获为宜，如果收获过早，不仅脱粒困难，而且籽粒尚未完全成熟，物质的积累没有完成，造成青秕粒多，粒重、蛋白质、脂肪的含量降低，同时种子含水量较多，不宜贮藏。如果收获太迟，容易炸荚掉粒，造成损失，同时会降低产量和品质，丰产不丰收。

2. 收获方法

大豆应在午前收获，因午前植株湿润，不刺手和裂荚，可减少损失。人工收获时要低割茬，并做到随割随检，及时运回晒场，以免炸荚落粒造成损失。机械收获时要求漏割漏收率低于 0.5%。收割后要及时摊晒数日，使充分后熟，然后脱粒、扬净、晒干。

3. 留种

大豆虽是自花授粉作物，但也有少量天然杂交变异株，尤其普遍发生机械混杂及病虫害等的影响，发生突变，引起种性逐年退化，致使产量降低，品质变劣。因此，留种用大豆必须建立种子田，以保证种子质量。种子田收获前通过去杂去劣后，进行一定数量的株选和考种，然后混合脱粒留供下一年种子田用种（但每经四年要换一次原种）。剩下的植株通过单收、单晒、单打、单独贮藏并挂好内外标签，供下一年大田用种。

4. 贮藏

大豆种子因含有多量的蛋白质和脂肪，贮藏期间吸湿性较强，当种子含水量超过 13%，并在 10℃ 以上的较高温度下贮藏，由于呼吸作用增强，温、湿度不断提高，极易发霉腐烂或导致种子酸败，甚至产生黄曲霉素等剧毒物质而降低品质和丧失发芽力。所以大豆必须贮藏于干燥、晾爽的环境中。在生产上，一般要求种子含水量在 9%～12% 时才能安全贮藏。春大豆收获正值夏季高温季节，所以留种用的大豆，要求用陶土容器贮藏，瓮底放些生石灰，石灰上放几层纸或蓝布，上面装种子，高度至离瓮口 16cm 左右，瓮口缩上塑料薄膜阴封，冬季放气 1～2 次，可安全地保持种子的活力。粮用豆一般用麻袋包装库藏，在贮藏期间应定期检查，以防发霉变质。

复习思考题

1. 试述大豆生产的在国民经济中的意义。
2. 试述大豆在我国的分布和种植区划。
3. 试述大豆的结荚习性类型，它与大豆的适应性有何关系？
4. 如何给大豆合理施肥？
5. 大豆种植为什么忌连作？
6. 试述大豆固氮与氮肥施用的关系。
7. 试就大豆对环境条件的要求，分析我国南方大豆增产的限制因素及解决途径。
8. 试给你所熟悉的村镇制订一套大豆高产技术方案。
9. 大豆落花落荚的主要原因有哪些？

参 考 文 献

[1] 李振陆. 农作物生产技术. 北京：中国农业出版社，2001.
[2] 李振陆. 作物栽培. 北京：中国农业出版社，2002.
[3] 刘玉凤. 作物栽培. 北京：高等教育出版社，2005.
[4] 何桃元. 特种豆类作物高产栽培与加工利用. 武汉：湖北科技出版社，2008.

第八章 糖 料 作 物

第一节 糖料作物概述

一、糖料作物的种类

糖料作物是以收获植物体的含糖部位，供工业上制糖用的作物。糖分在作物植株上存贮的部位各不相同，如甘蔗、芦粟、糖槭在茎部，甜菜在根部，糖棕在花部，所含的成分主要是蔗糖、葡萄糖和果糖。

在我国，糖料作物主要有两种：甘蔗和甜菜。北方一般以甜菜为原料制糖，南方则常以甘蔗为原料制糖。

甘蔗属于禾本科甘蔗属，是一种多年生草本植物。它是最主要的糖料作物，世界食糖产量中，蔗糖约占 60%。甘蔗主产国有巴西、印度、古巴、澳大利亚、墨西哥、中国、菲律宾、南非、泰国、美国、阿根廷、多米尼加和印度尼西亚，年产蔗糖都在 100 万吨以上。栽培用的甘蔗茎高 0.5～6m，茎内主要是维管束和薄壁细胞，蔗糖就贮存在薄壁细胞的液泡内。甘蔗的含糖量一般为 14%，蔗茎是制糖的主要原料。

甜菜属于藜科甜菜属，是二年生草本植物。18 世纪后半叶起，甜菜开始作为糖料作物栽培。现在世界甜菜种植面积约占糖料作物的 48%，仅次于甘蔗。生产甜菜的国家有 43 个，其中俄罗斯、法国、美国、波兰、德国和中国等国种植较多。甜菜的根系属直根系，主根膨大形成的肉质块根，分为根头、根颈和根体三部分，根体含糖量最高。甜菜糖易溶于水，在人的消化器官中分解成葡萄糖和果糖，可迅速被人体吸收。除直接供食用外，甜菜糖也是食品和医药工业的原料。

二、糖料作物生产概况

我国糖料作物主要有甘蔗和甜菜两种。甜菜主要产于北方，是近代才逐步发展起来的糖料作物，被人们誉为"北国甜乡"；甘蔗主要产于南方，生产历史悠久，被誉为"南方甜乡"。

甘蔗是禾本科（Graminaceae）甘蔗属（*SaccharumL.*）植物，原产于热带、亚热带地区。甘蔗是一种高光效的 C_4 植物，光饱和点高，CO_2 补偿点低，光呼吸率低，光合强度大，因此，甘蔗生物产量高，收益大。甘蔗是我国制糖的主要原料。在世界食糖总产量中，蔗糖约占 65%，我国则占 80% 以上。糖是人类必需的食用品之一，也是糖果、饮料等食品工业的重要原料。同时，甘蔗还是轻工、化工和能源的重要原料。因而，发展甘蔗生产，对提高人民的生活、促进农业和相关产业的发展，乃至对整个国民经济的发展都具有重要的地位和作用。

甘蔗是热带、亚热带作物，主要分布在北纬 33°至南纬 30°之间，其中以南北纬 25°之间，面积比较集中。如以温度线为世界蔗区的分布是年平均气温 17～18℃的等温线以上。甘蔗的垂直分布在赤道附近可达 1500m。在我国云南的滇西南蔗区，海拔已达 1500～1600m。我国地处北半球，甘蔗分布南从海南岛，北至北纬 33°的陕西汉中地区，地跨纬度 15°；东至台湾东部，向西直到西藏东南部的雅鲁藏布江，跨越经度达 30°，其分布范围广，为其他国家所少见。我国的主产蔗区，主要分布在北纬 24°以南的热带、亚热带地区，包括广东、台湾、广西、福建、四川、云南、江西、贵州、湖南、浙江、湖北 11 个省、自治区。20 世纪 80 年代中期以来，我国的蔗糖产区迅速向广西、云南等西部地区转移，至 1999 年广西、云南两省的蔗糖产量已占全国的 70.6%（不包括台湾省）。广西和云南是我国目前的产甘蔗大省。

甘蔗喜高温，需水量大，吸肥多，生长期长。在整个生育期要求 ≥10℃的积温达到 5500～6000℃以上，日平均温 18～30℃，在蔗茎生长旺盛期需 30℃左右的气温。甘蔗不耐低温，气温低于 10℃即停止生长。极端最低温低于 0℃就要遭冻害。甘蔗茎叶高大，蒸腾量大，耗水量要求全年降水保持在 1500～2000mm。根据甘蔗生育对水热条件的严格要求，我国粤、桂、台、滇、闽等南部地区都是植蔗适宜地区。目前全国甘蔗的分布大致是在北纬 23°以南地区，这里集中了全国 70% 左右的蔗田，其中北回归线以南地区占 50% 左右。以省而论，主要集中产于广东、台湾、广西、四川、云南、福建 6 个省、自治区。目前我国已在这些地区建立了 6 大片甘蔗生产基地。它们是：福建东部沿海、广东中部沿海、琼雷地区、广西南部、云南南部、四川盆地南部。据统计，6 片中甘蔗种植面积在 3333hm² 以上或占耕地 5% 以上的县有 63 个，甘蔗种植面积和总产量分别占全国一半多。在福建省松溪县郑乡，有一畦 0.07hm² 的"百年蔗田"，植于清雍正四年，其宿根已有 250 年以上蔗龄。几乎相当世界上公认的西印度洋普格里卡岛寿命最长的甘蔗宿根的 10 倍，成为世界上甘蔗年龄最大的"老寿星"。

甜菜属藜科植物，有野生种和栽培种。糖用甜菜是栽培种中的一个变种，通称甜菜。它的块根中含蔗糖高，一般达 15%～20%，是制糖工业的主要原料之一。其茎叶、青头和尾根是良好的多汁饲料。世界上有 40 多个国家种植甜菜，主要分布在北纬 30°～63°。种植总面积达 8×10⁶hm² 以上，年总产量近 3 亿吨，其中约 80% 产于欧洲。甜菜种植面积和产量最大的国家是俄罗斯，其次是法国、联邦德国、美国和波兰等。西欧一些国家的甜菜单产达 50t/hm²。

甜菜是我国栽培历史较晚的糖料作物，具有耐寒、耐旱、耐盐碱、喜温冷等特点，生长期间可忍耐 -3～-4℃低温。按照这种生态条件，我国东北、内蒙古、新疆是种植甜菜的理想地区。中国甜菜主要种植在北纬 40°以北，包括东北（黑龙江、吉林、辽宁）、华北（内蒙古、山西）和西北（新疆、甘肃、宁夏）3 大产区。山东、江苏、陕西、河北等省也有少量种植。特别是东北区，地势平坦，土壤肥沃，交通方便，有栽培甜菜的技术经验，是我国栽培历史最早、面积最大、产量较高的甜菜集中产区，年产量约占全国甜菜总产量的 2/3。其中黑龙江省，甜菜种植面积达 33.3 万公顷，总产量达 450 万吨，是我国甜菜种植面积和产量最大的省份。新疆是我国种植甜菜的后起之秀，甜菜种植面积发展到 1.67 万公顷以上。这里由于绿洲土地肥沃，水源充沛，光照条件好，昼夜温差大，很有利于糖分积累，甜菜含糖率达 17%～23%，单产高达 9t/hm²，不论含糖率和单产量，均居全国各甜菜产区之冠。

三、糖料作物的国民经济意义

我国的主要制糖原料有甘蔗和甜菜，其中甘蔗糖占我国食糖总产量的 80% 左右，甜菜糖约占 20%。糖是人类生活的必需品。蔗糖性和味甘，食用后经消化转变为葡萄糖和果糖，易被吸收利用，提供人类生命活动的热能来源，供给生物合成所需的碳原子，如大脑每日需要 110～130g，肾髓质和红细胞也需要大量葡萄糖。糖供给人体的能量占全部能量的 50%～55%。糖在医药上用途很广泛，许多配方要用糖浆调制，多吃糖对晕船、肝炎、黄疸病等有促进疗效的作用。

甘蔗是轻工业的重要原料。甘蔗除用于制糖外，其副产物的综合利用十分广泛。如蔗渣可用于造纸、纤维板、糠醛等；糖蜜可制酒精、酵母、甘油、柠檬酸和干冰；滤泥可提取蔗蜡、蔗脂、乌头酸及叶绿素，也可作肥料和复合肥的填充剂，在肥料工业上有重要作用。近年来，一些国家还把甘蔗作为一种高产的生物能源作物，用全茎造酒精作为汽车燃料。

甘蔗生产在农业生产中占有重要地位。甘蔗是一种高光效的植物，其单位面积的光能利用率和土地生产率比很多作物高，是一种经济收益较大的作物。甘蔗生产中的大量蔗叶、蔗梢和榨糖后的蔗渣、糖蜜和滤泥，是畜类、鱼类的优质饲料和食用菌类的培养基质。在作物生产布局上，甘蔗与粮油作物轮作、间种、套种，有利于改土和培养地力。在蔗田综合利用上，实行蔗沟养鱼，蔗地培养食用菌，能充分利用空间、时间和其他资源。

甜菜是我国主要糖料作物之一。糖除了供人直接食用外，还广泛用于糖果、糕点、罐头、面包等食品工业及酿酒、医药等工业。甜菜制糖后的副产物，可以综合利用。糖蜜经发酵，或通过化学方法处理，可生产甲醇、乙醇（酒精）、丁醇、甘油、味精、丙酮等。还可制取三磷酸腺苷、金霉素、维生素 B 复合体、蛋白酵母片等药品，以及柠檬酸等。

制糖后的滤泥含丰富的钙质和其他养分，可以作肥料，兼有中和土地游离酸的作用。甜菜茎叶、青头、尾根和采种后残留的老母根是良好的多汁饲料。

甜菜这一作物具有耐旱、耐寒、耐盐碱等特性，是适应性广、抗逆性强的作物。

第二节 甘 蔗

一、概述

（一）世界蔗糖生产概况

全世界现有植蔗制糖的国家和地区 90 多个，主产国有巴西、印度、古巴、墨西哥、中国、巴基斯坦、美国、哥伦比亚、澳大利亚、菲律宾、南非、泰国、阿根廷、多米尼加和印度尼西亚等国家。全世界每年生产食糖总产量约为 1.327×10^8 t（原糖值），产略大于销。

（二）我国蔗糖生产概况

我国是世界上主要蔗糖生产国之一，甘蔗种植面积、蔗糖产量分别占常年糖料面积、食糖总产量的 85% 和 90% 以上。2007 年，我国甘蔗总产量和产糖量均创历史新高，基本满足国内市场需求。2008～2009 年榨季我国甘蔗糖产量 1.153×10^7 t，甜菜糖产量 9.013×10^5 t，

2008～2009 年榨季食糖总产量为 1.243×10^7 t，对比 2007～2008 年榨季产糖 1.484×10^7 t，减产 2.41×10^6 t（约 2410000t）。

随着人们生活水平的提高、饮食结构的变化和新型能源开发步伐加快，甘蔗作为重要的糖能兼用作物，战略地位将更加凸显，亟须解决品种单一退化、病虫危害严重、肥水管理不合理、机械化发展滞后等问题，切实提高单产水平和含糖率，持续稳定保障食糖安全。

根据全国蔗糖生产规划，未来 8 年的区域布局、主攻方向和发展目标如下。

（1）区域布局　着力建设桂中南、滇西南、粤西琼北 3 个优势区域。其中，桂中南甘蔗优势区包括 33 个县，着力发展高产高糖品种；滇西南甘蔗优势区包括 18 个县，着力发展耐旱高产高糖品种；粤西琼北甘蔗优势区包括 9 个县，着力发展高糖高抗性品种。

（2）主攻方向　围绕确保食糖基本自给、保障食糖安全的任务，稳定甘蔗生产面积，切实提高甘蔗单产和蔗糖分。突出抓好甘蔗生产能力、科技支撑能力和产业化发展 3 项重点，加强蔗田基础设施、良种科研和繁育体系、产业支撑体系和社会化服务体系等建设，大力发展甘蔗机械化深耕深松与收获，完善甘蔗与食糖价格联动机制，全面提高我国甘蔗综合生产和可持续发展能力，促进种蔗农民增收。

（3）发展目标　到 2015 年，优势区甘蔗种植面积达到 118.7 万公顷，占全国甘蔗总面积的 74％；平均单产提高到 81t/hm²，蔗糖分达到 15％；甘蔗产量达到 9.6×10^7 t，产糖量增加到 1.14×10^7 t，优势区域甘蔗产量和产糖量分别占全国的 84％和 88％以上。

二、生物学基础

（一）甘蔗的形态特征

甘蔗的植株由根、茎、叶、花和果实（种子）构成，其形态解剖具有禾本科植物的一般特性。

1. 甘蔗的根

甘蔗的根系为须根系，根系庞大但入土较浅。它主要由种根、苗根和气根等组成，主要起到吸收和固定作用。种根一般是指种茎长出的根，种根数量较少，寿命短，约一个月；苗根是指甘蔗幼苗长出的根，其数量多，根系发达，是甘蔗生长的主要根系；气根是指在地面节间长出的根，由茎节上的根点在空气湿度较大时萌发形成的，也叫气生根。气生根的多少是外观鉴定品种特征之一。甘蔗的种根与苗根如图 8-1 所示。

在旺盛生长期或以后，按苗根形成后在土壤中的分布深度、广度和分布状态，可把根系分为表层根、支持根和深根群 3 种类型。表层根水平分布在土壤表层，吸收力强，主要功能是吸收水分和养分；支持根斜向下伸展，分布在表土下 7～18cm 土层内，支持根较少，其主要功能是固定支撑植株，也有一定的吸收作用；深根群是由多条根扭成束垂直向下伸展，最深可达 5m 左右，主要功能是吸收土壤深层的水分和养分。深层根在多年宿根甘蔗的根系中较为明显。在地上部的茎节根点，有时蔗种种根苗根会发生气根，由于气根消耗养分，它是一种不良的现象。

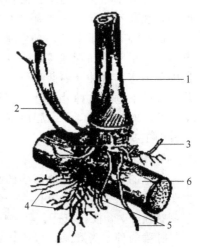

图 8-1　甘蔗的种根与苗根
1—主茎；2—分蘖茎；
3,5—苗根；4—种根；6—蔗种

2. 甘蔗的茎

甘蔗的茎由主茎和分蘖茎组成，蔗茎从外观上分为节、节间。节上着生有芽、根带、叶痕、气根和生长带；在节间有蜡粉带、芽沟、木栓裂缝和生长裂缝（水裂）。所有这些器官的结构、形状、颜色常因品种不同而异，因此是鉴定品种的主要部位。甘蔗茎具有支持蔗叶生长和运输水分、养分的作用，同时蔗茎又是甘蔗生长繁殖的主要器官。甘蔗的蔗糖分贮藏在蔗茎的薄壁组织中，因此蔗茎又是甘蔗栽培的主要标的产物。甘蔗在栽培上主要采取无性繁殖，因此蔗茎还是甘蔗作种繁殖的主要种源，在生产上一般用蔗茎梢部作种茎，这样既可减少原料蔗的损失，又可提高发芽率。

人们根据甘蔗茎的形态划分为六种类型：圆筒形、细腰形、腰鼓形、圆锥形、倒圆锥形、曲折形。其中圆筒形节间最长，曲折形次之，圆锥形和倒圆锥形居中，腰鼓形最短。目前许多高产品种一般都是圆筒形，如新台糖系列品种。此外人们还根据蔗茎的大小分为大茎种（茎径 3cm 以上）、中茎种（茎径 2.5～3cm）、小茎种（茎径 2.0～2.5cm）。一般茎径小于 1.0cm，茎长小于 100cm 称为无效茎。

甘蔗茎的颜色主要有白色、黄色、绿色、红色、紫色等，蔗茎的颜色是品种的主要特征，但蔗茎的颜色往往随着甘蔗的生长环境而发生变化，并随生长时间的增加、叶梢的剥落时间的早晚、暴露时间的长短、光照的长短和强度而变化，光照时间越长，光照强度越大其色泽就变得更深更暗。

3. 甘蔗的叶

甘蔗的叶主要包括叶片和叶梢两部分。其外部结构由鞘基、叶梢、叶耳（又可分为外叶耳和内叶耳）、叶舌、肥厚带（又称叶喉）、叶中脉和叶片等组成。蔗叶的主要作用：一是进行光合作用，制造碳水化合物；二是把碳水化合物进一步合成含氮化合物，以构建成甘蔗的各器官；三是具有蒸腾作用。

叶片的形状主要有三种：①锐剑形，叶片长度中等，在最宽处开始下垂，伸出角度与地面成45°角，尖部下垂，如新台糖22号。②剑形，叶片长度最短，最宽处不明显，不下垂，伸出角度与地面成25°角，叶尖不下垂，如新台糖1号。③带状，叶片特别长，约在叶片 1/2～1/3 外下垂，叶片伸出角度与地面成正角，斜横向伸出，如黑皮果蔗、粤糖93/159。

叶片大小与长短是鉴别品种的特征，此外从整株甘蔗的外观看，叶片的伸展姿态（简称叶姿）往往不相同，一般有以下几种：①挺直姿态，叶片与蔗茎的角度小，叶片伸直，这种姿态的品种有利于密植，光合利用率较高；②斜集姿态，叶片的角度较大，叶片近叶尖处下弯，有利于密植和管理，是一种比较理想的叶姿；③斜弯姿态，叶片与蔗茎的角度大，叶片过中部下弯，这种叶姿荫蔽行间，可减少杂草和水分蒸发；④散弯姿态，叶片的角度大，叶片 1/2 处下垂，这种叶姿叶片容易互相荫蔽，透光少，光合效率低。

蔗叶的叶耳、叶舌、肥厚带、叶中脉等的形状也因品种不同而不同，因此，这也是鉴定品种的主要特征之一。

4. 甘蔗的花和种子

甘蔗的花是由植株顶部孕穗而长出的。一个花穗上有小穗 8000～15000 枚，小穗成对着生于穗梗上，每个小穗上长着一朵花，一颖花有柄，一颖花无柄，每朵花内长 1 个子房、2个羽状柱头、3 枝花花药、4 片护颖和 1 鳞被。

甘蔗的种子为颖果，极小，大约 1.5mm×0.5mm。1 小穗成对着生于穗梗上只具有 1粒子实，子实呈长卵圆形，胚部有明显凹沟。未成熟时呈乳白色，成熟后呈黄褐色。

甘蔗的花和种子其主要作用是繁殖后代。利用甘蔗的开花和结实是人们进行有性杂交选育新品种的主要途径。

甘蔗在南北纬10°以内的热带条件较易开花结实，其他地域可能开花，但不一定结实。因此在我国除少数地区（海南省、云南的瑞丽）、少数品种和特殊年份外，甘蔗一般不会孕穗抽薹，即使孕穗抽薹也不会开花结实。

（二）甘蔗的生长发育

甘蔗自下种至收获整个生长发育期间，一般可以分为萌芽期、幼苗期、分蘖期、伸长期和成熟期5个时期。

1. 萌芽期

种苗下种后，当水分、温度和空气条件适宜时，根点突起形成种根，蔗芽萌动出土。下种后至萌发出土的芽数占总萌芽数的80%时称为萌芽期。萌芽期又可分为萌芽初期、盛期和后期。

在萌发过程中，种苗内部发生一系列的生理生化变化而产生水解产物，为萌芽提供构建新细胞的原料和作为呼吸的基质。甘蔗的萌芽是甘蔗生长的开始，良好的萌发，可为苗期生长打下良好的基础，对全苗、齐苗和壮苗的关系甚大，对以后的蔗茎生长甚至蔗茎产量也有密切的关系。

成熟的蔗茎不同节位芽和根的萌发率是不同的。芽的萌发表现为近梢部的节段萌发较快而壮，越靠近基部的节段，萌发越迟，形成明显的"萌芽梯度"。而根的萌发与萌芽梯度的表现不一致，通常靠近梢部的种苗发根较差，中部、基部节段的发根较好，尤以中部节段发根最好。种苗萌发的快慢和形成萌芽梯度的主要原因与种苗本身不同节段所含矿物质、还原糖、可溶性氮化合物、种苗水分含量的多少、酶的活性的强弱、激素含量的高低等有关。

甘蔗种苗的萌发受其内在的因素和外界环境条件温度、水分和氧气的影响。甘蔗萌芽要求的最低温度为13℃左右，最适26～32℃；蔗根萌发的最低温度为10℃左右，最适宜温度是20～27℃。由于根、芽萌发对温度的反应有所不同，在低温条件下，先发根而后发芽，有利于早植育壮苗。甘蔗萌芽对土壤水分还有一定的要求，在土壤水分含量为20%～30%较适合，最好为25%。如果土壤水分少于20%会影响根、芽萌发，尤其是旱地冬植甘蔗在干旱季节下种，更应注意土壤水分。土壤水分含量高于40%时，引起种苗烂芽。根和芽的萌发对水分的要求不同。较高的土壤水分或空气湿度大有利于发根，因此催芽时特别要控制水分，以免发根太长。

2. 幼苗期

自萌发出土后的蔗芽有10%发生第1片真叶起，到有50%以上的蔗苗长出5片真叶时止，称为甘蔗的幼苗期。一般在蔗苗长到3片真叶时发生苗根，出苗60～80d后种根的吸收水分和养分的作用逐渐为苗根所代替。因此，甘蔗幼苗期是种根和苗根更替时期，在栽培上应加速苗根的产生和发展，为地上部生长供应更多的水分和养分。甘蔗幼苗期地上部的生长主要表现在叶片数和叶面积的增加，叶鞘构成的假茎增高较慢，节间未伸长。在良好的生长条件下，幼苗基部较粗，叶片数增长快，假茎较高。在荫蔽条件下生长的幼苗的假茎虽然较高，但基部不粗，叶片数较少。

幼苗期促进绿叶的迅速发展和苗根的产生，是甘蔗苗期管理的一项重要管理措施。甘蔗苗期吸收的养分虽然只占全期总吸收量的小部分，但表现出对养分需要的迫切性和重要性，特别是氮素和磷素。所以，基肥除施用磷、钾肥外，还要适当施用速效氮肥。苗期生长所需的最低温度比萌芽期稍高，约为15℃，春植蔗进入苗期时，气温上升较快，土温上升较慢，可通过中耕松土提高土温。苗期由于生长缓慢，叶面积尚小，生理需水较少，生态需水较高，土壤水分含量保持在20%～30%就可满足其生长所需。如果土壤水分过多，对通气和土温的提高都不利，以至妨碍根系生长。因此，苗期蔗田怕积水。

3. 分蘖期

在甘蔗幼苗长到5～6片真叶时，幼苗基部密集节上的侧芽在适宜的条件下萌发成新的蔗株称为分蘖。由分蘖长成的蔗茎称为分蘖茎，而由种苗直接长出的蔗茎称为主茎。可作原料蔗入厂的分蘖茎称为有效分蘖，反之，称为无效分蘖。从主茎上长出的分蘖称为第一次分蘖，从第一次分蘖长出的分蘖称为第二次分蘖，以此类推。自有分蘖的幼苗占10%起至全部幼苗已开始拔节，蔗茎平均伸长速度每旬达3cm时，为分蘖期。分蘖期可分为分蘖初期、分蘖盛期和分蘖后期。

甘蔗分蘖力强弱受品种、光照、温度和土壤水分影响。

（1）品种　甘蔗品种间分蘖力的差异很大，一般细茎品种的分蘖力较强，中茎品种次之，大茎品种较弱。

（2）光照　光照强弱是影响甘蔗分蘖的主要外界条件。密植的群体比稀植的群体分蘖少；间种作物选择不适当或收获过迟而使甘蔗行间过分荫蔽或荫蔽时间过长，分蘖也显著减少，这些现象都是因光照不足而引发的。光照对甘蔗分蘖的影响的实质是对植物生长激素和光合作用产物的调节而影响甘蔗分蘖的。在强光条件下，分蘖多是由于对分蘖有抑制作用的生长素在茎顶端产生后向基部运输的过程中，受光氧化的破坏，因而对茎基部的侧芽的抑制作用减弱，而在根部产生的对分蘖有促进作用的细胞分裂素没有受到破坏，因此能促进茎基部侧芽的萌发，使分蘖较多。在弱光条件下，生长素受光氧化的破坏作用较小，运输到茎基部的生长素较多，它与细胞分裂素的竞争结果，趋向于抑制为主，因而抑制了基部侧芽的萌发，使分蘖减少。与此同时，较高浓度的生长素又促进了茎的伸长。在强光条件下，一般伴随着高温和较低的相对湿度，使对生长素有对抗作用的脱落酸产生较多，结果抑制了茎的伸长而促进了茎的增粗，同时也促进了分蘖。光照弱情况下，叶片光合产物少，妨碍分蘖的发生和生长，甚至已长成的较矮小的分蘖茎也会因光合产物供应不足而夭折。在生产上，由于密度较大，在封行后甘蔗群体会出现大量的分蘖或茎死亡，主要是由于这一原因所致。

（3）温度　温度对甘蔗分蘖的作用仅次于光照。分蘖发生要求的最低温度约为20℃，随温度的上升分蘖增加并提早发生，至30℃时分蘖最快。温度过高分蘖也会受阻。在亚热带和温带地区春植甘蔗的分蘖期气温较低，往往成为限制分蘖的因素；而秋植蔗此期气温较高，故分蘖率较高，分蘖提早发生。温度对分蘖的影响不只限于气温，分蘖会随土温的提高而增加。因此一切有利于提高土温的措施，如地膜覆盖、适当的浅植、及时除草松土、减少间种作物的荫蔽时间均能促进分蘖。

（4）土壤水分　土壤水分与分蘖有密切的关系。有灌溉的比无灌溉的分蘖数增加，分蘖期提早，分蘖相对集中；水分过多或过少对分蘖的产生和生长都不利。对甘蔗分蘖适宜的土壤水分一般为田间持水量的70%左右。除此之外，分蘖的多少和分蘖的有效率还受基肥和分蘖期前氮磷钾等养分的供应、土壤的通气状况、栽培条件等的影响。

4. 伸长期

甘蔗的伸长期是蔗株自开始拔节且蔗茎平均伸长速度每旬达3cm以上起至伸长基本停止这一生长阶段。伸长期又可按蔗茎平均伸长速度划分为：伸长初期（伸长速度每旬达3cm以上）、伸长盛期（伸长速度每旬达10cm以上）、伸长后期（伸长速度降至每旬10cm以下）。

甘蔗伸长期是旺盛生长的开始，是由以发展群体为主转向发大根、开大叶、长大茎的个体为主的时期。甘蔗茎的伸长包括蔗茎节数的增加和节间的伸长两个方面，而节间的伸长一般又伴随着增粗。蔗茎节数的增加是茎尖生长锥细胞分化的结果，并与叶片数的增加相一致。一般情况下，节间的伸长与增粗是同步进行的。节间的伸长与增粗是节间居间分生组织（生长带）细胞分裂和节间细胞体积的横向和纵向扩大共同作用的结果，节间的伸长主要是细胞体积纵向扩大的结果，而增粗主要是细胞体积横向扩大的结果。节间的伸长增粗只限于该节间有青叶叶鞘包被时才进行，因此，一个节间并不是在任何时候都可以伸长增粗的。在一条蔗茎上，节间的伸长是自下而上逐节按顺序进行的，当一片叶的叶尖伸出位于最高可见肥厚带时，向下第四叶的叶鞘包被的节间已停止伸长或增粗，而其以上的节间正处于伸长增粗的阶段。因此，某个节间在伸长增粗期间遇上不良的气候条件，或缺水缺肥，或病虫害的影响以及叶片被过早伤害等，其伸长或增粗就会受到抑制，以后即使再遇适宜的条件，也不能重新恢复伸长和增粗，成为蔗茎中不正常的短小节间。如早秋植甘蔗常出现"蜂腰"或茎基部较细的现象，这与在伸长期的低温干旱有关。在甘蔗伸长期，蔗叶迅速生长，每片叶自开始显露至完全开张，一般需要 7d 左右。伸长期的叶片的长出速度、长度、单叶叶面积是最大的；甘蔗群体叶面积发展也最快，叶面积指数最高；田间荫蔽程度大或冠层透光率最差。

甘蔗是 C_4 作物，喜温喜光，对光合能量的转化率较高，光饱和点较高而 CO_2 补偿点较低。伸长期对光、温、水的要求较高。蔗茎伸长的最适温度为 30℃，低于 20℃ 则伸长缓慢，在 10℃ 以下则生长停止，超过 34℃，生长也会受到抑制。但品种不同，伸长生长对温度的反应也有差异。光照充足，蔗株生长粗壮，叶阔而绿，单茎重大，纤维含量高，干物质和蔗糖含量高，不易倒伏；相反，如阳光不足，则蔗茎细长，叶薄而狭窄，影响产量和品质。伸长期伸长速度与土壤含水量成正相关。对水分的消耗最大，约占生育期总需水量的 50%～60%，这期间保持土壤水分在田间持水量的 80% 为宜。伸长期需要养分最多，其中氮约占整个生育期的 50%，磷、钾为 70% 以上。

5. 成熟期

甘蔗的成熟期可分为工艺成熟和生理成熟。

工艺成熟期是指蔗茎蔗糖分积累达到高峰，蔗汁纯度达到最适宜于糖厂压榨制糖的时期。甘蔗蔗糖分与工艺成熟有密切关系，而蔗糖分在蔗茎中大量积累的过程就是工艺成熟的过程。就单条蔗茎而言，蔗糖分在茎中的积累是自下而上逐节而进行的，至成熟阶段全茎各节段的蔗糖分几乎相等，达到最高水平。在一丛甘蔗中，是主茎先成熟，然后是第一次分蘖、第二次分蘖……但是，达到工艺成熟时若不及时收获，会出现过熟现象，即茎中蔗糖分不但不会继续增加而且会发生转化，尤其在高温多湿的条件下转化更快，从而使蔗糖分降低，还原糖分提高，蔗汁纯度下降，这种现象俗称"回糖"。回糖过程也是自下而上逐节进行的，最先是基部节间的蔗糖分下降，还原糖分提高，然后是以上各节间。

甘蔗是否达到工艺成熟可根据蔗株外部形态及解剖特征、田间锤度的测定及进行蔗糖分分析来判断。成熟的蔗株，形态上表现为蔗叶变黄，新生叶狭小而直立，顶部叶片簇生；茎色变深，茎表面蜡粉脱落，节间表面光滑；茎横切面薄壁细胞的液泡里充满蔗糖而表现为玻璃状。成熟的蔗茎，用手提锤度计在田间测定其上部和下部的蔗汁锤度，上下节间蔗汁锤度比达 0.9～0.95 时为初熟，0.95～1.00 时为全熟，超过 1.00 则为过熟；判别甘蔗成熟还可以通过室内测定蔗汁蔗糖分、还原糖与蔗汁重力纯度等。当蔗汁中还原糖与蔗糖之比达 6%～10% 为初熟，达 3%～6% 为全熟，达 1%～3% 为过熟。蔗汁重力纯度至少在 75% 以上才能砍收，达 85% 以上为佳。

品种是影响工艺成熟的内在因素，按其成熟的迟早可把甘蔗品种分为特早、早、中、晚熟品种。早熟品种在较早时间开始积累糖分，早期糖分较高，并在较早的收获季节达到其固有的最高糖分；而迟熟品种则开始积累糖分较晚，早期糖分较低，到达其最高糖分的时间较晚。在冷凉干燥的气候条件下甘蔗的工艺成熟较快。适当的低温促进成熟，夜间温度较低且昼夜温差较大时，蔗糖分积累较快，成熟较早；土壤水分在田间持水量的60%～70%较适宜。此外，光照条件、土壤条件、植期、施肥等都会影响甘蔗的工艺成熟过程。在生产上，成熟期要适当控制水分供应，在停止灌溉，在收获之前成熟前停止施用氮肥。

甘蔗的生理成熟是指蔗株具有4个节以上，在适宜的条件下通过光周期生长锥细胞发生质的变化，停止营养生长而转向生殖器官的发育，进行花芽分化、孕穗、抽穗、开花和结实的过程。甘蔗杂交育种需要甘蔗开花结实，并要求各杂交亲本花期一致。但在甘蔗生产上希望不开花，因为开花会对甘蔗产量和蔗糖分造成一定的损失。决定甘蔗花芽分化的主要条件是光周期，一般品种花芽分化的日照长度为12～12.5h，在花芽分化期间以白天温度20～30℃，夜间21～27℃最为适宜，温度过高或过低都不利于甘蔗花芽分化。土壤水分和大气湿度对开花也有影响。

甘蔗是栽培在热带和亚热带的作物，其整个生长发育过程需要较高的温度和充沛的雨量，在广西甘蔗生长期长达9～17个月，一般要求全年≥10℃的活动积温为5500～6500℃；年日照时数1400h以上；年降雨量1200mm以上。广西是亚热带季风气候区，其气候特点是全年光照充足，无霜期长或全年无霜，春季、夏季降雨多，这有利于甘蔗的萌芽、分蘖和拔节伸长，秋冬季干燥、昼夜温差人，有利丁甘蔗糖分的转化和积累。由此可见，广西的气候和甘蔗生长需求是基本同步，基本能满足甘蔗生长发育对光温水的要求。甘蔗的生长发育一般分为五个时期，即萌芽期、幼苗期、分蘖期、伸长期和成熟期。各个生长时期对环境条件的要求各有不同，因此要求我们的栽培管理也应有所不同。

生产上，一般把用种茎蔗芽长成的甘蔗称为新植蔗，而利用砍收后甘蔗留在地下的蔗蔸的蔗芽，在适宜的环境下萌发出土，通过人工栽培和管理后长成蔗株，并进行多年生长、收获的甘蔗称为宿根蔗。新植蔗又因下种的季节不同而分为秋植蔗、冬植蔗、春植蔗、夏植蔗，由于种植期不同，再加上不同的砍收期使甘蔗生育期有较大的差别，最长的达18个月（如在8月种植的秋植蔗于次年4月才砍收），最短的只有7个月（4月种植的春植蔗于当年11月份砍收），一般为10～11个月（2月种植于次年元月份砍收）。由于生育期的不同、植期不同，同一甘蔗品种其产量及含糖量也往往有所不同。

（三）甘蔗产量构成及产量形成

以制糖为目的栽培甘蔗，单位面积的蔗茎产量是由单位面积的有效茎数和平均单茎重构成，而单茎重则由蔗茎的长度（茎长）、茎径和相对密度（理论上一般以1.0计算，但目前国内栽培品种，其相对密度是0.97～1.15）所决定。因此，甘蔗产量可用下列公式表示：

$$单位面积蔗茎产量 = 单位面积有效茎数 \times 平均单茎重$$
$$单茎重(kg) = 茎径^2(cm^2) \times 茎长(cm) \times 相对密度 \times 0.78 \times 10^{-3}$$

有效茎是指收获时达到1m以上的蔗茎，其中包括主茎和分蘖茎。在生产上，一般情况下主茎占总有效茎数的80%～90%，分蘖茎只占10%～20%。有效茎数的多少，主要与种植密度、蔗芽萌发率、分蘖率和枯死茎率等因素有关。萌芽期的苗数是有效茎数的基础，这与播种量和萌芽率有关。分蘖期是增加有效茎数的重要时期，在依靠主茎的基础上，利用分蘖的习性，采取促进与控制的措施使部分分蘖成为有效茎。在分蘖期以后应加强管理，尽可能地减少枯死茎。单茎重是由主茎或分蘖苗逐渐成长、蔗茎的伸长增粗和蔗糖分的积累而形成。蔗苗的健壮与否，伸长期的伸长增粗速度、成熟期的蔗糖积累速度都与单茎重有关，其中伸长期的生长是单茎重的决定因素。在对蔗茎产量构成因素的通径分析中，已证明影响单位面积蔗茎产量的最重要的因素是有效茎数，其次是茎径、株高和相对密度。因此，保证足够的有效茎数是甘蔗高产的关键之一。

　　甘蔗栽培的最终目的是获得较高的蔗糖产量和最佳的经济效益。因此单位面积产糖量比单位面积蔗茎产量更为重要。目前，如果吨糖耗蔗量能控制在 7～8t 之间，蔗茎蔗糖分要求达 15.0％左右，其成本较低，经济效益最佳。可见提高茎含糖量是提高经济效益的最好途径。构成单位面积含糖量的因素是单位面积蔗茎产量和蔗茎蔗糖分。产糖量的形成过程其实质是甘蔗生长的全过程，但从对糖分积累的影响来看，伸长期、工艺成熟期和生理成熟期的影响较大，而工艺成熟期的影响是最大的，不仅提高糖分且增加茎相对密度。

三、新植蔗栽培技术

（一）甘蔗对土、肥、水的要求及培肥改土

1. 甘蔗对土壤的要求

　　甘蔗对各种类型的土壤具有较强的适应力，但不同的土壤及土壤肥力不同，使甘蔗的产量有很大的区别。广西的土壤多为红壤和砖红性黄壤，其特点是酸、黏、瘦、板，主要表现为土壤通气性差、有机质含量低，对甘蔗生长发育极为不利，是造成甘蔗产量低的主要原因之一。因此，改良土壤是提高广西甘蔗产量的重要措施之一。目前认为改良土壤的有效措施主要有以下几种。

　　（1）间套种技术　甘蔗行距较大（一般在 1m 以上），前期生长较慢，间套种是一项传统的增产增收栽培模式。在甘蔗生长前期（一般是在下种到分蘖末期约 100d）间套种绿肥、花生等生育期短、矮秆、株型较为紧凑的作物，最好是豆科作物，豆科作物的根瘤有固氮作用。这样既可增收一季作物，增加蔗农收入，也通过其秸秆压青等，提高土壤的有机质含量，从而提高甘蔗的产量，是一举多得的好措施。主要做法是在甘蔗种植后即在甘蔗行间种植绿肥、玉米、花生、黄豆、四季豆、辣椒、西瓜等，待到甘蔗封行前收获（玉米可作为鲜苞收获，黄豆也可作为青豆收获上市）或压青，以免影响甘蔗的生长发育，以致影响甘蔗的产量。

　　目前较为适宜甘蔗地间套种的作物及品种有：①绿肥，紫云英、苜蓿；②花生，桂花21 号、桂花 23 号、桂花 17 号、粤油 116、梧油 7 号；③大豆，桂夏 1 号、桂夏 2 号、桂早1 号、桂早 2 号、桂春 3 号；④四季豆，双青 1 号、白子四季豆、意选 1 号、12 号菜豆、81-6 矮生菜豆、供给者；⑤玉米，桂单 22 号、路单 10 号、蠡玉 16 号、先甜 5 号。

　　（2）增施农家肥　采取蔗叶还田等措施提高蔗地的有机质。在甘蔗施用基肥时增施各种农家肥如猪牛羊鸡鸭粪、土杂肥以及沼气池的废渣废液等。同时提倡在甘蔗收获后，用甘蔗碎叶机将蔗地全部甘蔗叶打碎，通过土地翻耕犁耙将甘蔗叶回归土壤；不提倡在蔗田烧蔗叶，这不仅会造成大气的环境污染，而且养分损失大，肥效不高。

　　（3）与其他作物进行轮作　有条件的地方，在收获最后一年宿根蔗（广西一般 3 年）新植甘蔗前种植一年或一季其他作物等进行轮作，这可大大减少病虫害的发生，提高甘蔗产量。各地在实践中也摸索出一些既达到轮作的目的，也能正常进行甘蔗生产的好经验：一是在秋天收获的甘蔗地里种植一季冬菜、冬玉米或冬绿肥，次年春再种植甘蔗。即"秋收甘蔗＋冬菜、冬绿肥、冬玉米＋春植蔗"模式，这种模式不影响甘蔗生产，在种植甘蔗的间隙又多收一季作物，提高了蔗农的收入；二是在晚春收获的甘蔗地种植一季花生、玉米、大豆等作物，于当年秋再种上秋植蔗，即"春收甘蔗＋春花生（黄豆、玉米）＋秋植蔗"。

　　（4）深耕深松　用大马力拖拉机在新植前进行土壤的深耕深松，深耕深度达 35cm 以上，是一项行之有效的抗旱措施，目前正在蔗区推广。

　　（5）合理施肥，均衡施肥　施用生物肥作基肥是改良土壤的好办法。在酸性土壤中施适量石灰，以调整土壤 pH 值，一般在犁耙地前每公顷撒施石灰 50kg 左右，可有效地改良土

壤的理化性质，从而达到提高土壤肥力的目的。

2. 甘蔗对养分的要求

甘蔗生长期长，产量高，消耗养分多。按一般生长期 10～11 个月（春种冬收）计，公顷产蔗 75t，需吸收氮（N）8.0～12.0kg，磷（P_2O_5）4.0～9.0kg，钾（K_2O）10～14kg。甘蔗施肥的原则是：①施足基肥，适时追肥，有机肥和 P、K 肥应作为基肥一次施完，N 肥则要分次施放；②氮、磷、钾施用的比例一般为 1：0.7：1.2；③施肥后要培土，作基肥时可防止化肥对种茎的危害，同时可有效防止肥分的挥发和雨水冲刷造成的养分流失。

推广甘蔗智能化施肥技术。各地不同土壤其肥力和营养成分有较大差异，应通过土壤诊断来决定施肥量的多少，这才是科学的。甘蔗智能化施肥技术依托专家系统，提供最佳的施肥标准及预期产量，按这个标准施肥，所施的肥料就能做到不多不少不浪费，还能保证作物正常生长。这样可大大减少肥料的施用量，减少成本，提高产量和含糖量，达到事半功倍的目的。

广西的土壤还易缺少甘蔗生长所需要的 Ca（钙）、Mg（镁）、B（硼）、Zn（锌）等营养元素，需要靠人工施肥来满足。一般可在追施氮肥中一块施，也可作为叶面肥喷施。

3. 甘蔗对水分的要求

甘蔗一生需水量很大，茎的含水量多，幼嫩茎梢含水量最多，一般达 85%～92%，而到成熟期蔗茎含水 70% 左右，干物质含量约 30%。甘蔗吸收水分的途径主要是通过根部吸收，吸收并分配到体内的水分 90% 以上通过气孔发生蒸腾作用散失到体外。

甘蔗吸收水分的规律：幼苗期到分蘖期期大约占全生育期需水的 15%～20%；伸长期植株生长快，需水量最大，约占全生育期需水的 55%～60%；转入成熟期，占全生育期需水的 20%～25%。这种现象也称为"两头少，中间多"的甘蔗需水规律。

南方地区降雨集中，土壤蓄水保水能力差，秋冬旱发生较为严重。近年来，由于全球气候恶化，春旱夏旱也时有发生，且有逐渐变重的趋势。"肥是甘蔗的劲，水是甘蔗的命"，因此，必须采取各种抗旱措施，才能使甘蔗获得高产稳产。

提高甘蔗防旱抗旱保水的主要措施如下。

一是加大森林、绿草的覆盖率，改善生产区域的生态环境。

二是选用大马力拖拉机进行深耕深松，改良土壤，增施有机肥，提高蔗地的蓄水保水能力。

三是选用抗旱品种，提高甘蔗自身的抗旱能力，如可选用桂糖 94/119 等。

四是兴修各种水利设施。如兴修田头水柜，挖井等，建设各种滴灌、喷淋灌设施，如购买卷盘式喷淋机等，在土地特别干旱的时候采取人工喷淋，可大大提高甘蔗产量。对于甘蔗良种扩繁田来说这更是不可缺少的抗旱措施。

五是采用地膜和蔗叶覆盖，减少水分的蒸发，在甘蔗下种后采取地膜覆盖的措施，既可起到保温的作用，也可起到保湿的作用，还可减少杂草的滋生。在甘蔗中期如剥叶，可把剥下的蔗叶随手平铺畦面上，亦可起到很好的保水保湿作用。

六是采取甘蔗剥叶不砍种（即多芽种）是适合我区旱坡地冬植蔗较好的抗旱下种技术。

七是选用水旱田种植甘蔗。一些水旱田可改种甘蔗，由于其肥力高，保水能力强可获得较高的甘蔗产量，取得较好的经济效益。

八是采用酒精废液喷淋甘蔗技术。利用酒精废液喷淋甘蔗技术是世界甘蔗生产大国的主推技术之一，是一项增产效果明显、生态环保、循环利用资源的新技术。据化验，每吨酒精废液所含总氮、总磷、总钾量相当于尿素 6.39kg、过磷酸钙 0.91kg、氯化钾 14.1kg。据广西上思县糖办调查，每公顷喷施酒精废液 75t，可增加有效茎 15000 条，每茎增高 15cm，增粗 0.2cm，平均每公顷可增蔗茎 1t 左右，加上每公顷节约投资 900～1500 元，因此效益可观。该技术具体操作如下。

① 抓好深耕深松，提高耕作质量。用大马力拖拉机进行深耕 30～40cm，实行二犁二耙，用船耕耙耙碎，使耕作层达到深、松、碎、平的土壤环境。

② 掌握好酒精废液用量。新植甘蔗每公顷用酒精废液原液 75t 左右，在新植蔗地下种盖土后直接用酒精废液原液均匀喷施于甘蔗行。宿根蔗地每公顷用稀释酒精废液 5～6t，先破垄松蔸后再均匀喷施于蔗行。

③ 掌握科学施肥技术。喷施酒精废液的蔗地，不需要施用无机化肥作基肥（特别是新植蔗），在甘蔗进入伸长拔节初期进行大培土时，每公顷施用尿素 215～375kg 配合施用磷肥 50kg。

④ 配合施用化学除草剂。按每亩使用化学除草剂用量与酒精废液混合均匀，一起喷施于甘蔗行进行表面处理起到防除杂草的效果。

⑤ 结合地膜覆盖栽培技术。甘蔗喷施酒精废液后应该及时进行地膜覆盖，既起到保水保湿、增温，促进甘蔗早发芽、早出苗、苗壮、苗多、均匀齐苗的作用，又起到防臭减少空气污染的作用。

利用本地制糖企业生产的酒精废液喷淋甘蔗，既可解决甘蔗生产的干旱问题，也减少化肥的施用量，同时还可起到杀除地下害虫的目的。但由于此项技术属新技术，具体操作时有许多关键技术需要注意，因此蔗农必须在技术人员的指导下进行，切勿乱施。

（二）下种前准备

1. 整地

甘蔗植株高大，生长期长，要获得高产稳产，必须进行精细整地。春植蔗田应冬犁晒白使土壤风化，使整地质量达到深、松、碎、平的要求，以提高蔗地的保水保肥能力，促进蔗株根系深扎，加强吸收力和抗倒力。丘陵旱坡地要注意防止水土流失，采取等高线犁耕整地，新开垦的生荒地要犁翻晒坯，多犁多耙，结合施足基肥，多施有机肥料，配合施用磷、钾肥，促进土壤熟化，提高土壤肥力。

目前，深耕深松技术已成为旱地蔗区高产的一项重要措施。旱地蔗区可进行不翻乱土层的深松土，全面深松 30～45cm。但犁翻的深度要因地制宜。耕作层较厚、土壤肥沃、有机质含量较高并且可大量施用有机肥的蔗田，耕翻可深些；土壤瘦瘠，耕作层较薄，有机肥数量少的蔗地，深度应浅些，并可采用逐年加深耕作层或耕而不翻的深松方法。地下水位高、土壤肥沃的冲积土，可以在深翻晒白后经过耙碎耙平，然后开好排水沟，以降低地下水位。深耕应尽早进行，特别是前作为水稻的蔗田，土壤较实、黏重，更应及早耕地。

2. 开植蔗沟

在精细整地的基础上按种植的行距开植蔗沟。植蔗沟的质量要达深宽沟、平松底的要求，以利下种后种茎与碎土紧贴，促进吸水发根和新根生长，从而加强蔗株吸收、抗旱、抗倒伏能力。植蔗沟规格一般为：沟深 20～30cm，沟底宽 20～25cm，沟底要平坦并有碎土 6～7cm 厚。植蔗沟的深度，旱地和排水好的田块可深些；水田和排水不良的地块宜浅些，以雨后种茎不被水浸为宜。可采取三级沟种植法，即将畦底一半垫土种蔗（畦边下种），一半挖深下去，用泥土盖在种茎上而成一条小沟，沟底位于种茎下 7～10cm。同时开通四周排水沟，使小沟、畦沟、排水沟相通，这样才能发挥排水作用。

3. 施基肥和农药

春植蔗生长期较短，早春气温较低，肥料分解慢，要夺取高产，必须施足基肥，以促进壮苗早发，早分蘖，提高有效分蘖率。基肥数量，一般每公顷施农家肥 15～20t，过磷酸钙或钙镁磷肥 750kg，氯化钾 120～150kg。先将这些肥料混合均匀后，堆沤半个月，集中施入植蔗沟沟底，与底土混合后，盖上一层细土，再下种。

为了防治地下害虫和苗期虫害，下种时每公顷施克百威颗粒剂 45～60kg，最后盖土3～4cm。

4. 种茎处理

(1) 选种

① 大田块选　在甘蔗收获前，选择生长正常、茎径大小均匀、节间较长、没受棉蚜危害的、不倒伏、品种纯正的新植甘蔗作为留种田。

② 收获株选　在块选的基础上，收获时进行株选。凡符合块选要求的地块或地段中，亦会有少数植株不符合要求，如蔗茎太小、倒伏、半干枯和受棉蚜危害等。要选择蔗茎均匀、蔗芽饱满、直立、无病虫害的留种。

大田生产以留梢部苗较好，梢部苗比中部苗或下部苗发芽率高，发芽快。因此，留种的植株在大田收获时宜将生长点砍去，削去叶片，保留叶鞘，在生长点以下 40～70cm 处砍断，用蔗叶捆扎成束备用。

③ 斩种段选　斩种时要选择蔗茎粗大、蔗芽饱满、芽鳞新鲜带青色的做种。这种种苗，营养充足，发芽良好，长出的蔗苗粗壮。对于种性是实心的品种，要剔除空心蒲心的，对于原来种性是空心蒲心的品种，尽量选空心蒲心较小的做种。蔗芽扁平、芽鳞灰黑的亦应剔除不用。梢端生长点（鸡蛋黄）以下约 6cm 的一段，蔗肉幼嫩、青白色，含水分多，芽扁平，未充分发育，下种后容易腐烂，或长出的幼苗非常纤弱，亦宜斩去不用。

④ 下种芽选　种苗经斩种、浸种、催芽以及在运输过程中，常造成机械损伤，在下种时还要剔除死芽、坏芽和虫蛀芽。

(2) 晒种　晒种只用于新收获、含水量高的种茎，经贮藏的种茎不需晒种。目的是打破蔗芽和根点休眠，促进酶活动和呼吸作用，使蔗糖分转化为还原糖供根芽萌发需要，从而提高发芽率。一般梢头种苗保留叶鞘晒种 1～2d。

(3) 斩种　斩种是消除顶端优势、提高发芽率的重要手段。用蔗梢做种，一般以斩成双芽段为宜。因为双芽段种苗，上下位芽有一个完整的节间，种茎保持水分、养分和抗病能力较强，萌发较整齐一致，有利全苗、齐苗。

斩种时，先剥除叶鞘（幼嫩叶鞘则不剥，以免损伤种茎），斩种刀具要锋利，刀口要薄，垫底砧板或木垫要略厚，最好呈圆拱形。种茎放在砧板或木垫上，芽向两侧，斩种时要用力，一刀两断，切口平滑，切忌斩裂蔗种，以免由于裂口大，易引起病菌感染腐烂。

蔗芽萌发和幼苗生长初期所需养分主要由种苗供应，养分和水分是由下部节间向上输送的，因此，斩种时种苗的下部节间要留长些，约占节间的 2/3，上部节间留短些，约占节间的 1/3。

(4) 浸种　浸种可减少种茎内蔗糖分含量，促进蔗糖分转化为还原糖，又可提高种茎的含水量，因而浸种有利于促进根芽萌发，提高发芽率和提早出苗。

① 石灰水浸种　用 2% 石灰水浸种，即 100kg 清水，配用 2kg 新鲜石灰。方法是：将石灰放入容器中，先加少量清水调成糊状，待石灰充分溶解后，将之倒入浸种池中，加入足量清水，并充分搅拌均匀，即可将蔗种放入浸泡。浸种时间视种茎老嫩和当时气温情况而定，一般梢部茎段浸 12h，中部茎段浸 24h，基部茎段浸 36h。如当时气温较高，可适当缩短浸种时间，若气温低则可适当延长。

② 清水浸种　用清水浸种也能促进发芽。清水浸种最好在河边、溪边的流动水中进行，

效果较好。如用井水浸种最好能换一次水，一般不要用塘水浸种，因塘水浅，较污浊，病菌较多，会对种苗带来不利影响，甚至沤坏蔗芽。若塘水较深、水较清，也可用于浸种。

③ 温水浸种　是用55~57℃的温水浸20min，在浸种期内保持52℃左右的温度。

三种方法中，以温水浸种最好，石灰水浸种其次，清水浸种效果较差。

（5）消毒　种茎的切口容易感染病害而降低发芽率，造成缺苗断垄，因此，浸种后需进行种茎消毒。方法是：用50%的多菌灵或苯来特或托布津粉剂兑水配成1：1000倍的稀释液浸种10min。每消毒250~300kg种茎后，再添加40~50g农药和适量的水，才能达到消毒目的。如种茎量大，浸种消毒用具不够的，可用喷雾器均匀喷湿种茎，并盖上塑料薄膜保湿20~30min，其效果比浸种消毒稍差。

（6）催芽　催芽就是人为地创造一种适宜于甘蔗种苗萌发的温度和湿度条件，促进种苗提前萌发。这是提高发芽率和促进幼苗生长的一项有效措施。催芽方法有多种，比较普遍采用和简单易行的是堆肥催芽、堆积催芽和塑料薄膜覆盖催芽。

① 堆肥催芽　选择靠近蔗地平坦的地方，将地面杂草清除干净，先铺一层厚15~20cm的堆肥，将浸种消毒过的种茎平放叠成高20cm左右，然后铺一层15~20cm厚的堆肥，再铺一层种茎，如此相间堆放种茎3~4层，堆成底宽约1m的长方形堆，排完最后一层茎，四周盖上堆肥，最后盖稻草或蔗叶保温保湿。堆肥用半腐熟的堆肥，以利用堆肥发酵增温进行催芽，堆肥的湿度以含水量60%左右为宜，防止水分过多导致种根过长。堆后要每天检查温度2~3次，控制堆内温度在25~30℃，防止温度过高只长芽不长根或烧坏根芽。一般经3~4d可达到催芽标准。

② 堆积催芽　在室内或室外背风向阳的地方，将蔗种堆成底宽1m左右，高60~80cm，长度不限，用水泼湿蔗种，让种茎自然升温促根芽萌发。此法升温慢，催芽时间较长，根芽萌发不够整齐。

③ 塑料薄膜覆盖催芽　在蔗地附近找一块平整的地段，将土壤锄松碎，略浇一点水使土壤湿润，将浸过种的种茎排铺于地面上，高5~10cm。种茎排放的宽度视地膜的宽度而定，长度视种茎的数量而定。种茎排好后，铺上2~3cm黑色谷壳灰或堆肥，上盖塑料薄膜。薄膜四周边缘用泥土压紧，以防刮风掀起。

催芽的标准是芽翼张开，芽伸长约1cm，整个芽呈"麻雀嘴"状，根点刚露白而未伸长或刚开始伸长。防止根芽过长呈"鸡嘴芽"、"胡须根"，以免造成起种和下种时易把根芽折断而影响出苗。

（三）下种技术

1. 下种适期

根据甘蔗种茎根芽萌发对最低温度的要求，当土温稳定在10℃以上时，就可以下种。早春低温阴雨多的地区，要掌握在冷尾暖头的晴天下种，避免低温阴雨时下种，以利蔗芽萌发出土。采用地膜覆盖栽培的，可适当提前下种。能在较低温条件下萌发，且幼苗生长较快的品种，可在温度条件基本满足时及早播种。对萌发温度要求较高的、前期生长又较慢的品种，即使温度条件能满足也应考虑稍迟播种。广西春植蔗一般在2~3月份下种。

2. 下种密度

甘蔗产量是由单位面积有效茎数和单茎重组成。合理密植可以使有效茎数和单茎重得到协调发展，从而获得较高的产量。如果种得过疏，单茎重虽有所增加，但单位面积上的有效茎数减少，单茎重增加不能补偿有效茎数减少所损失的重量，单产下降。如种得过密，有效茎数虽多，但单茎重下降，有效茎增加形成的产量不能补偿茎重损失的产量时，单产也不高。

下种密度是由下种规格来决定的，主要包括下种量和行距。

下种量要根据当地气候、品种、水肥条件及栽培管理水平而定。华南地区气温高，雨水多，生长期较长，甘蔗生长量大，种植密度可相对较小，下种量可少些。偏北的蔗区由于气温较低，生长期较短，雨水相对较少，种植密度要大些，下种量多些。大茎品种与中小茎品种相比，植株较高大，叶片繁茂，要求有效茎数较少，种植密度要求小些，而中细茎种下种量要多些。水肥条件较好，管理水平较高的蔗区或蔗种萌芽率较高，出苗较整齐，利用分蘖成茎的可能性大些，种植密度可小些，下种量可少些；相反，水肥条件较差，管理水平低时，要适当增加下种量。

下种量是以单位面积的下种芽数来表示的。根据各地的实践经验和当前的生产水平，大茎种的有效茎数为 67500 条/hm²，下种芽数为 67500～75000 个/hm²；中茎种的有效茎数为 82500 条/hm²，下种芽数为 82500～90000 个/hm²；小茎种的有效茎数为 97500 条/hm²，下种芽数为 97500～120000 个/hm²。

甘蔗行距以 1.0～1.2m 为宜。肥地宜疏，瘦地宜密；秋植宜疏，春植宜密；生长期长的迟熟品种宜疏，叶片狭长的中小茎种宜密；栽培水平高的地区宜疏，栽培水平低的地区宜密。总之，要根据当地的具体情况来确定。

3. 下种方式

甘蔗下种方式多种多样，按种茎在植蔗沟内的排列方式可分为：单行条播、双行条播、双行品字形条播、梯形横播等（图 8-2）。生产上多采用双行品字形条播方式，其优点是蔗芽排列分布均匀，疏密适宜，最后有效茎数多，茎重均匀，产量高。

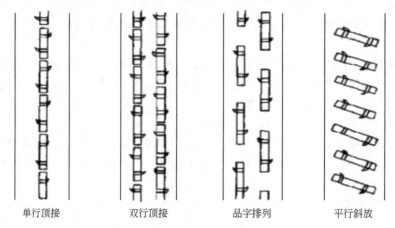

单行顶接　　双行顶接　　品字排列　　平行斜放

图 8-2　种茎排放示意图

4. 下种方法

先施基肥与沟底碎土拌匀拨平后，种茎芽向两侧平放，稀密均匀，轻压贴泥，防止"架桥"现象。下种时如土壤过干旱要淋湿植沟下种。下种后用碎土或腐熟有机肥盖过种茎，施药防治地下害虫，然后再盖碎土 2～3cm。下种时要在畦沟两端的沟边多下一些种茎作补苗用的预备苗。

春植蔗下种后用地膜覆盖植蔗沟，有保温保湿、保肥、保持土壤疏松、防止雨水冲刷的作用，有利出苗快而整齐，幼苗生长旺盛。下种覆土后，把植沟沟面碎土拨平，把较大的泥土捡出后，喷施除草剂灭草，可用阿特拉津、草甘膦、蔗地专用除草剂等农药。喷除草剂后用地膜覆盖植沟。地膜要拉紧、拉平、紧贴地面，膜的四周要用细土压紧密封，地膜露光部分不少于 20cm，否则影响地膜覆盖的增温效果。在盖膜过程中如果不小心弄破了地膜，就用细土盖住破口，以防地膜被风吹破吹翻，影响保温保湿效果。一般每公顷蔗地用宽度为 40～50cm、厚度为 0.005～0.008mm 的地膜约 30kg。如地膜能拉平、紧贴地面，蔗芽出土时可穿透地膜露出膜外生长，若地膜拉不紧，蔗苗弯曲生长在膜内，要及时破膜引苗，防止烧苗。

揭膜时间应根据外界温度和蔗苗生长情况而定，若外界温度已稳定回升，适合甘蔗幼苗生长要求，同时幼苗已长到一定高度，基本苗数又已达到要求，并且需要及时追肥等管理工作，即可以揭膜。

（四）育苗移栽技术

1. 苗床育苗移栽技术

（1）育苗时间　甘蔗育苗一年四季均可进行，主要考虑育苗期要和移栽期搭配好。

① 冬育春移　一般在 11 月份至次年 1 月份育苗，2～3 月份移栽。这个时期育苗正是糖厂开榨期间，种茎易解决，此种形式为大部分蔗区采用。

② 春育春、夏移　一般在 2～3 月份育苗，4～5 月份移栽，它主要适合于春旱而又缺乏灌溉条件的蔗区。

③ 秋育秋、冬移　一般在 9～10 月份育苗，11 月份低温来临之前移栽完毕，这样才能确保蔗苗发根成活和幼苗安全越冬。由于移栽后处于低温干旱季节，此法只适于有灌溉条件和无霜冻的蔗区采用。

（2）苗床准备　选择土质疏松肥沃、排灌方便、靠近蔗地的地块作育苗地，苗地要犁翻晒垡，耙碎耙平后起畦，畦宽 1.2～1.3m，畦间人行道 30cm，畦长视地块而定。在畦面撒施土杂肥作基肥，施肥量为 15t/hm² 左右，土杂肥需先与磷肥 150～200kg/hm² 堆沤 10～15d。基肥与土混合均匀。

（3）排种　种茎以砍成双芽段为好，并经浸种、消毒、催芽等处理。排种采用平排顶接方式，芽平放两侧，种茎间距 1～2cm，1hm² 苗床育出的苗可供 15～20hm² 大田使用。种茎排放后用水淋湿苗床，然后将人行道的松土盖种茎，以不见种茎为宜。最后用地膜平铺覆盖密封，也可用稻草覆盖保温保湿。

（4）苗床管理　如天气干旱要淋水保湿，保持苗床湿润，出苗后晴天膜内温度达 30℃以上时，需揭膜降温，并注意经常淋水保湿。1～2 叶期轻施一次苗肥，以氮肥为主配合钾肥，以后看苗追肥和防治病虫害。要求幼苗长得粗壮而不过嫩，以增强幼苗的抗逆性。移栽前一个星期可将膜揭开，使蔗苗适应大气环境，提高移栽后成活率。

（5）移栽

① 移栽苗龄　一般以 3～4 片真叶为宜，这时苗根刚长出而未伸长，起苗容易，伤根少，栽后易成活，回青期短。

② 移栽密度　一般以 50000～70000 株/hm² 为宜。

③ 移栽方法　移栽时先将本田犁耙好，开好植蔗沟，下基肥。选择雨后或阴天土地湿润时进行。起苗前喷药除虫，将苗床淋足水，把叶片剪去 1/3。起苗时用铲将苗带种茎和泥土挖起，轻轻放入泥箕内，尽量避免伤根和掉泥，边起苗、边运输、边定植、边施肥、边盖土压实，并淋定根水。大苗小苗分开栽。

④ 栽后管理　移栽后经常保持土壤湿润，回青后及时追肥和中耕除草，提早防虫。移栽回青后一般已进入幼苗阶段，每公顷可施尿素 45～60kg。

2. 膜袋育苗移栽技术

（1）膜袋准备　选用规格为直径 18cm、高 12cm 的膜袋，袋底打 2 个洞，以便渗水，然后装营养土；营养土先按每 100kg 肥泥加 10～20kg 腐熟的农家肥、1kg 磷肥拌匀；每袋先装土半袋，排放成 1m 宽的苗床，苗床间留 25～30cm 人行道。

（2）排种 种茎以砍成单芽段为好，并经浸种、消毒、催芽等处理。每个膜袋斜插 1 个单芽段，芽向上，给每个袋加满细土，再淋水、盖膜保湿。

（3）管理 经常注意揭膜淋水，防止干旱，出苗后淋稀薄粪水或稀释的尿素溶液，移栽前 10d 左右揭膜炼苗。

（4）移栽 一般以 3～4 叶移栽为宜，公顷移栽密度为 50000～70000 株/hm² 为宜。移栽前 5～7d，用稀粪水或尿素冲水追肥一次。栽时剪去部分叶片，将膜袋苗搬运到蔗地，按计划密度排袋于植蔗沟中并除去膜袋，保持泥团不散，施肥盖土压实。

移栽后要加强管理，及时追肥，促进早分蘖，多分蘖，使蔗苗生长健壮。

（五）田间管理技术

1. 苗期田间管理

甘蔗苗期是指下种出苗后到长出 7 片真叶前这段时间，春植蔗历时 50d 左右。这一时期以长根为中心，根系生长较快，叶片生长较慢，如出苗快而齐，可为分蘖早生快发、增加茎数打好基础。幼苗期要求长势旺盛，一叶比一叶长而大，叶色深绿，叶姿斜弯而不下垂，无或少病虫害。

苗期管理的主攻目标是：促出苗快，出苗齐，保证全苗，培育壮苗。通过苗期管理，要求达到壮苗、全苗标准。壮苗标准是：①叶色浓绿，叶片越来越宽、长；②肥厚带之间距离 2～3cm，后来居上；③没有或很少有枯黄叶片；④正常分蘖。全苗标准为：植沟每米长度有苗 6～7 株，全田有苗 52500～75000 株/hm²，且分布较均匀。

（1）查苗补苗 在甘蔗出土后，植株有 3～5 片叶时进行，凡 30cm 内无苗的均要补苗。补植种苗来源是种蔗预留 10% 左右的预备苗，没有预备苗的，则移密补疏，就近补栽。补苗宜在雨后、阴天或傍晚进行，补植时要剪去部分叶片，带土移栽，并淋足定根水，再盖上细土。

（2）施攻苗肥 在 2～3 片真叶时进行，以氮肥为主，配合钾肥，一般施腐熟粪水 45～60t/hm²，加尿素 45～60kg/hm²，或施尿素 105～120kg/hm²、氯化钾 45～60kg/hm²，要特别注意弱小苗多施。

（3）中耕除草培土 一般进行 1～2 次，结合施攻苗肥，先中耕除草后施肥，施肥后进行薄培土。也可采用化学除草剂灭草。

（4）防旱防渍 土壤过于干旱时，应淋水抗旱，有灌溉条件的可灌跑马水保湿，雨后要及时排除渍水。

（5）防治病虫害 主要防治蔗螟、蔗龟、蓟马三种虫害。蔗螟为害会造成枯心苗；蔗龟为害会造成死苗；蓟马为害则影响壮苗，应注意检查并及时防治。

2. 分蘖期田间管理

甘蔗分蘖期是指从蔗苗开始分蘖到开始拔节伸长前这段时期，春植蔗历时约 30d。这一时期以长分蘖为中心，营养生长较旺盛，苗根和叶片生长较快，分蘖大量发生，叶面积增大，是决定有效茎数的关键时期。分蘖期长势长相要求生势旺盛，一叶比一叶长、大，叶色深绿，叶姿斜伸弯而不垂，无或少病虫害，健壮苗蘖数达计划茎数要求。

分蘖期管理的主攻目标是：促分蘖早生壮长，主茎和分蘖健壮，保证计划茎数，抑制后期无效分蘖。

（1）施攻蘖肥 攻蘖肥要早施，应在蔗株有 6～7 片真叶时施用；以氮肥为主，配合钾肥，一般施尿素 150～225kg/hm²、氯化钾 75～90kg/hm²；撒施于植株周围，结合中耕施肥，施后培土。

（2）间苗定苗 一般分 2 次进行，在分蘖盛期后进行间苗，茎转入伸长期前进行定苗。

间苗定苗要求做到稳、准、狠。稳是确保计划茎数稳定，准是准确留下强壮苗，狠是坚决把多余的苗间掉。间苗定苗原则是去密留疏，去弱留强，去病虫留健壮。方法是用手拔或用刀割，也可采用特制的间苗铲进行间苗。

（3）防旱防渍　土壤过于干旱时，应淋水抗旱，有灌溉条件的可灌跑马水保湿，雨后要及时排除渍水。

（4）中耕除草培土　结合施攻蘖肥进行，把蔗行的杂草除净，先中耕除草后施肥，施肥后培土约 2cm。结合定苗进行中耕除草，然后培土 8～10cm，填平植蔗沟。

（5）防治病虫害　主要防治蔗螟、蔗龟、蓟马和棉蚜虫等危害。甘蔗苗期和分蘖期是田间喷药防治病虫害的适宜时期，转入伸长期后，植株生长迅速、高大，同时进入高温季节，田间喷药比较困难，故必须及早喷药防治。

3. 伸长期田间管理

蔗株从主茎节间开始伸长到伸长基本停止这段时期为伸长期，春植蔗一般从 6 月开始拔节伸长，到 10 月下旬基本要停止伸长，历时约 150d。这一时期以茎伸长长粗为中心，营养生长旺盛，表现出发大根、开大叶、拔大节、长大茎的特点，是决定单茎重的关键时期。这一时期蔗株生势旺盛，叶片宽大斜伸、稍弯垂，叶色深绿至浓绿，封行后中、下部通风透光良好，蔗茎高大粗壮，大小均匀，高度整齐，无或少病虫害。

伸长期管理的主攻目标是：促进蔗茎迅速长高增粗，提高单茎重，争取高产。

（1）重施攻茎肥　一般分两次施用，第一次在伸长初期，即在苗高 70～80cm 时施；施肥量为：尿素 180～210kg/hm^2、氯化钾 105～120kg/hm^2，或复合肥 225～300kg/hm^2，施肥后大培土 10cm 左右；第二次在伸长盛期施，一般施尿素 180～210kg/hm^2、复合肥 300kg/hm^2 左右，施肥后大培土达畦高要求。

（2）大培土　结合施攻茎肥进行。培土要达到细、满、实、高的要求，即土要细，细土要填满蔗株基部、紧贴蔗茎，边培土边用脚把土踩实或用铲拍实，培成瓦筒形畦状，高度为 25～30cm。

（3）防旱保湿排渍水　伸长期必须保持土壤湿润，遇旱必须灌水保湿，灌水要采用大灌（浸至畦高 1/2～2/3）大排（渗湿畦土排水）的方法，以防浸水时间长使畦土松软而引起翻根倒伏。

（4）剥除老叶　一般进行 2～3 次，伸长初期一次，伸长盛期（8 月中旬）一次，伸长后期（10 月上、中旬）一次。剥叶要求是把已干枯和已开丫转枯黄的老叶剥除，不伤蔗茎，剥下的蔗叶要清出田外作堆肥回田。

（5）防治病虫害　主要虫害是蔗螟、棉蚜，主要病害是黄斑病、褐条病和眼点病，应加强田间检查，及时防治。

（6）酌施壮尾肥　计划留宿根蔗的田块或基肥、攻茎肥不足的田块，应于 9 月下旬酌施壮尾肥，一般施尿素 90～150kg/hm^2，看苗酌施。

（7）防倒伏　在伸长期除搞好大培土促根防倒外，结合剥除老叶时用剥出的蔗叶束蔗防倒，即把 4～5 片蔗叶扭成索状，把相邻的 5～7 条蔗茎束扎蔗茎中部，使其互相依靠以加强支持力。如遇风雨倒伏，应及时把倒伏蔗株扶起并培土踩实及束蔗防倒，以免蔗株弯曲生长影响田间管理和收获工作。

4. 工艺成熟期田间管理

从蔗茎生长基本停止到收获前这段时间为工艺成熟期，即 11 月上旬至次年 2 月底这段时期。这一时期以蔗茎积累蔗糖分为中心，茎叶生长缓慢，主稳定茎重，决定蔗茎含糖量高低的重要时期。这一时期蔗株长势稳健，蔗茎伸长缓慢，叶片变短直，每茎有绿叶 10 片左右，叶色较青绿而不枯黄，基本上无病虫鼠害。

工艺成熟期管理的主攻目标是：保蔗株稳长，不出现空心、浦心、早衰，促进蔗糖分积累，争取高产高糖。

（1）停肥控水防过旱　工艺成熟期一般不施肥，遇过旱时要注意灌水保湿，在收获前一个月应停止灌水，以促进成熟。

（2）剥除枯叶，防治病虫鼠害　枯黄老叶多的田块应剥除枯叶，这一时期仍有绵蚜和粉介壳虫危害，应注意防治。

（3）防霜冻和倒伏　在霜冻来临前一天灌水提高蔗田湿度，或霜天晚上熏烟防霜；发生倒伏要及时扶起，并培土抗倒。

（六）收获和藏种技术

1. 成熟度测定

（1）工艺成熟期形态特征　甘蔗的工艺成熟期在 11 月上旬到次年 2 月底，因此，糖厂一般在 11 月上旬开榨，糖厂的开榨期就是甘蔗的收获期。

甘蔗工艺成熟期的形态特征主要表现为：梢部节间逐渐缩短，生长缓慢以至停止，大部分蔗茎的中下部叶片枯黄或干枯，全株青叶减至 6～7 片（正常时青叶保持 8～10 片），茎上蜡粉脱落，茎光滑，茎色变为品种固有色。

（2）成熟度测定方法　判断甘蔗成熟除看其形态特征外，还可通过测定蔗汁锤度来了解甘蔗的成熟度。测定蔗汁锤度一般用手持糖量仪，其方法如下。

① 选取样点　在田间按对角线 5 点取样法选取 5 个有代表性的取样点，每样点选取代表性蔗茎 5 株作测定对象。

② 清洁和检查手持折光仪　翻开盖板，用蒸馏水冲洗干净后用药棉抹干，滴 2 滴蒸馏水于折光镜面上，盖上盖板进行观察，检查镜中视野标尺，观看明暗分界线是否在 0 线上，如未对 0 线，则用小解锥调整到 0，对 0 后用药棉抹干。

③ 钻取蔗汁　用蔗汁钻子分次钻取样品茎的基部节间（地面上第一节间）和上部节间（倒数第 6 片全出叶下一个节间）的蔗汁，把钻子取出的蔗汁滴于手持折光仪的折光镜面上，盖好盖板。

④ 对光观察　左手持镜筒，眼睛对准目镜，对光观察，右手调旋目镜调节焦距，以看清表尺读数为准，迅速读出数字，该数字即为锤度数据，将数据记入记载表。

⑤ 计算平均锤度　把全部样品茎的上部节间和基部节间锤度测出后，算出平均值，即为各节间的平均锤度。

⑥ 计算成熟度　成熟度＝上部节间平均锤度/基部节间平均锤度。当比值在 0.90 以下时为工艺未熟，0.91～0.95 为工艺成熟，0.96～1.00 为工艺完熟，大于 1.00 为工艺过熟。

将计算好的成熟度按照编号填入表 8-1 中。

表 8-1　甘蔗成熟度测定记载表

品种：　　　　　　　　　　　　　　　　　　　　　　　　　　　　　测定日期：

测定编号	基部节间锤度	上部节间锤度	成熟度
平均值			
成熟度			

2. 甘蔗测产

甘蔗是工业原料，收获后蔗茎要运入糖厂集中压榨加工。开榨日期不能太早，也不能太迟，过早蔗糖分低，还原糖多，加工困难；过迟则影响第二年播种，原料蔗糖分也会下降。因此，甘蔗收获必须与糖厂密切配合，做到有计划、有步骤地均衡进行。要达到这一要求，甘蔗田间估产是一项十分重要的工作。

甘蔗产量由单位面积有效茎数和单茎重两个因素构成，甘蔗测产需围绕这两个因素进行。

（1）调查单位面积有效茎数 选取样点：在田间按对角线 5 点取样法选取 5 个有代表性的取样点。

调查有效茎数：在每个样点选有代表性的蔗畦，用皮尺测量畦长 10m，数其有效茎数，求出平均每米有效茎数。

调查行距：在蔗田一端用皮尺测量 10 个行距，求平均行距，以"m"表示。

计算公顷有效茎：按下式计算

$$有效茎（条/公顷）＝每米平均有效茎（条）×10000m^2/平均行距（m）$$

（2）调查单茎重 调查茎长（高）：每样点选有代表性的蔗茎 10 条，用米尺分别测量其长度，从茎基部起量到最高肥厚带向下 30cm 处为茎长，求出平均茎长，用"cm"表示。

调查茎粗（茎径）：用游标卡尺测量每样点选定的 10 条蔗茎的上、中、下部节间的茎径，求平均茎径，用"cm"表示。

计算平均单茎重：按下式计算

$$单茎重（kg）＝0.7854×茎长（cm）×茎径（cm）^2×0.001$$

或取 20 株蔗茎称重，算出平均单茎重。

（3）计算单位面积理论产量

甘蔗理论产量（kg/hm²）＝公顷有效茎数（条/hm²）×平均单茎重（kg/条），并将观测与计算的数据填入表 8-2 中。

表 8-2　甘蔗田间测产记载表

调查编号	品种	行距/(m/行)	有效茎/(条/m)	茎长/(cm/条)	茎粗/(cm/茎)	单茎重/kg	理论产量/(kg/hm²)	备注

3. 收获时期

甘蔗的工艺成熟期在 11 月上旬到次年 2 月底，因此，糖厂一般在 11 月上旬开榨，糖厂的开榨期就是甘蔗的收获期。甘蔗收获要按下列要求进行。

一是根据糖厂按计划发出的砍运证规定日期进行收获，以保证糖厂对原料蔗的需要，做到砍、运、榨配套成龙，这样做可保原料蔗新鲜，有利提高出糖率，增加糖产量，又使种植者有计划进行收获，不致浪费、积压、降低产量。

二是收获要达到糖厂对原料蔗的要求，无根须、无叶鞘。

三是要安排好收获顺序，甘蔗成熟一般表现为旱地比水田、瘦地比肥地早熟，秋植比宿根、宿根比冬春植早熟。因此，收获的顺序应是先收秋植、次收宿根，再收冬植，后收春植。不留宿根蔗的田块先收，留宿根蔗的田块后收。

4. 收获方法

甘蔗收获，最好采用小锄低砍。其好处：一是增收甘蔗，由于砍收部位低，比用砍刀砍的多收原料蔗 $2.25t/hm^2$；二是提高工效，小锄砍收操作方便，一锄即断，切口平整，工作效率高；三是减少虫害，有部分蔗螟幼虫在地表下蔗茎越冬，小锄低砍可减少越冬虫源；四是小锄低砍，蔗头不破裂，不露出地面，克服了高位芽对低位芽的抑制作用，有利于宿根蔗芽萌发出土，苗多苗壮。

采用小锄低砍，要注意锄口锋利，用力均匀，尽量做到一锄砍断，切口平整不裂。小锄砍蔗株的部位，依植沟深浅和培土高低而不同，不留宿根的应尽量砍低一些，留宿根的一般以留蔗桩 $10\sim13cm$ 为宜。

砍下的甘蔗在蔗田以小堆堆放好，然后用刀削去蔗叶以及蔗茎上的叶鞘、气根和泥块，并在生长点以下 $5\sim7cm$ 处砍断。根据原料蔗收获的规格标准，去梢以见白（蔗肉）为度，留作种茎的应按留种规格砍下梢部的一段作种。

蔗茎削净后，每 $20\sim30$ 条捆成一扎（数量多少按蔗茎大小而定），以方便装车。捆扎材料按当地糖厂要求准备。

5. 选留种茎

甘蔗收获时要按留种计划选留足够的种茎，以保证生产需要。一般应在新植蔗田选留种茎，不足部分再在宿根蔗田选留。选择生势健壮、无病虫害、不倒伏的蔗株，收获时砍去生长点后，砍下梢头部 $60\sim70cm$ 这段茎作种茎，种茎要保留叶鞘以保护蔗芽。一般新植蔗需留种茎 $6000kg/hm^2$ 左右，视种茎大小而定。把留种的种茎收集扎成小捆，头尾不要倒放，以便搬运和藏种。

同一条蔗茎的不同部位，根芽萌发的快慢是不一样的，一般梢部萌发最快，中部次之，下部最慢，故生产上多采作梢部作种茎。这是由于梢部蔗茎的水分、还原糖、可溶性氮化物、酶及生长活性物质等的含量相对较高，对萌发有利之故。此外，种茎健康粗壮、种芽新鲜饱满等，均有利于蔗芽萌发。

6. 种茎贮藏

甘蔗最好随收随种，种茎新鲜，发芽率高。但由于各种原因不能及时下种的，必须对种茎进行贮藏处理，以使蔗芽保持良好的生活力，以供来年种植。种茎贮藏的方法有以下几种。

（1）露地贮藏 选择背风、干燥的地方，把地面铲平，撒施杀虫灭鼠药，然后把种茎集中竖立或平放在地面上，以 $200kg$ 左右为一堆，再在种茎上面及四周盖蔗叶或稻草，加压一些泥土。贮藏期间要经常检查，如贮藏时间长，天气干燥，可考虑适当淋水保湿。一般可保存一个月左右。此法简单易行，管理方便，适宜于无霜或霜期较短，冻害较轻的蔗区及藏种时间不长的情况下采用。

（2）挖沟贮藏 选择排水良好的地方，挖一条深 $50cm$、宽 $80cm$ 左右的沟，长度不限，锄松沟底，并撒施杀虫灭鼠药，然后把蔗茎竖放于沟中，注意种茎切口接触泥土。种茎放满后，每隔约 $2m$ 设置一个通气孔，然后在种茎上盖蔗叶，再盖碎土约 $10cm$，使成龟背堆状，堆的周围要开好排水沟，防止雨水渗入贮藏沟内。贮藏期间经常检查，晴暖天气要打开通气孔透气，寒潮天气和雨天要盖好通气孔防寒防雨。此法难度较大，但霜期较长，冻害较重的地方，种茎要挖沟贮藏。

（3）室内贮藏 收获时把蔗种运回室内存放，贮藏期间注意蔗种变化情况，开门调节空气等。

四、宿根蔗栽培技术

（一）宿根蔗的概念及意义

甘蔗具有较强的再生性，收获后利用留在地下的蔗头继续萌发长成蔗株，称为宿根蔗。宿根蔗有年限区别，新植蔗收获后，管理长成的甘蔗，称为第一年宿根蔗，第一年宿根蔗收获后继续管理长成的甘蔗称为第二年宿根蔗，以此类推。

宿根蔗是广大蔗区的一种主要栽培制度，一般宿根 2～3 年。宿根蔗不需要重新整地下种，可节省种茎，节约劳力，降低生产成本。宿根蔗比春植蔗早生快发，早期蔗糖分比春植蔗高，有利于糖厂早开榨多产糖。但是，由于受品种宿根性差、上季蔗收获不当、破垄松蔸不及时、病虫危害等多种因素影响，生产上往往表现宿根蔗产量较低。因此，必须加强对宿根蔗的栽培管理，才有望获得高产稳产。

（二）宿根蔗的生长发育特点

1. 宿根蔗地下部的生长特点

（1）宿根甘蔗的根系　宿根蔗的根系由老根和新根两部分组成。原来老蔗蔸的老根能生长许多支根，上面密布根毛，在 7 月份以前吸收能力强。新的株根发生早，生命力强。在前中期有较强的吸收能力，这与宿根蔗前中期生长快有密切的关系。宿根甘蔗的根系分布比较浅，这是宿根甘蔗后期生长慢、早衰快和容易翻蔸倒伏的主要原因。

（2）宿根甘蔗的地下芽　上季甘蔗收获后留下来的蔗头较多，每公顷约为 $75×10^4$ 条，以每个蔗头 6 个芽计，共有蔗芽约 $4.5×10^5$ 个，这相当于新植蔗下种芽数的 4～5 倍。然而，活芽数只占总芽数的 $40\%～50\%$，其中能萌动的芽又只占活芽数的 $50\%～60\%$，其余为休眠芽。另外，所有的萌动芽中，高位芽生长很弱，又易受到干旱、病虫的危害，成茎率低，只有低位芽是宿根甘蔗有效茎的主要来源。

2. 宿根蔗地上部的生长特点

（1）前期生长快，后期生长慢，有早衰现象　宿根蔗生长的前期，在老根系吸收机能还比较旺盛时，新根系出现，老根系、新根系同时起作用，吸肥、耐旱能力都强，发株、封行、拔节伸长都早，6～7 月份以前生长速度比春植蔗快。8 月份以后，老根系逐渐死亡，新老根系交替，新根系分布较浅，吸水肥能力较春植蔗差，不能满足伸长需要，后期生长速度慢，有早衰缩尾现象。因此，要求宿根蔗前期一定要施足基肥和追肥，以增强后劲。

（2）缺株多，有效茎数少，茎粗壮　宿根蔗田从上季甘蔗收获后，由于人畜踩踏、风吹、日晒、雨淋，造成土壤板结透气不良，加上低温霜冻、病虫害严重等不良因素影响，造成地下蔗蔸活芽数少，株数少，容易出现缺株断垄现象，最终导致有效茎少，但茎粗壮。

（3）蔗头会逐年上移，易倒伏　随着宿根年限增加，蔗头位置提高，培土困难，遇到大风雨容易倒伏，导致减产。因此，应注意彻底开垄松蔸促进低位芽萌发，以降低蔗蔸位置。

（4）抗性强，早熟，糖分高　宿根蔗有强大的根系，植株老健，抗旱、耐涝能力比新植蔗强。宿根甘蔗成熟比新植蔗提早 20～30d，蔗糖分高出 $1.0\%～1.5\%$（绝对值）。这有利于糖厂提早开榨，降低榨季前期的生产成本。

（5）生长不平衡　由于宿根蔗发株生长是从蔗蔸不同部位发生出来的，蔗芽有秋冬笋，深浅不同，强弱不一，发株有先后，且相差时间很长，因此，个体之间对光照、养分、空间竞争激烈，造成个体大小、高矮极不均衡。根据以上特点，要求砍秋冬笋并及时补苗，早治虫害，促进个体与群体的充分发展，增加有效茎数和单茎重，发挥宿根高产高糖潜力。

3. 宿根蔗的营养特点

宿根甘蔗发株早，分蘖早，生长快，衰老快，要求早施肥。宿根蔗由于生长年限长，冬笋和无效分蘖耗肥多，加之后期根系吸收机能差，肥料利用率低，所以要求施肥量较多，特别是氮肥和钙肥。当出现缺铁缺锰褪绿时，还需要喷施硫酸亚铁和硫酸锰微量元素肥。

（三）宿根蔗栽培技术要点

怎样才能管好宿根蔗，让它产生更好的经济效益呢？要在种好前造甘蔗的基础上，重点抓好以下几个环节。

① 选留宿根蔗地，适时安排砍收。选择上季甘蔗每亩有效茎 4500～5000 条以上，分布均匀，断垄少，无严重病、虫、鼠害的（新植或一年宿根）蔗地留宿根。留宿根蔗地宜在立春后砍收。

② 及早清理蔗田。甘蔗收获后应马上进行清理蔗田。有人一把火烧掉，虽然省事，但蔗叶里大部分肥效给烧没了，要知道蔗叶含有大量的钾、氮、磷、硅等营养元素，经过一段时间的堆沤，可成为很好的有机肥料。它不但增加土壤养分，还能有效改善土壤的物理性状，使土壤变得疏松、通透性好。因此，先把蔗叶放在甘蔗行间，有条件的可淋水，再施上少量尿素，以加快蔗叶的腐烂，然后用牛犁开垄把泥土压在蔗叶上面。有条件的用机械碎叶还田，其碎叶效果很好，易腐烂，还不影响耕作。

③ 早开垄松蔸。南方地区气温较高，正常砍收后就应进行破垄松蔸，开垄前要注意砍去秋冬笋和过高的蔗头。开垄方法：将蔗蔸两边的泥土犁翻，让 1/2 蔗头露出地面，接受阳光照晒，提高蔗芽温度，促进低位芽（土表最底下的芽）萌发。

④ 进行地膜覆盖。冬季和早春砍收留宿根蔗地，最好要进行地膜覆盖，首先每亩施农家肥 500～1000kg、钙镁磷肥 75～100kg、氯化钾 20～25kg、尿素 10～15kg、克百威 4kg，混合施在开垄的沟里，施完后盖土，如果天旱还要淋上水。喷除草剂，最后盖上 60cm 宽的地膜，提高宿根蔗的发株率。

⑤ 及早进行田间管理。宿根蔗早生快发，在田间管理上要突出一个"早"字。一是要早查苗补苗，凡是蔗行有 70cm 断垄，就要用蔗蔸移栽或分蔸补植；二要及早施肥管理。根据宿根蔗早生快发的特点，田间管理上要比新植蔗提早 20～30d，加上前造甘蔗收获带走了养分，所以肥料也要比新植蔗多施 15%～20%，抓住宿根蔗的特点，早施肥，多施肥，早管理，特别是伸长肥和大培土要在 5 月中旬到 6 月初完成；三是要及时防治病虫害。宿根蔗是病虫的越冬场所，宿根蔗生长发育也较早，因此宿根蔗病虫害的发生较早，必须及早防治。

⑥ 及时收获。11 月份后，甘蔗进入成熟期，根据糖厂的日榨量，合理安排砍运。一般是先砍早熟种、后砍迟熟品种；先砍秋植蔗、宿根蔗，后砍冬植蔗、春植蔗。留宿根蔗的蔗地春暖气温回升后砍收最适宜。

砍收的方法是：用锋利小锄低砍，入土 2～5cm 最好。低砍好处很多，首先是产量增加，一株甘蔗多重 0.05kg，一公顷甘蔗可增加产量 3～4t，增加收入 600 元。同时低砍又能促进低位芽萌发，宿根蔗苗粗苗壮，产量高。在砍收的时候，避免砍裂蔗头，损坏蔗芽。另外，原料蔗砍收质量要保证：一般要求蔗梢砍去生长点以下 20cm 左右，蔗茎不带叶梢，不带须根，不带泥沙等夹杂物，枯死蔗茎和 1m 以下的蔗茎不作原料蔗。砍收好的原料蔗要在 48h 内及时运进糖厂压榨，避免产量的损失和蔗糖分的转化。

五、果蔗栽培技术

（一）果蔗的商品质量

我国果蔗栽培历史悠久，地域分布广，南自海南，北到河北、山西都有栽培，种植经验丰富，品种繁多，自栽培到今，能保持优异的品质和高额丰产，若能进一步挖掘和发展，对丰富人民生活意义重大。近年来，华南各省尤其是广西，果蔗生产有较大的发展。

从商品质量上考虑，果蔗外观上要达到蔗茎粗大、平直、上下均匀，节间长度达 12cm 以上，节上叶痕干净；茎色新鲜悦目、无气根、水裂、斑纹，无虫蛀眼洞；蔗茎肉质，皮薄、肉嫩、松脆易断，组织充实无空心绵心；咬吃成块脱落、嚼之酥软多汁，咽之清甜润喉，品之具冰糖风味，回味又无咸酸味淡感觉。《无公害食品　果蔗》（NY 5308—2005）中规定，果蔗感官上要"茎型粗大，蔗株端正，蔗皮光滑、色鲜，果肉成熟；无霉变发红、空心、蒲心、虫蛀病节、裂缝、畸形、异常气味和滋味。"

在内在品质上，无公害果蔗的安全指标须达到：砷 $\leqslant 0.5mg/kg$，铅 $\leqslant 0.2mg/kg$，汞 $\leqslant 0.01mg/kg$，敌敌畏 $\leqslant 0.2mg/kg$，乐果 $\leqslant 1mg/kg$，毒死蜱 $\leqslant 1mg/kg$，莠去津 $\leqslant 0.05mg/kg$，克百威 $\leqslant 0.5mg/kg$，其他有毒有害物质指标也应符合有关国家法律、法规、行政规章和强制性标准的规定。

（二）果蔗的优良品种

果蔗（肉蔗）属热带种，共有 25 个种，平均糖分达 17.5％以上，还原糖 0.32％，纤维 9.8％左右。目前栽培果蔗品种来源复杂，难究其清，只用其优。果蔗的主要品种有：①潭州大蔗，又名玉蔗，原产广东珠江三角洲番禺潭州江门一带；②福州白眉蔗，原产福州市郊马鞍和坑村；③杭州青皮蔗，盛产于杭州市郊区，上湖青较优；④云南罗汉蔗，原产云南省，全省均有种植，但以四川米易一带为最多；⑤四川洋红蔗，四川资阳洋红蔗；⑥广西桂林五通、宜州果蔗；⑦拔地拉，原产热带，属热带代表种，广西称黑皮蔗。自引入后主要分布在广东、广西、海南、福建、台湾和浙江等省（区）。

（三）果蔗栽培技术要点

（1）蔗田选择　选择土层深厚、土壤肥沃、质地松软、地势平坦、排灌方便、阳光充足的蔗田。

（2）品种选择　选择蔗茎粗壮、节间长、口感好、根梢均匀度好、优质高产的优良品种。

（3）整地和起畦　要进行深耕、精细整地和起畦种植，或不起畦而开沟种植。冬前进行冬翻，要求深翻 25～30cm，下种前耙碎整平。开沟起畦，要采用宽畦双行植，畦宽 1.6m，沟宽 0.3～0.4m。

（4）下种　由于果蔗原产热带，不耐低温和干旱，一般采用春播，以气温回升稳定在 15℃以上，春雨开始时下种为好。种苗处理同糖蔗，但果蔗多数采用梢头作种。果蔗种苗容易干枯腐烂，因而种苗宜长些，一般采用 5～6 个多芽苗。下种时先开植沟或在畦中央开浅沟，在沟内淋水，拌成泥浆，然后下种。下种后一般不覆盖土，只把种苗大部压入泥浆中即可。行距比糖蔗宽些，下种量一般每公顷 9×10^4～1.0×10^5 芽。

（5）施肥　为了使果蔗松脆多汁和高产，应多施氮肥、河泥、堆肥、厩肥、花生饼、菜籽饼、棉子饼等优质基肥，以保证果蔗的商品质量。施肥量可比糖蔗多 20％～30％。也要适当增施磷肥，以提高蔗汁甜味。和糖蔗相比，要少施钾肥，避免蔗皮硬，纤维粗糙。

果蔗除施足基肥之外，氮肥要早施、勤施、薄施、多次施，施氮最高达 75～100kg。一般采取两头轻中间重施，即苗期和后期轻施，分蘖盛期和伸长期重施，止肥期适当迟些。施用人粪尿或海肥会使蔗汁带咸味，宜少施或不施。

（6）灌溉和排水　果蔗比糖蔗对水分的要求高，前期要注意灌溉又要防积水死芽；中后期抗旱力也比糖蔗弱，要勤灌水，干旱易造成果蔗节密，导致减产，商品性也差。在伸长盛期需水量大，要求沟内保持水层，止水期较迟，最后一次剥叶后要灌一次水。

（7）防倒　由于果蔗嫩脆和对质量要求高，要认真做好培土防倒工作，或搭架防倒。

（8）剥叶　黑皮果蔗要常剥叶，剥叶能使蔗茎匀净，颜色黑亮，鲜艳美观，提高糖分和减少虫害，一般每15d或30d剥一次，不能零星剥叶，防止茎上有多种颜色。青皮果蔗为了保持蔗茎青绿，蔗肉脆嫩，可不剥叶，但要加强病虫害防治。

（9）围篱　果蔗长到150～180cm高时应用剥下的叶子，或直接把2～3株蔗的叶片集成束绕在蔗茎上形成围篱，减少日晒风吹，使蔗色鲜艳，汁多嫩脆。

（10）病虫害防治　由于果蔗汁多，皮薄嫩脆和对质量要求高，必须加强病虫害防治。当今果蔗施农药、化肥太多，产品污染重，防虫最好用生物防治，以消除产品污染。

（11）收获　果蔗的收获时期依成熟度、气候和市场而定，一般不留宿根也不宜连作，收获时成株挖起，砍去蔗尾，留下梢头30～45cm作种，其余按商品包装或捆扎成束出售。果蔗种苗最好是鲜种，若不能及时种植，其贮藏方法同糖蔗，但比糖蔗更要加强护理，否则极易死苗、烂苗。

复习思考题

1. 甘蔗节间伸长增粗有什么规律？根据这些规律，在秋植蔗、冬植蔗和春植蔗生产上，应采取什么措施进行调控才能取得高产？
2. 根据新植甘蔗和宿根甘蔗的生长特点，阐述宿根甘蔗的各项管理措施为什么要早、施肥量为什么要比新植蔗多的原理。
3. 试述甘蔗各生长发育阶段的生长特点，并根据甘蔗产量构成因素讨论各生长发育阶段对甘蔗产量和品质的贡献。
4. 试述甘蔗的下种后田间管理的各项措施及其作用。
5. 甘蔗属中有哪些栽培种和野生种？
6. 甘蔗单位面积的蔗产量和糖产量有哪些因素构成？
7. 甘蔗合理密植的原则是什么？适宜的种植密度和下种量应多少？
8. 甘蔗生产上用蔗茎的哪一部位作种最好？为什么？
9. 何谓甘蔗的"三攻一补"施肥技术？
10. 甘蔗要达到高产不倒，应如何进行培土？
11. 宿根蔗有哪些生育特点？
12. 影响甘蔗分蘖的因素有哪些？
13. 甘蔗施肥原则有哪些？
14. 甘蔗如何防折、防倒？
15. 甘蔗的苗根有几种，各有什么作用？
16. 锤度与糖分的关系怎样？
17. 甘蔗根系有哪些特点？
18. 甘蔗一生分为哪几个生长发育时期？各时期生长发育特点怎样？
19. 什么样的甘蔗品种是良种？甘蔗品种有哪些类型？
20. 甘蔗对土壤、肥料、水分的要求怎样？
21. 甘蔗培土有哪些作用？怎样操作？
22. 甘蔗蔗茎的生长和伸长规律怎样？

23. 甘蔗糖分是如何积累的？

24. 宿根蔗"早施肥管理，促进蔗苗生长"的具体措施包括哪些？

25. 甘蔗的适宜种植期怎样确定？

26. 怎样提高甘蔗种植质量？

27. 怎样做好甘蔗地的防渍、防旱工作？

28. 甘蔗的施肥原则和施肥技术怎样？

参 考 文 献

[1] 李振陆. 作物栽培. 北京：中国农业出版社，2002.

[2] 杨文钰. 农学概论. 北京：中国农业出版社，2002.

[3] 刘玉凤. 作物栽培. 北京：高等教育出版社，2005.

第九章 麻类作物

>>> **知识目标**

① 了解麻类作物种类、生产概况，懂得发展麻类作物生产的意义。

② 理解黄麻、剑麻的生物学基础，为黄麻高产栽培奠定基础。

③ 掌握黄麻、剑麻的关键栽培技术。

能力目标

① 掌握黄麻、剑麻育苗技术。

② 掌握黄麻、剑麻大田选地、整地、种植、田间管理技术。

③ 了解黄麻、剑麻加工技术。

④ 掌握剑麻测产方法。

第一节 麻类作物概述

麻类作物是一年生或多年生韧皮纤维作物或叶纤维作物，是极具特色的一类经济作物，种植面积和产量排在粮食作物、棉花作物、油料作物和蔬菜之后的第五大作物群体，中国是世界上种植麻类作物最早和麻类资源很丰富的国家之一。

一、麻类作物的种类

中国主要麻类有亚麻、黄麻、红麻、苎麻、大麻和剑麻等，苎麻、亚麻为纺织工业的精纺纤维，红麻、黄麻、剑麻、大麻为粗纺纤维。

亚麻为一年生草本植物，是唯一的喜凉、长日照麻类作物。要求天气冷凉，气温变化不剧烈的条件，生育期间以不高于18℃为宜；在低纬度强光下植株变矮，分枝增多，纤维粗硬，不适于纺织。

黄麻、红麻为一年生草本植物，是喜高温、湿润、短日照的麻类作物。黄麻生长适宜的温度为28～38℃，昼夜温度变化缓慢更有利；红麻生长期间温度越高，生长越快，并且耐涝性极强。

苎麻为多年生宿根性韧皮纤维作物，其麻蔸可以存活百年以上，是喜温、喜漫射光、喜微风、需要足够水分的麻类作物。生长温度为11～32℃，最适宜温度23～30℃。

大麻为一年生草本植物，对温度要求较宽，从热带到温带都可生长，喜水但怕涝，短日照作物，对光反应敏感，北种南移则株矮多枝，开花早，麻产量降低或无产量。

剑麻为多年生草本植物，喜高温、喜阳光充足、耐干旱的麻类作物。要求年平均气温16℃以上，最适温度25～26℃。

二、麻类作物生产概况

2007年世界麻类作物收获面积约为202.2万公顷，纤维产量为526.6万吨，中国麻类作物收获面积约为 64.7 万公顷，纤维产量为 60.3 万吨，分别占全世界麻类作物收获面积和纤维产量的 32% 和 11.45%。

（一）亚麻

2007 年世界纤用亚麻种植面积为 68.26 万公顷，纤维产量为 60.35 万吨。

纤用亚麻的主产国有中国、法国、俄罗斯、白俄罗斯、乌克兰和西班牙等国。中国 2007 年纤用亚麻种植面积为 15.7 万公顷，纤维产量约为 6.94 万吨，分别约占世界种植面积和产量的 23% 和 11.5%，种植面积和纤维产量均居世界第一。

中国纤用亚麻主要分布在东北三省、云南、内蒙、甘肃、宁夏、新疆等地，黑龙江省是我国亚麻主产省份，种植面积占全国的 50% 左右。

（二）黄麻、红麻

2007 年世界黄麻、红麻种植面积为 186.67 万公顷，纤维产量为 324.32 万吨。

世界最主要的黄麻和红麻生产国是印度和孟加拉，另外缅甸、泰国、中国和俄罗斯也是黄麻和红麻生产国。印度黄麻、红麻种植面积均占世界的 60% 左右；孟加拉黄麻、红麻种植面积均占世界的 27% 左右。

中国 2007 年黄麻、红麻种植面积为 5.6 万公顷，纤维产量为 12 万吨，分别占世界种植面积和产量的 3% 和 3.7%。

中国黄麻、红麻主要分布在河南、安徽、江西、福建、广西、广东及新疆等省（自治区）。其中河南、安徽两省是我国最大的红麻生产省份，种植面积和产量占全国黄、红麻总种植面积和产量的 60% 以上；而广西、广东、江西等省（自治区）是中国红麻种子产区，每年向红麻原料生产基地提供优质良种，同时兼收红麻纤维。

（三）苎麻

2007 年世界苎麻种植面积为 40.82 万公顷，纤维产量为 28.27 万吨。

中国是世界上最大的苎麻生产国，2007 年苎麻收获面积（年收获 3 次，收获面积为种植面积的 3 倍）为 39.6 万公顷，纤维产量为 27.7 万吨，分别占世界种植面积和产量的 97% 和 98%。另外菲律宾、巴西、老挝等国家进行小规模的种植。

中国种植面积主要集中在湖南、四川、湖北、江西、重庆等省，其中以湖南省种植面积最大，产量最高。安徽、贵州、广西、浙江、江苏、福建、广东、云南、河南等省（自治区）也有少量种植。

（四）大麻

2007 年世界大麻种植面积为 5.5 万公顷，纤维产量为 6.67 万吨。

大麻的主产国有朝鲜、西班牙、中国、俄罗斯、智利和罗马尼亚等国。

中国大麻种植面积和产量均已严重萎缩，2007 年种植面积为 1.1 万公顷，纤维产量约为 2.6 万吨，分别约占世界种植面积和产量的 20% 和 39%，大麻主要分布在安徽、河南、山东、山西、云南及黑龙江等省，且种植规模不大。

（五）剑麻

2007 年世界剑麻种植面积为 38.30 万公顷，纤维产量为 32 万吨。

剑麻的主产国有巴西、坦桑尼亚、肯尼亚、墨西哥和马达加斯加等国。巴西是种植面积最大、总产量最多的国家，种植面积和总产量占世界种植面积和总产量均为 60% 左右。

中国 2007 年种植面积为 1.8 万公顷，纤维产量约为 1.6 万吨，分别约占世界种植面积和产量的 4.7% 和 5%，剑麻主要分布在广东、广西、海南、福建、云南等亚热带地区，以广东和广西栽培面积最大。

三、发展麻类作物生产的意义

（一）麻类作物是麻类纺织的主要原料

亚麻、黄麻、红麻、苎麻、大麻、剑麻等麻类作物，其纤维是重要的纺织原料。苎麻、亚麻是开发高档面料的重要资源，具有天然纤维保健功能，广泛用于衣着、室内装饰等方面；黄麻、红麻纤维具有吸湿强、散水快、耐摩擦、无污染等优良特性，是健康的包装材料；大麻纤维以抗霉抑菌、吸湿透气、屏蔽紫外线等特殊功效迎合了现代消费潮流，但大麻的折皱性以及纯纺可纺性差，通过与其他纤维混纺可提高大麻在纺织上的应用；剑麻纤维可编织科技含量较高纤维布、剑麻地毯等。

（二）麻类作物可于造纸原料

几乎各种麻类作物均可用于造纸原料，剑麻可用于制造钞票、航空、航海图纸等高级纸张的原料；红麻全杆制浆造纸，可开发音响纸、电解绝缘纸等有高附加值的特种纸，也可以开发出一些用量较大的大众化纸产品。

（三）麻类作物有多种药用价值

不少麻类作物的根、叶、花果、种子等都具有良好的药用价值。苎麻叶性甘寒、无毒，具有凉血、止血、散瘀和治创伤出血的作用，苎麻根也有清热止血之功效；黄麻叶有强心作用；大麻的根、茎、叶、花有滋养、润燥、利尿、滑肠、镇静、镇痛、麻醉和催眠等作用；亚麻具有止痛、收敛、镇痛、利尿、润肤、化痰、消炎和治疗创伤等功能；剑麻叶可提取海柯吉宁和替告吉宁，是制造贵重药物可的松、强的松、康复龙、氢化可的松、地塞米松等激素的原料，可合成黄体酮、睾丸素等性激素药物，还是口服避孕药的重要成分。

（四）麻类作物可食用

印度、孟加拉国和我国广东、广西，有把长果黄麻叶作为蔬菜食用的习惯，其味道不仅鲜滑可口，而且营养价值较高。各种麻类作物的种子都含有油分，含油量为：黄麻26.5%、红麻19%～25%、青麻16%～19%、苎麻15%～26%、大麻23%～36%、亚麻30%～45%，除可食用外，还可用于制造肥皂、涂料、染料等。

（五）麻类作物可用于饲料

苎麻叶营养丰富而全面，是畜禽、鱼类的精饲料；中国长期以来，就有用红麻鲜叶和干叶粉饲养猪、牛和羊的习惯，普遍反映红麻叶的适口性极佳；大麻叶、嫩茎和新鲜麻渣与木糠发酵后可作猪饲料，大麻籽榨油后所得的油饼，含有多种有用成分，是营养价值很高的饲料。

（六）麻类作物麻骨可压制纤维板、生产活性炭等

麻类作物麻骨，可制成纤维板，吸音和隔热性能很高，用于建筑隔音室或恒温室尤为理想，黄、红麻麻骨还可用于生产木炭、活性炭和作某些纤维素制剂的原料。

第二节　黄　　麻

一、黄麻的生物学基础

（一）黄麻的形态特征

黄麻有两个栽培种，即圆果黄麻和长果种黄麻，都是一年生草本植物。

1. 根

黄麻的根为圆锥根系。黄麻的主根入土可达1m以上，侧根长可达0.5m，但大部分根

系是分布在地表 30cm 的范围内。圆果种主根较短，侧根比较大，具有细根的小侧根较多；长果种主根较长，侧根较少。

2. 茎

黄麻的茎呈圆柱形。茎色有绿、红、紫以及深浅不同的颜色，是鉴别品种的主要依据之一。茎的高度一般为 3～4m，上下茎粗圆果种差异明显，长果种差异不明显。茎上一般有 40～70 节，多的达 100 多节。黄麻茎上，圆果种分有腋芽和无腋芽两种，长果种则均有腋芽。

3. 叶

黄麻幼苗具有两片圆形的子叶，长宽约 0.6cm，边缘光滑，表面有一层薄蜡质。真叶平滑无毛，卵圆形至披针形，叶缘有锯齿，圆果种叶片比长果种叶片小，叶片基部左右两侧各有一个延伸成须状的锯齿，呈青色或微红色，这是黄麻叶片的特征。在茎秆上存叶数量，圆果黄麻比长果黄麻多。

4. 花

黄麻的花常丛生在叶腋的对面，出现于梢部和侧枝上。长果黄麻花朵比圆果黄麻大两倍左右。圆果种的花一般是 2～6 朵丛生在一起，以 3 朵较多；长果种一般 2～3 朵丛生在一起，以 2 朵较多。

5. 果实与种子

黄麻果实是蒴果。圆果种蒴果呈球形，每个蒴果有种子 35～50 粒。长果种蒴果呈长圆形，每个蒴果有 120～140 粒种子。

黄麻种子小，呈不整齐的 4～5 面锥形。圆果种种子暗褐色有光泽，千粒重 3～3.8g，长果种种子墨绿色或铁灰色，千粒重 1.8～2.5g。

（二）黄麻生长发育

1. 发芽出苗期

黄麻种子要吸收水分达到种子本身干重 50％时才能发芽，而当种子含水量达 33％时，种子的呼吸作用便大大加强，比含水量 12％～15％时高得多，因此可见，黄麻种子发芽需要充足的水分和空气。在田间，当土温达到 18℃以上时，如土中水分适宜，播种后 4～6d 即可出苗。黄麻种子细小，发芽出土力弱，如较长时间遇涝、旱或土壤板结等不良条件，种子会失去发芽力。

2. 苗期

黄麻出苗至苗高在 30～40cm、麻叶封行以前，称为苗期。

黄麻苗期生长特点是：地下部根系生长比地上部茎叶生长快。黄麻出苗后至 5 片真叶，地下主根伸长速度比茎伸长速度快 6～7 倍，6 片真叶后，根系纵向、横向同时伸长。

黄麻苗期是防死苗、抓全苗、促壮苗早发的关键时期。

3. 旺长期

黄麻旺长期是从株高 30～40cm 至黄麻现蕾这段时间。

黄麻旺长期生长速度快，抗逆性特别是耐涝性强，但不耐旱。黄麻旺长期每日生长速度平均每日要保持 4.5～5cm，在生长高峰期，日生长速度要达到 6cm 左右。

黄麻旺长期是争取植株增高、茎秆增粗，纤维和干物质增加的关键时期。

4. 现蕾、开花、结果与种子成熟期

黄麻属于自花授粉作物，无限花序。黄麻现蕾后一般 5～8d 开始开花，在开花前或开花时授粉，授粉后经过 16～20d 形成蒴果，蒴果形成到种子充分成熟需要 30～40d。

黄麻种子发芽率是随着成熟度提高而增加的，但是收获过迟，下部成熟饱满果子开裂，种子脱落或淋雨后在植株上萌发，收获过早上部果子又成熟不够，秕瘦粒子较多，影响种子质量而且脱粒困难，因此，为了获得高质量的种子，要割去梢部果枝，当麻株上成熟蒴果达到60%～70%时收获为宜，并且带蒴果后熟10～15d。

如果栽培黄麻以收获纤维为目的的，应在黄麻分枝上形成最初几个蒴果，即上花下果时，就达到工艺成熟期，此时收获能够得到高产优质的纤维。

（三）黄麻对环境条件的要求

1. 温度

黄麻种子发芽的最低温度为14～16℃，最适温度为25～28℃。长果种发芽的最低温度为14℃，圆果种发芽的最低温度为14～16℃。

黄麻苗期生长一般要求气温达到15℃以上，随着温度的上升，麻株的生长逐渐加快，温度长期处于15℃以下的阴雨天气中，会出现叶片卷缩，变黄脱落，且易发生病害，长期处于10℃以下，容易烂根死亡，在生产上，苗期低温往往是造成弱苗和死苗的主要原因。

旺长期最适宜的温度为25～28℃，温度超过41℃，则光合作用与呼吸作用比率降低到1以下，使麻株对养分消耗大，积累小，陷于饥饿状态。

2. 光照

黄麻在阳光照射下进行光合作用，进而转化为各类有机物，只有阳光充足，光合作用旺盛，碳水化合物才能大量积累，纤维产量才高。

黄麻是短日照作物，长果种对日照反应一般较圆果种敏感。南方短日照条件下生产的黄麻种子，引种到北方地区种植，由于北方夏季长日照条件，黄麻营养生长期延长，植株长得高，麻皮厚，纤维产量高。

3. 水分

黄麻种子萌发和植株的生长都需要有充足的水分。黄麻株高叶茂，叶面积指数达6～7，蒸腾量大，生长发育过程中需水量多。

黄麻在不同生育时期需水量有所差异，苗期需水较少，旺长期需水较多，占总需水量的50%～70%，在现蕾至收获期，需要较干燥的环境条件，能促进纤维发育和种子成熟。水分不足，不仅影响纤维的合成和纤维细胞的伸长，而且会引起纤维木质化，降低纤维品质。

由于麻茎能长出不定根和形成周皮等特性，黄麻是一种抗涝、抗淹能力较强的旱生作物。在苗期，与圆果种相比，长果种较耐旱、耐湿，到了生长中后期，长果种抗旱性显著地高于圆果种，因此，长果种适宜在旱地、高地种植，而圆果种适宜在水田、低地种植。

4. 土壤

黄麻对土壤的适应性较广。但要获得高产，土壤必须是土层深厚、结构良好、富含有机质和氮素、排灌方便、旱涝保收、pH值6.5～7.0的地块。

5. 风

微风对黄麻生长有益，但5级以上风力不仅影响生长，而且导致风斑，甚至倒伏，从而影响纤维质量和产量。

6. 养分

增施氮素营养能显著增加黄麻产量，但不能在短期内集中偏施氮肥，否则会引起株茎徒长，易感染病害，抗风力弱，纤维强度低。因此，施用氮肥必须适量，才能最大限度地提高黄麻纤维产量，而不至于降低其质量。

增施磷肥，能使黄麻根群发达，因而增强了抗旱和抗倒伏性能，间接地保证了纤维产量，同时能提高种子质量。

增施钾肥可促进黄麻株内碳水化合物的合成和转运，加速纤维素在纤维细胞壁上的沉淀和积累，使细胞壁增厚，纤维强力提高，从而提高黄麻纤维的产量和品质。

黄麻每生产100kg干生麻大约从土壤吸氮2.1kg，五氧化二磷1.25kg，氧化钾5kg，黄麻从土壤吸收的$N：P_2O_5：K_2O$为1.8：1.0：4.0。

黄麻不同时期对氮、磷、钾的吸收利用具有明显的规律性。苗期对氮、磷、钾的吸收量小，分别占全生育期总吸收量的22.73%、8.85%和12.12%；黄麻旺长期对氮、磷、钾的吸收量显著增加，吸收量占全生育期总吸收量的65.2%、60.4%和59.3%，是黄麻吸收养分最多的时期；现蕾至收获，是黄麻干物质积累的高峰期，对氮、磷、钾的吸收量逐渐减低，氮、磷、钾吸收量分别占全生育期总吸收量的12.1%、20.0%和8.4%。

二、黄麻的栽培技术

（一）精细整地

黄麻栽培整地要达到"深、松、碎、平"。"深"是指耕层深厚，有利于主根深扎和侧根扩展，增强黄麻抗旱和抗倒伏的能力；"松、碎"是指土壤疏松、土粒细碎，有利于种子吸湿发芽和出苗后幼根吸水吸肥；"平"是指田面平整，避免渍水。

（二）适时播种，提高播种质量

1. 播种期的确定

黄麻播种过早，由于气温低，日照短，不仅出苗与保苗困难，而且易引起早花，影响纤维产量与品质；播种过迟，生长期缩短，产量显著下降。一般当地气温稳定在15℃以上，日照不短于12.5h就可播种，华南麻区播种从"春分"至"清明"，长江中下游区播种从"谷雨"至"立夏"。

2. 提高播种质量

（1）精选和处理种子　种子要进行风选，去掉秕粒和杂质，提高种子的发芽率和发芽势。播种前，选择晴天晒种2～3d，再用相当于种子重量的0.5%的退菌特拌种，并密闭5～10d，然后播种。

（2）适量用种　播种量要根据不同栽培种和发芽率而定。圆果种种子比长果种种子大，播种量应比较多，发芽率在70%以上，一般圆果种播种量为15～22.5kg/hm²，长果种播种量为11.25～15.15kg/hm²。

（3）采用适宜的播种方式　目前中国黄麻采用的播种方式有撒播、条播。

① 撒播　撒播麻株分布不匀，密的地方通风透光差，麻株生长不整齐，笨麻增多，稀的地方虽然通风透光条件好，个体发育充分，但株数不足，不能达到充分利用光能的目的，而且田间管理也不方便。在相同密度条件下，撒播比条播的笨麻率高80%～10%，减产5%以上，因此，生产上不宜采用。

② 条播　条播能使麻株分布均匀，改善通风透光条件，克服密植与通风透光的矛盾，减少笨麻，增加有效麻。同时，方便中耕除草、施肥、排灌、防治病虫等操作。

条播分为单行条播、宽窄行条播和宽幅条播等。单行条播，行距以20～30cm为宜。长果种黄麻宜放宽行距，缩小株距，圆果种黄麻则宜缩小行距，放宽株距；宽窄行条播，一般宽行以40～50cm、窄行以12～25cm为宜。

3. 育苗移栽

（1）育苗移栽优点　育苗移栽能解决前后作物生产季节紧张的矛盾，育苗移栽可延长黄麻生长期30～40d；育苗移栽可节省种子和劳力，1公顷育苗地播种23～38kg，育成的苗可移栽到大田4～5hm²，减少了大田的间苗、除草、施肥等用工，移栽比直播1公顷可节省60～75个工日；育苗移栽可减少大田笨麻，将大、小苗分段移栽，使麻苗整齐一致，减少笨麻率。

（2）育苗移栽的方法

① 育苗　育苗地要求土质好、通风透光、排灌方便；每公顷施用15～23t人畜粪尿，然后把平整细后播种；播种后要清沟排水，防止厢面积水；出苗后及时防治病虫害，间苗除草，薄施追肥；苗高3.5cm左右时施氮肥60～75kg/hm²，以后再看苗情进行施肥。

② 移栽　苗高15～18cm时，在阴雨天进行移栽，移栽要选用壮苗，并将大、小苗分段种植；移栽深度不宜超过子叶节；移栽后要注意保持土壤湿润至成活。

（三）合理密植

1. 合理密植对纤维产量的关系和适宜的种植密度

合理密植才能协调和发挥构成黄麻产量各个因素的增产作用，是提高黄麻产量和品质的关键性措施。密度太稀，虽然个体生长好，发挥了个体的生产力，但有效株数少，不能充分发挥群体的生产力，纤维产量不高；密度太密了，虽然株数多，但由于麻田通风透光条件差，笨麻多，麻茎较矮，麻皮薄，这样既不能发挥群体的生产力，也不能发挥个体的生产力，纤维产量也不高。

据试验，黄麻合理叶面积指数：长果种黄麻封行时1左右，封行后迅速增大至3～4，整个旺盛生长期保持在4～5，开花后逐渐降低；圆果种黄麻各生育期合理叶面积指数高出长果种黄麻20%～30%。

黄麻适宜种植密度，长果种黄麻定苗时30万～37.5万株/hm²，收获时有效麻株24万～27万株/hm²；圆果种黄麻定苗30万株/hm²左右，收获时有效麻株22.5万～24万株/hm²。

2. 笨麻的形成及防止措施

笨麻是黄麻群体在营养生长阶段中出现的茎秆细小、株高不到正常麻株的2/3的麻株。笨麻皮薄，纤维产量低，质量差，而且容易感染病虫，往往会成为麻田传播病虫害的中心。在大田生产中，笨麻的发生率一般达20%～30%，严重时达40%以上。

光照不足是形成笨麻的主要原因，随着密度的提高，群体叶面积增大，透光率降低，笨麻率提高。叶面积最大期，透光率低峰期好正是笨麻形成的高峰期。笨麻的形成还与麻株生长发育有关，生长前期，麻株小、个体与群体间矛盾不突出，故不会形成笨麻；麻株达1m左右时，个体与群体开始产生矛盾，于是出现笨麻，并随着群体麻株的生长笨麻率不断增加。

合理密植、早间苗、早定苗、匀留苗、看苗施肥，促进群体平衡生长，是减少笨麻率的必要措施。笨麻一旦形成，必须及时拔除，以改善麻地通风透光条件，促进有效麻株长高长粗。

（四）适时间苗、定苗

间苗定苗是壮苗早发、控制笨麻的重要环节。间苗、定苗要"一拔堆苗、二除劣苗，去大除小留匀苗"。黄麻种子小，不易播匀，现真叶后及时去堆苗，使苗间有一定的距离；苗高6～10cm时除劣苗、小苗；苗高10～15cm时定苗。

（五）注意中耕除草

麻田中耕除草，一般进行3～4次，中耕的深度视土壤情况而定，黏性宜深、沙性宜浅。苗高7～10cm浅锄7cm左右，苗高17～20cm深锄10～13cm左右。苗高30cm以上又浅锄

3～7cm，防止锄伤细根。雨后及时松土，防止土壤板结，最后一次中耕要结合培土防倒。有条件的麻区，结合化学除草，采用地膜覆盖，可大大减少麻田杂草数量，节省除草用工。

（六）科学施肥

施肥是黄麻栽培技术中重要措施之一。

1. 黄麻的需肥规律

（1）需肥量　氮肥能维持和促进麻株的营养生长，施氮肥的增产效果显著，但不宜在一个短时期内集中偏施过多氮肥，否则会引起株茎徒长，且易感染病害，致使骨软皮薄、抗风力弱、纤维强度低，如果单独增施氮肥而没有配合增施磷、钾肥，也会使纤维强度降低。

在提高施氮水平的同时配合施用磷肥，有助于发挥氮素的增产作用。磷素能增加纤维强力，特别是对促进根群发育方面起着显著效果，因此能增强抗旱和抗倒伏等性能，间接地保证了纤维产量。

钾肥可促进麻株内碳水化合物的合成和转运，加速纤维素在纤维细胞壁上的沉淀和积累，使细胞壁增厚，纤维强力提高，从而提高黄麻纤维的产量和品质。

经分析测定，每生产50kg干麻皮需纯氮2.8kg、纯磷2.34kg、纯钾2.87kg。

（2）不同生长阶段对三要素的吸收积累量　黄麻不同生育阶段对氮、磷、钾的吸收与利用具有明显的规律性。苗期群体叶面积系数小，光能利用率低，对氮、磷、钾吸收量较小，分别占整个生育期的22.73％、8.85％和12.12％。苗期对氮反应敏感，碳氮比小，生理代谢处于以氮为主的营养生长阶段，所以氮素营养对培育壮苗十分重要。若苗期缺氮，碳氮比值增大，幼苗纤维化程度高，形成僵苗，是低产的前兆。

旺长期，群体光能利用率迅速提高，对氮、磷、钾的吸收量显著增加，吸收量分别占整个生育期的65.2％、60.4％和59.3％，是黄麻吸收养分最多的时期，尤其是株高1.3m伸长到2～2.4m时对氮磷钾的吸收量为最高。

现蕾、开花、结果与种子成熟期是干物质积累的高峰期，也是碳氮代谢旺盛期，但氮代谢已开始下降，所以对氮、磷、钾的吸收量日益减低。工艺成熟期，麻株对氮的含量呈直线下降，对钾的吸收累积量继续上升，此期要控制氮的代谢，以促进纤维积累。

2. 黄麻的施肥技术

（1）施足基肥　基肥是苗期早发的前提，也是黄麻全生育期的营养基础。因此，基肥必须施足，包括种肥在内应占全年总施肥量的50％左右。基肥施用量占总施用量氮15％～25％，磷占60％以上，钾占56％以上。基肥要以有机肥为主，氮磷钾配合施用。

（2）勤施薄施苗肥　当黄麻出苗80％，子叶黄绿色时，用尿素30～37.5kg/hm² 左右撒施，以利培育壮苗，减少死苗；在苗高3～5cm时，松土后兑水施用尿素75kg/hm² 左右；以后结合间苗、定苗，每次施用尿素60kg/hm² 左右，为旺长打好基础。

（3）重施旺长肥　旺长肥要早施、重施。株高50cm左右第一次施肥，每公顷施饼肥600～750kg左右，尿素75kg左右；麻株高80～90cm第二次施肥，每公顷尿素60～75kg左右，氯化钾150kg左右。

（4）巧施赶梢肥　黄麻现蕾、开花、结果时期，要根据黄麻群体的长相决定施肥措施，长势旺盛的不再施肥；长势差、早衰的可酌情施"赶梢肥"，但不宜太多，每公顷施尿素37.5kg、氯化钾112.5kg左右。

（七）适时收获

收获过迟或过早对黄麻纤维产量与品质的影响很大。一般长果种黄麻在"花多果少"、圆果种黄麻在"盛花初果"期间收获，产量较高、品质较好。

（八）黄麻脱胶

采用陆地湿润脱胶方法与天然水沤洗方法相比，具有脱胶时间短；脱胶不占水面、无水体污染问题；脱胶质量好、纤维损失少；麻农操作方便，减轻了劳动强度，劳动环境得到改善等优点。

陆地湿润脱胶方法主要技术如下。

1. 扎把

先将麻皮理直，每0.5～1.0kg分为一束，在离每束基端20～25cm处扎一道腰，松紧适度，然后将小束卷折成基部包在里面、长约80cm的麻把，并以一片麻稍在麻把中部扎一腰。

2. 接种

如果是干麻皮脱胶，须将5～10个麻把打成松紧适度的小捆，放入含有大量微生物天然水源中浸泡3h左右，然后捞出，解捆堆麻。如果是鲜皮脱胶，不必进行浸泡接种，只需在堆麻时分数次喷洒天然水，水量一般为鲜皮重的20%～30%。

3. 堆麻

堆麻场地应尽量选择在阴凉处，避免阳光直射的空坪隙地，中心挖一条宽20～30cm、深20cm左右的通气沟。然后跨沟铺一层麻骨或其他代用品，以免麻皮直接与地面接触。再将麻把折口向上后排列在麻骨上，麻把长度即为麻堆宽度，超长麻把亦可纵向排列。铺上层麻把时可平行排列，亦可交错排列。如平行排列，上层麻把必须与下层麻把错位半把麻。如此堆积至麻堆高度80～100cm。麻堆长度视麻量及场地而定。待麻堆堆完即用薄膜覆盖麻堆，并以重物压往薄膜两边，以保持麻堆自成半封闭体系。

4. 麻堆管理

麻堆温度在38℃以下，隔天洒一次水，水量为麻重的5%～10%；麻堆温度超过40℃时，每天洒水1～2次，水量为麻重的10%～20%。如果温度还不能控制在40℃左右，可采用短时间揭开覆盖物的办法来降温。

按上述办法控制发酵至第五天，大部分麻把已软化，此时应抽样观察整堆麻的脱胶程度是否均匀，如不均匀可采用翻堆的办法，将脱胶不太理想的麻把放置麻堆中部，以保证脱胶均匀一致。再堆放1～3d，麻把完全软化，横撕麻皮纤维分散成网状结构，此时脱胶完成，即可依次进行洗麻、晾干、整理打包。

（九）提高黄麻留种质量

1. 适当提早收获

黄麻种子发芽是成熟度愈高质量愈好。黄麻是无限花序，上下部果子成熟差异大，因此收获过迟下部成熟饱满果子开裂，种子脱落或淋雨后在植株上萌发，收获过早上部果子又成熟不够，秕瘦粒子较多，影响种子质量，而且脱粒困难。为了获得成熟度较高的种子应适当提早收获，割去梢部果枝。一般以麻株上成熟萌果达60%～70%时收获为宜。

2. 推迟脱粒，带果后熟

把收获的果枝扎成小束，注意要晾晒半天再运至通风干燥处竖直堆放10～15d，然后摊晒1～2d脱粒。

3. 注意多施磷、钾肥，后期适当施用猪粪尿

施磷肥有缩短开花期，增加果数，增大果实直径，提高种子重量和增强种子生活力等作用。增施钾肥能促进黄麻着蕾、开花和结果，增加花果数。后期适当施用猪粪尿对萌果成熟和种子饱满具有良好的促进作用。

第三节 剑 麻

一、剑麻的生物学基础

(一) 剑麻植物学特征

剑麻是单子叶、多年生、肉质、旱生草本植物。

1. 根

剑麻是须根系植物，无主根。剑麻原产热带干旱地区，由于长期适应干旱环境，其根系具有浅生、分散和强大的特点，有利于吸收水分、养分和耐土壤贫瘠。

剑麻的根系，在土壤中呈水平分布，成龄剑麻根幅半径，一般在 2m 以内，土壤疏松的可达 4～5m，深度主要分布在 0～40cm 的表土层中，少数可达 50cm 以下。

剑麻的根具有浅生、分散、强大以及耐瘦瘠、耐干旱等特点。

2. 茎、地下走茎和吸芽

剑麻的茎很短，是剑麻植株的主轴，为叶片和花轴着生的地方。

在幼龄期，茎为螺旋状排列的叶片所环抱，不易看到，割叶后茎才逐渐露出成龄期，茎高约 50～120cm，茎粗约 15～25cm。

成龄的茎呈圆柱形，茎端呈圆锥形，其顶端为生长点，生长点在活动中产生植物激素，向上输送促进顶芽生长，向下输送抑制侧芽萌发，当生长点受到了人为或自然破坏时，顶芽优势解除了，侧芽就会萌发出幼苗。这是生产上采用破坏生长点方法达到快速繁殖种苗目的理论依据。

剑麻茎的大小与剑麻植株生长关系较大。

剑麻的地下走茎，又称地下茎、根茎和吸枝。它是从植株茎的基部节上的休眠芽萌发出来的一条或数条长短、粗细不一的白色、肉质、柔软的走茎，具有多节，节上有鳞片叶、根点，其叶腋有潜伏芽，顶端芽点钻出土面萌发成小植株，通称吸芽。吸芽切下培育可作定植苗或繁殖种苗。走茎切段可作繁殖材料。

3. 叶

剑麻的叶片由茎端生长点周围的叶原基生长发育而成。幼叶互相包卷，形成叶轴，展开的叶丛簇生在短茎上，状似莲座。

剑麻的叶剑形、肉质、硬直，叶尖有 1～2cm 硬顶刺，叶缘无刺或有刺；叶面上有不同程度的白色蜡粉，上下表层均有许多深陷气孔，气孔昼闭夜开，具有保水防旱的生理机能；叶色黄绿至灰绿，叶长 100～150cm，宽 10～15cm。

剑麻叶片基部的维管束与茎内的维管束相连接没有离层，不能自动落叶或用脱叶剂代替割叶。

剑麻叶片富含有纤维，剑麻的纤维是硬质纤维，具有洁白、光泽、粗而长，而且拉力强、伸缩性小、耐摩擦、耐盐碱、耐低温和抗腐蚀等特性。

4. 花、果实、种子和珠芽

剑麻一个生命周期只开花一次，便结束它的生命。生命周期的长短，因品种、气候、土壤肥力和管理水平等不同而有所差异。在我国，普通剑麻生命周期是 6～10 年，龙舌兰 H·11648 则是 8～12 年。剑麻临近抽轴时，从叶轴展开的叶片变窄、短而薄，叶色转黄，最后展出的叶片成三角形，随之从中心抽出巨大花轴，高约 5～7m，茎粗（中部）5～7cm。

（1）花　剑麻花序为巨大的圆锥花序、完全花，开花时雄蕊先熟，雌蕊后熟，为异花授粉植物，一株剑麻的花有数百朵乃至两三千朵不等。

（2）果实、种子　剑麻的果为蒴果，每个果内有种子 100～300 粒，每克重的种子，有 50～70 粒，受精的种子呈紫黑色，有光泽；未受精的种子呈灰白色，未受精的种子约占 1/2～2/3。

（3）珠芽　剑麻开花结果后或与开花结果同时，位于花柄基部的芽点，可逐渐发育生长成珠芽。一株开花的剑麻可产生珠芽 1000～2000 个。珠芽在母株上生长，经 3～4 个月，具有 3～4 片叶，高 5～10cm，同时长出气根，基部发生离层，落地后，气根伸入土中，独立生活，收集珠芽进行培育，可作定植苗或繁殖材料。

（二）剑麻生长所需要的环境条件

剑麻原产于热带中美洲、墨西哥一带，它的系统发育过程中形成了喜高温、喜光照、耐旱、耐瘠、怕涝的特性。

1. 温度

适应龙舌兰 H·11648 生长的年平均气温 16℃ 以上，最适温度为 25～26℃。在零下低温，持续期短有一定的耐寒能力，时间长易受害。当日温差达 10℃ 左右时，有一定适应能力。

适于普通剑麻生长的平均温度为 21℃ 以上，最适为 25～26℃，对于零下低温及日温差适应力较弱。

2. 水分

剑麻是热带旱生、肉质植物，叶片具有旱生型的构造和耐旱的生理机能，植株保水力强，贮存水分多，消耗水分很经济，能耐长期干旱。其适生的年雨量为 800～1800mm，最适为 1000～1500mm。

全年中有明显旱季，且有骤雨天气，对剑麻叶片生长及纤维品质均有良好的影响。但年雨量过多，雨季太集中，或排水不良时，则不但影响其根系之生长及养分吸收，且易感染斑马纹病，此外，阴雨天气过长也会加重寒害，诱发炭疽病。

3. 光照

剑麻是阳性植物，需要充足的光照，才能正常生长发育。在充足阳光下，麻株长势健壮，叶片生长数量多，叶且宽厚，色灰绿，蜡粉多，叶片质地坚硬，纤维发育良好，纤维拉力好，抗性强；反之阴雨天太多，麻株生长在荫蔽条件下，由于阳光不足，长叶数少，叶窄薄，蜡粉少，色深绿，质地柔软，栅状组织不发达，纤维抗性、拉力都差。

4. 土壤

剑麻对土壤要求不严。但在土壤疏松、肥沃、含钙质多、排水良好的土壤则更能速生高产。若过于瘠薄，应通过土壤改良，多施有机肥，才能种植。

二、剑麻栽培技术

（一）选用良种

H·11648 号剑麻自 1963 年引入我国后，首先在广东省海康县国营东方红农场培育，以长叶数多、叶片形状良好，对旱、寒、风、土具有一定的适应能力，纤维产量高，丰产性能好的优良性状，它从 20 世纪 70 年代开始就替换了普通的剑麻品种，然后逐年推广到广西、福建等地，成为我国剑麻生产的当家品种。

粤西 114 号剑麻，抗病力较强，对斑马纹病抗病国明显高于 H·11648 号剑麻，纤维产量较高，纤维拉力优于 H·11648，已开始在剑麻农场病区补种或种植。

南亚 1 号剑麻，是中国热带农业科学院南亚所培育而成，能抵抗斑马纹病，株型高大，速生粗长，纤维产量与 H·11648 号接近，纤维质量与抗寒性优于 H·11648 号。

（二）剑麻种植园选地、规划

剑麻种植尽量选择最适宜和适宜区，植区等级的划分标准见表 9-1。

表 9-1　植区分级标准

植区等级	年平均气温/℃	极端最低温/℃	年降雨量/mm
最适宜区	≥23	>3	1200～1800
适宜区	21～22	≥1	1200～2000
次适宜区	≥19	>0	≥800 或 ≤2000

剑麻种植后，生产年限达 10 年以上，一经种植，便不再搬动。因此剑麻种植前一定要剑麻种植园的规划，剑麻要适当集中连片种植，有利于技术指导、运输和加工工作。剑麻种植园要注意规划好道路的设置，以便方便运输。在坡度较大的丘陵地种植剑麻，要全等高开垦种植，并间隔一定距离修筑等高田埂。

（三）选用和培育壮苗

壮苗是嫩壮、无病虫害、无损伤的大苗，苗龄 1.5～2 年，苗高 60～70cm，存叶 30～35 片，苗重 4kg 以上。剑麻种苗分级指标见表 9-2。

表 9-2　剑麻种苗分级指标

级别	分级标准				
	苗高/cm	存叶/片	株重/kg	有无病虫害	苗龄/月
特级	70	45	8	无病虫害	14～18
1	60～70	40～45	6～8	无病虫害	12～18
2	55～60	35～40	4～6	无病虫害	12～18
3	35～55	25～35	2.5～4	无病虫害	12～18
4	≤35	20～25	1.5～2.5	无病虫害	8～24

剑麻的繁殖方法很多，主要分有性繁殖和无性繁殖两种。生产上采用的是无性繁殖。剑麻无性繁殖有吸芽、走茎、珠芽、剖苗、挖心、宿根等方法，目前普遍采用珠芽繁殖方法。

当珠芽长至 10～15cm 时，其基部产生离层而自然脱落。为了促进花轴中、下部珠芽苗壮生长，可进行砍顶。若要大量采取珠芽，可摇动花轴，使成熟珠芽落地，这样可使母株的养分集中供应小珠芽生长，以便获得健壮的珠芽。

1. 苗圃地的选择

选土壤肥沃、土质疏松、排水良好、阳光充足、靠近水源的土地作苗圃地。凡低洼积水、地下水位过高、易患斑马纹病及前作是该病寄主（如烟草、茄子、番薯和葛藤等）的土地，恶草丛生地，均不宜选用。苗圃地一般不宜连作，疏植苗圃还要靠近定植区和交通方便的地方。

2. 苗圃设计

合理修建排水渠、主支干道路，标准苗床一般长 10m，宽 1.0～1.4m，畦高 15～20cm，床间距离 80cm。苗圃地的规模一般占定植面积 20％左右。

3. 苗圃整地

在育苗前整好土地，要求三犁三耙，耕深 25cm 以上，做到土块细碎，土地平整，除净恶草。每标准苗床密植苗圃基肥量施腐熟有机肥 150～200kg，疏植苗圃基肥量为 300～400kg、过磷酸钙或钙镁磷肥 2.5kg、氯化钾 2.5kg、石灰粉 2.5kg。

4. 密植苗圃的建立和管理

珠芽应选正常开花（指麻株周期展叶 500 片叶以上，定植后 10 年以上开花）、健壮、无刺、无病虫害麻株 8～10cm 高的珠芽，然后按大小分级，分床培育。种植株行距为 15cm×20cm。

种植初期加强淋水，保持苗床湿润。小苗发根后进行追肥，每标准苗床施尿素 0.25kg、氯化钾 0.5kg 加入稀粪水 50kg 后施用。

5. 疏植苗圃的建立和管理

3～5 月份从密植苗圃中选用高 20～25cm 的无病壮苗，按标准苗床双行育苗，株行距 50cm×50cm，每床 40 株，或三行育苗，每床 60 株。

移植时要淋水，保持湿润至幼苗恢复生机；注意除草松土，经常保持苗床无杂草，土壤疏松；幼苗恢复生机后进行追肥，主要施氮钾肥，入冬前追施钾肥 1 次，提高抗寒力，冬季不施氮肥。适当覆盖，以保水保肥抑制杂草生长，减少除草次数。

疏植苗经培育 1.0～1.5 年，要求有 95% 以上达到出圃标准。

（四）合理密植

剑麻定植的密度要根据土壤肥力、管理水平而定，一般土壤肥力、管理水平较高，可适当种疏些，土壤肥力、管理水平较低，可适当种密些。一般每亩种植 250～300 株，最多的达到 330 株。剑麻种植多采用双行单株种植，大行距为 3.3～3.5m，小行距 1～1.2m，株距为 0.9～1m。

（五）适时定植，保证定植质量

剑麻虽然一年四季均可定植，但为了定植当年多长叶和预防斑马纹病的发生，定植剑麻一般在 3～4 月份较好。

剑麻起苗后，要切除老根或部分老茎，保留老茎 1～1.5cm，原则上不修叶，必要时只修除干叶，起、运苗时不要伤叶片、叶轴和麻头，起苗后要及时分级、运输、种植。

定植必须拉线定植，种苗要按大小严格分级分区种植，种植深度以覆土不超过麻茎绿白交界处 1cm 为宜，定植时勿使泥土壅入叶轴基部，避免麻头接触肥料，覆土稍压实，不得下陷，种植时做到"浅、稳、正、齐"。种植后约 10～15d 要进行检查，如有不稳要扶正，有缺株要补齐，发现病苗、弱苗要及时更换。

（六）科学施肥

1. 施足基肥

剑麻定植后 10 年以上才开花、淘汰更新，营养生长期长，长叶数多，需要养分多，而且每年割叶又带走养分，地力消耗大。

据有关资料，每收割 5000kg 鲜叶片带走的养分：N 4.92kg、P_2O_5 1.82kg、K_2O 10.66kg、Ca 19.9kg、Mg 4.7kg。

施足基肥，创造一个松、软、肥的土壤环境，满足剑麻植株生长的养分需要，为高产、稳产打下基础。

基肥以有机肥为主，适当加磷、钾、钙肥，每亩施优质有机肥 4000～5000kg、过磷酸钙或钙镁磷肥 35～45kg，氯化钾肥 30～45kg，石灰粉 100～150kg。施基肥最好采用穴施方法，穴长宽各 40cm，深 25～30cm，把混合均匀的肥料施入穴后覆土起畦，畦高 20～25cm。

2. 科学追肥

（1）未开割麻田施肥　选择在春季施肥，定植后第二年起每年施肥 1 次，每年每亩施有机肥 3000~5000kg、尿素 30~45kg、过磷酸钙或钙镁磷肥 30~45kg、氯化钾 30~45kg、石灰 75~150kg、硼砂 1~1.2kg。施肥方法在离茎基部 30~50cm 处挖长宽 40~50cm、深25~30cm 穴施，施肥后要覆土 10~15cm。

（2）开割麻田施肥　开割麻田施肥除需补充割叶带走的养分外，还需提供每年生长叶片所需的养分。一般（每亩每年）追施优质有机肥 2000~3000kg，尿素 30~50kg，钙镁磷45~70kg，氯化钾 45~50kg，石灰 600~800kg，硼砂 1~1.2kg，施肥时间一般在 3~5 月份进行。

以沟施为主，在大行间开沟，单双沟交叉隔年轮换，沟宽 40~50cm，深 30~40cm，施肥位置应逐年更换。

（七）中耕除草

山地剑麻田杂草生长快，特别是 4~8 月份的高温多雨季节，杂草生长特别旺盛，直接与剑麻争肥，如不及时除草灭荒，很快会荫蔽麻苗，严重影响剑麻正常生长。

幼苗期主要以除草为主，一年要除草 2~3 次；开割麻一年要除草 1~2 次。人工除草成本较高，最好使用除草剂除草，可采用蔗草灭、二甲四氯钠等除草剂，一年喷 2 次基本上可以控制草害，大大节约成本，提高劳动生产率。

剑麻属于好气性、浅根性、一年生根的作物。通过中耕松土断根，可以保持土壤疏松，通气好，有利于根系的生长发达，提高根系吸收养分的能力。每年冬季的 12 月至 2 月前，可在剑麻叶片滴水线下进行全园中耕松土，中耕深度 25cm 左右。

培土的主要目的是增加土层，改良土壤，保持土壤疏松，有利根群发达。开割麻培土最好结合压青进行，培土一般以麻根不裸露、小行畦不积水，畦面明显高出地面为宜。

此外，新植 1~2 年的幼龄苗要进行割脚叶、扒残叶和清除老叶，以减少其对养分和水分的消耗，促进剑麻生长。

（八）制定剑麻合理割叶制度

割叶制度内容包括开割标准、割叶周期和割叶强度等三个主要内容。

1. 开割标准

剑麻开割标准是指定植后第一次割叶的时间。第一次割叶对剑麻生长的影响较大，如果是 3~5 月定植的，一般情况下定植后 2~2.5 年，从剑麻植株生长势看，种植后第 3 年叶片达到 100 片、叶长 100cm 便进行第一次割叶。

2. 割叶周期

割叶周期也是割叶频率，是指后一次割叶与前一次割叶相隔的时间。割叶周期在一般栽培管理条件下，一年割叶一次。

适宜割叶时间，以冬季割叶最好，因为割叶后约有 20d 左右停止生长，冬季叶片生长速度慢，冬季割叶对来年剑麻产量影响小。另外还要注意：雨季少割叶、雨天严禁割叶、旱季多割叶以及有病麻田割叶要用另外一把刀割，割后用石灰水进行刀口消毒。

3. 割叶强度

割叶强度是指每一次割下叶片的数量。一般要求第一次开割后留叶 50~55 片，以后各年随麻株年龄有所不同，留叶的数量不同，但留叶不能少于 50 片，多者可以留叶 70片。生产上可以以麻茎大头线为标准，割叶时将麻茎大头线以下的叶片全割，麻茎大头线以上（含大头线）的叶片全留下。凡割叶超麻茎大头线以上的为强割，会造成来年剑麻减产。

（九）剑麻估产

1. 选样

在估产麻田的中部和距四个角约 20 株处选 5 个样区，在每个样区中选有代表性 5 株，共 25 株。

2. 计算单株叶片数

数出每样株从麻头向上的叶片轮数，乘以剑麻叶序数 13（剑麻每轮叶片为 13 片），得出该样株的单株中片数：

$$该样株单株叶片数＝该样株叶片轮数×叶片序数 \qquad (9\text{-}1)$$

例如：从估产麻田某样株中数得叶片轮数为 8，代入算式（9-1），得 $8×13＝104$，即该样株的叶片数为 104 片，然后再计算 25 株样株叶片的平均数。

3. 决定留叶数和可割叶片数

当剑麻已达割叶标准，第一刀一般割叶 50 片。依上例，每株可割 4 轮，每轮 13 片，共 52 片，留叶 52 片，共 104 片。

4. 计算单株鲜叶重

算式如下：

$$单株鲜叶重＝拟割叶片数×单叶平均重 \qquad (9\text{-}2)$$

在 5 个样区中各选具有代表性的样本 3 株或 5 株，依上例中每株由下而上割 4 轮，每轮割一片，共 4 片，割后分别称重，求得每样区单叶平均重，如上例中，单叶平均重为 0.4kg，拟割叶片数为 52 片，代入算式（9-2），得：$52×0.4kg＝20.8kg$，即单株鲜叶重为 20.8kg。

5. 计算每亩鲜叶重

算式如下：

$$每亩鲜叶重＝每亩植株数×单株鲜叶重 \qquad (9\text{-}3)$$

依上例，估产麻田每亩种植 250 株，已知单株可割鲜叶重为 20.8kg，代入算式（9-3），得：$250×20.8kg＝5200kg$，即亩产鲜叶重为 5200kg。

预测产量，是编写加工计划、准备或购置加工设备重要的参考。

（十）剑麻田更新

栽培剑麻的目的，是获取叶片中硬质纤维，当剑麻停止分化叶片，从营养生长转向生殖生长，生产上就不再有收获。因此，当剑麻田里植株开花达到总株数的 50% 左右时，就要进行更新。

一般在年终对下年度拟更新的剑麻田进行调查、鉴定，做出更新计划。剑麻于每年 3～5 月份抽轴开花，淘汰老剑麻的作业适宜在每年的 11 月份后至次年 6 月份（即雨季到来之前）进行。

复习思考题

1. 简述黄麻生长期划分、各时期的生长特点以及栽培主攻方向。
2. 简述南方生产的黄麻种子，引种到北方地区种植，能够提高黄麻纤维产量的主要原因。
3. 简述黄麻育苗移栽的优点与方法。
4. 简述黄麻笨麻的形成及防止措施。

5. 简述黄麻的施肥技术。

6. 简述陆地湿润脱胶方法。

7. 简述提高黄麻留种质量。

8. 简述剑麻壮苗的标准和珠芽繁殖的方法。

9. 简述剑麻的施肥技术。

10. 简述剑麻合理的割叶制度。

参 考 文 献

[1] 杨文钰、屠乃美. 作物栽培学各论（南方本）. 中国农业出版社，2003.

[2] 吴健华. 梧州市冬种马铃薯稻草覆盖免耕栽培技术试验研究综述. 广西农业科学，2009，04：645-649.

[3] 李济宸、李群. 我国马铃薯产业现状、问题及发展对策. 科学种养，2009，07：4-5.

第十章 烟 草

>>> **知识目标**

① 了解烟草种类、生产概况，掌握烟草高产优质的一些技术措施。

② 理解烟草的生物学特征，为烟草的高产稳产栽培奠定基础。

能力目标

① 掌握烟草育苗、移栽、大田管理、采收、分级的关键技术。

② 了解烤烟制作工艺及调控的关键技术。

第一节 概 述

一、烟草生产的意义

烟草是我国重要的经济作物之一，栽培烟草的目的主要是收获其叶片，供工业上加工各种烟制品：卷烟、雪茄烟、斗烟、旱烟、水烟、嚼烟和鼻烟等。除嚼烟和鼻烟外，烟制品均以燃烧方式吸用（燃吸），这是烟草和其他农作物产品的一个明显不同之处。由于烟叶中的特殊成分烟碱有刺激人的神经中枢、使人兴奋的作用，故吸烟还有"提神醒脑"之效。据有关资料统计，当今世界上有 15 亿左右的人吸烟，约占世界总人口的 1/4。我国 13 亿多人口中，吸烟人数约为 3.4 亿。烟草的使用范围极广，从品质较差的烟叶或烟末碎屑中提取烟碱，可以作为许多农作物害虫和家畜皮肤寄生虫的杀虫剂；烟叶中含有柠檬酸和苹果酸，提取这两种有机酸，可用于糖果食品及其他工业。烟籽含油量丰富，可供食用、制皂或其他工业用途。烟茎含纤维素 38%～45%，纤维质量好，且易于提取和加工，既可用于制造纤维板、造纸；烟茎含氮 2.05%～3.5%，含磷 0.5%～0.8%，含钾 3%～5.5%，含镁 0.12%，微量元素的含量也很丰富，经适当处理，可制作极好的烟用特征元素肥料。烟草打顶弃去的花蕾含有丰富的香精香料，是天然植物香源之一，经提取可作为极好的烟用香精香料。据报道，从花蕾中提取香料已形成白肋烟花蕾香膏、烤烟花蕾香膏和白肋烟浸膏等"三膏"产品，并已在卷烟加香中应用。这不仅是对烟草资源的充分利用，还可使烟农每公顷增收 300～450 元。烟碱和茄尼醇均为重要的化工和医药原料，具有广泛的用途。烟草未成熟鲜叶中的蛋白质，无论是数量还是质量都远远超过大豆。据估算，在特殊栽培条件下，$1hm^2$ 烟草可提取 3.5t 蛋白质，而大豆只能产 0.8t。烟叶蛋白质的营养价值高于牛奶，其蛋白质结晶体加水搅拌，可变成鸡蛋清一样的糊状液体，可制成精美的糕点，点上卤可变成白嫩的豆腐，在冰冻条件下可制成松软的奶油。烟草蛋白质既可供人类利用，也可用作动物蛋白质的供给源——饲料，代替大豆粉和鱼粉。有理由相信，即使将来不吸烟、不造烟，烟草仍会以其他形式的产品走进我们的生活，走进千家万户。

20 世纪 20 年代以后，以烟草为工具的化学研究获得了丰富的成果和资料。先前的研究涉及植物营养，尤其是微量元素和少量元素，这些研究结果后来被应用于玉米和其他几种作物。20 世纪 30 年代末，对烟草的化学组成和烟叶调制、发酵、醇化期间的化学变化及烟气质量与烟叶化学、物理性质的关系等，进行了广泛深入的研究，并取得大量成果。20 世纪 40 年代末，烟草普通花叶病课题的研究导致了病毒学的发展，同时也促进了病原体-宿主植物关系学的深入发展。另一项著名的鲜烟叶中的一级蛋白质研究，为分子生物学的发展铺平了道路。20 世纪 50 年代，分子生物学扩展到生理学、遗传学、植物化学及其他生物学领域，并于 20 世纪 70 年代形成热潮。正是通过这些研究，人们才得以了解蛋白质在光合和光呼吸中的作用，并确定出我们的商品烟叶从何而生。也正是通过这些研究，人们才发现了烟草具有生产食品和药品的潜力。20 世纪 50 年代，以烟草为工具的研究已涉及植物学领域的各个方面——遗传学、细胞学、育种学、分类学、形态学、生理学、营养学、有机物代谢等，而且这些研究结果被广泛用于其他作物，如营养缺乏、培育抗病品种、微量元素、生长调节和空气污染等。总之，以烟草为工具进行的基础理论和尖端研究，为植物科学的发展建立了一个又一个的里程碑。这或许是烟草在过去 500 年间对文明社会最重要的贡献。

在生物技术领域，准性杂交、遗传物质引入植物细胞、抗病、抗病毒和抗逆境等研究均已证明，烟草是一种理想的工具，几乎不受任何限制。目前，人们已经具备了利用基因组合的烟草植株（即转基因植株）生产药品和工业用蛋白质的能力。这意味着未来的烟草除作为一种较安全的燃吸材料外，还可以用烟草或烟草细胞培养物生产高价值的药品、化学品和食品。随着生物技术的发展，烟草植株将会被改造成为"植物工厂"，生产包括药品和疫苗在内的各种各样的新物质；也可用烟草固定氮、提高光合效率以及作为污染物指示物等。唯一限制的可能是人们自己的想象。

二、烟草生产概况

（一）我国烟草生产发展历史

烟草自传入我国之后，到了 18 世纪，分布已相当普遍，到了 19 世纪，有些名烟已在市场上成为商品流通，但当时都是晾晒烟叶及其制品。19 世纪以来，随着帝国主义对华扩大经济侵略，英国、美国帝国主义与我国封建势力相勾结，垄断我国的烟草市场，倾销卷烟，排斥晒烟。抗日战争胜利后，帝国主义又与国民党互相勾结，除对烟草生产摧残外，还大量输入卷烟成品和烟叶，仅在 1946 年 7 月从美国进口卷烟就相当于上海全部烟厂生产总量的 1/4，1947 年输入烟叶 18500 余万千克，致使我国的烟草生产大大下降，卷烟企业也连续倒闭。1949 年全国烟叶面积由 1936 年的 53 万公顷（其中晒烟占 80% 以上）下降到 17 万公顷，其中全国烤烟（种植面积）仅 6 万公顷，单产只有 47kg。目前，世界有 120 个以上的国家种植烟草，近年来，世界年烟叶总产量保持在 600 万～800 万吨左右，我国约占 30% 左右，位居世界首位。世界六大烟叶生产国依次是：中国、印度、巴西、美国、印度尼西亚、马拉维。

（二）我国烟草生产现状

新中国成立后，我国烟草得到迅速的发展。到 20 世纪 50 年代中期，烟草总种植面积已达到 53 万公顷以上，其中晾晒烟约 20 万公顷，烤烟 33 万公顷以上。以后烤烟发展较快，到 20 世纪 70 年代中期，全国烟草种植面积已达 73 万公顷以上，其中烤烟面积就占 53 万公顷左右。1976 年全国烤烟面积 61 万公顷，总产 100700 万千克，总面积和总产量均跃居世界第一位。近 20 年来，我国的烟草事业和科技进展显著，全国烤烟种植面积已达到 130 万公顷，单产稳定在 1800～2000kg/hm²；成为世界烤烟种植面积最大、产量最高的国家。我国种植的烟叶类型较多，主要有：烤烟、白肋烟、晒烟和香料烟，其中烤烟量最大，产量占到烟叶总产量的 80% 以上。我国也是世界烟叶年消耗量最多的国家和世界烟叶出口量较多的国家之一。相对来说，中国烟叶进口量较小，近几年，每年约进口烟叶 1.3 万吨左右，进口的品种主要为烤烟、白肋烟和香料烟，其中以烤烟量最大，约占进口总量的 80%。我国烟叶生产的主要成就有：①烤烟产量已能满足国内卷烟生产需要；②烤烟品质明显提高，优质烟叶比例增高；③新类型烟草引种成功，建立了生产基地；④栽培调制技术的进展。

三、烟草栽培的现状与展望

（一）烟草栽培的现状

据统计，2003 年全国种植烤烟种植面积 96 万公顷，收购量 331 万千克，是世界上最大的烟草生产国。但是我国的烟叶质量水平与美国、巴西和津巴布韦等世界优质烟叶生产国相比，依然存在着一定的差距，除土壤、气候条件和栽培调制技术等外，病虫害防治技术的差距也是制约我国烟草农业发展和优质烟叶生产的重要因素之一。烟草幼苗期、大田生长期、到干烟叶调制和卷烟制品的贮存等过程中，随时都可能受到很多病虫害不同程度的侵染与危害，致使烟叶及其制品产量降低，品质下降，造成重大的经济损失。目前烟草病虫害的防治仍以化学防治为主；农业防治由于受原料服从配方要求、粮烟争地的矛盾以及生态条件等影响，从品种布局、轮作及施肥等方面防治烟草病虫害受到严重的限制；生物防治经过大量的研究已开发研制和发现出许多生物防治剂和天敌，但多数仅在室内和室外小面积试验，其防治效果受环境条件影响较大，因此大面积应用到大田还有待于进一步研究。化学防治存在许多问题：①烟农使用农药的盲目性，烟农只要看到病虫害，不管其发生数量是否达到防治指标，便使用农药；②长期或过量使用单一农药，导致病虫害产生抗药性；③高效、低毒、低残留的农药种类较少；④化学农药占主导地位，生物农药甚少。因此合理使用农药是化学防治的重点。

（二）烟草栽培的展望

（1）分子生物学技术在病虫害的种类鉴定和遗传种群关系分析中的应用将更为广泛。传统的分类方法只能鉴定出病虫害的种类来，而不能鉴定其亚种、专化型、生理小种及致病类型，更不能对遗传种群关系进行分析。现代分子生物学技术不仅能对病虫害的专化型、生理小种及致病类型进行划分，而且能揭示病虫害群体的结构、多态性、变异、群体内遗传分化等特征，从而为制订有效的防治措施和抗病育种提供有力的理论依据。

（2）信息技术、计算机技术和遥感技术使病虫害预测预报系统更加及时与准确。利用全球定位、地球信息和遥感等技术对烟草病虫害的发生及其相关因素的多年数据进行定点采集与测定，并进行统计分析后建立数学模型，根据模型中病虫害种类和气象因素的变化趋势，从而可以预测和确定病虫害防治的最佳时期。加之网络计算机技术的应用使预测预报数据的传递更加迅速。

（3）高效、低毒、低残留的生物农药兼肥用制剂是未来烟草植保发展的新亮点之一。生物农药有三种类型：微生物农药、植物源农药和生化农药。利用昆虫性信息素和生长调节剂等生化农药诱捕虫害是防治植物虫害的重要无公害措施。另外在微生物农药中加入一些微量元素，这些微量元素能起到催化作用，使微生物农药发挥更强的效果，而且也能促进植物的生长和提高其抗病性。因此综上所述未来的生物农药可能代替化学药剂，朝着高效化、安全化、作用机制多样化和科学化方向发展。

（4）利用生物多样性防治烟草病虫害将成为烟草走可持续发展道路的重要举措。生物多样性包括生态多样性、物种多样性和遗传多样性。在病虫害的不同流行区种植不同抗病基因的品种或者在同一流行区布局多个抗病品种，实现生物多样性，从而防治病虫害的发生与流行已经成为控制病虫害的有效方法。烟草抗病虫育种的迅速发展，为实现生物多样性控制烟草病虫害提供丰富的物种资源。

（5）科学配方施肥，提高烟叶含钾量，增强烟草抗病虫性，是提高烟草抗性的重要措施之一。科学配方施肥不仅可增强农作物的抗病性，而且还能提高其产量与品质。据调查研究表明，烟草叶斑类病害的发生与氮肥用量关系密切。由于烟田施用氮肥过量，烟叶生长过旺，烟叶中总氮和蛋白质含量增高，总糖和还原糖含量降低，故适宜烟草野火病、角斑病、赤星病和蛙眼病等叶斑病害的侵染危害。烟草有钾素作物之称，在其生长发育过程中对钾素需求量较大。钾有利于烤烟厚壁细胞木质化、厚角组织细胞加厚和纤维素增加，从而有效地阻碍病原菌的侵染和害虫的侵入；当烟株缺钾或氮过多时，烟株体内氨基酸和单糖含量较高，为病原菌的繁育提供营养条件；所以提高烟叶含钾量，无论是现在还是未来都是提高烟草抗性的重要措施之一。

第二节　烟草的生物学基础

一、植物学特征

我国的烤烟、晒烟和晾烟绝大多数属于普通烟草，只有花色呈黄色的烟草属于黄花种。还有少数种如异香烟草、美花烟草和香花烟草等，因其花色美丽作为观赏植物栽培。烟草是多年生植物，在120～130d的大田生育期中，生长成为比种子大3000万倍的庞大植株，平均每小时增长约为种子的万倍。烟草株高叶大，需水肥很多。

（一）根

烟草的根属直根系，由主根、侧根和不定根三部分组成。烟草种子由种皮、胚和胚乳三部分组成。在适宜的温度、湿度和气体交换条件下，种子吸收水分开始萌动，胚根突破种皮伸长出来，即向地弯曲并垂直向下生长，就形成了主根。主根入土之后可以不断地形成侧根，侧根起源于中柱鞘，在根毛区的上部开始出现。不定根是由移栽时埋于土层下方的茎上产生的，数量充足但分布较浅。在幼苗生长的中后期，根系水平生长速度大于垂直生长，7叶期比5叶期根深增长了1.5倍，水平生长增长了1.8倍；9叶期比5叶期根深增长了1.6倍，而水平生长增长了2.6倍。烟苗移栽到大田后，由于主根被切断，主根停止伸长，侧根大量发生，活力很强。在适宜条件下，移栽后15～20d，根深可达20～25cm，开花时可达80～100cm，收获时可达150cm。

（二）茎

种子萌发时，胚芽就开始分化为顶芽，随着烟草个体的生长，顶芽体积不断增大，一方面是幼芽细胞的数目增多，另一方面是顶芽生长点的直径增大，逐渐形成了完善的生长锥。茎是连接根系，支持叶、花、果实，运输水分和养料的主要器官，因而是营养器官中的一个重要组成部分。茎的粗细，也因品种和栽培条件而不同。栽培条件好，则茎就比较粗。香料烟的茎比较细，黄花烟的茎较短。一般同一品种的不同植株，茎的粗细与叶片大小呈正比例。

（三）叶

烟草的叶是没有托叶的不完全叶，有的品种有叶柄，有的品种则无叶柄。普通烟草的品种一般没有叶柄，个别品种有叶柄。叶片中间有一条主脉，俗称"烟筋"或"烟梗"，主脉两侧有侧脉9～12对。叶片的大小与厚度，因类型和品种不同差别很大，即同一品种也因着生部位、肥力和光照条件的不同而有明显变化。

（四）花

烟草的花是两性完全花，萼片5片，合萼；花瓣5片，管状花冠；雄蕊5枚；雌蕊1枚，2心皮、子房2室。花的颜色和大小是烟草不同种的特征之一。烟草从现蕾到花凋谢，可以分成现蕾、含蕾、花始开、花盛开、凋谢五个阶段。现蕾期是在花序中部开始出现花蕾；含蕾期就是从花冠伸长到最大限度这一段，但是前端尚未裂开；花始开期为花冠前端开裂有缝；花盛开期为花冠开裂成平面；凋谢期为自花冠枯黄至脱落。烟草是闭合授粉植物，天然杂交率只有1%～3%，在花冠开放前其顶端已呈红色时，花药裂开，花粉已落在柱头上，因此在花冠开裂前，一般已经授粉，所以在做杂交去雄时，应在花冠呈微红色时进行。

（五）果实

烟草的果实为蒴果，在烟草开花后25～30d，果实逐渐成熟。蒴果长卵圆形，上端稍尖，略近圆锥形。果皮甚薄、革质，相当坚韧，外果皮和中果皮由4～5层圆形薄壁细胞构成。幼嫩时果皮细胞内含有叶绿体，可进行光合作用。果实成熟时，果皮外部干枯成膜质。内果皮由3～4层扁长方形细胞组成，细胞壁木质化加厚，因此成熟的果实相当坚韧。

（六）种子

烟草的种子一般为黄褐色，形态不一，由圆形到椭圆形，表面具有不规则的凸凹不平的花纹。烟草种子很小，普通烟草的种子长0.35～0.60mm，宽0.25～0.35mm。1g种子有10000～13000粒，千粒重为6～26mg，一株烤烟能产生种子12～15g，大约有150000粒种子，每亩可收种子8～10kg。

二、烟草生长发育与环境条件

（一）环境条件对烟苗生长的影响

影响烟草生长的环境因素很多，主要是光照、温度、水分、土壤及矿质营养。

1. 温度

烟苗正常生长要求适宜的苗床温度。在平均温度25～28℃、光线弱、湿度大的条件下，生长极为迅速，往往造成徒长。徒长的烟苗节间细长，组织疏松，抗逆力差，移栽后还苗慢，但烟苗的素质良好，发根快，移栽成活率高。若温度低于10℃则生长迟滞。

2. 光照

烟苗出土后，开始光合作用制造有机物质，以供自身的需要。如果光照不足，则引起幼苗组织柔嫩，形成高脚苗，根系生长也受到抑制。反之强烈的直射光，紫外线较多，甚至造成"日灼"伤害。我国许多地方，在苗床前期覆盖松枝或搭棚进行遮荫，其原因就在于此。

3. 水分

烟草从出苗到十字期，根系弱小，即使短期的干旱，也会给幼苗带来极大的伤害，甚至导致死亡，因此苗床应保持湿润状态。从两片真叶到五片真叶，地上部分生长缓慢，为了促进根系发育，应适当控制水分，为后期地上部分的旺盛生长打下良好的基础。从五片真叶到成苗，在幼苗根系基本形成和逐渐壮大的基础上，叶和茎开始旺盛生长，幼苗的新陈代谢增强，蒸腾量增大，需水量增多，必须及时供给水分。但若水分供应过多，将引起幼苗徒长，造成苗嫩苗弱。相反，适当的短期干旱，便于促进根系的发育。

4. 矿质营养

春烟从出苗到2～3片真叶，单株干重仅为4.3mg，对肥料的吸收量很少。到7～8片真叶时，单株干重迅速增加，比以前增长近 100 倍，对三要素的吸收也迅速上升。在此期间，吸收氮占苗期的 29.84%，磷占苗期 24.96%，钾占苗期的 20.91%。8～10 片真叶已属成苗，单株干重又比前期增长 2～3 倍，苗期需肥量以此期为最大，不到半个月时间，氮、磷、钾的吸收量即占苗期的 68.37%、72.76% 和 76.7%。由此可见，烟草幼苗在十字期以前需肥量很少，十字期以后则逐渐上升，尤以移栽前半个月需肥量为最大。

（二）环境条件对大田期烟草生长发育的影响

环境条件与大田期烟草生长发育的关系牵涉的方面较多，现仅就气候和土壤等自然因素加以讨论。

1. 光照

烟草是喜光作物，只有在充足的光照条件下才有利于光合作用，提高产量和品质。如果光照不足，表现在叶片形态上是细胞分裂慢，倾向于细胞延长和细胞间隙加大，特别是机械组织发育很差，植株生长纤弱，速度缓慢，干物质积累也相应减慢，致使叶片大而薄，内在品质差。另一方面，在强烈日光照射下的烟叶，表现在叶片形态上有较多的栅栏组织细胞，且较大而长，同时栅栏组织和海绵组织的细胞壁均加厚，机械组织发达，主脉突出，叶肉变厚，常称为"粗筋暴叶"。另外，叶片烟碱含量过高，影响品质。在一般生产情况下，烟草在大田的生长期间日照最好达到 500～700h，日照百分率达到 40% 以上，收烤期间日照最好达到 280～300h，日照百分率达到 30% 以上，才能生产出优质烟叶；大田日照时数在 200h 以下，日照百分率在 25% 以下，采收期间日照时数在 100h 以下，日照百分率在 20% 以下，烟叶的品质较差。日照时间越长，越有利于叶内有机物质的积累，在热量不足的地区，用延长日照时间弥补是可行的。光照对烟草生长的影响不仅在于强度和波长，还在于光照时间的长短。

2. 温度

移栽初期（1～4 周）的低温会影响根系的延伸；在接下来的关键四周（5～8 周）里，对烤烟来讲，最低气温为 18～22℃，最高气温为 28～32℃。对所有的烟草类型来讲，低于 13℃ 的气温是不理想的，尤其是在湿度较大的天气；当平均气温在 27℃ 左右并有充足的阳光时，烟草在移栽后 80～90d 就可达到成熟；在气温较低时，则需要 120d。烟草在大田生长期最适温度为 22～28℃，最低 10～13℃，最高温度 35℃，高于 35℃ 时，生长虽不会完全停止，但生长受到抑制。同时，在高温条件下烟碱含量也会增高，而影响品质。在日平均温度低于 17℃ 时，植株的生长也显著受阻，降低对病害的抵抗能力。在温度降低到 2～3℃ 时，会使植株死亡。因此，在烟草移栽时，10cm 地温必须达到 10℃ 以上，并有稳步上升的趋势。烟草为了完成自己的生命周期，需要一定的积温。烟草苗床期大于 10℃ 的活动积温为 950～1100℃，有效积温为 350～450℃，从移栽到成熟大于 10℃ 的活动积温为 2200～2600℃。烟草的经济器官是叶片，它既是有机物质的制造器官，也是贮藏器官，所以就叶片的生长发育来说，昼夜温差较大，有利于加强同化物质向根、茎等器官运输，对植物体的生长发育有利。

3. 土壤

土壤的砂黏程度一般以表土疏松而心土又略较紧实的土壤较为适宜。这样的土壤既有保水保肥能力，又有一定的排水通气性能，适宜于烟草的生长发育，利于烟草的前、中期生长而后期又能够适时落黄，产量和品质均好。质地黏重，排水、通气性差，地温不宜上升，养分供应迟缓，烟株前、中期生长缓慢，成熟较为迟。砂性土壤抗涝而不抗旱，保水保肥能力差，烟草在前、中期尚能正常生长，后期易出现脱肥现象，产量低，叶片薄而色淡。土壤肥力的高低，对烟草产量和品质有很大的影响，烤烟要求土壤有机质含量适中的土壤，白肋烟要求肥沃的土壤，香料烟则要求贫瘠的土壤且氮素含量水平较低。在有机质含量和土壤肥力水平过高的土壤上种植烤烟，所生产的烟叶主脉粗、叶片肥厚，烟碱和蛋白质等含氮物质增高，色泽较差，品质不良。反之，土壤肥力过低，由于营养缺乏，烟株生长势弱，植株矮小，叶小而薄，产量和品质均差。土壤 pH 值在 5.5～5.8 时都可顺利生长，但最适宜的土壤酸碱度为弱酸至中性，即 5.5～7.0。根际 pH 值主要通过影响根系生长和土壤中的养分状态、数量及其有效性两个方面制约烟草的生长发育、产量及品质。我国烤烟区的土壤，由于灌溉和施肥等问题，近年来土壤 pH 值偏高，只有云南、贵州的大部分土壤和黄淮烟区的少数土壤，pH 值低于 7，北方烟区 pH 值在 8.0 以上的土壤尚不在少数。

4. 地势

地势的高低对烤烟的生长发育和产量、品质有密切的关系，这主要是地势对土壤的空气、水分、温度、养分含量和气候条件产生影响。在山麓和丘陵地区，地势较高，排水良好，地下水位较低，而且土壤速效氮含量一般较低，含钾量较高，有利于烟草的生长。

5. 降雨量

烟草大田生长期间降雨量的多少与分布情况，直接影响到烟叶的产量和品质。当一块烟田淹水 4h 时，这块烟田就会受到伤害；如果淹水 48h，产量就会下降 15％。如果雨量分布均匀，温度和其他条件又比较合适，烟叶生长良好，叶片组织疏松，氮化物含量较低，叶脉较细，调制后色泽金黄、橘黄。不同类型的烟草要求降雨量差别较大，在生产香料烟的地方，大田生长期间降水量少于 200mm，所产烟叶浓郁芳香，因而称为香料烟。烤烟的需水量较大，在充足的雨量条件下，形成的烟叶组织疏松，叶脉较细，这些特征对品质的提高是有利的。

6. 风、霜、雹

栽培烟草的目的是要得到完整无损的叶片。由于烟草植株高大，叶片大而柔嫩，5 级以上大风对烟草危害很大，尤其是接近成熟的烟叶，受了风灾，叶片互相摩擦，发生伤斑，其产量和品质就会受到严重影响，初期呈现浓绿色后又转为红褐色，直到最后干枯脱落。一般植株上部叶片受害较为严重，受害的叶片，一般称之为"风摩"。有些地区，在生长期间的干热风，风力虽然不大，但空气干燥，影响烟叶生长。冰雹对烟叶的危害性很大，一经发生，使烟叶出现大量残伤破损，降低等级。严重时，叶片严重脱落，只能留杈烟，以减少损失。霜冻也是应当注意的问题，烟草不仅幼苗怕霜冻，成熟的叶片受到霜冻也严重影响品质。受霜冻的烟叶从叶尖开始，初呈现水渍状，以后变为褐色，品质明显下降。所以烟草应适时移栽，尽可能在早霜到来前采收烘烤结束。

第三节　烟草产量与质量

烟草是一种叶用经济作物，也是嗜好类作物，烟草的产量与品质具有同等的重要性。在一定产量条件下，产量和品质可以平衡发展，同时提高。但是当产量超过一定限度，则品质呈几何级数下降，与产量呈明显的负相关。

一、烟叶的化学成分

烟叶中主要化学成分的含量及其比值，在很大程度上确定了烟叶及其制品的烟气特性，因而直接影响着烟叶品质的优劣。烟叶的化学成分十分复杂，概括起来可以分为如下三大类。

① 非含氮化合物　包括单糖、双糖、淀粉、有机酸、石油醚提取物、萜烯类、多酚类、纤维素和果胶质等。

② 含氮化合物　包括烟碱、氨基酸、蛋白质和叶绿素等。烟碱又称尼古丁，是产生生理强度的物质，含量在 $1.5\%\sim3.5\%$ 为适宜。

③ 矿物质　主要有钾、磷、硫、钙、镁、氯等，它们虽不是烟草的主要成分，但它们对烟草的生长发育、外观品质和内在品质都有重要的作用。尤其钾和氯是影响烟叶燃烧性的主要成分，对烟叶的香气质和香气量的影响很大。

二、烟叶的产量

（一）烟草产量的构成

烤烟的产量，包括生物产量和经济产量两个方面。

生物产量指烟草在整个生长季节中所积累的干物质重量。经济产量指单位土地面积上所收获可用干物质的重量，对烟草来说，也就是烟叶的产量。烟草的产量是由单位土地面积上的株数、单株有效叶面积和单位面积重量所决定的。

① 增加单位面积株数提高产量，在保持单株留叶数不变的情况下，增加单位面积上的株数，产量持续增加。

② 增加单株叶数，提高产量，在保持单位土地面积上的株数不变的情况下，增加单株留叶数，烟叶的产量大幅度提高

③ 增加单叶重提高产量，把单株叶数控制在 $18\sim22$ 片，栽烟密度 18000 株$/hm^2$ 左右，充分利用光照、温度、降雨条件，提高营养水平增加产量是获得烟草优质丰产的重要途径。把单叶面积提高到约 $1000cm^2$，把单叶重提高到 $6\sim10g$，即可获得较为理想的烟叶产量。单叶重小于 $6g$ 的烟叶，叶片色淡片薄；高于 $14g$ 的烟叶叶片厚而粗糙，烟碱含量过高，烟气刺激性大，烟叶质量也是低的。

（二）影响烟叶产量构成的主要因素

1. 品种

不同品种的植物学特征、烟叶的物理性状、叶内化学成分都有相对稳定的遗传性，如单株叶数和叶片形状。多叶型品种的单株叶数较多（如乔庄多叶，单株叶数 50 片左右），但是叶片薄，单位叶面积重很低。少叶型品种单株叶数较少（如 NC89、红花大金元，约留 20 片左右），但是叶片厚，单位叶面积重比较大。一般而论，抗性强，叶数相对较多的品种，可以获得较高的产量。

2. 种植密度

群体密度对烟草产量影响很大。加大种植密度后，由于单位土地面积上株数增加，而使总叶面积有所增加，产量也随之提高。但是密度过大往往导致烟叶品质严重下降，烟叶可用性降低。

3. 水肥条件

烟叶良好的生长需要适宜的水肥条件。为了提高产量而增大水肥供应量，虽然可以使烟株生长旺盛，但容易造成后期烟叶不易落黄成熟，难以调制，烤后烟叶质量低劣。但若水肥跟不上，则影响烟株正常生长，烟叶往往发育不良，致使产量降低，品质也下降。

4. 调制技术

烟叶的潜在产量和优良品质只有通过调制过程方能显现出来，因此，成熟采收、调制方法等，对烟叶产量和品质都有十分显著的影响。要使烟叶优质稳产，在烟田做好水肥调控的

基础上，必须把好调制质量关。

三、烟叶的品质

（一）烟叶外观因素与烟叶品质

（1）成熟度 成熟度是烟叶在田间发育过程中形成质量水平的反映，成熟度好的烟叶颜色均匀一致，叶片正反面颜色差异小，油分足，色度浓，香气质好量足，吃味醇和，杂气和刺激性小。

（2）身份 身份指烟叶的组织构造密度，即叶肉细胞的大小及其排列的疏密程度。通常身份厚的烟叶油分足、香味好，轻质、片薄的烟叶往往色淡、少香无味。

（3）颜色 在烟草的大家族中，叶片的颜色可变性较大。烤烟最佳颜色为橘黄和金黄，而且在贮藏中不褪色。

（4）油分和弹性 油分是指叶片内含有的一种柔润的半流体物质（芳香油和树脂），弹性是指含水量适中的烟叶轻微撕拉时的抗碎能力，即烟叶具有的拉力。

（5）叶片的大小和形状 对烟叶的大小及形状要求因烟草类型而不同。雪茄外包皮叶要求长度适中而宽度较大；香料烟叶长度不宜超过 16cm。

（6）部位 同一烟株上着生部位不同的烟叶，由于光照条件和营养条件以及成熟时环境条件等不同，其物理和化学性状有着明显的差别。在烟叶的分级中，通常把部位这一因素放在首位。一般认为烤烟的腰叶和腰叶偏上部位（上二棚）叶片质量最好。

（7）杂色和破损 带有杂色的烟叶，香气质差量少，杂气增多，刺激性增大。

（二）烟叶的化学成分与烟叶品质

（1）根据外观和物理特性鉴定品质 烟草的物理特性主要指叶片的厚度、叶面密度、单叶重、平衡水含量、填充值、含梗率等。成熟度、油分、身份、叶面结构，叶片的大小和开展程度，是评价某一地区烟叶质量的重要因子。

（2）根据化学成分鉴定品质 由于人们抽吸的烟气是叶片化学成分燃烧时，经过蒸馏、干馏、热解产生的，烟叶的化学成分影响烟气特性，因而化学成分可以作为鉴定烟叶品质的指标。烟叶主要化学成分要有适宜含量，同时，几个主要成分间还要有一个相互协调的比值。一般认为优质烟的总糖含量要求达到 18%～22%，还原糖 16%～18%，还原糖与总糖的比值应≥0.9。总氮含量 1.5%～3.5%，蛋白质 8%～10%，烟碱 1.5%～3.5%，钾 2% 以上，氯 1% 以下，淀粉 4%～5% 以下是比较适宜的范围。其相对比值：总糖/蛋白质以 2～2.5；还原糖/烟碱以 8～12；总氮/烟碱以 1 或略小于 1，钾/氯以大于 4 为宜。

（3）根据评吸结果鉴定品质 由于抽烟时人的口腔和喉部器官接触的是烟气，因此，评吸是鉴定烟叶品质的直接方法。

① 生理强度 泛指劲头，是烟气中的烟碱对人体器官作用时，能够引起兴奋反应的程度。烟气中的烟碱越多，使人感到越有劲，越过瘾。

② 刺激性 是指烟气对口腔、鼻腔和喉部产生的接受程度，烟气对喉部产生的尖刺感或强烈冲击谓之刺激性。

③ 苦味和辣味 苦味是指吸烟时在舌根部觉察到的一种味觉。辣味指的是吸烟时舌尖和喉部引起似灼烧的一种反应。烟气的苦辣味主要取决于烟叶中蛋白质和其他含氮化合物，以及高含量的挥发酸的含量。

④ 香气 主要是指烟叶燃烧之后进入烟气中所表现出来的一种特殊芳香，或令人愉

快的感觉。香气概念的本身包含了质和量两个方面和含义，即通常所说的"香气质好"和"香气量足"。

⑤ 杂气　指的是青杂气、枯焦气、土怪气和地方性杂气。

⑥ 吃味　是烟气反映在口腔内包括酸、甜、苦等味道感觉的总称，是烟气被口腔反映的味感。

⑦ 燃烧性　是所有烟草类型要求质量的共性因素。主要有阴燃持火性：是指烟支点燃后在不抽吸的情况下能够继续燃烧的持久性。燃烧速度、燃烧完全性：是指烟叶内所含物质燃烧充分的程度。燃烧均匀性：是指烟叶及其制品在燃烧时各部分保持均匀的速度，当然以均匀为好，与烟丝的均匀、烟支松紧度有关。灰色和聚结性：灰色以洁白为好，淡灰色次之，黑色最差。优质烟叶在抽吸时燃烧稳定而均匀，保火力强，灰白色、凝聚程度好，不会熄火。

（4）烟叶安全性　随着对吸烟与健康问题讨论的广泛开展，人们越来越关注烟气的有害性问题。评价烟叶质量优劣，仅注意外观性状、化学成分和烟气特性显得不够全面和深入，评吸只能确定烟气对呼吸器官感觉良好与否，尚无法说明烟叶的安全程度。因此，必须借助烟气化学成分鉴定烟叶安全性。主要考虑农药残留、重金属以及烟气中特有的有害物质。

四、烟草产量与品质的关系

（一）产量与品质的矛盾

烟草的产量和质量在一定程度上存在着矛盾。其表现是适当加大密度和增加留叶数，而肥水供应也充足，烟叶的产量有所提高，但品质明显下降。20世纪60～70年代，由于片面追求高产，加大密度和留叶数，大水大肥，这种情况烤的烟黑糟，既不能保证烟叶品质，又不能获得高的产量。纠正这一倾向的初期，烟草生产上又出现了恐肥症，在密度和留叶数正常情况下，水肥欠缺，这种烟叶产量并非很低，但烟叶小而薄，颜色淡，内在化学成分是高碳低氮（还原糖25%左右，烟碱1%左右），品质不佳。与恐肥症相反，在种植少叶型品种、适宜密度、单株留叶18片的情况下，过量施肥以追求高产量和高产值，产量虽然提高了，但是叶大而厚，颜色深，内在化学成分是高氮低碳（烟碱含量在3%以上，还原糖在15%以下），品质仍然不佳。

（二）统一矛盾的主要途径

国内外有关理论和实践也已证明，合理的群体结构是保证烟草质量、获得适宜产量的基础。合理则是既要群体得到较大发展，保证一定的光合面积，获得稳定的烟叶产量，又要使烟株具有一定的营养面积和空间，单株得到健壮生长，单叶重保持在适宜水平。以目前的试验结果看，我国烤烟较适宜的栽培密度以每16500～19500株/hm^2为宜。实践证明，"下部叶阳光充足，上部叶叶片开展，整株叶厚薄适中"是烤烟较好的个体和群体长相，可以作为衡量产质协调程度的指标。

（三）统一产质矛盾的主要措施

烟草的生长发育有较为稳定的遗传特性，但是烟草可塑性强的生育特点，又使得烟草对生长环境具有较强的敏感性。只有把烟草安排在最合适的天地条件下，提供给烟草最适宜的空间和土壤营养水平，才能真正统一烟叶产量与质量的矛盾，获得理想的优质丰产水平。主要技术有实行区域化种植，选用优良品种、栽培、合理施肥、采收和调制技术。

第四节　烟草的栽培技术

一、栽培制度

（一）我国烟草在季节中的分布

1. 春烟

在春季的冬闲地上栽培的烟称为春烟。在北方和南方的部分地区，常称为早烟。南方气温较高，在2月中旬至3月上旬移栽。

2. 夏烟

夏烟是在6月份夏收作物收获后移栽的烟。除春烟外，我国夏烟种植面积较大。夏烟可以提高复种指数，增加小麦播种面积，但由于生长季节较短，自然灾害较多，成熟期气温较低，品质不及春烟。前作若为夏收作物油菜、大麦，烟叶的品质较好一些。

3. 秋烟

秋烟即在秋季移栽的烟。在我国种植面积小，只有福建、台湾和广西有少量的秋烟栽培。

4. 冬烟

冬烟，即秋末及冬初移栽的烟。我国冬烟区主要分布在广西玉林、钦州，广东的湛江、肇庆以及福建的龙岩等地区，以广西玉林地区的面积最大。

（二）烟草的轮作倒茬

1. 连作与轮作

（1）连作　连作是指在同一块土地连年播种同一种作物。烟草是不耐连作的作物，首先表现在连作病害严重发生，再就是由于连作时间过长引起土壤养分严重失调而降低烟叶产量和品质。连作带来的主要问题是烟草病害的严重发生，因为连作为病原菌的寄生与传播提供了有利条件。

（2）轮作　轮作是指在同一地块上于一定年限内有计划、有顺序地轮换种植不同类型的作物。在一年多熟条件下轮作由不同复种方式所组成，称为复种轮作。轮作是作物种植制度中的一项重要内容，是对土地用养结合，增加烟叶和作物产量，提高烟叶品质的有效措施。生产实践证明，在烟区实行定期轮作对改善土壤理化性状和生物学特性，提高土壤肥力和肥效，消除土壤中有毒物质，减轻烟草病虫害和提高烟叶品质具有重要作用，轮作可以提高土壤和光温资源的利用率，解决粮烟争地的矛盾。轮作还可以均衡利用土壤养分，防止土壤营养失调，若在轮作周期中种植豆科作物或绿肥则能显著提高土壤肥力。

2. 烟草轮作中前作的选择

在烟草轮作周期中前作的选择是轮作成败的关键，通常选择烟草前作主要从以下两个方面来考虑：一是前作收获后土壤中氮素的残留量不能过多，否则烟草施肥时氮素用量不易准确控制，直接影响烟叶的产量和品质，因此，烟草不宜种植于施用氮肥较多的作物或豆科作物之后。二是前作与烟草不能有同源病虫害，否则会加重烟草的病害，因此，茄科作物如马铃薯、番茄、辣椒、茄子等及葫芦科作物如南瓜、西瓜等都不能作为烟草的前作。一般来说，禾谷类作物中的谷子、水稻、小麦、大麦、黑麦和油料作物中的芝麻、油菜都是烟草较好的前作，因为这些作物与烟草基本没有同源的病虫害，而且这些作物收获后土壤中氮素残留量较少，接种烟草有利于土壤养分平衡和烟叶品质的提高。

（三）烟草的轮作制度

烟草的轮作制度主要有以下几种。

（1）一年一熟轮作 常见于东北烟区，一般在春烟之后实行冬季休闲，形成三年或四年轮作的一年一熟制。

（2）两年三熟轮作 春烟、小麦或油菜的两年三熟轮作，主要分布在贵州、云南、广东等省。

（3）三年五熟轮作 这种轮作方式在我国春烟区占有很大比例，尤以河南、安徽应用较为普遍。这种四年两头种烟的轮作制度，中间相隔二年。在种烟之前，土地经过冬季休闲，充分熟化，有利于烟草的生长发育。同时轮作的周期也较长，烟草病虫害也较少，与两年三熟有一些共同的优点。

（4）烟稻轮作制 在我国南方如四川、福建、广西、云南、贵州、湖南等烟区，烤烟的前作多为水稻。种稻时灌水成为水田，种烟时排水成为旱田，这种水旱轮作具有以下优点：改善土壤理化性状，提高土壤肥力；减少病虫害和杂草；实现烟粮双丰收。其主要形式有：一年两熟轮作：烤烟→单季中稻或晚稻（湖南）。一年三熟轮作：烤烟→晚稻→蚕豆（云南），烤烟→水稻→苕子（四川），冬烟→早稻→晚稻（广东、广西），冬烟→花生→晚稻（广西）。二年四熟轮作：第一年第二年烤烟→油菜或小麦水稻→蚕豆或小麦（云南）。二年五熟轮作第一年第二年烤烟→晚稻→小麦早稻→晚稻（福建），烤烟→中稻或晚稻春玉米→中稻→绿肥（广西）。

（四）烟草的间作套种

1. 间作

（1）间作的优点：充分利用光能，充分利用土壤肥力，提高单位土地面积的生产效益。

（2）间作的农业技术

① 选好搭配作物 合理选择与烟草相适应的搭配作物品种是间作的关键技术之一，在生态适应性大致相同的前体下，根据特征特性对应互补的原则选择与烟草生态位有差异的作物品种进行间作。其基本原则是一高一矮、一圆一尖、一深一浅、一早一晚和一阴一阳，即两种作物必须在株形、叶形、根系深浅、成熟期早晚和对光照条件的反应等几方面得到协调。烟草是高秆作物，叶大喜光，应选择矮秆耐阴的作物与之搭配。如甘薯与花生是春烟较好的搭配作物，而烟草与玉米间作，则效果较差，因二者都是高秆作物，既影响光能的利用，且遇风时将摩擦损伤烟叶，同时在玉米散粉时，大量花粉粘落烟叶，也影响烟叶的光合作用，从而降低烟叶的品质。

② 间作方式 间作作物的田间组合、空间分布及其相互关系构成了间作的复合群体结构，而间作方式直接影响作物的田间结构配置。两种作物间作时，主要从密度、带宽、幅宽、行数、间距、行距和株距等方面考虑，做到既有利于烟草的生长发育，又不影响另一种作物，充分利用自然资源，提高作物的产量和品质。主要有春烟与甘薯或花生间作、烟草与早稻间作，间作虽然能提高作物产量，增加收益，但烟草是叶用经济作物，对烟叶质量要求较为严格。在间作条件下，搭配作物难免与烟草争夺水分和养分，管理不当时很容易影响烟叶质量。因此，有关烟草合理间作的技术问题仍需要进一步研究。

2. 烟草的套种

烟草套种的主要形式是麦烟套种，小麦套种烟草在不少烟区都存在。与间作一样，套种是粮烟双收的一种种植方式。

（1）麦烟套种的优点 调剂农活，解决粮烟争季节、争劳力的矛盾；充分利用生长季节提高烟叶产量和质量；减轻烟草某些病虫害；提高综合效益。

（2）麦烟套种的农业技术　优良品种是作物高产优质的内在因素，麦烟套种应选用矮秆、早熟、高产的小麦品种；烟草则应选用优质、稳产、抗病性强、耐水肥的品种，麦烟套种烟田在秋作物收获后应及时耕耙，精细整地。按烟草行距 120cm 起垄，垄高 15cm，底宽 70cm，沟宽 50cm，垄体饱满平直。起垄时在垄体内进行烟田施肥，并在垄沟内施入小麦基肥。适时移栽是提高套种烟叶产量和质量的重要措施之一，套种过早时麦烟的共生期延长，影响烟草的前中期生长和烟叶的产量品质；但套种过晚不能充分利用时间，套种的优点不能充分发挥。加强烟田管理是麦烟套种成功的关键。麦烟套种烟田管理的主要措施是中耕培土、追肥浇水和打顶抹杈。

（3）麦烟套种应注意的问题　麦烟套种不是一切都好，在麦烟共生期内存在着麦烟争光、争水、争肥等矛盾，共生期越长，矛盾越突出，如果不注意这些不利因素，不及时采取措施，就会造成不应有的损失。据王玉军等（1998 年）报道，麦烟共生期显著影响烤烟的前中期生长，对烟叶的成熟采收、产量、上中等烟比例也有一定影响，而且生期越长，影响越大。由于麦烟套种可以减轻部分烟草病害，特别是对烟草花叶病有较好的防治效果，同时又能提高单位土地面积上的综合生产效益，因此深受我国不少烟区烟农的喜爱。

二、培育壮苗

（一）育苗的意义与要求

育苗移栽是世界各国广泛采用的烟草栽培法。我国烟草栽培，除小部分黄花烟和晒烟采用直播外，广大烟区都是育苗移栽。农谚曰："有苗三分收，好苗一半收"，充分说明了培育出健壮的烟苗是烟叶生产成功的基础。育苗的目标是培育出适、齐、壮、足的烟苗，为移栽后烟株健壮生长打下良好的基础。具体来说，"适"是指适栽的季节苗龄大小适中；"齐"是指烟苗生长整齐一致，烟苗利用率高；"壮"是指烟苗生长健壮，抗逆性强，栽后成活率高；"足"是指烟苗数量充足，满足计划种植的需要。

（二）选用良种和种子处理

1. 选用良种的原则

根据我国烟区生态环境、种植制度、技术水平的地域差异以及优良品种不同的特征特性，选用适宜当地种植的优良品种，应遵循以下原则。①选用经审（认）定的品种；②因地制宜选用良种；③合理搭配品种；④注意市场需求与发展；⑤品种合理布局；⑥良种良法配套推广。

2. 主要品种

（1）主要烤烟品种　我国 2000 年种植面积达 6700hm^2 以上的主要烤烟品种有 12 个：K326（美国 NK 种子公司育成）、NC89、云烟 85（云南烟科所育成）、K346、红花大金元、NC82、G-80、G-80、V2、中烟 98、RG17、RG11、龙江 851 等，以上品种布局基本符合生产要求。

（2）主要晒烟品种　一朵红（黑龙江省）、自来红（吉林省）、大弯筋（山东省）、督叶尖秆软叶子（浙江省）、铁赤烟（江西省）、千层塔（湖北省）、小牛舌（江西省）、小花青（湖南省）、香烟（湖南省）、枇杷柳（四川省）、塘蓬（广东省）、武鸣牛利（广西壮族自治区）。

（3）其他主要晒晾烟品种　白肋 21（从美国引进，湖北省主栽）、白肋 37（从美国引进，四川省主栽）、沙姆逊（从土耳其引进）、巴斯玛（从阿尔巴尼亚引进）、马里兰 609（从美国引进）、大叶烟（甘肃省）、高秆莫合烟（新疆维吾尔自治区）。

（4）福建烤烟主栽品种　K326（美国 NK 种子公司育成）、翠碧 1 号（1991 年通过全国烟草品种审定委员会认定为优良品种）、云烟 85（云南烟科所育成）、云烟 87（云南烟科所育成）。

3. 种子处理

（1）种子精选　采用物理或机械的方法将异作物、杂草种子以及无生物杂质清除，利用光、热、电等抑制病原菌，保持种子健康。

（2）种子消毒　将精选的饱满种子，装入布袋容量的 $1/3\sim1/2$，浸湿种皮后放入 2% 的福尔马林溶液（或 0.1% 的硝酸银溶液或 1% 的硫酸铜溶液）中消毒，浸泡 $10\sim15min$ 后取出，用清水冲洗干净。

（3）浸种搓种　将消毒后的种子连同布袋放入 $25\sim30℃$ 的温水中浸泡 $8\sim10h$，用手轻轻揉搓种袋，边揉搓边用清水冲洗，去掉种皮上的角质和胶质，以利水分渗入。直至种袋内滴水变清，种子变为淡黄色，滤去种袋多余水分，稍晾干即可播种或进行催芽。

（4）催芽　催芽是促进种子迅速、整齐的萌发，提高出苗率，缩短苗床期的有效措施。云南省烟草科学研究所试验：播种芽比播干种子出苗期提早 $16\sim19d$，成苗期提前 $17\sim21d$。催芽应在播种前一周进行，将浸种搓洗后的种子，采用温室催芽、温缸催芽、灯泡加温催芽等方法。

（三）育苗方式

（1）露地育苗　一般是在温暖季节育苗，采用的形式可分为平畦、高畦和阳畦。

① 平畦　畦与地面等高或略高，畦的周围作埂，便于灌溉和管理。山东、河南和南方烟区的平原地区普遍采用。

② 高畦　畦的四周作排水沟，以利排出畦中积水，提高畦土温度，是地下水位较高的平原地区以及水田育苗的主要方式。

③ 阳畦　在畦的北边作风障，防风御寒。一般用高粱秸、玉米秸、或稻草、麦秸等作墙料。据试验，阳畦比平畦畦温可提高 $3℃$，成苗期提前 $10d$。

（2）温床育苗　具有增温保温、防风保湿的作用，可在霜期内播种育苗。

（3）塑料大棚育苗　棚内人工加温，温床播种，间苗假植。

近年来广东、福建、云南、广西、四川、贵州等一些南方烟区开始应用湿润托盘育苗（简称湿润育苗）和漂浮育苗技术。漂浮育苗是在温室或塑料薄膜覆盖条件下，利用成型的膨化聚苯乙烯格盘为载体，装填上人工配制的培养基质，将格盘漂浮于含有完全矿质营养的苗池中，完成烟草种子的萌发、生长和成苗过程。塑料格盘中装填的培养基质，主要是由泥炭、蛭石和膨化珍珠岩混合而成，由于培养基质摆脱了传统的土壤生长条件，人们又把这种方法叫做"无土育苗"。苗池制作上选择地势平坦、向阳，地温回升快，靠近水源（有自来水、井水，不能用未消毒的稻田水、池塘水），管理方便的地方；铲除杂草，清洁场地。漂浮育苗的优势是烟苗整齐一致，健壮无病，操作简便，管理方便。

湿润育苗法技术与漂浮育苗技术相比，虽然同样的以人造基质代替土壤，但却实现了两个改变：一是改漂浮育苗中营养液由下向上持续渗透为由上向下有目的、有控制地喷洒，以保持基质湿润；二是改变漂浮育苗中基质温度直接受营养液温度控制，变为受土表气温控制，以改善育苗基质的温度状况。湿润育苗技术尚在起步发展阶段，还没有形成统一的规范，要实际应用于生产，尚需进一步研究出整套的方案和与之配套的苗床管理技术。目前在生产上试用的湿润育苗技术大致分为两种：一是在大棚或温室内，将包衣种直播于穴盘中装有基质的穴内，种子上覆盖 $2mm$ 厚的一层基质；将育苗盘放于池内，在烟苗封盘前，种子发芽及幼苗所需养分和水分，由池底的营养液（水层 $1cm$）通过基质的毛细管作用供给；烟苗封盘后，水分和养分由人工喷施盘面供给，喷洒数量以保持基质湿润为宜。二是在大棚或温室内，将包衣种直播于穴盘中装有基质的穴内，种子上覆盖 2mm 厚的一层基质；把育苗盘直接放在平整的土表，出苗前用喷壶逐天浇透清水，出苗后定期浇营养液；从播种至成苗所浇水和营养液数量以保持基质湿润为宜。

湿润育苗的优势是烟苗根系活力高；藻类滋生现象明显减少；降低病害传播的可能性；降低育苗成本。

（四）播种

1. 播种期

我国主产烟区的播种期可根据各地的气温情况安排，如福建春烟在 12 月中下旬，纬度越高，播期推迟。

2. 播种量

常规育苗一般每 10m² （称标准畦）播芽 2g 左右，播裸种以 0.5g 为宜。

3. 播种方法

播种前一天浇透底墒水，播种时再浇透水。播种方法有撒播、点播或条播，宜选择无风的晴天播种。

（五）苗床期幼苗的生长特点

1. 出苗期

播芽的情况下，从播种到子叶平展，第一片真叶出生称之为出苗期，一般需 5～7d。播包衣种子，从播种到第一片真叶出生约需要 16～20d。

2. 十字期

十字期又称小十字期，从第一片真叶出生到第三片真叶出生，这时两真叶与两片子叶交叉成"十"字，所以形象地称为十字期。

3. 生根期

从第三片真叶出现到第六片真叶初生为生根期，当第三片真叶出现以后，侧根陆续发生，到第六片真叶出现时，第三、四、五片真叶生理功能最大。子叶的生理功能依真叶的不断出现而逐渐减小。

4. 成苗期

从第七片真叶出生到幼苗移栽适期，称为成苗期。可达 8～9 片叶，幼苗合成能力也相当强大，因而幼苗很快地生长。叶面积扩大极为迅速，茎的生长也较为显著，所以有些烟区称这一阶段为"拔梗期"。

三、整地和移栽

（一）整地的方法

1. 平作

黄淮烟区，地势多平坦，春季少雨，栽烟多采用平作，平作能充分利用土地，冬闲地春烟整地要掌握"有墒保墒，无墒讨墒"的原则。

2. 畦作

西南及华南烟区，夏秋多雨，土质比较黏重，排水不良，常筑畦栽烟也叫理烟墒，可以加厚土层，促进根系发育，并能排涝防渍，减少根、茎病害。筑畦时在烟地经过深耕施肥，耙地和平整之后，即开始筑畦。畦的高度和宽度应视栽烟田块的土壤质地和地势而定。地下水位高，雨水多，排水较差的黏壤土，畦面宜稍窄，沟宜稍深。砂质土壤，缺水易旱的山地栽烟时，畦面稍宽，沟宜稍浅。云南烟区畦高 20～25cm，在坝区地下水位高，排水差的较黏重的土壤，烟畦高度可适当增高至 $25\sim30cm$。边沟和腰沟要比子沟深 $5cm$ 左右，才便于排除烟田积水。

3. 垄作

在烟区无霜期短，雨量较少春季寒冷多风，夏秋季雨较多，降雨量集中在七、八月份，烟草生长前期易受干旱，后期易受涝害，为了适应这种气候特点，栽烟多用垄作。垄作便于排水，且蒸发面积较大，加速水分散失，垄作并有较厚的疏松土层覆盖，可以提高地温，多接受阳光。垄面与地面应保持一定的角度，使阳光垂直照射垄面时间增多，比平作可提高地温 $0.5\sim1℃$。垄作可以改善水、肥、气热状况，对烟株生长发育有利。

（二）移栽

移栽期的确定要依据气候条件，种植制度，品种特性和播种期综合考虑。

1. 我国主要烟区的移栽期

（1）黄淮烟区　河南和山东烟区春烟的移栽期一般为 4 月下旬至 5 月上旬；安徽烟区 4 月中、下旬移栽较普遍。黄淮烟区的夏烟，山东适宜的移栽期在 6 月份；山西南部在 6 月中旬。各地均因茬口不同而有早晚之别，一般是 5 月下旬至 6 月上旬移栽为好。

（2）西南烟区　因为烤烟多分布在丘陵地区较多，由于茬口和气候条件的关系，移栽期也较为复杂，云南烟大多数在 5 月上旬移栽，5 月中下旬进入雨季，从 5 月至 8 月平均温度均在 $20℃$ 左右，这段时间最适合烟草的生长和叶片的成熟，因此，5 月初的抗旱移栽是夺取优质适产的关键。

（3）东北烟区　本区由于不同省份纬度相差较大，因而移栽期由南向北有推迟的趋向，辽宁为 5 月中旬，吉林为 5 月下旬至 6 月上旬，黑龙江是 5 月中下旬。

（4）华南烟区　因复种指数高，大多为一年三熟制，移栽期主要是受种植制度的影响。前茬作物的收获期决定着烟草的移栽期。广东南雄春烟在 2 月上中旬移栽，广西武鸣则在 1 月下旬移栽，福建永定在 1 月上中旬移栽。

（5）华中烟区　江西春烟移栽期为 4 月上中旬，浙江桐乡为 4 月下旬，安徽南部春烟为 4 月中旬至 5 月中旬，夏烟为 5 月下旬至 6 月上旬，湖南春烟则多在 3 月上中旬移栽。

（6）西北烟区　甘肃兰州的黄花烟，一般为夏天栽烟，其他各省烤烟移栽与黄淮烟区的夏烟移栽期基本相近。

2. 移栽方法

因各地条件及耕作习惯不同，烟草移栽有平栽与垄栽（畦栽）、开沟栽与穴栽、机械栽与手工栽之分。若按浇水的先后，又可分为干栽和水栽。

（1）干栽　先栽烟后浇水，即先按预定的行、株距开沟或刨穴施肥，将土、肥充分拌匀，再扒开松土栽下烟苗，壅土培垛，使土与烟垛紧密结合，然后浇水。若穴栽，待水渗后，撒上农药再覆土。如沟栽，沟中心应稍偏离烟行，即烟苗要栽在沟的一侧。以防水量大时淤苗或冲苗。垄上栽烟需沿垄的一边开沟或筑沟浇水。穴栽则应边挖穴、边移栽、边浇水，水渗后及时施药覆土，防止土壤水分散失。

（2）水栽　先浇水后移栽，先按行株距开沟或挖穴施肥，将土、肥充分拌匀，引水入沟或浇水入穴，趁水尚未渗下栽苗入穴，水渗后撒上农药再覆土封掩。此法用水经济，烟株根系与土壤接触紧密，成活率较高，在气候干旱，灌溉条件差的地区，水栽法效果好。无论水栽或干栽，都应做到大垛、施好肥、浇足水、行直棵匀、苗株直立，覆土埋垛 $1\sim2cm$。土壤水分过大或雨后都不宜栽烟，否则容易造成土壤板结，阻碍烟株系发育和对水分养分的吸收，延误烟苗早发。春烟移栽时，温度低，最好在无风的晴天进行。夏烟则应避开中午烈日，防止烟苗失水过多而延长还苗期。

（3）机械移栽　随着机化的发展，对移栽机的复合作业和工作效率要求越来越高，各国烟草移栽机的种类较多，按栽植方式分为挖穴式和挖沟式两大类，按其栽植器的不同分为夹式、筐盘式和圆盘式三种。较完善的移栽机可以一次完成栽植、覆土、浇水、施肥、镇压、喷药等工序。

（三）烤烟的种植密度与栽植方式

1. 不同密度对田间小气候的影响

不同的种植密度形成的群体结构不同，田间小气候的变化亦有差异。密度对田间小气候的影响主要有光照、风速、相对湿度和温度。

（1）光照强度　保证烟叶优质适产的主要关键是提高烟叶的光合能力。提高光合能力的主要措施之一，是扩大光合面积，因烟叶不仅面积大，而且光合能力特别强，但随着密度的增加，叶面积的扩大和叶面积系数的增加，烟株封顶后，光照强度随烟株及叶片间相互遮蔽而减少，尤其是烟株中、下部叶片降低趋势更加明显。

（2）不同密度下的光合强度和呼吸强度　随着密度增加，植株上、中部光合强度和呼吸强度差异不太显著，但下部叶由于光照减弱，通风减少，湿度增加，夜间地温较高，因而呼吸强度明显增加，光合强度减弱，影响干物质的积累。

（3）风速　风速则是决定着烟田群体内部空气流动速度，因此影响到 CO_2 的交换与补充，随着密度的增加，烟田郁闭，通风性能差，尤其是中、下部风速明显减弱。气体交换值低，光合效率低，易发生底烘。

（4）田间地温　适当稀植，地面覆盖度较小，白昼吸收的辐射热较多，地温上升快，根系活性强，有利于根系发生发展和吸收作用的加强。而夜间地面散热多，地温下降快，根系呼吸作用不太强，消耗有机物质较少，有利于光合产物的积累。但随着密度的增加，地面覆盖度大，白昼吸收的辐射热量也减少，而且通风不良，热交换差，地表温度也上升缓慢，影响根系的吸收机能，从而影响了光合作用。

（5）田间相对湿度　由于密度的增加，风速减小，光照不足，必然引起田间相对湿度的明显增大。

2. 确定种植密度的依据

（1）品种特性　植株高大，叶片大，单株叶数多，茎叶角度大，株型松散，生育期长的品种，个体间容易相互遮蔽，个体需要的空间和营养面积较大，故应适当稀植。相反，植株矮小，叶片小，株型紧凑，叶片数少，茎叶角度小，生育期短的品种，种植密度应适当加大。

（2）土壤条件　在海拔较高，气候凉爽，日照少雨量小，土壤肥力较差的烟区，烟株生长慢，形成的个体较小，密度可稍大一些，以充分利用光能、地力、保证一定的产量。在气候温暖，雨量充沛，日照充足，地势平坦，土质黏重，土壤肥力高的烟区，密度宜稀，有利个体的良好生长。

（3）栽培条件　精耕细作，肥水充足，栽培管理水平高的条件下，烟株生长旺盛，株高、叶片大，应适当稀植，以保证单株占有足够的空间，反之，水肥条件或栽培管理水平较低的烟区，则可密一些。移栽期推迟的烟地，由于所处的环境条件变差，形成的个体较小，密度可稍大一些。留叶数较多的烟田应适当稀植，避免大田后期遮蔽严重。

3. 栽植方式

经多年调查研究，烤烟生产采用单垄宽行种植，垄距可因土壤肥力不同，变动在 1～1.2m 之间。据研究，采用单垄比大小垄和大垄双行植烟能较好地改善光能利用条件。单垄种植的光照条件不论哪次测定均比双垄好，特别是行距加大后沟宽，增大了烟株中、下部漫射光量，有效地改善了烟株下部光环境。在保证烟田总株数条件下采用单垄宽行窄株距方式种植，是行之有效的措施。

4. 施肥

烟草地膜覆盖栽培，烟田施肥是关键。只有合理施肥，才能保证烟草优质适产。要在烟草类型、生产目标、品种特性、土壤肥力和气候条件等方面，找出适量施肥的依据，制订合理的施肥方案。

(1) 施肥原则　地膜覆盖栽培的施肥原则基本与惯行裸栽相同，即除了要保证烟草整个生育期内得到数量充足的必需的营养元素外，还要把烟叶产量控制在最佳的品质范围内，并使矿质营养过程符合优质烟的生长规律，以获得品质优良的烟叶。由于地膜覆盖后，烟田的土壤养分和肥力状况发生了变化，养分释放高峰提前，所以在地膜覆盖烟田施肥时更要强调速效肥与长效肥相结合、无机肥与有机肥相结合的原则。

(2) 施肥量的确定　据各地多年的试验研究和生产实践，地膜覆盖栽培施肥量的确定原则一般是烟草大田生育前、中期降雨量少，不能满足烟株旺长需要，惯行裸栽时烟草产量比较低的烟区，采用地膜覆盖栽培时，应增加施肥数量，增幅为 $10\% \sim 20\%$。

(3) 施肥位置　土壤有机质含量高、土壤黏重、持续供肥力强、发老苗不发小苗的烟区，惯行裸栽时施肥量低，采用地膜覆盖栽培时，应将全部肥料窝施于栽植穴。这不但可以促进烟苗早长快发，还可以使肥料养分绝大部分在烟草生育中期被吸收消耗，可以减轻烟株进入成熟期时，土壤氮素供应的程度，而使得烟叶落黄成熟。地膜覆盖栽培时，全部肥料应条施，可减轻烟草大田生育前中期吸肥过多、中下部叶片生长过大的程度，肥料养分可以有一定数量残留到成熟期，减轻或克服这类烟田后劲不足、供肥能力低、叶片易早衰或成熟过快的缺点，而使烟叶品质得到提高。穴施的肥料要与穴内土壤掺混，栽烟时将掺混的肥土拨到穴内四周或长穴的两端，以避免肥料与移栽苗根系直接接触而烧苗。

(4) 有机肥与无机肥配合施用　地膜覆盖栽培比惯行裸栽更强调有机肥料的施用，尤其是有机质含量低的烟田，采用地膜覆盖更要增施有机肥料。有机与无机肥配合施用，不仅能较好的改善根际土壤的物理、化学、生物性状，而且还由于有机质肥效长，有利于调节地膜覆盖栽培烟株各生育期养分的吸收状况，使之接近优质烟的吸收规律，使烟叶品质得到提高。至于有机肥的施用量，根据各地试验结果，一般每公顷施用优质腐熟的有机肥料以 $7500 \sim 15000 kg$ 为宜。确定有机肥施用量的原则为：有机质含量低、持续供肥力低的烟田，可以采用中层条施的办法，多量施用。有机质含量多、持续供肥力高的烟田，采用植烟穴内窝施的办法，少量施用。

(5) 追肥方法　我国绝大多数烟区地膜覆盖栽培，全部肥料均作为基肥一次施用。当出现不能在移栽前施足全部肥料的情况时，可采用追肥的方法来补充。追肥可在距离茎基 $10 \sim 15 cm$ 处，扎一个 $10 \sim 15 cm$ 深的孔洞，将溶于水中的肥料定量灌入或用简单的背式注射器具注入，然后用土封严孔洞上口。追肥的时间，应掌握在移栽后 30d 内完成。基肥与追肥结合施用的方法，对于土层浅薄、肥力低的山坡地烟田更为适宜。追肥可以弥补土壤供氮水平过低的缺陷，使其比全部做基的烟田所产烟叶品质更为优良。对土壤微量元素与中量元素养分不能满足烟草优质高产要求的烟田，地膜覆盖栽培与惯行裸栽一样，要用叶面喷施或土施的方法来补充。

四、大田管理

(一) 烟草大田管理的依据

烟草大田期是指从移栽到成熟采收结束这一段时间。大田期的长短因品种和栽培条件而异，一般为120～130d。根据烟草生长发育过程，可分为返苗期、伸根期、旺长期和成熟期，各个时期的生长特点需要相应的栽培管理措施。这些管理措施就是大田管理的任务。

1. 优质烟的长相

我国一些烟草主产区从不同的角度，提出了优质烟田间长相的特征。烟苗大小一致、烟株高矮一致、同部位烟叶成熟一致，烟株大小中等，长势既不过旺也不过弱，产、质矛盾协调统一的群体长相。如红花大金元品种，株高控制在90～100cm，单株留叶20～22片，叶长50～55cm。从田间群体结构看，应是疏密有致，行间相对分散，株间相对集中，即适当扩大行距、缩小株距。进入旺长期后，行间叶尖距应保持在20～25cm，通风透光效果明显。

2. 大田生育期划分和管理要求

（1）还苗期的生育特点与管理要点　烟草从移栽到成活称为返苗期，还苗期的长短因移栽苗的素质和移栽质量的好坏差异很大，一般为7～10d。移栽质量好时，只有6～7d。为促使移栽苗早发快长，要在精细整地、科学施肥、壮苗适栽、移栽浇大水的前提下，加强大田保苗工作，查苗、补苗、抗旱、防病虫保苗，小苗偏管，并及时浅中耕，增温保墒，为苗全株壮奠定基础。

（2）伸根期的生育特点与管理要点　伸根期烟株的生长是地上地下同步生长阶段，此期是烟株的营养体建造阶段，也是决定烟株叶片数目的关键时期。烟株体内代谢活动以氮素代谢为主，光合作用所制造的有机物，主要用于根、茎、叶的生长。伸根期是烟株旺盛生长的准备阶段，也是栽培管理的一个重要时期。伸根期烟田管理的中心任务是蹲苗、壮株、促根，促使烟株稳健生长，要上下兼顾，合理促控，搭好优质稳产的架子。重点做好深中耕、培土、追肥和适当控水等管理工作，同时防止恶劣环境导致早花的发生。此期也是烟草花叶病发生的敏感阶段，抓好防病治虫工作，也是烟叶成功生产的关键时期。

（3）旺长期的生育特点与管理要点　从团棵到现蕾称为旺长期，一般需要25～30d，烟株团棵后3～5d，即进入旺盛生长阶段。旺长期是烟株营养体增大的阶段，但仍以营养生长为主。旺长前期烟株是以氮代谢为主，后期代谢方向由氮代谢向碳代谢转变，但仍以氮代谢为主。这一时期对光、肥和水的要求较高，消耗水分约占全生育期的50%以上，对氮、磷、钾三要素的吸收量则占50%～60%。当肥水等条件不适时，烟株不能旺长，错过旺长的最佳时期。此期是水分临界期，对烟株产质形成极为不利，烟农称为"握脖旱"。若肥水过多，往往会导致土壤营养淋失，烟株徒长并早衰，对烟叶质量形成不利。故旺长期也应使烟株稳健生长。旺长期烟田管理的中心任务是稳长、促叶、增重，使烟田群体和个体都有适当的发展，烟株旺长而不徒长，实现后期烟株体内代谢方向的顺利转变，达到"生长稳健，开稻开片"的长势和"上看一斩齐、行间一条缝"的长相，为烟叶产量和品质的形成奠定基础。

（4）成熟期的生育特点与管理要点　从现蕾到采收结束，称为成熟期，需50～60d。成熟期是决定烟叶品质的重要时期。加强烟田后期管理，对提高烟叶的产量具有十分重要的作用。成熟期烟田管理的中心任务是增叶重、防早衰、防贪青晚熟。管理上应适当灌溉圆顶水，促进顶叶开展。重点做好打顶抹杈工作，避免花序生长过大或腋芽生长过长而降低烟叶产质。并及时收烤或摘除脚叶，改善田间通风透光条件，协调体内合成与积累关系，以利烟叶干物质积累和适时落黄成熟。严格按"脚叶采嫩不采老，顶叶采老不采嫩，腰叶适时采"的原则采收。

（二）烟草的大田管理

烟苗移栽后的大田管理是保证优质适产的重要环节。优良的品种需要配套的栽培措施，只有做到"良种良法配套"，优良品种的特性才能得到充分发挥，这样才能使烟叶的品质向着市场需要的方向发展。只有大田管理得当，才能生产出适合烘烤的烟叶，才能为烟叶质量提供保障。在生产实践中，大田管理的措施主要有大田保苗、中耕培土、防止底烘、打顶抹权与防早花等。

1. 大田保苗及措施

由于移栽烟苗壮弱整齐程度的差异、整地施肥不匀、移栽质量差、病虫危害等原因，会造成缺株和部分烟株长势弱小，打破了其周围烟株的生长平衡，其相邻烟株的受光和土壤营养条件变好，长势较强，从而影响其他烟株的正常生长，影响全田烟株的整齐度，若不采取相应措施，缺株周围的烟株长势会越来越强，弱小烟株与周围烟株的长势差异会越来越大，最终是长势强与长势弱的烟株均不易形成好的品质，致使质量参差不齐，成熟期不一致，这不仅影响成熟采收，更影响烟叶质量。故有"两大夹一小，三棵长不好"之说。不同烟区和不同烟草品种对大田保苗措施的要求不同，应根据具体情况，采取有效措施实现大田保苗。

（1）确保全苗　为了使移栽后烟株长势均匀一致，移栽时要选择大小一致、苗色一致、健壮无病、根系发达的烟苗；淘汰弱苗、高脚苗和过大过小苗。烟苗移栽后7~10d要进行查苗补缺，有漏栽或烟苗受害虫危害时要及时补苗，补苗不能太晚，以免田间烟苗长势不一致。补栽的烟苗要选用壮苗，苗要多带土，多浇水，使其较早还苗，以期赶上早栽烟苗。当田间烟苗长势不一致时，为提高烟田的整齐度，可对过大的烟苗掐去下部叶的一部分，以控制其生长。对较小的烟苗则应采取偏管的措施，施"偏心肥"，浇"偏心水"，逐棵管理，以促进其生长，从而保证大田烟苗长势一致。对移栽苗早发不利，可利用地膜覆盖保墒。地膜覆盖栽培要在移栽前20d左右，根据天气情况，及时整地起垄施肥，在栽前1~2周覆膜待栽。

（2）防治地下害虫　大田生长初期，因地老虎、金针虫、蝼蛄等地下害虫的危害，造成缺窝断行。治早、治好地下害虫，效果胜似补苗。在烟苗带药移栽的基础上，结合移栽前毒饵诱杀和移栽时药剂灌根，可有效地防治地下害虫。一般用菜叶、梧桐叶、炒油饼、碎鲜草制成毒饵于傍晚撒施于烟田中诱杀；也可用600~800倍敌虫百对刚移栽苗灌根；还可采取人工捕杀的办法，于清晨下地检查，如发现刚被危害的烟苗，撬开其周围土壤，即易找到地老虎害虫。

2. 中耕

（1）中耕的方法　在烟苗栽后一周左右。这时为返苗期，是烟草恢复生长的阶段，以根系生长为主，低温和干旱是烟草生长发育的主要限制因子，中耕以保墒、保苗、清除杂草为目的，并起到调节移栽时由于局部灌水而造成的土壤水分差异。此期烟株幼小，根系尚未扩展，中耕宜浅，尤其近烟株处更不能深，以3~5cm为宜，垄体和垄沟以5~7cm为宜。此次中耕宜浅锄、碎锄，破除板结，切忌伤根或触动烟株。第二次中耕一般在栽后20d前后，可结合追肥培土进行，是生长季节中仅有的一次深中耕。此时正处于伸根期，生长中心在地下部，烟株需水量不大，土壤水分过多对根系生长不利。此次深中耕以保墒、促根、除草和适当培土为主要目的，创造良好的土壤条件，促进根系的生长，为烟株下一阶段的旺长奠定基础，是决定烟株进入旺长期后能否"旺长"的重要一环。第三次中耕一般在第二次中耕后10~15d进行，在团棵期前后，南方烟区可结合培土上高厢进行。此时烟株即将或已进入旺长期，烟株已形成庞大的根系，气温较高，烟株耗水量大，并已进入吸肥高峰期。所以，此次中耕宜浅，一般5cm左右，以疏松表土，减少土壤水分消耗，清除杂草为目的。以免损伤根系。干湿交替频繁的条件下，可进行第四次中耕，其作用和方法同第三次中耕。

（2）培土　又称上厢或壅土，是在烟株大田生长期间将行间或畦沟的土壤培于烟株基部、垄面，形成土垄或高畦的管理措施。培土的作用和效果与培土的质量密切相关，只有高质量的培土，才能充分发挥培土的作用。一般是两次培土，第一次在移栽后 20d 左右进行，可结合追肥进行低培土；第二次培土在团棵时进行高培土（移栽后 30～35d）。培土高度要根据气候条件、地势及土壤特性而定。一般来说，南方烟区雨水较多，培土较高，以 20～25cm 为宜。培土时，除高度达到要求外，还要求培土后垄面宽实饱满，垄面平整而略隆起呈"瓦背"形，垄土要细碎，并与烟茎基部紧密接触。另外，培土前应选择晴天摘除烟株底部的老叶、病叶、无经济价值的"胎叶"，并等到伤口愈合后再培土，以防培土后病菌从伤口侵入而感染病害。无病的"胎叶"也可不摘除而直接埋入土中。南方烟区应掌握"低起垄、高培土"的原则，移栽起垄不宜过高，只要田间不积水即可，以便培土时做到厚培土、高培土的技术要求。生产实践中，底烘现象的发生较普遍，导致烟叶产量和质量的下降，给生产造成一定的损失。因此，应积极预防底烘现象的发生，并在底烘发生后采取积极的补救措施，尽量减少损失。烟田一旦发生底烘，应及时采收底烘烟叶，以改善田间通风透光条件，防止底烘进一步向中部发展，尽量减少损失。也可喷施 0.5％的尿素溶液，以改善下部叶片的生理机能和营养条件，对延缓烟叶的衰老有一定的效果。

3. 打顶

当烟叶长到一定叶片时摘去土茎生长点称为打顶。烟株生长后期即开始出现花蕾，进入以生殖生长为主阶段，开花结果，繁衍后代。但烟草以收叶为目的，生殖器官不除去，叶内营养物质大量流向顶部花序，如任其开花结果，不仅容易引发各种病害，更会显著降低烟叶产量和质量。因此，在烟草栽培中，烟叶既是养分的"源"，又是产、质的"库"，打顶是烟草特有的一项田间作业，是调控烟株营养和烟叶品质的重要措施，是种好烤烟的最后技术环节。打顶一定要及时，常用打顶技术有扣心打顶、现蕾打顶、初花打顶、盛花打顶，一般多采用现蕾打顶，每隔一天抹杈，腋芽长度不能超过 3cm 就要抹掉，以利于中上部叶片的充分发育和成熟。打顶时期、留叶多少要考虑品种、营养状况、地力、气候、密度和栽培条件，以烟棵能形成优质烟的田间长势长相为最终衡量标准，即：圆顶期（打顶后 10d 左右）烟株呈"桶形"或"腰鼓形"，避免形成"塔形"和"伞形"。

4. 抹杈

烟叶打顶后，腋芽陆续萌发长成烟杈，烟杈对烟叶的产量和质量极为不利，必须彻底清除。生产上，抹杈可分为人工抹杈和化学抑芽两种。人工抹杈应掌握早抹、勤抹、彻底抹的原则。腋芽组织脆嫩，操作方便，伤口也容易愈合。但腋芽过小，手工除芽比较费工。如果腋芽生长过大再抹除，抹芽时易损伤叶片，伤口较大不易愈合；同时，无谓消耗了烟株养分，影响产量和质量。一般人工抹杈应掌握在腋芽长到 3～4cm 时进行。由于烟株上下部位腋芽萌发不一致，烟田个体长势有差异，以及抹去正芽后副芽又会随之不断萌发，所以人工抹杈必须要进行多次，一般 3～4d 抹芽一次。烟叶采收期间，也可结合采收烟叶进行。

5. 烟田除草

随着人类的进步、科学技术的发展，防除杂草的技术也不断改进和提高。从镰、锄等手工除草，发展到犁、耙、耱等机械除草。近 40 年来，化学除草剂迅猛发展，已成为当代重要的农药化学工业。但是，由于杂草种类繁多，生态习性复杂，以及社会因素等原因的影响，至今尚无单一的理想防除杂草的方法，生产上广泛采用的仍然是综合防除措施。在生产上，中耕除草、化学除草和地膜覆盖除草常结合进行。地膜覆盖栽培的烟田，只在行间进行中耕，或者采用化学除草的措施。在烟株团棵以前采取中耕除草措施，团棵后进行化学除草。雨季到来之前，采取中耕除草措施，雨季到来之后，使用除草剂除草。烟田边际的杂草采用广谱性除草剂，烟田内的杂草根据烟草生长发育进程，采用选择性或者广谱性的除草剂。

五、烟叶的采收与分级

（一）烟叶的成熟与采收

1. 烟叶的成熟过程和成熟特征

烤烟在移栽后 60d 或更长时间，一般在烟株现蕾前后，烟叶自下而上逐渐成熟，上部和下部烟叶成熟期相差很大，根据永定县烤烟试验站对 G-80 品种观察：下部叶在栽后 20d 左右出生，到成熟采收需 50d，中部叶在栽后 28d 左右出生，到成熟需 55d，上部叶在栽后 35d 左右出生，到成熟采收需 60d。烟叶的成熟，烟叶首先达到生理成熟，再进入工艺成熟。

当叶片长成最后的大小，叶片内干物质积累达到最大值时，就达到了生理上的成熟，故称生理成熟。烟叶只有在生理成熟以后再经过一段时间的生理生化变化，使一些有利于烟叶吸食质量的化学成分得到提高，而不利的化学成分逐渐降低（如叶绿素、蛋白质的降解等），才能达到基本符合卷烟工艺加工的要求，这时的烟叶称为工艺成熟。工艺成熟烟叶的形态特征如下。

① 叶色由绿变黄绿，叶尖和叶缘尤为明显。较厚的叶片表面常出现黄色斑块，并呈凹凸不平的波纹状。

② 叶面茸毛脱落，有光泽，因为树脂类物质的分泌，手摸后有一种发黏的感觉。

③ 主脉、侧脉变白发亮、变脆、易从烟株上摘下。

④ 叶尖、叶缘下垂，茎叶角度增大。

2. 烟叶的采收

（1）烟叶分组　一株烟上的烟叶自下而上，可分为脚叶、下二棚、腰叶、上二棚和顶叶五组，采收时，不同部位叶片的成熟度应区别掌握。脚叶处于一植株基部，烟叶荫蔽，光照条件差，同时成熟时正值烟株生长期间，内部的营养物质不断向上输送，形成的叶片薄，组织疏松，水分多，油分差，由于物质少，成熟较快。当叶片茸毛稍退，叶色稍有变黄或叶尖呈黄色时，就要及时采收。下二棚叶的生长条件比脚叶好一些，成熟也较快。腰叶处于烟株的中部，生长条件最好，光照充足，湿度适中，叶内营养物质丰富，叶片厚薄适中，组织细致，油分足，须等叶片由绿色变黄绿色，或有黄色斑块，主侧脉变白发亮，叶尖下垂时采收。上二棚和顶叶处于烟株上部，光照和通风条件较好，叶片组织粗厚紧密，水分较少，可溶性氮含量较多，干物质积累多，成熟缓慢。因此，须待叶片转成淡黄，茸毛大部分退净，主脉发白，叶面起皱，出现淡黄色斑块，叶尖下垂，充分成熟时采收。

（2）环境　肥力较高、打顶过低的烟株，叶片肥厚宽大，凹凸不平，成熟时仍保持绿色，或者出现不均匀的黄斑。这种烟叶应待叶片充分成熟时采收，否则易烤出青烟。反之，土壤肥力低、施肥较少、种植密度大，或不打顶的烟株，叶色较淡，叶片薄，成熟时容易变黄。当脚叶出现淡绿色，腰叶变黄绿色，主侧脉稍微变白，茸毛有些脱落，顶叶呈现淡黄色时就要及时采收。连续阴雨年份，由于气温低，光照不足，叶片含水量多，干物质积累少，叶片虽已成熟，但表面上不呈现成熟的特征，待天晴时就会出现大批成熟的叶片，只要叶片变淡黄色，叶尖叶缘微向下卷曲时就可采收。

（3）品种　一般叶片较薄的品种，成熟度比较集中，成熟快，当叶片开始具备成熟特征时就采；成熟较慢的品种，应待叶片完全呈现成熟特征时采。

（4）采收时间与方法　成熟的烟叶，一般以早晨阳光直射前采收为好。此时采收烟叶，便于鉴定烟叶的成熟度，不至于采摘不熟或假熟的烟叶，并使烟叶有适当含水量，同时，早晨露水干后采收，便于操作，又可使采收、绑杆、装烤在一天内完成，保证质量。中午、雨天不采收，切忌边下雨边采收。通常每 4~7d 采收一次，每株一次可采 2~3 片，最后 5~6 叶片成熟时可以一次采完。通常需采 5~7 次，做到生不采，熟不丢，确保采收质量。烟叶采收时，将中指和食指托着叶片基部，拇指放在叶柄上捏紧，手指向下拧，便可摘下叶片，切勿单纯下压扯拉，以防损伤茎皮。采下叶片叶柄对齐，整齐放置。并要求做到适量采收，采收烟叶的数量与烤房装烟容量相等。轻采、轻放、轻装、轻卸、轻运输，防止叶片破损。采下烟叶要避免太阳曝晒，当天采收，当天装完。

总之，烟叶适时采收，要根据烟草的不同品种、不同气候、不同部位的不同成熟特点，选择最佳成熟度、采收时和熟适时采收烟叶，以提高烟叶质量。一般烟农有"脚叶采嫩不采老，顶叶采老不采嫩，腰叶适熟采，老嫩都不采"的经验。福建省烟农也有"脚叶提早采，下二棚将熟采，腰叶正熟采，上二棚熟些采，顶叶熟透采。二、三代烟成熟采"的做法。也都是根据上述原则，采收适熟的烟叶，力求烟叶烤后质佳、量重、产值高。

（二）烟叶的烘烤

1. 绑烟

绑烟叶，应严格进行鲜烟分类，按不同品种、不同部位、叶片大小、颜色深浅分别绑竿，把同一品种、同一部位、同一成熟度和大小一致的烟叶绑在同一竿上，做到同竿同质。绑烟方法甚多，这里介绍绳索活扣绑烟法和竹针串烟法两种。

（1）绳索裙扣绑烟法　竿用直径 2cm 左右，长 1.5m（随烤房挡梁行距而定）的竹竿或木棍，用一条小麻绳，长度是竹竿（或木棍）2.5 倍，一端绑在烟竿上，绑烟时拉紧小绳，紧靠烟竿。然后 2~4 片一束（叶片大，水分含量高的，每束 2~3 片；叶片小，水分含量低的，每束 3~4 片），用小绳依次拴在竿的两旁。每束烟叶要求叶柄平齐，叶背相对，束距 4~7cm，最后用小麻绳在烟竿另一端绑牢，烟竿两端各留 6~9cm 长不绑烟，便于在装烤时挂竿。

（2）竹针串烟法　用长约 16~20cm，直径约 2.5mm 两头尖的竹针。串烟时，用竹针将叶片的叶柄串在一起，叶子背靠背，面对面，叶柄整齐，每根竹针 8~10 片，叶片间隔 1cm 左右，竹针中间留 2~3cm 的距离挂竿，串好后，按每串 20cm 左右的距离挂在竹竿上。

2. 装烟

又叫装炕、挂烟、配炉，是把挂好烟束的竹竿横放在烤房挡梁上。装烟好坏是关系烘烤质量的重要一环，装烟合理不仅节省燃料而且能烤出好烟。装烟时，原则上应做到同房同种、同房同质、同质同层。同一层中装烟稀密要均匀一致，不同层次要做到上密下稀，以利气流上升顺畅，火管产生的热能，能均匀而又迅速上升。装烟密度应根据烟叶部位、烟叶大小、含水量高低和气候等因素确定。上部叶含水分少，叶片小，可以装密些，反之可以装稀些；干旱天气采收的烟叶可以密些，反之稀些；采用竹针串烟法装烟密度可适当稀些；若烤房内温度不均匀时，可在温度高地方密些，温度低的地方装稀些。当遇到烟叶采收的成熟度不一致时，应分别绑烟，并根据烤房内温、湿度的变化，分类装烟，一般下层温度高湿度低，中间温度低湿度大，上层温度稍高湿度最大。因此，成熟较差和较厚的叶，应装在上层，适熟烟叶装在中层，过熟叶、薄叶装在底层。

3. 烘烤原理与技术

烟叶烘烤的任务就是创造和运用适当的温、湿度条件，控制和促进酶类促使烟叶的外观特征和内在化学成分向着有利于提高烟叶质量的方向转化，以更适应卷烟工业的要求。烟叶烘烤时，外观特征有两个变化：一是烟叶由绿色变黄色，二是鲜叶变干叶。烟叶内部化学成分也发生两个变化：一是叶内有机物在酶的作用下，进行转化、分解的生物化学变化多，二是烟叶所含水分的蒸发散失的物理变化。烟叶在烘烤过程中，实质上进行着复杂的生理生化变化，从而达到烟叶变黄，具有香味、弹性、干燥等目的。整个烘烤过程要经过变黄、定色、干筋三个时期。

（1）变黄期　主要任务是以较低温度和较高湿度，促进酶的活化进而促使烟叶内部的生理化学变化。采收的工艺成熟叶片通常含有 80%～90% 水分，10%～20% 的干物质。变黄期烟叶组织和细胞的生命代谢活动仍在继续进行，烟叶失水变软，叶色退绿变黄，蛋白质、烟碱减少，淀粉转化为糖，矿物质相对增加，树脂、香精油、碳氢化物等进行缓慢氧化，产生芳香物质，增进香气，但变黄期叶内各种物质不断分解，呼吸作用还在进行，继续消耗叶内养分，所以变黄期过长，会过多的消耗叶内有机物质，特别是糖分，对产量和品质都不利。因此，变黄期的关键在于掌握适宜温、湿度。

烟叶进烤后，把天窗地洞关好，生火后使烤房内温度逐渐升到 32℃（二层为准）。一般变黄期在 32℃ 时，干湿球差 1～2℃；待叶片发软叶尖变黄，应逐渐升到 35℃，叶面有 1/3 变黄时，再升到 38℃，湿度降低到 83% 左右，干湿球差 3℃，在温度升到 41℃，叶面一半以上变黄，湿球应降低到 70℃，干湿球差 4℃，逐渐上升 45℃，叶面 7～8 成变黄转入定色期，经过 24～48h。变黄期升温以 2～3h 升高 1℃ 为宜。湿度过大可间隙打开天窗排湿，若是天旱湿气小要关严天窗。

（2）定色期　主要任务是用较高的温度和较低的湿度，及时停止烟叶的生命活动，防止有机物消耗过多，使变黄期获得的有利性状和色泽及时固定下来。因此，变黄期烤烘的关键是及时升温排湿，降低湿度。但升温不能过高过快，否则由于相对湿度小，烟叶脱水过多、过快，残存叶绿素不能彻底分解，易烤出青烟。反之，升温排湿过慢，营养物质过量消耗，原生质生物结构逐渐破坏，多酚类物质在多酚氧化酶的作用下，被氧化成深色物质烟叶便出现橙红室暗褐色，降低烟叶质量。

定色初期烤房温度应保持 45～48℃ 之间，同时增开地洞、天窗排湿，将湿度降低 70% 以使叶尖干燥卷缩，再以每小时升温 5～10℃ 的速度升到 50℃，相对湿度保持 80% 左右，叶片边缘卷缩，底层叶片开始卷筒时，叶内水分蒸散量增大，需加旺火力，将温度升高到 55℃，将地洞、天窗全开，使湿气迅速排出，烟叶干至卷筒定色结束。经过 20～30h。在整个定色期间；只能稳升温，慢升温，不能猛升温，不能降温。

（3）干筋期　主要任务是以更高的温度和更低的湿度将主脉烤干，以便烟叶贮存。但干筋温度过高，烟叶香气淡薄，而且高温时间越长，香气降低越显著。同时温度过高，烟叶糖分易焦化，叶色变红，品质降低。

干筋期温度 55～72℃。每小时升温 1℃ 左右，天窗地洞全关，即行停火经过时间 16～36h。变黄期要求叶片叶筋全变黄才可进入中火（定色期）期。中火期温度 45～55℃。

烘烤的技术在于正确掌握烤房内温度，促使烟叶变黄、定色和干燥，从而烤出优质的烟叶。烟叶烘烤总的原则是"三看两定"（看烟叶变黄程度，看干燥情况，看温、湿度高低，决定烧火大小多看干湿球差，决定天窗地洞开关大小）和"三严三灵活"（掌握变黄期烟叶变黄程度要严，变黄时间长短要灵活，掌握各阶段温度范围，特别是定色期要严，炉内烧火大小要灵活；掌握变黄、定色两个时期的干湿球差要严，天窗地洞开关大小要灵活），以达到准确升温排湿。

不同的鲜叶，烘烤后其外观品质与内在品质也不同。为提高烟叶烘烤质量，非正常成熟的烟叶，必须采用不同的烘烤技术。

例如，含水量高烟叶、在连续阴雨天气采收的烟叶，叶片水分含量高，叶片薄，干物质少。绑烟、装烟应稀些，以利水汽排出，在烘烤时，一般采用高温快速排湿法。变黄初期二棚（层）温度应迅速上升到 40℃，然后将天窗、进风洞大部分打开，促使烟叶失水发软，待烤房内相对湿度从 100% 下降 80% 左右（干湿球温度差约 3℃左右），把火封住，再恢复一般烘烤技术的变黄初期的温度（35～38℃）进行烘烤，天窗、进风洞关小或全闭，叶内的水分继续汽化，使相对湿度逐渐回升到 85%～90%（干湿球温度差 1～2℃），促进烟叶凋萎变黄。若烟叶水分还过大，可进行多次高温快速排湿。当烟叶变黄七成转入定色期，并在 45～46℃之间，适当延长一段时间，使烟叶继续变黄，直至烟叶小卷筒后，再逐渐升温。对 24h 内短期淋雨采收的烟叶，除适当减少装烟量外，应采取高温快速排湿法，排除叶面水分，然后按一般烘烤技术烘烤。

对于在干旱季节生长的烟叶，其叶片较小而厚，含水量低，干物质含量高。但耐高温性能较好，烘烤时变黄慢且不均匀。因此，在烘烤烟适当增加装烟量外，应注意保湿。在变黄初期，天窗、进风洞应严密关闭，若湿度达不到 100%（干湿球温度差在 3℃以上时），应在烤房地上泼水加湿，掌握在 37～38℃的温度下变黄，适当延长变黄时间，升温速度要缓慢，当变黄九成时转入定色。定色期间，排气不宜过早，逐渐开大天窗、进风洞，掌握水分偏大些，升温速度也要慢一些，逐步定色，高温干筋速度要快。

对于过熟烟叶，叶片薄，干物质少，脱水块，叶片已在田里变黄。烟叶烘烤时最好单独绑竿，专房烘烤，绑烟和装烟要稀。烘烤开始就应烧较大的火，让温度迅速上升，同时天窗和进风洞开 1/4～1/3，开始排湿，当二棚温度已达 40℃以上，天窗、进风洞逐渐全开，以后定色、干筋过程与一般烘烤技术相同。若无法专房烘烤，则应挂在下层挡梁，适当挂稀。

对于老黑暴烟叶，多由于施氮肥过多，过晚造成。此种烟叶叶片厚实，粗筋暴叶，干物质多，含水量不高，叶色深绿，田间生长不易落黄。这种烟一般掌握九成熟时收，烘烤时延长变黄期，温度的掌握一般是：烟叶未变到二成以上黄时，二棚温度不超过 38℃，未变到五、六成黄，不超过 40℃。定色前期温度上升要慢，一般 4～5h 上升 1℃待烟叶基本变黄。整个烘烤过程的湿度的掌握和一般方法相同。

4. 烟叶烤坏的原因及其防止措施

（1）青烟　青烟有两种。一种是烤后烟叶完全呈现青绿色的叫死青烟，另一种是烤后的烟叶色泽为青中带黄或黄中带青叫青黄烟。原因有多方面，一是烟叶的成熟度不够，烘烤过程中叶绿素不能彻底分解；二是施肥过多、过迟，造成烟叶贪青；三是在烘烤过程中，开始变黄时，升温过高，超过 38℃，造成底层叶青尖；四是变黄期过早排湿，或烟叶还未变黄就升温转入排湿定色；五是定色前期升温速度过快，部分烟叶未彻底变黄，或烟叶回青；六是烤房底棚高度过低，烟层距火管太近或烤房漏气，天地窗不严密，烟叶未变黄即干燥。防止办法，除合理修建烤房，掌握适熟采收外，主要是保证变黄期在较低的温度和较高的湿度条件下充分完成，升温不能过急、排湿不能过早，当转入定色时，应及时升温排湿。

（2）挂灰　烤干烟叶表面上形成局部或全部浅灰色或灰褐色斑点为挂灰。烟叶挂灰多发生在厚叶和中、上部叶片上，较薄或下部叶较少出现。原因一是上部烟叶过熟，叶尖、叶缘发白而未及时采收；二是中部叶或厚叶变黄期温度低，时间过长，干物质消耗过多，而未能及时转火定色；三是定色前期升温过急，烟叶含水量大，烤房排湿不畅或定色期烤房降温，水汽在叶上片凝结，均会造成挂灰。防止方法是：适时采收烟叶，合理绑烟，适温变黄，定色期升温及时且稳，及时排湿，防止降温。

（3）糊片、黑糟烟　烤后烟叶土黄色，重量轻，叶片薄，有干物质贫乏的感觉为糊片，质量差的烟叶容易发生。若烤后叶色呈褐色或深褐色为黑糟烟，品质低劣，失去使用价值。原因之一是烟叶过熟变黄难以定色；二是变黄时间过长，干物质消耗过多，未能及时升温排湿定色；三是烟叶含水量大，变黄期凋萎不够，定色期湿度大，水汽不能迅速排出；四是烤房通风排湿系统不合理，或装烟密度过大，排湿不畅，则易形成黑糟烟或糊片。防止方法是：合理采收烟叶，绑竿装烟，改进烤房通风排湿系统，烘烤中及时升温排湿，变黄适度，定色适时。

（4）蒸片　叶片局部或全部呈褐色或黑褐色，叶片缺乏油分，弹性差，回潮后不易变软。原因一是定色前期，烟叶含水量大，烤房排湿不畅，烟叶在高温（48～50℃），高湿条件下产生蒸片；二是在定色前期，烟叶还未达到半卷筒叶，过早升温，由于叶内含水分多又在高温下，故易产生蒸片；三是绑烟叶没有叶背相对，装房过挤，烟叶中水分不易流失均会产生蒸片。防止方法：合理绑竿，控制装烟量，升温要稳，在烟叶水分尚未排出时，升温不要过快注意定色前排湿。

（5）阴筋阳片　烤干的烟叶主脉呈褐色为阴筋，沿主脉两侧呈褐色称阳片。原因主要是干筋期烤房温度下降较多，时间较长，未干燥主脉中的水分，再度被烤干后则呈褐色。防止方法是在烟叶进入干筋期后，温度应按时上升不能突然下降。

（6）烤红烟　是指烤后的烟叶叶面有红色、红褐色斑点或斑块。原因是干筋期温度过高，干球超过80℃，湿球超过43℃，高温时间过长，叶片易出现烤红。

（三）烟叶烤后处理

1. 回潮

烘烤后烟叶含水量低，极易破碎，需经过一段回潮过程，待烟叶变软后才能解绳或脱签，进行堆放，分级扎把等操作。从外观上看，叶片及支脉柔软，叠压不易破碎，主脉可以折断。若回潮过度，主脉变软，则易霉变。回潮方法，在气温高、湿度大的季节，可在烟叶烤干后，将烤房门窗全部打开，让烟叶吸湿回潮。如气温低，湿度小的季节，可等烤房里烟叶稍软时，小心取出。或烟叶稍微回软后，于次日将烟竿取出，第一竿平放地上，第二竿的叶尖放在第一竿叶柄上，一竿竿略微重叠，以使叶基和叶尖吸潮均匀，但要防止吸湿过多，待接触地面的一面烟叶回软后再翻转，直到烟叶达到回潮要求时，解竿堆放。

2. 下竿

堆放烟叶回潮好后，从烟竿上解下进行堆放。烟叶要经过一段时间的堆放，可使青黄烟含青度大大降低，黄烟的黄色更均匀，鲜明，葡萄糖、果糖含量增加。青杂味和刺激性减轻，香气较好，改善烟叶的外观和内在品质。烟叶在室内堆放，应选干燥、遮光、凉爽、密闭无异味的场所。堆放前在地板铺草，上面再铺草席，然后堆烟。堆烟时应按部位堆放，叶柄朝外，叶尖向里，一层层叠放，堆放后盖麻袋或草席，避免强光照影响烟叶外观。堆后常检查，堆内温度不宜超过35℃，防止发热霉变。

（四）分级扎把

在烟叶交售前3～5d，烟农在烟技员的指导下，根据烤烟42级国标，按烟叶的部位、颜色、品质因素和控制因素对烟叶进行分级扎把。

1. 分级时间

应选择空气湿度较小的白天进行，烟叶含水量控制在16%～18%，避免烟叶回潮过度，严禁人工回潮。

2. 分级场所

选择光线较好的干净场所分级，分级时地上要垫草席、竹席或白色洁净的薄膜，不能在烈日照射或阴暗的地方分级。

3. 扎把要求

每把叶数控制在下部叶20～25片叶，中上部叶15～20片叶，并用同级烟叶进行绑把，每把数量可根据叶片大小和烟厂需求进行适当调整。

4. 注意事项

分级过程中，部位分辨较模糊时，应以脉象、叶形为依据，不能用非同级烟叶扎把，每把用一片烟叶扎把，把内不能掺假，分级后的烟叶必须用遮盖物包严、盖实、防止受潮。同时，不能与有毒物品或有异味物品混贮。

复习思考题

1. 烟草壮苗的标准是什么？
2. 如何依据烟草各生育期的特点制定烟田的管理措施？
3. 烟草打顶、抹杈的作用是什么？
4. 烟叶成熟的特征有哪些？烟叶采收的主要环节有哪些？

参 考 文 献

[1] 李振陆. 农作物生产技术. 北京：中国农业出版社，2001.

[2] 刘玉凤. 作物栽培. 北京：高等教育出版社，2005.

[3] 福建省烟草专卖局，福建省烟草学会. 福建烤烟生产技术. 福州：福建科学技术出版社，2008.

[4] 肖君泽. 农作物生产技术（南方本）. 北京：高等教育出版社，2002.

实验实训指导

实验实训一　有机食品与绿色食品的生产

一、目的要求

1. 学会选择有机食品、绿色食品的生产基地。
2. 能熟练运用有机食品、绿色食品生产技术进行生产和经营。

二、材料用具

原料种植基地、加工厂、主要生产工具、肥料、种子等。

三、方法步骤

1. 选择原料的生产基地　采样分析基地的土壤、大气、水质等环境条件，选好生产基地。
2. 设计生产方案　查阅有关农作物生产标准，按照所选作物的生产技术规程要求，制定详细的生产方案。
3. 有机肥的无害化处理及施肥　按照本单元的相关内容及技术要求操作。
4. 选择主要的生物技术防止病虫草害。
5. 有条件的情况，对收获产品进行包装、销售。

四、考核

根据实训报告的质量进行考核。

实验实训二　种植制度调查与设计

一、目的要求

通过调查，掌握种植制度的调查方法，同时通过与农村、农民的接触，学到群众工作方法，提高对农业、农村、农民的认识；通过对调查材料的总结，培养查阅资料、收集信息和写作的能力。

二、调查内容

1. 自然条件　气候、土壤、地势、地形特点和杂草类型等。
2. 生产条件　耕地面积、劳力、机械、畜力、农田基本建设、水利设施、肥料等。
3. 技术管理及生产水平　种子、栽培技术、病虫害防治技术、作物产量、经济效益等。
4. 作物布局　作物种类、品种、面积、比例、分布等。
5. 复种、轮作换茬、间作和套作的主要类型方式、面积、比例等。
6. 用地养地的经验与教训、当前种植制度存在的问题与改革意见等。

三、调查方法与要求

1. 到家乡所在乡镇、村或农场进行调查。
2. 听取有关报告，进行调查走访、座谈。
3. 通过网络、图书、杂志等查找有关资料。

四、作业

根据调查结果，写一篇调查报告并提出今后的改革意见，指导当地农业生产。

实验实训三　水稻育秧技术

一、目的要求
通过实践教学活动，掌握所在地区推广的育秧技术。

二、材料工具
稻种、秧田、农具等。

三、方法步骤
参照本书第四章第二节有关内容进行。

四、考核
根据秧田出苗情况、苗床管理水平和秧苗素质状况进行综合考核。

实验实训四　水稻出叶和分蘖动态观察记载

一、目的要求
通过定点观察，系统掌握出叶和分蘖动态的观察记载方法，掌握水稻主要生育时期的标准和观察记载方法。了解水稻出叶速度、分蘖动态及叶、蘖同伸规则。

二、材料用具
水稻植株、折（直）尺、号码章（或套圈）、铅笔、记载本等。

三、方法步骤
本实践教学项目为全程系统观察项目，一般需利用课余时间进行。

1. 出叶动态观察

要求 2 人一组，从秧田开始定点 5 株，进行系统观察记载，用号码章（套圈）标记叶龄，记录于表 1 中。

表 1　动态观察记载表

叶序	1	2	3	...
定型日期/（月/日）				
株高/cm				
叶长/cm				
叶宽/cm				

＊株高、叶长、叶宽的单位为 cm。

2. 分蘖动态观察

与观察水稻出叶动态同时进行。要求记载一次分蘖的见蘖期（分蘖叶露出叶枕达 1cm 的日期）、母茎叶龄等，如中途衰亡，则要注明衰亡日期（分蘖呈"喇叭口"状的日期）和亡蘖叶龄。每出一个一次分蘖，应扣上写明分蘖位次和日期的吊牌，将观察数据记录于表 2 中。

表 2　水稻分蘖动态观察记载表

分蘖位次	1	2	3
见蘖日期/（月/日）			
主茎叶龄/d			
衰亡日期/（月/日）			
亡蘖叶龄/d			

3. 生育时期观察

在水稻生育过程中，对群体生育进程进行观察记载，将观察数据记录于表 3 中。

表 3　水稻生育时期观察记载表

生育时期	播种日期	秧田分蘖期	移栽期	大田分蘖期	拔节期	抽穗期	收割期
/（月/日）							

注：除播种期、移栽期和收割期外，均以 50％的稻株达到该期记载标准的日期为准。

四、考核

水稻收割后，根据学生的记载本和总结报告进行综合考核，也可中途进行抽查。

实验实训五　水稻秧苗素质考查及移栽技术

一、目的要求

掌握考查水稻秧苗素质的方法，为培育壮秧和大田移栽提供依据，掌握水稻移栽的方法及关键技术。

二、材料用具

水稻秧苗、小铲锹、米尺、镊子、烘样盘、烘箱、铁筛、计算器、铅笔、记录纸等。

三、方法步骤

1. 稻秧苗素质考查

于秧田中间连根挖取 5 个样点，每点取样面积 25cm^2，将秧苗置于铁筛中，洗净根部泥沙。每点取大小适中秧苗 2～10 株，共 10～50 株，分别考查以下项目。

（1）主茎绿叶数和叶龄　数记每一单株的绿色叶片数和秧苗的年龄，求平均值（下同）。

（2）苗高　从苗基部量至最长叶片顶部，单位：cm（下同）

（3）叶鞘长　从苗基部至最长叶枕的距离。

（4）叶长与叶宽　量最长叶片的长度（叶枕至叶尖）和宽度（中部最宽处）。

（5）单株带蘖数　平均单株带蘖个数。

（6）分蘖苗百分率　有分蘖的秧苗数占考查秧苗数的百分率。

（7）秧苗基部宽度　把 10 株秧苗平排紧靠，量其基部宽度。

（8）根数　取 10 株苗，数计总根数（根长在 1.5cm 以上），并分别计数白根数、黄根数和黑根数。

（9）地上部干鲜重　称取样本地上部鲜重（单位：g），再于 105～110℃烘箱内烘至恒重为止，求平均值（单位：g/株或 g/百株）。

（10）叶面积指数　单株叶面积和单位面积株数之乘积与单位土地面积的比值。

2. 水稻移栽技术

选择有代表性的秧田和移栽大田，按照手栽秧或抛秧的移（抛）栽技术要领进行实践，参见本书第四章第三节有关内容。

四、作业

1. 填写水稻秧苗素质考查汇总表（表 4），对秧苗素质作简要评价。

2. 撰写移栽实习报告。

五、考核

据秧苗素质考查结果和移栽实习报告进行考核。

表 4　水稻秧苗素质考查汇总表

项目 株号	叶龄 /d	主茎 绿叶数	苗高 /cm	叶鞘长 /cm	单株 带蘖数	分蘖苗 百分率/%	苗基部 宽度/cm	根数/条			百苗重/g		叶面积/cm²	
								白	黄	黑	鲜度	干重	单株	指数
1														
2														
...														

实验实训六　水稻看苗诊断技术

一、目的要求

通过实践教学活动，基本掌握水稻不同生育阶段长势、长相的诊断方法，同时能根据诊断结果提出相应的田间管理措施。

二、材料用具

不同长势长相的稻田、米尺、皮尺、计算器、记录纸、铅笔等。

三、方法步骤

1. 总茎蘖数的调查方法

水稻田间总蘖数是反映稻株生育状况的一项重要指标，各地对水稻不同生育阶段总茎蘖数均有一定的指标要求。如江苏等地高产栽培要求在有效分蘖期末全田总茎蘖数应达到适宜穗数的 1.1～1.3 倍。其调查方法是：每块田用五指点取样法，每样点查 10～20 穴（抛栽稻等查 1m²）茎蘖数，求出平均每穴茎蘖数（抛栽稻等可直接算出单位面积茎蘖数）。每样点量出 31 穴行距和株距，求出平均行、株距，计算出单位面积实栽穴数。再根据每穴茎蘖数，便可计算出单位面积总茎蘖数。

2. 苗情考查方法

水稻在各个生育阶段中不同的苗情（弱苗、壮苗、旺苗）有不同的长势长相，通过苗情考查，可鉴别出苗情类别，从而可为采用不同的田间管理措施提供依据。

由于我国幅员辽阔，水稻种植制度、品种、气候条件、栽培技术等具有多样性，故很难对不同生育阶段不同苗情的长势长相提出一个统一的具体指标。因此，组织本次实践教学，首先应了解当地水稻不同生育阶段不同苗情考查的项目和通用指标，然后再进行考查、分析，在此基础上提出田间管理意见。

四、作业

1. 观察、比较不同苗情稻苗的长势长相，进行数据整理，并将结果填入表 5 中。

表 5　水稻不同生育阶段苗情考查结果汇总表

苗情＼生育阶段	分蘖期/(月/日)	拔节长穗期/(月/日)	结实期/(月/日)
弱苗			
壮苗			
旺苗			

2. 根据考查数据，对考查田块的苗情作出诊断。

3. 根据诊断结果，分析形成这种结果的原因，提出田间管理意见。

五、考核

根据考查熟练和准确程度、各期考查结果及分析意见等进行考核。

实验实训七　水稻测产技术

一、目的要求

了解水稻产量构成因素，掌握水稻测产技术，了解不同类型水稻的产量结构情况，为分析、总结水稻生产技术提供依据。

二、材料用具

代表性田间、皮尺、标签、天平或盘秤、脱粒机、匾、考查表、记录纸、计算器、铅笔等。

三、方法步骤

1. 有效穗数的测定

单位面积有效穗数测定方法基本与总茎蘖数的测定方法相同，所不同的是调查对象由茎蘖数变为了有效穗数（具有 10 粒以上结实稻谷的穗子）。

2. 每穗实粒数的测定

在调查穗数的同时，每样点按平均穗数取有代表性的植株 1～5 穴，共 5～25 穴，分样点扎好，挂上写好的标签。标签上应注明田块名、品种、取样日期、取样人等。将样株带回室内，计数每穗实粒数的，则可用常年千粒重估算理论产量。

3. 产量计算

理论产量可用单位面积有效穗数、平均每穗实粒数和千粒重直接计算得出；实际产量可选定若干样区，收割、脱粒、晒干后直接得到。

四、作业

1. 将考查数据进行整理，并将结果填入表 6 中。

2. 分析产量结构，对水稻生产技术进行总结。

表 6　水稻田间测产结果汇总表

田块名	品种	每公顷穴数/穴	每公顷穗数	每公顷有效穗数	每穗实粒数	千粒重/g	理论产量/(kg/hm²)

五、考核

根据测产过程的熟练、正确程度和总结报告的质量进行考核。

实验实训八　小麦播种技术

一、目的要求

通过实际操作，掌握小麦机播技术和播种质量检查方法。

二、材料用具

小麦种子、播种机、直尺、手铲等。

三、方法步骤

1. 播种

在做好播前准备工作的基础上，根据种植计划要求计算播种量，并在播种机上进行调整；确定好播种深度和行距。在教师和机手的指导下播种；随机人员要注意机器运转和排种情况，发现异常现象应立即停机；发现漏播要及时做好标记，以便及时补播。根据地形、土壤踏实情况及时调节播种深度，以免露子或播种过深。

2. 播种质量检查

首先按计划播种量，算出每米行长应露籽粒数。然后以小组为单位，随机取两个样点，每点长 1m，用手铲顺垄向一侧扒开覆土，露出全部种子进行检查，记录样点内落粒数，并测出播种深度（自种子表面量到地表）。此外，还要观察记载播种地段是否行直垄正，覆土严实，有无重播、漏播现象。

四、作业

根据各小组检查结果，对播种质量进行分析评价。

五、考核

根据出苗情况和分析报告的质量进行考核。

实验实训九　小麦基本苗数和田间出苗率调查

一、目的要求

学会小麦基本苗和田间出苗率的调查方法；了解小麦基本苗数，明确其对群体动态的影响及在栽培上的意义，为科学管理提供依据。

二、材料用具

小麦生产田间（或实验地）、皮尺、卷尺等。

三、方法步骤

1. 基本苗调查

小麦基本苗调查应在出苗后到分蘖前进行。调查方法有多种，本实践教学采用单位面积调查法。

（1）选取样点　选取的样点要有代表性，应避开条件特异的地方。样点的数目及面积要依麦苗生长整齐度，要求调查的精确度，以及地块大小、人力等而定。一般试验小区 2 个点，生产田选 5 个点或更多些。样点应为梅花形或对角线分布。

（2）求平均行距　在每个样点处量一个畦宽度，用畦内行数去除，或量取 21 行宽度，以 20 除之得出平均行距。重复 2～3 次。

（3）数样点内的基本苗数　本实习每个样点取 2 行，样点行长 1m，两端插棍，数其内苗数。

（4）计算基本苗数

$$单位面积基本苗数=\frac{样点内苗数\times 单位面积(m^2)}{2\times 行距(m)}$$

如果后需定点调查，必须记载个调查点的详细位置。

2. 田间出苗率调查

单位面积实际出苗数占理论出苗数的百分率为田间出苗率，可结合基本苗调查进行。将样点面积内按一定深度将苗和土全部挖出置于铁筛中，用水洗净，数苗数和未成苗种子粒数，两者之和即播种粒数。

$$田间出苗率=\frac{出苗数}{播种粒数\times 发芽率}\times 100\%$$

生产调查时，样点内播种粒数往往根据实际播种量和千粒重计算求得。

四、作业

根据出苗情况和计划要求，分析苗情，并提出田间管理意见。

五、考核

根据调查结果和作业情况进行考核。

实验实训十　小麦出叶和分蘖动态观察记载

一、目的要求

了解小麦出叶速度、分蘖动态和叶、蘖同伸规律；掌握观察记载个体出叶及分蘖动态的方法。

二、材料用具

正常生长的麦田植株、吊牌、号码章、记载表、铅笔等。

三、方法步骤

主要利用平时课余时间，每2人1组，选定生长正常的5株麦苗进行系统观察记载。

1. 出叶动态观察

从出苗到孕穗，对每片叶的出生期和定型期分别记载，并用号码章标记叶龄。

2. 分蘖动态观察

对5株小麦观察、记载每个分蘖的出生日期、出生时的母茎叶龄、消亡日期、最后成穗情况等。记载时要挂塑料牌，牌上写明分蘖位次和见蘖日期。

（1）分蘖位次　见蘖时对此蘖的级次和所处的叶位进行记载。

（2）见蘖日期　分蘖露出1cm的日期。待此蘖伸出2～3cm时，写明分蘖位次和日期的塑料牌扣上。

（3）母茎叶龄　见某分蘖时，若此蘖为一级分蘖，则产生此分蘖的母茎叶龄即主茎叶龄；若此分蘖位二级分蘖，母茎叶龄即产生此蘖的一级分蘖的叶龄。

（4）消亡日期　分蘖呈"喇叭口"状的日期。

（5）成穗蘖位次及叶龄　成穗分蘖的级次和所处叶位、自身叶龄。

四、作业

对记载资料进行整理，并分析是否符合叶蘖同伸规律。

五、考核

小麦收割后，根据学生的记载资料和分析、总结报告质量综合考核，也可中途抽查记载资料。

实验实训十一　小麦看苗诊断技术

一、目的要求

掌握小麦越冬期、返青期看苗诊断方法，学会分析苗情并提出相应的田间的管理措施。

二、材料用具

小麦田、米尺、手铲等。

三、方法步骤

在小麦越冬期、返青期分别进行调查。

1. 单位面积茎数调查

每一块地依对角线取有代表性的5个样点，查样点内茎数，换算成单位面积茎数。

2. 个体调查

在所定样点处挖取有代表性的麦苗 10 株，进行以下项目考查。

（1）苗高　从地面量至最长叶尖，单位为 cm。

（2）主茎叶片数　包括展开叶和心叶。

（3）单株茎蘖数　含主茎在内的露出叶鞘 1cm 以上的所有分蘖数。

（4）单株次生根数　长 1cm 以上的次生根数。

（5）单株叶面积　单株全部绿色叶片的总面积，单位为 cm^2。可用叶面积测定仪测得，或用叶长和叶宽的乘积除以系数 1.2 求得。叶长自叶片基部量至叶尖端，叶宽量叶片中部的宽度。根据单株叶面积和单位面积基本苗数，可计算叶面积系数，作为衡量群体大小的指标。

（6）春生 1、2、3 叶的长和宽　返青期苗情调查此项。

四、作业

1. 设计一张表格，将调查结果汇总填表。

2. 分析所调查麦田的苗情及其成因，提出下一步管理意见。

五、考核

根据考察表的熟练、准确程度以及分析意见等综合考核。

实验实训十二　小麦测产技术

一、目的要求

掌握小麦测产方法，根据测产结果及产量结构，分析栽培措施的效应。

二、材料用具

小麦生产田、皮尺、直尺、计数器、种子袋、脱粒机等。

三、方法步骤

小麦测产根据时间早晚可分估计测和实测。估测在乳熟期后进行，实测在蜡熟期进行。

1. 估测

（1）选取样点　样点要有代表性。样点数目可根据面积大小、生长整齐度等灵活掌握，一般采用对角线法，每块地选 5 个点。样点面积一般取 $1m^2$，条播可取 3～4 行，根据行距计算样点长度。样点长度（m）＝1/平均行距（m）×3。撒播时，则计算并量出样点的长、宽。

（2）单位面积有效穗数　在每个样点内数其有效穗数，然后计算单位面积穗数。

（3）每穗粒数　每个样点随机取 20～30 穗，计算出平均每穗粒数。

（4）估计千粒重　根据常年该品种的平均千粒重，参照当年小麦长势和气象条件，估计出千粒重。

（5）计算理论产量　理论产量（kg/单位面积)＝单位面积×穗粒数×千粒重(g)×10^{-6}

2. 实测

按估测方法选取若干样点，收割、脱粒、晒干、称重，计算产量。由于小麦打收有一定损失，此结果常比实际产量高 10% 左右。

四、作业

1. 将测产结果整理填入表 7 中：

表 7　小麦测产结果表

测产日期

地块（品种）	每公顷有效穗	平均每穗粒数	千粒重/g	理论产量/(kg/hm²)

2. 结合当年的栽培管理情况、气候特点等，对测产结果进行分析，写出总结报告。

五、考核

根据测产过程中的熟练、正确程度和总结报告的质量综合考核。

实验实训十三　玉米播种技术

一、目的要求

熟练掌握玉米播种的关键技术环节和方法。

二、材料用具

种子、播种机具、农药、皮尺、台秤等。

三、方法步骤

参照本书第四章第二节有关内容进行。

四、作业

根据实习体会写一份实习报告。

五、考核

根据田间出苗情况和实习报告质量进行考核。

实验实训十四　玉米出叶动态观察记载

一、目的要求

了解玉米出叶速度，掌握观察记载个体出叶的方法。

二、材料用具

正常生长的玉米田植株、吊牌、号码章（或套圈）、记载表、铅笔等。

三、方法步骤

主要利用平时课余时间，每 2 人 1 组，选定生长正常的 5 株玉米进行系统观察记载。

出叶动态观察：从出苗到抽雄，对每片叶的出生期和定型期分别记载，并用号码章（或套圈）标记叶龄（可从 4 叶期开始）。

四、作业

对记载资料进行整理并分析。

五、考核

玉米收割后，根据学生的记载资料和分析、总结报告综合考核，也可中途抽查记载资料。

实验实训十五　玉米空秆、倒伏、缺粒现象的调查及原因分析

一、目的要求

掌握玉米空秆、倒伏、缺粒现象的调查方法，能够分析玉米空秆、倒伏、缺粒形成的原因，并提出其防治措施。

二、材料用具

玉米生产田、米尺、计算器等。

三、方法步骤

1. 空秆、倒伏、缺粒调查

按对角线取 5 个样点（可以地块大小、生长整齐度灵活增减），每点连续选取 50 株有代表性的植株，进行以下项目调查。

（1）空秆率　记载空杆数，计算空杆率。

（2）倒伏株率　记载倒伏株数并计算倒伏株率。

（3）缺粒穗率　同时调查记载有效穗数及秃尖缺粒穗数，计算秃尖缺粒穗占有效穗的百分数即缺粒穗率。

2. 空秆、倒伏、缺粒原因分析

（1）空秆原因分析

① 密度方面　密度大小，植株分布的均匀程度，株间荫蔽程度等。

② 地力及施肥情况　地力高低，施肥种类、数量、时期、方法等。

③ 气候条件　雨量多少分布，排灌情况。

④ 植株生长状况　植株高矮、生长壮弱及整齐程度，有无徒长和缺肥现象等。

⑤ 病虫害发生情况。

⑥ 品种特性及种子纯度。

（2）倒伏原因分析

① 品种特性。

② 密度大小及植株分布的均匀程度。

③ 施肥浇水情况　营养元素的搭配，施肥时间、方法、数量、种类等，浇水时间及数量。

④ 病虫害发生情况。

⑤ 整地质量。

⑥ 气候条件　雨量多少及分布，风雨袭击等。

（3）缺粒原因分析

① 品种遗传因素。

② 环境条件　开花结实期气温高低、风力大小、雨量和日照、空气相对湿度、土壤水分状况及营养条件等。

③ 开花授粉情况　雌雄开花是否协调，散粉、吐丝情况。

④ 栽培管理　肥水管理、病虫防治、植株生长整齐度等。

四、作业

1. 设计表格，将调查结果填表说明。

2. 针对调查田块的情况，分析造成空秆、倒伏、缺粒的原因。

3. 防止玉米空秆、倒伏、缺粒的措施。

五、考核

根据调查结果和分析报告的质量进行考核。

实验实训十六　玉米测产技术

一、目的要求

学会玉米田间测产的方法，并根据测产结果及产量结构分析各项栽培措施的效应。

二、材料用具

玉米生产田、皮尺、计算器、天平等。

三、方法步骤

测产也称估产，分预测和实测两种。预测在蜡熟期进行，实测在收货时进行。

1. 选点取样

每块地按对角线选取 5 个样点（依地块大小、生长整齐度可灵活增减），然后从各点选取连续生长的有代表性的植株，实测每点取 30～50 株，预测 10 株。

2. 测定行株距，计算单位面积株数

（1）测定行距　测量 20～30 行，求出平均行距。

（2）测定株距　每个样点取连续生长的 40～50 株，量其距离，计算平均株距。

（3）计算单位面积株数　单位面积株数＝单位面积(m^2)/[行距(m)×株距(m)]

3. 测平均单株穗数和穗粒数（预测用）

在测定株距的地段上，在计数株数的同时，还要计数总穗数，得出平均单株穗数。在选定样本的株数上，剥开苞叶计算每穗粒数。

4. 测定样本粒重（实测用）

将各点所选取的植株摘下全部果穗，脱粒晒干称重。

5. 计算产量

预测产量(kg/单位面积)＝单位面积株数×平均单株穗数×穗粒数×千粒重(g)×10^{-6}

千粒重可根据该品种常年千粒重，结合当年玉米生长情况估计。

四、作业

写出测产报告，并根据测产结果及产量构成因素分析栽培措施效应及气候条件的影响。

五、考核

根据测产过程的熟练、正确程度和总结报告的质量进行考核。

实验实训十七　马铃薯块茎及植株形态结构观察与淀粉含量测定

一、目的要求

了解马铃薯植株的形态特征；掌握马铃薯块茎的形态结构；掌握马铃薯块茎淀粉含量的测定方法。

二、材料用具

块茎、大量杯、小量筒、网筐、台称、密度计、食盐水、碘液、水桶等。

三、方法步骤

1. 马铃薯块茎的形态结构

马铃薯块茎是一短缩而肥大的变态茎，其形成是匍匐茎顶端停止极性生长，皮层、髓部及韧皮部的薄壁细胞分生与扩大，积累养分的结果。

块茎上有螺旋状排列的芽眼，芽眼外有半月形的芽痕（芽眉）。芽眼内有一个主芽和三个以上的副芽，多者可达 20 个以上。

（1）取植株标本的地上部分，依次识别下列各项：

① 地上茎的特征　茎翅形状、分枝情况、表皮有无茸毛。

② 叶的组成部分　顶生小叶、侧生小叶、裂片叶、托叶的形状、表皮茸毛以及初生叶的特点。

③ 花的组成部分　花序，萼片的颜色、数目，花瓣的颜色和数目，雄蕊、雌蕊的组成。

④ 果实和种子　果实的大小、形状，种子的大小和形态。

（2）取植株标本的地下部分，依次识别下列各项：

① 地下主茎　粗度、长度、颜色、其上着生匍匐茎的多少。

② 匍匐茎　从地下主茎伸出的方向、长度、粗度、层数。匍匐茎与根的区别，块茎的着生部位。

③ 块茎　形状（圆、扁圆、长圆、椭圆等），重量（一般重75g以上为大，50～75g为中，50g以下为小），颜色，芽眉，芽眼的位置及其在块茎上的分布特点，皮孔的多少，顶部及脐部的位置。如在块茎膨大过程中，遇到高温干旱和干湿交替等不良条件，还会出现各种各样的畸形块茎——即次生薯、子块茎、链球薯、未熟抽芽薯等。其皮色有白、黄、黑、粉、红、玫瑰红和紫色等，薯肉有白、黄和黑色三种。皮上有孔，表面光滑或粗糙。

（3）取成熟的马铃薯块茎，横切，观察其内部肉色并参照挂图观察内部构造。

然后用碘液滴入切面观察其颜色变化各部着色深浅有何不同。从块茎的横断面上看，由外向内依次是周皮，皮层，维管束环，外髓和内髓。外髓淀粉多，其次是皮层，内髓含量最少，马铃薯的淀粉粒为卵形，整个块茎基部淀粉含量比顶部多达2%～3%，如将碘液滴在横断面上，可以看到淀粉含量多的地方深蓝色的现象。

2. 淀粉含量的测定

马铃薯块茎中干物质及其淀粉含量的多少是决定块茎品质的一个重要指标，但常因品种与栽培条件不同而有所差异。马铃薯块茎是由干物质和水分组成的，干物质中主要是淀粉。而干物质的密度大于水的密度（如淀粉的密度为1.5，而水的密度为1.0），这就与干物质或淀粉的含量之间具有一定的相关性，只要测出块茎的密度，就能从现成的表中查出干物质的含量。

干物质中除淀粉外，还有蛋白质，维生素，糖分，有机酸和盐类等。从干物质含量（%）减去5.752%，就是淀粉和糖分的含量，称为淀粉价。从淀粉价中减去1.5%的糖分，就是淀粉含量。

测定块茎淀粉含量的方法有三种：即水中称重法、排水量法、密度计法。

（1）水中称重法　这种方法根据的原理是：任何物质在水中减轻的重量等于它排开的同体积水的重量。设块茎在空气中的重量为 A，在水中的重量为 B，则其密度应为：$a=A/B$。

在实际测定中，常将块茎放入网筐中称重，此时，$A=$网筐连块茎在空气中的重量－网筐在空气中的重量；$B=$网筐连块茎在水中的重量－网筐在水中的重量；将 A，B 代入上式 $a=A/B$，即得密度。然后查马铃薯块茎干物质、淀粉价查对表，即得测试块茎的淀粉价。从淀粉价中减去1.5%的糖分含量，即得其块茎的淀粉含量。

（2）排水量法　将水倒入大量杯中，使它达到某一刻度，记下刻度，并将水倒出一部分于小量筒中；再将称过重量为 Mg 的块茎，逐个放入大量杯中，然后将小量筒中的水倒回大量杯中使它回到原来的刻度，然后从小量筒中读出剩余的毫升数 N，则块茎的密度为：$a=M/N$。

（3）比重计法　将块茎放在清水中，逐步加入高浓度的食盐水，块茎逐渐上升到容器中间，呈半悬浮状态，将比重计插入溶液中，直接测出其密度，由表8查得淀粉含量。

四、作业

1. 根据观察结果，绘马铃薯块茎的外形图和横切面图，并标明各部分的名称。

2. 将块茎淀粉含量测定结果填入表9。

表 8　马铃薯块茎干物质、淀粉价查对表

相对密度	干物质/%	淀粉价/%	相对密度	干物质/%	淀粉价/%
1.0493	13.100	7.400	1.1025	24.501	18.740
1.0504	13.300	7.600	1.1035	24.779	19.020
1.0515	13.600	7.800	1.1050	25.036	19.280
1.0526	13.800	8.100	1.1062	25.293	19.540
1.0537	14.100	8.300	1.1074	25.549	19.790
1.0549	14.300	8.600	1.1086	25.806	20.050
1.0560	14.600	8.800	1.1099	26.008	20.333
1.0571	14.800	9.000	1.1111	26.341	20.589
1.0582	15.000	9.300	1.1123	26.598	20.846
1.0593	15.300	9.500	1.1136	26.876	21.124
1.0603	15.500	9.900	1.1148	27.133	21.381
1.0616	15.743	9.993	1.1161	27.411	21.659
1.0627	15.948	10.232	1.1173	27.688	21.916
1.0638	16.219	10.468	1.1186	27.946	22.194
1.0650	16.476	10.724	1.1198	28.203	22.451
1.0661	16.711	10.959	1.1211	28.481	22.629
1.0672	16.949	11.195	1.1224	28.760	23.008
1.0684	17.204	11.452	1.1236	29.016	23.264
1.0695	17.439	11.687	1.1249	29.295	23.543
1.0707	17.696	11.944	1.1261	29.551	23.799
1.0718	17.931	12.179	1.1274	29.830	24.078
1.0730	18.188	12.436	1.1285	30.086	24.334
1.0741	18.473	12.671	1.1299	30.365	24.613
1.0753	18.680	12.928	1.1312	30.543	24.891
1.0764	18.916	13.164	1.1325	30.921	25.169
1.0776	19.172	13.420	1.1338	31.199	25.447
1.0787	19.408	13.656	1.1351	31.477	25.725
1.0799	19.665	13.913	1.1364	31.756	26.000
1.0811	19.921	14.169	1.1377	32.034	26.282
1.0822	20.157	14.405	1.1390	32.312	26.560
1.0834	20.414	14.662	1.1403	32.590	26.888
1.0846	20.670	14.918	1.1416	32.868	27.110
1.0858	20.925	15.175	1.1429	33.147	27.395
1.0870	21.184	15.432	1.1442	33.425	27.673
1.0881	21.419	15.667	1.1455	33.703	27.951
1.0893	21.676	15.924	1.1468	33.981	28.229
1.0905	21.933	16.181	1.1481	34.259	28.507
1.0917	22.190	16.438	1.1494	34.538	28.786
1.0929	22.447	16.695	1.1504	34.816	29.064
1.0941	22.703	16.951	1.1521	35.115	29.363
1.0953	22.960	17.208	1.1534	35.394	29.642
1.0965	23.217	17.465	1.1547	35.672	29.920
1.0977	23.474	17.722	1.1561	35.971	30.219
1.0989	23.731	17.970	1.1574	36.249	30.493
1.1001	23.987	18.230	1.1587	36.526	30.776
1.1013	24.244	18.490	1.1601	36.872	31.075

表 9　马铃薯块茎淀粉含量测定结果记载表

品种或处理	水中称重法					排水法					密度计法		
	空气中重/g	水中重/g	相对密度	干物质/%	淀粉价/%	空气中重/g	排开水毫升数/ml	相对密度	干物质/%	淀粉价/%	相对密度	干物质/%	淀粉价/%

实验实训十八　花生播种

一、目的要求

综合所学知识，能够做好花生播种前各项准备工作；学会确定播种量、播期、种植方式；能熟练运用播种方法播种花生。

二、材料用具

试验田或生产田、生产工具、花生种、拌种药剂、除草剂等。

三、方法步骤

1. 确定种植方式。

2. 做好土壤、肥料、种子等准备工作。

3. 实施播种，确保一播全苗。

四、考核

根据操作的熟练程度和出苗情况等进行考核。

实验实训十九　花生生育状况调查和测产

一、目的要求

学习掌握花生植株生育状况的基本测定和调查方法，了解、熟悉花生个体和群体生育过程；系统了解花生荚果的发育过程；学习花生测产方法。

二、材料用具

不同品种或不同栽培处理的花生田。镢头、箩筐、剪刀、打孔器、钢卷尺、烘箱、干燥器、粗天平、1/1000 天平、磅秤、网袋。

三、方法步骤

1. 植株生育状况及生育动态调查测定：定点、定期取样、项目测定调查。

2. 荚果发育动态观察。

3. 花生田间侧产：估产、侧产。

四、考核

根据调查熟练程度和观察的准确程度进行考核。

实验实训二十　花生形态观察与类型识别

一、目的要求

认识花生的植物学特征。识别花生三个栽培类型的形态特征。了解花生的开花、下针及结实过程。

二、材料用具

花生各类型（直立型、蔓生型、半蔓生型）的完整植株（开花下针期），果实、种子标本及挂图、镊子、解剖针、米尺等。

三、方法步骤

1. 花生的形态

（1）根　根系组成、根瘤。

（2）茎和分枝　主茎直立，茎绿色或紫红色，有茸毛；主茎上可发生分枝。

（3）叶　真叶为偶数羽状复叶，由小叶、叶柄、叶枕、托叶组成；小叶颜色、形状、大小随品种和条件而异。

（4）花　花序为总状；花由苞叶、花萼、花冠、雄蕊、雌蕊组成。花生开花受精后，子房基部分生组织分裂形成子房柄，子房柄和其尖端的子房统称为果针。

（5）果实和种子　果实为荚果，由子房膨大而成。荚果的形状、荚壳的厚薄、脉纹的粗细深浅，果嘴是否明显，因品种而异。种子形状分为椭圆形、圆锥形、桃形、三角形四种，种皮颜色有深红、红、淡红、褐色四种。

2. 花生的类型

（1）按花生荚果内种子数、果形等分为普通型、龙生型、多粒型和珍珠豆型。

（2）按生育期长短分为早熟（130d 以下）、中熟（130～160d）、晚熟（160d 以上）。

（3）按荚果大小分为大花生、小花生。

（4）按开花型分为交替开花型、连续开花型。

（5）按分枝习性分为直立型、蔓生型、半蔓生型。

3. 花生开花、下针及结实

参见第六章相关内容。

四、作业

绘图表示花生种子的构造，标明各部分名称。

实验实训二十一　油菜播种

一、目的要求

综合所学知识，能够做好油菜播种前各项准备工作；学会确定播种量、播期的方法；熟练掌握播种技术。

二、材料用具

适宜本地区的油菜种子、肥料（尿素、过磷酸钙、硫酸钾等）、有关农具。

三、方法步骤

1. 选用适宜本地区的油菜优良品种。

2. 确定播种期。

3. 确定播种量　每公顷播量为 6～7kg。

4. 播种方法　油菜播种要稀播、匀播、浅播。

5. 检查出苗率。

在油菜出苗后，检查出苗情况，及时补苗，保证油菜全苗。

四、考核

根据操作的熟练程度和出苗情况等进行考核评估。

实验实训二十二　油菜类型的识别

一、目的要求

比较不同类型油菜的形态特征，正确识别油菜的三种类型。

二、材料用具

三种类型油菜（白菜型、芥菜型、甘蓝型）的新鲜枝株（幼苗、成熟植株）、标本、放大镜、铅笔等。

三、方法步骤

取三种不同类型油菜的幼苗及成熟植株。依据各类型的特点，按根、茎、叶、花、果实、种子各器官的顺序区别幼苗及植株。

1. 白菜类型油菜

我国栽培的白菜类型油菜有两种：一是北方小油菜；一是南方油白菜。

（1）北方小油菜　主根发达，入土深广。株型矮小，分支少，茎秆细。茎叶不发达，匍匐生长，叶形椭圆，有明显的琴状裂片，刺毛多，有一层薄的蜡粉，薹茎叶无柄，基部抱茎。角果种子均较小。

（2）南方油白菜　也称矮生油菜、甜油菜。此类油菜侧根多，根系较发达，主根入土较浅呈半木质化，抗旱抗寒能力较弱。植株较矮，分枝部位较低，分枝数较多，分枝与主茎夹角较大。叶片较薄且宽大，淡绿色，中脉明显，叶蜡粉少或无，叶呈卵圆型，长披针形或戟形，全缘或波浪形，浅锯齿，全株叶片一般无叶柄，茎生叶呈戟形，叶翼发达，抱茎或半抱茎而生。花为淡黄色，花瓣圆形，开花的花瓣两侧重叠。角果肥大，角果与果柄着生方向不一致。种子较大多黄色，也有黑、红、褐、黄褐等颜色。

2. 芥菜型油菜

根粗壮，侧根发达，植株高大，株型松散，分枝纤细，分枝部位高，分枝与主茎角度小，茎纤维多而坚硬。叶片较薄，叶色深绿或油绿，叶上有刺毛或无刺毛，茎生叶有明显的叶柄，叶片较大，叶缘为羽状缺刻，少数品种叶全缘或微波形。上部叶片的叶柄极短，叶呈披针形。花较小，鲜黄色或深黄色，花瓣稍长、分离。果实瘦小、细、短、圆柱形，果柄与果轴夹角小。种子有褐、黄、红、黑等颜色，种皮有明显的网纹，种子有辛辣味。

3. 甘蓝型油菜

主根发达，有粗大根茎。植株较高，枝叶繁茂，苗期似甘蓝。叶有裂片，定裂片大，叶面有明显蜡粉层，叶片厚，叶有绿、深绿、蓝绿或暗绿等颜色。缩茎叶叶缘有戟状缺刻、叶柄长。伸长茎叶为短叶柄，叶柄基部有叶翼，呈琴形，薹茎叶无叶柄，呈披针型。花大、黄色，花瓣圆形，开花时花瓣重叠。角果果柄与果轴呈直角着生，角果上有蜡粉种子大，黑褐色。

四、作业

将对三种油菜类型观察对比的结果填入表 10 中。

表 10　三种油菜类型主要特征比较表

类型（代表品种） 项目		白菜型	甘蓝型	芥菜型
根的特点				
茎	株高/cm			
	分枝部位			
叶	茎生叶大小/cm²			
	薹茎叶基部抱茎状况			
	叶片蜡粉多少			
花	花冠颜色、大小			
	花瓣排列			
角果	着生状态			
	长度/cm			
	粗细/cm			
种子	大小			
	颜色			

实验实训二十三　油菜花芽分化观察

一、目的要求
练习油菜花芽分化观察方法。

二、材料用具
1. 解剖针、解剖刀、镊子、显微镜、蒸馏水。
2. 不同时期油菜植株；不同类型油菜植株、种子、标本以及鲜活标本。

三、方法步骤
1. 油菜 3 大类型观察　白菜型，甘蓝型，芥菜型。
2. 油菜花芽分化
（1）花芽原基形成阶段。
（2）花萼形成阶段。
（3）雌雄蕊和花瓣形成阶段。
（4）胚珠和花粉形成阶段。

四、作业
绘图说明油菜花芽分化的各个时期，并注明各部位名称。

实验实训二十四　大豆形态特征与类型观察

一、目的要求
认识大豆的主要植物学特征；识别大豆主要栽培类型的形态特征。

二、材料用具
大豆各类型的植株、种子标本及有关挂图、幻灯片、镊子、解剖刀、米尺等。

三、方法步骤
1. 大豆植物学形态特征观察
（1）根　根系组成、根瘤。
（2）茎和分枝　主茎组成，茎茸毛颜色；主茎上分枝多少、分枝强弱。
（3）叶　真叶组成、小叶颜色、形状、大小随品种和条件而异。
（4）花　为总状花序。花由苞叶、花萼、花冠、雄蕊、雌蕊组成，花色有紫色和白色。
（5）果实和种子　果实为荚果。荚果的形状；种子组成、形状及大小，种皮颜色。
2. 大豆的类型识别
取不同类型的大豆植株，依照下列划分类型的方法进行比较观察。
（1）根据主茎生长形态分为直立型、蔓生型、半直立型。
（2）根据分枝多少、强弱分为主茎型、中间型、分枝型。
（3）根据分枝与主茎所成角度的大小分为张开型、半张开型和收敛型。

四、作业
比较大豆不同形态类型的植株，将各类型的大豆特点作表填入。

实验实训二十五　大豆看苗诊断技术

一、目的要求
掌握大豆看苗诊断技术，区分壮苗、弱苗和徒长苗，为采取相应管理措施提供依据。

二、材料用具

大豆田、移植铲、米尺等。

三、方法步骤

根据大豆幼苗的长相分成壮苗、弱苗和徒长苗。

壮苗　根系发育良好，主根粗壮，侧根发达，根瘤多；幼茎粗壮，不徒长。节间适中，叶间距≤3cm；子叶、单叶肥大厚实。叶色浓绿。

弱苗　根系欠发达，侧根、根瘤较少；幼茎较纤弱；节间过短；子叶、单叶小而薄黄绿。

徒长苗　根系不发达，侧根、根瘤较少；幼茎细长；节间过长；子叶、单叶大而薄淡绿。

四、作业

根据大豆长相，诊断幼苗类型，若为弱苗或徒长苗，请分析原因并提出适当的管理措施。

实验实训二十六　大豆开花顺序和结荚习性观察

一、目的要求

识别不同结荚习性的大豆开花顺序和植株特征。

二、材料用具

不同结荚习性的大豆植株、米尺、铅笔等。

三、方法步骤

大豆的结荚习性分为有限结荚习性、无限结荚习性和亚有限结荚习性。这些类型的主要特征有着明显的区别，但因环境条件的影响也有一定的变化。取不同结荚习性的大豆植株着重观察开花顺序和结荚习性及株型的主要区别。

① 植株高度（cm）　地面至主茎顶端生长点的高度。

② 茎节间的长短（cm）。

③ 豆荚在主茎和分枝上的分布。

④ 主茎顶端花序的大小。

⑤ 开花结荚的次序。

四、作业

将不同结荚习性的大豆植株的主要区别作表比较。

实验实训二十七　大豆鼓粒期长势长相诊断

一、目的要求

学会大豆鼓粒期长势长相诊断技术，以便采取相应的栽培技术措施。

二、材料用具

大豆田块、米尺、移植铲、游标卡尺、放大镜、铅笔等。

三、方法步骤

1. 大豆鼓粒成熟期长势长相的调查

（1）每亩的株数的调查　每亩的株数＝每平方米土地的株数×667m²。

（2）株高（cm）　子叶节至主茎顶端生长点的高度。

（3）茎粗（cm）　主茎第五节间的直径。

（4）有效分枝数　分枝上有两个节以上且至少有一个节着生有效荚。

（5）主茎节数　从子叶节算起。

（6）平均节间长度（cm）　株高/主茎节间数。

（7）叶色　黄绿、绿、浓绿。

（8）叶面积指数测定　叶面积指数＝单株叶面积（m²）×每亩的株数/（667m²）。单株叶面积＝$\sum kab$（k 值卵圆形叶为 0.6899，披针形叶为 0.7013；a 为叶长，b 为叶宽）。

（9）每株有效荚数。

（10）每株实粒数。

2. 大豆鼓粒成熟期长势长相的诊断

大豆鼓粒成熟期丰产长势长相为植株粗壮整齐，枝多，节多，荚多，荚色整齐，荚荚饱满，粒粒鼓圆，落叶整齐，成熟一致。

四、作业

1. 将调查结果作表填入。

2. 诊断大豆鼓粒成熟期的长势长相，分析成因，并提出相应的调节措施。

实验实训二十八　麻类作物植物学形态特征观察

一、目的要求

识别苎麻、黄麻、红麻、大麻、亚麻、剑麻的主要植物学形态特征，要求细致观察，准确记述。

二、材料用具

苎麻、黄麻、红麻、大麻、亚麻、剑麻的植株或浸制压制标本；主要麻类的幼苗、叶、花、果实等的浸制或压制标本和种子；放大镜、镊子、解剖针、米尺、刀子。

三、方法步骤

分别对主要麻类作物植株，以根、茎、叶、花、果实及种子的标本，参考课堂讲授及教材内容，逐项观察形态特征。

四、作业

1. 将观察到的主要麻类作物各部位的形态特点列表说明。

2. 黄麻圆果种和长果种主要区别有哪些？

实验实训二十九　剑麻鲜叶产量预测

一、目的要求

掌握剑麻鲜叶产量预测方法，为编写剑麻加工计划、准备或购置加工设备作重要的参考。

二、材料用具

皮尺、计算器、台称、铅笔等。

三、方法步骤

在剑麻收获加工前进行。

1. 选取样点

在田中按梅花形五点取样法选取有代表性的样点。

2. 平均株距

在每个样点用皮尺量 20 个株距，求出 5 个样点的平均株距。

3. 平均行距

在每个样点量 10 个行距，求出 5 个样点的平均行距。

4. 计算每亩株数

$$每亩株数 = \frac{667m^2}{平均行距(m) \times 平均株距(m)}$$

5. 计算单株平均叶片数

在每个样点中选有代表性 5 株，共 25 株，分别数出每样株从麻头向上的叶片轮数。

$$该样株单株叶片数 = 该样株叶片轮数 \times 叶片序数（剑麻每轮叶片为 13 片）$$

求出 25 株平均单株叶片数。

6. 决定留叶数和可割叶片数。

7. 计算平均单叶鲜重

分别对每个样株决定割叶数后，每轮割 1 片叶，然后用台秤称重，即求得出平均单叶鲜重。

8. 计算单株鲜叶重

$$单株鲜叶重 = 拟割叶片数 \times 平均单叶鲜重$$

9. 计算每亩鲜叶重

$$每亩鲜叶重 = 每亩株数 \times 平均单叶鲜重。$$

四、作业

根据预测步骤，演算结果并对剑麻鲜叶结果进行分析。

实验实训三十　甘蔗形态特征观察和主要良种识别

一、目的要求

通过形态特征特点来识别甘蔗品种。

二、材料用具

当地 2～3 个甘蔗优良品种，甘蔗植株，放大镜，米尺等。

三、方法步骤

1. 观察甘蔗形态特征

选取代表性植株，分别观察各部位。

（1）根　蔗根由于生长部位和时间不同分为种根和苗根，有时也可能发生气根（气根是一种不良的经济性状）。观察蔗根分布范围、入土深浅、颜色、与地表所成的角度。

（2）茎和芽　观察茎高，茎基部与顶部粗度比较，节间形态，节的组成（根带、根点、芽和生长带等），蜡粉分布部位和厚薄，生长裂缝、木栓裂缝和芽沟的有无、长短和深浅，芽的形态结构（包括芽鳞、芽翼和芽孔）等。

（3）叶　叶片长、宽、厚、薄和颜色，叶缘锯齿稀密，叶鞘厚薄、颜色，蜡粉与茸毛多少，肥厚带大小与形态，叶与主茎所成角度（披散、弯曲、斜立、挺直等），叶舌、叶耳着生部位、形状和颜色。

2. 识别当地主要优良品种

选当地主要甘蔗良种，观察下列项目。

（1）节间形状　分为圆筒形、圆锥形、倒圆锥形、腰鼓形、弯曲形和细腰形等。

（2）茎色　分为黄绿、紫红、黄铜、青绿等颜色。

（3）茎径　用游标卡尺测量甘蔗茎中部节间的茎径，比较各品种茎径属于哪一种类型的品种。

（4）蜡粉　比较各品种节间蜡粉带的蜡粉厚薄和多少。

（5）芽沟　芽沟有无和深浅。

（6）芽的形状　分为卵圆形、椭圆形、倒卵形、圆形、五角形、菱形等。

（7）叶片着生姿态　分为披散、弯曲、斜立、挺直等。

（8）叶鞘茸毛　茸毛有无及多少。

四、作业

将甘蔗不同品种的形态特征观察结果填入表 11，并进行比较。

表 11　甘蔗品种形态特征观察结果及比较

项　目	品 种 名 称			备　注
节间形状				
茎色				
茎径/cm				
蜡粉				
芽沟				
芽的形状				
叶片着生姿态				
叶鞘茸毛				

实验实训三十一　甘蔗种茎处理

一、目的要求

学习和掌握甘蔗种茎处理方法及操作步骤。

二、材料用具

甘蔗梢头苗、石灰粉、锋利菜刀、砧板（木板）、大水缸、农药等。

三、方法步骤

（1）砍种　先剥除梢头苗上的叶鞘，再斩成双芽段或多芽段。

（2）浸种　用 2％石灰水或清水浸种 24h，取出冲洗干净。

（3）消毒　用 5％多菌灵或托布津 1000 倍液浸种 8～10min。

（4）催芽　采用堆肥催芽或堆积催芽法进行催芽。

四、作业

简述种茎处理的方法步骤，指出存在问题并提出解决办法。

实验实训三十二　甘蔗下种

一、目的要求

学习并初步掌握下种技术和要求。

二、材料用具

蔗种、肥料、农药、田块、锄、铲等。

三、方法步骤

（1）开植蔗沟　按规格开好植蔗沟。

（2）计算下种量　用行距除面积得行长，再用行长除下种量即得每米下种芽数。

例如：计划每公顷蔗地下种量为 60000 段双芽段，行距为 1.2m，计算每米行长应下多少段双芽段？

$$10000m^2 \div 1.2m = 8333.3m$$
$$60000 \div 8333.3 = 7.2 \approx 7 \text{ 段双芽段/m}$$

即每米植蔗沟下种 7 段双芽段。

（3）排种　采用双行品字形方法摆种，芽向两侧，种茎紧贴泥土。

（4）放肥　先放肥后排种或先排种后放肥均可，施肥量按计划要求进行。

（5）盖土盖膜　盖土厚约 5cm，并形成龟背形；盖膜时地膜露光部分不少于 20cm，并密封好。

四、作业

计划种新台糖 22 号 3hm²，行距 1m，每公顷下种芽数为 60000 个双芽段，已知每个双芽段平均重量为 0.15kg，问应准备多少吨蔗种？

实验实训三十三　甘蔗萌芽出苗及分蘖情况调查

一、目的要求

学习并掌握甘蔗萌芽出苗及分蘖情况调查的内容及方法。

二、材料用具

甘蔗地块、米尺、铅笔、记录本等。

三、方法步骤

1. 甘蔗萌芽出苗情况调查

（1）调查时间　甘蔗出苗后，每隔 7～10d 调查一次，直到出苗达 80％以上为止。

（2）定点　按对角线 5 点取样法，在田间固定 5 个观察点，每点 1 行，行长 5m，做好标记。

（3）调查下种芽数　在每个点挖开植蔗沟两侧的土，露出种茎，数种茎段数和芽数。

（4）调查萌芽数、萌芽率和萌芽期　数出每个点萌芽出苗的株数，即为该点的萌芽数。萌芽数占下种芽数的百分率即为萌芽率。当平均每个点有 10％幼苗长出时为萌芽始期，50％幼苗长出时为萌芽盛期，80％幼苗长出时为萌芽末期。

（5）测量苗高和假茎粗　每个点连续测量 10 株，取平均值。苗高是从地面量至最高叶的叶尖，假茎粗是量基部扁平面的最宽处。

（6）观察叶色，记载叶片数　叶色按浓绿、绿、浅绿、黄等记载，叶片数按展开叶（见肥厚带）数量记载。

（7）观察有无病虫。

2. 甘蔗分蘖情况调查

（1）调查时间　见甘蔗有分蘖后开始调查，每隔 7～10d 调查一次，直到分蘖末期为止。

（2）定点　在苗情定点观察的 5 个点继续观察。

（3）调查分蘖率　数每个点的总苗数（含主苗和分蘖苗），计算分蘖率（分蘖率＝调查行分蘖数/调查行主苗数×100%）。当分蘖率达 10%时为分蘖始期，达 30%时为分蘖盛期，达 50%时为分蘖末期。

（4）调查计算每公顷总苗蘖数　调查平均行距，每米苗蘖数，计算每公顷总苗数。

四、作业

1. 把调查、观察结果填入下表（表 12），并分析萌芽率高低的原因。

表 12　甘蔗萌芽出苗情况调查表

| 调查日期 /(月/日) | 品种 | 下种日期 /(月/日) | 萌芽期/(月/日) | | | 萌芽率/% | 苗高/cm | 茎粗/cm | 叶色 | 病虫害 |
			始期	盛期	末期					

2. 分析该田是否达到够苗蘖数？你认为采用什么措施？

实验实训三十四　甘蔗成熟度测定

一、目的要求

学习并初步掌握甘蔗成熟期的形态特征及成熟度的锤度测定法。

二、材料用具

甘蔗植株、手持折光仪、蔗汁钻子、蒸馏水、药用棉花、擦镜纸、吸管、铅笔、记录本等。

三、方法步骤

1. 观察甘蔗成熟期的形态特征

甘蔗工艺成熟期的形态特征主要表现为：梢部节间逐渐缩短，生长缓慢以至停止；大部分蔗茎的中下部叶片枯黄或干枯，全株青叶减至 6～7 张（正常时青叶保持 8～10 片），茎上蜡粉脱落，茎光滑，茎色变为品种固有色。

2. 甘蔗成熟度测定

（1）选取样点　在田间按对角线 5 点取样法选取 5 个有代表性的取样点，每样点选取代表性蔗茎 5 株作测定对象。

（2）清洁和检查手持折光仪　翻开盖板，用蒸馏水冲洗干净后用药棉抹干，滴 2 滴蒸馏水于折光镜面上，盖上盖板进行观察，检查镜中视野标尺，观看明暗分界线是否在 0 线上，如未对 0 线，则用小解锥调整到 0，对 0 后用药棉抹干。

（3）钻取蔗汁　用蔗汁钻子分次钻取样品茎的基部节间（地面上第一节间）和上部节间（倒数第 6 片全出叶下一个节间）的蔗汁，把钻子取出的蔗汁滴于手持折光仪的折光镜面上，盖好盖板。

（4）对光观察　左手持镜筒，眼睛对准目镜，对光观察，右手调旋目镜调节焦距，以看清表尺读数为准，迅速读出数字，该数字即为锤度数据，将数据记入记载表。

（5）计算平均锤度　把全部样品茎的上部节间和基部节间锤度测出后，算出平均值，即为各节间的平均锤度。

（6）计算成熟度　成熟度＝上部节间平均锤度/基部节间平均锤度。当比值在 0.90 以下时为工艺未熟，0.91～0.95 为工艺成熟，0.96～1.00 为工艺完熟，大于 1.00 为工艺过熟。

四、作业

1. 把测定结果填入下表（表 13），进行相关计算，判断被测定甘蔗品种的成熟度是否达到压榨制糖适期。

表 13 甘蔗成熟度测定记载表

品种：　　　　　　　　　　　　　　　　　　　　　　　　　　　　　测定日期：

测定编号	基部节间锤度	上部节间锤度	成熟度
平均值			
成熟度			

2. 你是否掌握了手持折光仪的使用方法，应注意什么事项？

实验实训三十五　甘蔗田间测产

一、目的要求

学习并初步掌握田间测产技术。

二、材料用具

成熟的蔗田、皮尺、米尺、游标卡尺、秤等。

三、方法步骤

（1）选取样点　在田间按对角线 5 点取样法选取 5 个有代表性的取样点。

（2）调查有效茎数　在每个样点选有代表性的蔗畦，用皮尺测量畦长 10m，数其有效茎数，求出平均每米有效茎数。

（3）调查行距　在蔗田一端用皮尺测量 10 个行距，求平均行距，以 m 表示。

（4）计算公顷有效茎　按下式计算

有效茎（条/公顷）＝每米平均有效茎（条）×10000m²/平均行距（m）

（5）调查茎长（高）　每样点选有代表性的蔗茎 10 条，用米尺分别测量其长度，从茎基部起量到最高肥厚带向下 30cm 处为茎长，求出平均茎长，用 cm 表示。

（6）调查茎粗（茎径）　用游标卡尺测量每样点选定的 10 条蔗茎的上、中、下部节间的茎径，求平均茎径，用 cm 表示。

（7）计算平均单茎重　按下式计算

单茎重（kg）＝0.7854×茎长 cm×（茎径 cm）²×0.001

或取 20 株蔗茎称重，算出平均单茎重。

（8）计算单位面积理论产量

甘蔗理论产量（kg/hm²）＝公顷有效茎数（条/hm²）×平均单茎重（kg/条）

四、作业

把调查结果填入下表（表 14），并进行相关计算。根据测定和计算结果，从产量构成因素分析高产或低产的原因。

表 14　甘蔗田间测产记载表

调查编号	品种	行距 /(m/行)	有效茎 /(条/m)	茎长 /(cm/条)	茎粗 /(cm/茎)	单茎重 /kg	理论产量 /(kg/hm²)	备注

实验实训三十六　烟草主要类型的形态特征观察

一、目的要求

了解烟草的植物学特征，识别烟草的常见类型。

二、材料用具

红花烟草、黄花烟草植株、烟草植株挂图、调制后的干烟叶（烤烟、晒烟、晾烟、白肋烟、香料烟等），天平、米尺、放大镜、铅笔等。

三、方法步骤

1. 比较植株性状

取红花和黄花烟草植株，从以下方面观察比较

（1）根　根系组成情况。

（2）茎　茎秆高度，茎上有无分枝及分枝着生情况，茎表面有无腺毛，手触感觉，成熟植株茎秆质地，茎有无棱沟。

（3）叶　有无叶柄，叶片形状，主茎叶片数。观察叶片在主茎上着生的部位，形成的叶片层次（脚叶、下二棚、腰叶、上二棚、顶叶），各层叶片的长度、宽度及厚薄、光泽、油分、弹性、茸毛、叶色等。

（4）花　属何种花序，花的着生部位及花的组成、颜色、大小等。

（5）果实及种子　形状、大小、种子形状、颜色、千粒重。

2. 比较商品类型

取烟草的商品类型进行对比观察。烟草由于栽培方法、调制方法的不同可分为烤烟、晒烟、晾烟三大类型。

（1）烤烟　利用烤房加温，使叶片干燥，烤后叶片金黄色，烟味醇厚，薄厚适中，是卷烟的主要原料。

（2）晒烟　利用太阳将叶片晒干。晒烟烟碱含量高，含糖量低，叶厚，味浓香气重。晒烟由于晒制方法不同又分为晒黄烟和晒红烟两种。可做卷烟的原料，也可作雪茄烟、斗烟等的原料，香料烟、黄花烟也是用日晒烟调制的。

（3）晾烟　将烟叶挂在晾房或晾棚里晾干。晾制后的烟叶色泽浅，叶片薄。晾烟烟碱和糖分含量均低，有特殊香味，主要为混合型卷烟、雪茄烟、斗烟等提供原料，白肋烟也属于晾制烟。

四、作业

1. 将各项观察结果填入下表（表15）。

表 15 烟草田间测量记载表

项目	烟草类型	红花烟草	黄花烟草
茎	株高/cm		
茎	分株多少及部位		
茎	茎有无棱沟		
叶	叶形		
叶	叶表面情况		
叶	主茎叶片数		
叶	有无叶柄		
叶	叶尖锐或圆钝		
叶	叶色深浅		
花	形状		
花	大小		
花	颜色		
果实	形状		
果实	大小		
种子	形状		
种子	颜色		
种子	千粒重/g		

2. 描述烤烟、晾烟、白肋烟、香料烟的外观特征。

五、考核

根据考查熟练程度和观察的准确程度进行考核。

实验实训三十七 烟草育苗技术

一、目的要求

能确定烟草苗床播种的时间，学会烟草苗床播种技术，能熟练进行苗床管理。

二、材料用品

烟草种子、1%的硫酸铜溶液（或2%福尔马林溶液）、36%的甲基托布津、白布口袋、装种子的容器、电热褥、洒壶、塑料薄膜、竹竿、农具。

三、方法步骤

参见本书第十章有关内容。

四、考核

根据操作的熟练程度和出苗情况进行考核。

实验实训三十八 烟草移栽技术

一、目的要求

学会确定烟草的移栽期，熟练运用移栽技术，提高烟苗移栽成活率。

二、材料用品

适龄烟苗、肥料、水桶、打孔器、农具等。

三、方法步骤

参见本书第十章相关内容。

四、考核

根据操作的熟练程度和移栽情况进行考核。

实验实训三十九 烤房结构的观察

一、目的要求

通过现场参观，熟悉烤房的结构与建造。

二、材料用品

当地具有代表性较先进的烤烟房、皮尺、铅笔、记录本。

三、方法步骤

主要观察以下内容：

(1) 烤房的大小及形式 高度、宽度、长度、挂烟竿数，可负担的烟田面积。

(2) 烤房的加热装置 火炉、火管、烟囱的规格要求，火道的类型。

(3) 烤房的通风排湿设备 进风洞和排湿窗的数目、规格。

(4) 烤房的保温设备 墙壁、门窗、观察窗等的设计情况（位置、大小、规格）。

四、作业

根据观察结果，写一篇实习报告。

五、考核

根据实习报告的质量进行考核。